国家电网有限公司

技能人员专业培训教材

土建施工

国家电网有限公司　组编

图书在版编目（CIP）数据

土建施工 / 国家电网有限公司组编. —北京：中国电力出版社，2020.6（2024.3 重印）
国家电网有限公司技能人员专业培训教材
ISBN 978-7-5198-4347-2

Ⅰ. ①土… Ⅱ. ①国… Ⅲ. ①土木工程–工程施工–技术培训–教材 Ⅳ. ①TU74

中国版本图书馆 CIP 数据核字（2020）第 029067 号

出版发行：中国电力出版社
地　　址：北京市东城区北京站西街 19 号（邮政编码 100005）
网　　址：http://www.cepp.sgcc.com.cn
责任编辑：王晓蕾（010-63412610）
责任校对：黄　蓓　郝军燕
装帧设计：郝晓燕　赵姗姗
责任印制：杨晓东

印　　刷：中国电力出版社
版　　次：2020 年 6 月第一版
印　　次：2024 年 3 月北京第二次印刷
开　　本：710 毫米×980 毫米　16 开本
印　　张：23.25
字　　数：443 千字
印　　数：2001—2200 册
定　　价：75.00 元

本书编委会

前　言

为贯彻落实国家终身职业技能培训要求，全面加强国家电网有限公司新时代高技能人才队伍建设工作，有效提升技能人员岗位能力培训工作的针对性、有效性和规范性，加快建设一支纪律严明、素质优良、技艺精湛的高技能人才队伍，为建设具有中国特色国际领先的能源互联网企业提供强有力人才支撑，国家电网有限公司人力资源部组织公司系统技术技能专家，在《国家电网公司生产技能人员职业能力培训专用教材》（2010年版）基础上，结合新理论、新技术、新方法、新设备，采用模块化结构，修编完成覆盖输电、变电、配电、营销、调度等50余个专业的培训教材。

本套专业培训教材是以各岗位小类的岗位能力培训规范为指导，以国家、行业及公司发布的法律法规、规章制度、规程规范、技术标准等为依据，以岗位能力提升、贴近工作实际为目的，以模块化教材为特点，语言简练、通俗易懂，专业术语完整准确，适用于培训教学、员工自学、资源开发等，也可作为相关大专院校教学参考书。

本书为《土建施工》分册，由王亚耀、黄忠华、许凌云、葛慧聪、魏鹏、谷裕、曹爱民、战杰、张之明、宋勤编写。在出版过程中，参与编写和审定的专家们以高度的责任感和严谨的作风，几易其稿，多次修订才最终定稿。在本套培训教材即将出版之际，谨向所有参与和支持本书籍出版的专家表示衷心的感谢！

由于编写人员水平有限，书中难免有错误和不足之处，敬请广大读者批评指正。

目　录

第三部分　模　板　工　程

第四部分　混　凝　土　工　程

第五部分　砌 筑 工 程

第六部分　装 饰 装 修 工 程

第七部分　工程建设标准规范

第一部分

土 方 工 程

第一章

定位及高程控制

模块1　场地标高及基准点复核（Z44E1001Ⅱ）

【模块描述】本模块介绍了土方工程开挖前场地标高、测量控制基准点、轴线网的复核要求。通过要点讲解，掌握土方开挖定位及高程复核要点。

【模块内容】

场地标高及基准点复核的任务是将图纸设计的建筑物、构筑物的平面位置和高程，按照设计的要求，以一定的精度测设到实地上，作为施工的依据，并在施工中进行一系列的测量工作。

一、使用的仪器

（1）水准仪，是根据水准测量原理测量地面点间高差的仪器。主要部件有望远镜、管水准器（或补偿器）、垂直轴、基座、脚螺旋。按结构分为微倾水准仪、自动安平水准仪、激光水准仪和数字水准仪（又称电子水准仪）。按精度划分为DS0.5、DS1、DS3、DS10四个等级，其中DS分别为“大地”和“水准仪”的汉语拼音第一个字母，其后的数字表示该仪器的精度。S3级和S10级水准仪称为普通水准仪，用于国家三、四等水准及普通水准测量，S0.5和S1级水准仪称为精密水准仪，用于国家一、二等精密水准测量。

（2）经纬仪，是测量水平角和竖直角的仪器，根据测角原理设计。经纬仪根据度盘刻度和读数方式的不同，分为游标经纬仪、光学经纬仪和电子经纬仪。目前我国主要使用光学经纬仪和电子经纬仪，游标经纬仪早已淘汰。光学经纬仪的水平度盘和竖直度盘用玻璃制成，在度盘平面的周围边缘刻有等间隔的分划线，两相邻分划线间距所对的圆心角称为度盘的格值，又称度盘的最小分格值。一般以格值的大小确定精度，按精度从高精度到低精度分为DJ0.7、DJ1、DJ2、DJ6、DJ30等型号，其中DJ分别为“大地”和“经纬仪”的汉语拼音第一个字母，其后的数字表示仪器的精度等级，即“一测回方向观测中的误差”，单位为秒。

（3）全站仪，即全站型电子速测仪（Electronic Total Station），是一种集光、机、电为一体的高技术测量仪器，是集水平角、垂直角、距离（斜距、平距）、高差测量功能于一体的测绘仪器。因一次安置仪器就可完成该测站上全部测量工作，所以称之为全站仪。全站仪可将人工光学测微读数代之以自动记录和显示读数，使测角操作简单化，且可避免读数误差的产生。

二、坐标系统及坐标换算

1. 施工坐标系统

在设计总平面图上，建筑物的平面位置是用施工坐标系统的坐标来标示。坐标轴的方向与主建筑物轴线的方向相平行，坐标原点设在总平面图西南角上，使所有建筑物的坐标皆为正值。施工坐标系统与测量坐标系统之间的关系数据由设计书给出。

2. 测量坐标系统

目前，在工程建设中，测量坐标系有两种情况：一种是采用全国统一的高斯平面直角坐标系统；另一种是采用测区独立直角坐标系统，如城市独立坐标系。

3. 坐标换算

当施工控制网与测量控制网发生联系时，应进行坐标换算，以使它们的坐标系统一。如图 1–1–1 所示，两个坐标系的换算可按式 1–1–1 计算：

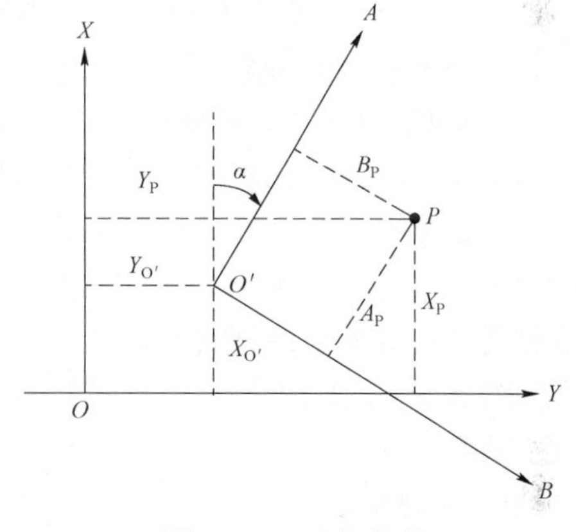

图 1–1–1　坐标换算

$$X_P = X_{O'} + A_P \cos\alpha - B_P \sin\alpha$$
$$Y_P = Y_{O'} + A_P \sin\alpha + B_P \cos\alpha \quad (1\text{–}1\text{–}1)$$

式中　X_P、Y_P——待求的 P 点在测量坐标系中的坐标；

$X_{O'}$、$Y_{O'}$——已知的 O' 点测量坐标；

A_P、B_P——已知的 P 点的建筑坐标 A 为设计已知 $O'A$ 轴方位角。

三、施工场地平面控制

施工场地平面控制的形式主要有导线、建筑基线和建筑方格网等几种形式。

（一）导线

由于全站仪的普及，场区平面控制网多布设成导线网的形式，其等级和精度应符合下列规定：

（1）变电站场地可根据需要建立相当于二、三级导线精度的平面控制网。

（2）用原有控制网作为场区控制网时，应进行复测检查。

（二）建筑基线

对于建筑场地面积较小、平面布置简单、地势较为平坦而狭长的场地，常采用建筑基线作为施工测量的平面控制形式。

1. 建筑基线的设计

布设建筑基线时应注意以下几点：

（1）建筑基线应平行或垂直于主要建筑物的轴线。

（2）建筑基线主点间应相互通视，边长为100～400m。

（3）主点在不受建筑施工干扰的条件下，应尽量靠近主要建筑物。

（4）基线点应不少于3个，以便检测建筑基线点有无变动。

2. 建筑基线的测设

建筑基线的测设，可采用平面点位放样的方法（如极坐标法）在实地先标定出基线点的位置，再进行建筑基线的精度检查。检查的内容有角度检查和距离检查。对于同一直线上的三点，要在中间点上安置经纬仪或全站仪，测量其角值 β，如果观测角值 β 与 180° 之差大于 24″，则要进行调整；对于垂直相交的三点，要在垂直相交的点上测量其夹角 β，如果观测角值 β 与 90° 之差大于 24″，则要进行调整；对于各主点间的轴线长度要进行测距检查，如果检查结果与设计长度之差的相对误差大于1/10000，则要进行调整。

（三）建筑方格网

对于地形较平坦的大中型建筑场区，主要建筑物、道路及管线常按互相平行或垂直关系进行布置。为简化计算或方便施测，施工平面控制网多由正方形或矩形格网组成，称为建筑方格网。利用建筑方格网进行建筑物定位放线时，可按直角坐标进行，不仅容易求得测设数据，且具有较高的测设精度。

1. 建筑方格网的设计

设计建筑方格网时，首先选定方格网的纵、横主轴线，它是方格网扩展的基础，选定是否合理，会影响控制网的精度和使用，因此应遵循以下原则：主轴线应尽量选在整个场地的中部，方向与主要建筑物的基本轴线平行，一条主轴线不能少于三个主点，其中一个必是纵横主轴线交点，主点间距离不宜过小，一般为300～500m；纵横主轴线要严格正交呈90°；主轴线的长度以能控制整个建筑场地为宜，以保证主轴线的测量定向精度。主轴线拟定后，可进行方格网线的布设。方格网线要与相应的主轴线成正交，网格的大小视建筑物平面尺寸和分布而定，正方形格网边长多取100～200m，矩形格网边长尽可能取50m或其倍数。

2. 建筑方格网的测设

主轴线测设好后，分别在主轴线端点安置经纬仪或全站仪，均以0点为起始方向，分别向左、向右精密测设 90°，形成“田”字形方格网点。为了进行检核，还要在方格网点上安置经纬仪或全站仪，测量其角是否为 90°，并检查各相邻点间的距离，看其是否与设计边长相等，误差均应在允许范围之内。此后再以基本方格网点为基础，加密方格网中其余各点。

四、施工场地高程控制

建筑场地的高程控制测量就是在整个场区建立可靠的水准点，形成与国家或城市高程控制系统相联系的水准网。水准点的密度应尽可能满足安置一次仪器即可测设出所需的高程点。施工场地高程控制一般布设成两级，分别称为首级水准网和加密水准网。首级水准网作为整个场地的高程基本控制，一般情况下采用四等水准测量方法，并埋设永久性标志，若因设备安装或下水管道铺设等测量精度要求较高时，可在局部范围采用三等水准测量方法。加密水准网以首级水准网为基础，可按图根水准的要求进行布设，一般情况下，建筑方格网点及建筑基线点亦可兼作加密水准网点。

建筑物的标高应根据确定的水准点或已知高程点引测，引测高程可用符合法或往测法，闭合差不应超过 0.5$n$mm（n 为测站数），或 0.5Lmm（L 为测线长度，以 km 为单位）。现场的已知水准点（包括引测后的水准点）应有可靠的保护措施，不致发生沉陷或变位。根据已知水准点，引测并建立建筑物标高控制网，水平控制网点测量建筑物四周环向布置。标高控制点引测时，仪器宜在两测点间等距安放，并进行环向闭合差校核。

五、施工测量准备工作

（1）熟悉图纸。设计图纸是施工测量的依据，在测设前，应熟悉建筑物的设计图纸，了解所施工建筑物与相邻地物的相互关系，以及建筑物的尺寸和施工的要求等。测设时必须具备下列图纸资料。

1）总平面图，是施工测设的总体依据，建筑物就是根据总平面图上所给的尺寸关系进行定位的。

2）建筑平面图，给出建筑物各定位轴线间的尺寸关系及室内地坪标高等。

3）基础平面图，给出建筑物基础轴线之间的尺寸关系和编号。

4）基础详图，给出基础设计宽度、形式及基础边线与轴线的尺寸关系。

5）立面图和剖面图，给出基础、地坪、门窗、楼板、屋架和屋面等设计高程，是高程测设的主要依据。

（2）工程测量现场踏勘，目的是为了解现场的地物、地貌和原有测量控制点的分布情况，并调查与施工测量有关的问题。

（3）平整和清理施工现场，以便进行测设工作。

（4）拟定测设计划和绘制测设草图，对各设计图纸的有关尺寸及测设数据应仔细核对，以免出现差错。

六、测量方法的简单介绍

测量高程通常采用的方法有水准测量、三角高程测量和气压高程测量。

（1）水准测量是测定两点间高差的主要方法，也是最精密的方法，主要用于建立国家或地区的高程控制网。水准测量是利用一条水平视线，并借助于竖立在地面点上的标尺，来测定地面上两点之间的高差，然后根据其中一点的高程推算出另外一点高程的方法，主要用于国家水准网的建立。除了国家等级的水准测量之外，还有普通水准测量。它采用精度较低的仪器（水准仪），测算手续也比较简单，广泛用于国家等级的水准网内的加密，或独立地建立测图和一般工程施工的高程控制网，以及用于线路水准和面水准的测量工作。

（2）三角高程测量是确定两点间高差的简便方法，不受地形条件限制，传递高程迅速，但精度低于水准测量。主要用于传递大地点高程。

（3）气压高程测量是根据大气压力随高度变化的规律，用气压计测定两点间的气压差，推算高层的方法。精度低于水准测量、三角高程测量，主要用于丘陵地和山区的勘测工作。

【思考与练习】

1. 场地标高和基准点复核应使用哪些仪器？
2. 施工控制网与测量控制网如何进行坐标换算？
3. 如何合理进行建筑方格网设计？
4. 施工测量需要做哪些准备工作？

模块2 建（构）筑物基槽灰线（Z44E1002Ⅱ）

【模块描述】本模块介绍了根据土壤类别确定放坡系数从而计算出基槽的开挖宽度，利用布设的临时控制点，采用测量仪器放样定出开槽的灰线尺寸。通过要点讲解、计算举例，掌握基槽开挖宽度的计算和基槽灰线的定位。

【模块内容】

建筑物基槽放线是根据房屋主轴线控制点，首先将外墙轴线的交点用木桩测设在地面上，并在桩顶钉上铁钉作为标志。房屋外墙轴线测定以后，再根据建筑物平面图，将内部开间所有轴线都一一测出。最后根据边坡系数计算的开挖密度在中心轴线两侧用石灰在地面上撒出基槽开挖边线。同时在房屋四周设置龙门板，以便于基础施工时复核轴线位置。

一、土壤类别及放坡系数

土方在开挖方过程中或填方后，边坡的稳定主要是靠土体的内摩擦阻力和黏结力来保持平衡的。一旦土体失去平衡，会造成基坑（槽）边坡土方局部或大面积的塌落或滑塌。边坡塌方会引起人身事故，同时会妨碍基坑开挖或基础施工，有时还会危及附近的建筑物。

造成土壁塌方的原因有以下几方面：

（1）基坑（槽）开挖较深，边坡过陡，使土体本身的稳定性不够，而引起塌方现象。尤其是土质差、开挖深、大的坑槽中，常会遇到这种情况。

（2）在有地表水、地下水作用的土层开挖基坑（槽）时，未采取有效的降、排水措施，使土层湿化，黏聚力降低，在重力作用下失去稳定而引起塌方。

（3）边坡顶部堆载过大，或受车辆、施工机械等外力振动影响，使边坡土体中所产生的剪应力超过土体的抗剪强度而导致塌方。

为了防止塌方，保证施工安全，在基坑（槽）开挖深度超过一定限度时，土壁应做成有斜率的边坡，或者对土壁进行支护以保持边坡土壁的稳定。

当无地下水时，在天然湿度的土中开挖基坑，开挖基坑根据开挖深度可参考下列数值进行施工操作：

（1）密实、中密的砂土和碎石类土（充填物为砂土）：1.0m。

（2）硬塑、可塑的粉质黏土及粉土：1.25m。

（3）硬塑、可塑的黏土和碎石类土（充填物为黏性土）：1.5m。

（4）坚硬的黏土：2.0m。

当挖方深度大于以上数值，则应放坡。在地质条件良好、土质均匀且地下水位低于基坑（槽）或管沟底面标高时，挖方深度在 3m 以内不加支撑的边坡坡度可参考表 1–2–1 的规定，但尚应符合国家有关标准及管理规定。黏性土的边坡可陡些，砂性土的边坡则应平缓些。井点降水时边坡可陡些（1∶0.33～1∶0.7），明沟排水则应平缓些。如果开挖深度大、施工时间长、坑边有停放机械等情况，边坡应平缓些。

表 1–2–1　边坡放坡坡度

土的类别	边坡坡度（高∶宽）		
	坡顶无荷载	坡顶有静载	坡顶有动载
中密的砂土	1∶1.00	1∶1.25	1∶1.50
中密的碎石类土（充填物为砂土）	1∶0.75	1∶1.00	1∶1.25
硬塑的粉土	1∶0.67	1∶0.75	1∶1.00
中密的碎石类土（充填物为黏性土）	1∶0.50	1∶0.67	1∶0.75

续表

土的类别	边坡坡度（高：宽）		
	坡顶无荷载	坡顶有静载	坡顶有动载
硬塑的粉质黏土、黏土	1：0.33	1：0.50	1：0.67
老黄土	1：0.10	1：0.25	1：0.33
软土（经井点降水后）	1：1.00		

二、建筑物的定位

建筑的定位，就是将建筑物外廓各轴线交点测设在地面上，然后再根据这些点进行细部放样。由于设计条件不同，定位方法主要有下述四种。

（1）根据与原有建筑物的关系定位，适用于变电站扩建工程或建造于城市中的变电站等。图 1–2–1 拟建的 2 号楼根据原有 1 号楼定位。

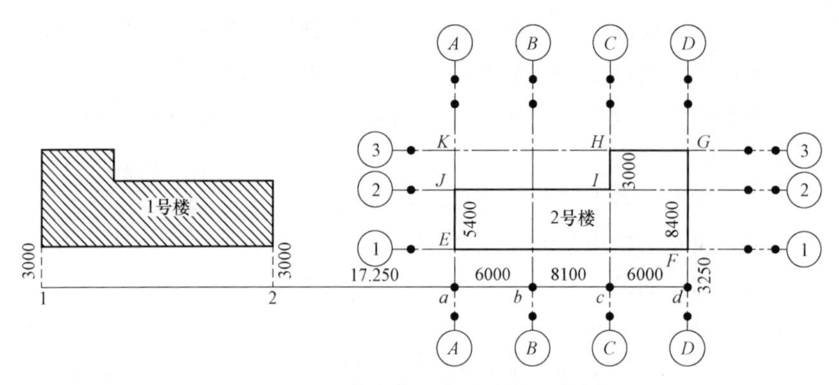

图 1–2–1　某变电站扩建定位示意图

1）沿 1 号楼的东西墙面向外各量出 3.00m，在地面上定出 1、2 两点作为建筑基线，在 1 点安置经纬仪，照准 2 点，然后沿视线方向，从 2 点起根据图中注明尺寸，测设出各基线点 *a*、*c*、*d* 并打下木桩，桩顶钉小钉以表示点位。

2）在 *a*、*c*、*d* 三点分别安置经纬仪，并用正倒镜测设 90°。沿 90° 方向测设相应的距离，以定出房屋各轴线的交点 *E*、*F*、*G*、*H*、*I*、*J* 等，并打木桩，桩顶钉小钉以表示点位。

3）用钢尺检测各轴线交点间的距离，其值与设计长度的相对误差不应超过 1/2000，如果房屋规模较大，则不应超过 1/5000，并且将经纬仪安置在 *E*、*F*、*G*、*K* 四角点，检测各个直角，其角值与 90° 之差不应超过 40″。

（2）根据建筑方格网定位。在建筑场地已测设有建筑方格网，可根据建筑物和附近方格网点的坐标，用直角坐标法测设。

（3）根据规划道路红线定位。规划道路的红线点是城市规划部门所测设的城市道路规划用地与单位用地的界址线，新建筑物的设计位置与红线的关系应得到政府部门的批准。因此靠近城市道路的建筑物设计位置应以城市规划道路的红线为依据。

（4）根据测量控制点坐标定位，普遍适用于变电站工程建设。在场地附近如果有测量控制点利用，应根据控制点及建筑物定位点的设计坐标，反算出交会角或距离后，因地制宜采用极坐标法或角度交会法将建筑物主要轴线测设到地面上。由于全站仪的普及，采用极坐标法进行建筑物定位，应用日益广泛。

三、建筑物基槽灰线

建筑物的放线是根据已定位的外墙轴线交点桩详细测设出建筑物的其他各轴线交点的位置，并用木桩（桩上钉小钉）标定出来，称为中心桩。并据此按基础宽和放坡宽用白灰线撒出基槽开挖边界线。

由于基槽开挖后，角桩和中心桩将被挖掉，为了便于在施工中恢复各轴线位置，应把各轴线延长到槽外安全地点，并做好标志，其方法有设置轴线控制桩和龙门板两种形式。

1. 设置轴线控制桩

如图 1–2–2 所示，轴线控制桩设置在基槽外基础轴线的延长线上，作为开槽后各施工阶段确立轴线位置的依据，在多层楼房施工中，控制桩同样是向上投测轴线的依据。轴线控制桩离基槽外边线的距离根据施工场地的条件而定，一般为 2～4m。如果场地附近有已建的建筑物，也可将轴线投设在已建建筑物的墙上。为了保证控制桩的精度，施工中将控制桩与定位桩一起测设，有时先测设控制桩，再测设定位桩。

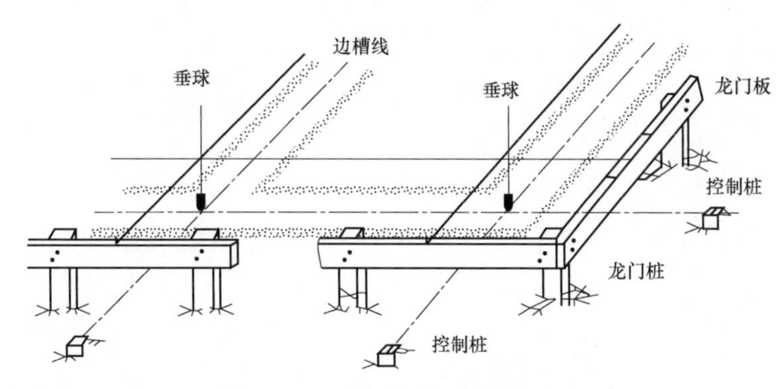

图 1–2–2 建筑物龙门桩定位示意

2. 设置龙门板

在一般施工中，为了施工方便，在基槽外一定距离钉设龙门板。钉设龙门板的步骤如下：

（1）建筑物四角和隔墙两端基槽开挖边线以外的 1～1.5m 处（根据土质情况和挖槽深度确定）钉设龙门板，龙门桩要钉得竖直、牢固，木桩侧面与基槽平行。

（2）根据建筑场地的水准点，在每个龙门桩上测设±0.000m 标高线，在现场条件不许可时，也可测设比±0.000m 高或低一定数值的线。

（3）在龙门桩上测设同一高程线，钉设龙门板。这样，龙门板的顶面标高就在一个水平面上了。龙门板标高测定的容许误差一般为±5mm。

（4）根据轴线桩，用经纬仪将墙、柱的轴线投到龙门板顶面上，并钉上小钉标明，称为轴线投点，投点容许误差为±5mm。

（5）用钢尺沿龙门板顶面检查轴线钉的间距，经检核合格后，以轴线钉为准，将墙宽、基槽宽画在龙门板上，最后根据基槽上口宽度拉线，用石灰撒出开挖边线。

（6）机械化施工时，一般只测设控制桩而不设龙门板和龙门桩。

【思考与练习】

1. 造成土方开挖塌方有哪些原因？
2. 对于不同的土壤性质，放坡有哪些不同的要求？
3. 如何利用现有建筑物进行定位放线？
4. 为什么在机械化施工过程中不设龙门板和龙门桩？

第二章

土 方 开 挖

模块 1　施工降水与排水（Z44E2001Ⅰ）

【模块描述】本模块介绍了降水方法以及适用范围。通过要点讲解、案例分析，能根据土的渗透系数和降水深度等因素确定合理的降水方案以及安全措施。

【模块内容】

基坑施工有时会遇上雨季，或遇有地下水，特别是流砂，施工较复杂，因此事先应拟定施工方案，着重解决基坑排水与降水等问题，同时要注意防止边坡塌方。

一、基坑排水

开挖底面低于地下水位的基坑时，地下水会不断渗入坑内。雨期施工时，地面水也会流入坑内。如果流入坑内的水不及时排走，不但会使施工条件恶化，而且更严重的是土被水软化后，会造成边坡塌方和坑底土的承载能力下降。因此，在基坑开挖前和开挖时，做好排水工作，保持土体干燥是十分重要的。基坑排水方法，可分为明排水法和人工降低地下水位法两类。

1. 明排水法

明排水法是在基坑开挖过程中，在坑底设置集水井，并沿坑底的周围或中央开挖排水沟，使水流入集水井中，然后用水泵抽走。抽出的水应予引开，以防倒流。雨期施工时应在基坑四周或水的上游，开挖截水沟或修筑土堤，以防地面水流入坑内。集水井应设置在基础范围以外、地下水走向的上游。根据地下水量大小、基坑平面形状及水泵能力，集水井每隔 20～40m 设置一个。集水井的直径或宽度，一般为 0.6～0.8m。集水井井底深度随着挖土的加深而加深，要经常低于挖土面 0.7～1.0m。井壁可用竹、木等简易加固。当基坑挖至设计标高后，井底铺设碎石滤水层，以免在抽水时间较长时将泥沙抽出，并防止井底的土被搅动。

明排水法由于设备简单和排水方便，采用较为普遍。宜用于粗粒土层（因为水流虽大但土粒不致被带走），也用于渗水量小的黏性土。但当土为细砂和粉砂时，地下水渗出会带走细粒，发生流砂现象，造成边坡坍塌、附近建筑物沉降、坑底凸起、难以施工，具有较大的危害。

产生流砂的原因及防治方法如下：

（1）流砂现象。基坑挖土至地下水位以下，土质为细砂土或粉砂土的情况下，采用集水坑降低地下水时，坑下的土有时会形成流动状态，并随着地下水流入基坑，这种现象称为流砂现象。出现流砂现象时，土完全丧失承载力，土体边挖边冒流砂，使施工条件恶化，基坑难以挖到设计深度，严重时会引起基坑边坡塌方，临近建筑因地基被掏空而出现开裂、下沉、倾斜甚至倒塌。

（2）产生流砂现象的原因。产生流砂现象的原因有其内因和外因两种。内因取决于土壤的性质。当土的孔隙度大、含水量大、黏粒含量少、粉粒多、渗透系数小、排水性能差等均容易产生流砂现象。因此，流砂现象经常发生在细砂、粉砂和亚砂土中；但会不会发生流砂现象，还应具备一定的外因条件，即地下水及其产生动水压力的大小。流动中的地下水对土颗粒产生的压力称为动水压力。产生流砂现象主要是由于地下水的水力坡度大，即动水压力大，而且动水压力的方向与土的重力方向相反，土不仅受水的浮力，而且受动水压力的作用，有向上举的趋势。当动水压力等于或大于土的浸水密度时，土颗粒处于悬浮状态，并随地下水一起流入基坑，即发生流砂现象。

流砂现象一般发生在细砂、粉砂及亚砂土中。在粗大砂砾中，因孔隙大，水在其间流过时阻力小，动水压力也小，不易出现流砂。而在黏性土中，由于土粒间内聚力较大，不会发生流砂现象，但有时在承压水作用下会出现整体隆起现象。

（3）流砂防治方法。由于在细颗粒、松散、饱和的非黏性土中发生流砂现象的主要条件是动水压力的大小和方向。当动水压力方向向上且足够大时，土转化为流砂，而动水压力方向向下时，又可将流砂转化成稳定土。因此，在基坑开挖中，防治流砂的原则是“治流砂必先治水”。防治流砂的主要途径有：减少或平衡动水压力；设法使动水压力方向向下；截断地下水流。其具体措施有：

1）枯水期施工法。枯水期地下水位较低，基坑内外水位差小，动水压力小，就不易产生流砂。

2）抢挖并抛大石块法。分段抢挖土方，使挖土速度超过冒砂速度，在挖至标高后立即铺竹、芦席，并抛大石块，以平衡动水压力，将流砂压住。此法适用于治理局部的或轻微的流砂。

3）设止水帷幕法。将连续的止水支护结构（如连续板桩、深层搅拌桩、密排灌注桩等）打入基坑底面以下一定深度，形成封闭的止水帷幕，从而使地下水只能从支护结构下端向基坑渗流，增加地下水从坑外流入基坑内的渗流路径，减小水力坡度，从而减小动水压力，防止流砂产生。

4）人工降低地下水位法。即采用井点降水法（如轻型井点、管井井点、喷射井点等），使地下水位降低至基坑底面以下，地下水的渗流向下，则动水压力的方向也向下，从而水不能渗流入基坑内，可有效地防止流砂的发生。因此，此法应用广泛且较可靠。此外，采用地下连续墙、压密注浆法、土壤冻结法等阻止地下水流入基坑，以防止流砂发生。

2. 降低地下水位

人工降低地下水位，就是在基坑开挖前，预先在基坑四周埋设一定数量的滤水管（井），利用抽水设备从中抽水，使地下水位降落到坑底以下，同时在基坑开挖过程中仍不断抽水。这样，可使所挖的土始终保持干燥状态，从根本上防止流砂发生，改善了工作条件，同时土内水分排除后，边坡可改陡，以减小挖土量。

人工降低地下水位方法有轻型井点、喷射井点、管井井点、深井泵以及电渗井点等，可根据土的渗透系数、降低水位的深度、工程特点及设备条件等，可参照表 2–1–1 进行选择。其中以轻型井点采用较广，下面重点阐述轻型井点降水方法。

表 2–1–1　　各类井点降水法降低水位深度一览表

项次	井点类别	土的渗透系数（m/d）	降低水位深度（m）
1	单级轻型井点	0.1～50	3～6
2	多级轻型井点	0.1～50	视井点级数定
3	电渗井点	<0.1	根据选用的井点确定
4	管井井点	20～200	3～5
5	喷射井点	0.1～2	8～20
6	深井井点	10～250	>15

轻型井点法就是沿基坑的四周将许多直径较细的井点管埋入地下蓄水层内，井点管的上端通过弯联管与总管相连接，利用抽水设备将地下水从井点管内不断抽出，这样便可将有地下水位降至坑底以下，如图 2–1–1 所示。

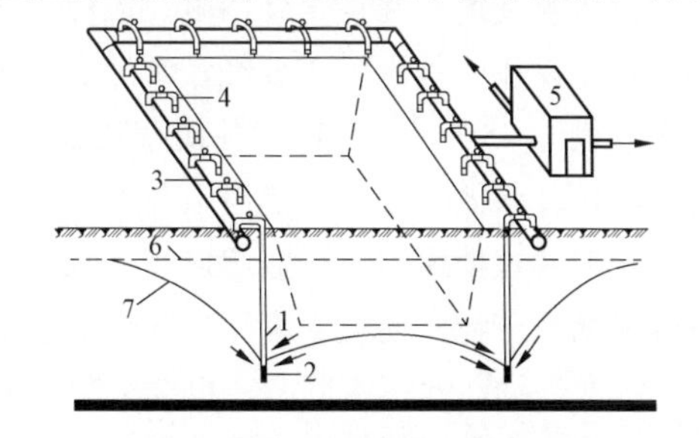

图 2–1–1　轻型井点法全貌图

1—井点管；2—滤管；3—总管；4—弯联管；5—水泵房；6—原有地下水位线；7—降低后地下水位线

（1）轻型井点设备。轻型井点设备由管路系统和抽水设备组成。管路系统包括滤管、井点管、弯联管及总管等。滤管是井点设备的一个重要部分，其构造是否合理，对抽水效果影响较大。

（2）轻型井点布置。轻型井点布置，根据基坑大小与深度、土质、地下水位高低与流向、降水深度要求等确定。井点布置得是否恰当，对井点施工进度和使用效果影响较大。

当基坑或沟槽宽度小于 6m，且降水深度不超过 5m 时，一般可采用单排井点，布置在地下水流的上游一侧，其两端的延伸长度一般以不小于坑（槽）宽为宜。如基坑宽度大于 6m 或土质不良，则宜采用双排井点。当基坑面积较大时，宜采用环形井点；有时为了施工需要，也可留出一段（地下水流下游方向）不封闭。井点管距离基坑壁一般不宜小于 0.7～1.0m，以防局部发生漏气。井点管间距应根据土质、降水深度、工程性质等确定，可采用 0.8m 或 1.6m。

（3）轻型井点施工。轻型井点系统的施工，主要包括施工准备、井点系统安装与使用及井点拆除。准备工作包括井点设备、动力、水源及必要材料的准备，开挖排水沟，观测附近建筑物标高以及实施防止附近建筑物沉降的措施等。

埋设井点的程序是：排放总管→埋设井点管→接通井点与总管→安装抽水设备。

井点管埋设：一般用水冲法，分为冲孔与埋管两个过程。冲孔时，先用起重设备将冲管吊起并插在井点的位置上，然后，开动高压水泵，将土冲松，边冲边沉。冲孔直径一般为 300mm，以保证井管四周有一定厚度的砂滤层，冲孔深度宜比滤管底深 0.5m 左右，以防冲管拔出时，部分土颗粒沉于底部而触及滤管底部。井孔冲成后，立即拔出冲管，插入井点管，并在井点管与孔壁之间迅速填灌砂滤层，以防孔壁塌土。砂滤层的填灌质量是保证轻型井点顺利抽水的关键，一般宜选用干净粗砂，填灌均匀，并填至滤管顶上 1～1.5m，以保证水流畅通。

井点填砂后，在地面以下 0.5～1.0m 范围内须用黏土封口，以防漏气。

井点管埋设完毕，应接通总管与抽水设备进行试抽水，检查有无漏水、漏气，出水是否正常、有无淤塞等现象。如有异常情况，应检修好后方可使用。

井点管使用：井点管使用时，应保证连续不断地抽水，并准备双电源，按照正常出水规律操作。抽水时需要经常观测真空度以判断井点系统工作是否正常。真空度一般应不低于 55.3～66.7kPa，并检查观测井中水位下降情况。如果有较多井点管发生堵塞，影响降水效果时，应逐根用高压水反向冲洗或拔出重埋。

轻型井点使用时，一般应连续抽水，特别是开始阶段。时抽时停，滤网易堵塞，也容易抽出土粒，使出水混浊，并会引起附近建筑物由于土粒流失而沉降开裂；同时由于中途停抽，地下水回升，也会引起土方边坡坍塌等事故。

轻型井点的正常出水规律是“先大后小，先混后清”，否则应立即检查纠正。必须经常观测真空度，如发现不足，则应立即检查井点系统有无漏气并采取相应的措施。在抽水过程中，应调节离心泵的出水阀以控制出水量，使抽吸排水保持均匀，达到细水长流。在抽水过程中，还应检查有无“死井”，即井点管淤塞。如死井太多，严重影响降水效果时，应逐个用高压水反向冲洗或拔出重埋。井点降水工作结束后所留的井孔，必须用砂砾或黏土填实。

（4）降水对周围建筑物影响及防止措施。在软土中进行井点降水时，由于地下水位下降，使土层中黏性土含水量减少产生固结、压缩，土层中夹入的含水砂层浮托力减少而产生压密，致使地面产生不均匀沉降，这种不均匀沉降会使附近建筑物产生下沉或开裂。为了减少井点降水对周围建筑物的影响，减少地下水的流失，一般通过在降水区和原有建筑物之间的土层中设置一道抗渗屏幕。除设置固体抗渗屏幕外，还可采用补充地下水的方法来保持建筑物下的地下水位的目的，即在降水井点系统与需要保护的建筑物之间埋置一道回灌井点。在降水井点和原有建筑物之间打一排井点，向土层灌入足够数量的水，以形成一道隔水帷幕，使原有建筑物下的地下水位保持不变或降低较少，从而阻止了建筑物下地下水的流失。这样，也就不会因降水而使地面沉降，或减少沉降值。

回灌井点是防止井点降水损害周围建筑物的一种经济、简便、有效的办法，它能将井点降水对周围建筑物的影响减少到最小程度。为确保基坑施工的安全和回灌的效果，回灌井点与降水井点之间保持一定的距离，一般不宜小于6m。为了观测降水及回灌后四周建筑物、管线的沉降情况及地下水位的变化情况，必须设置沉降观测点及水位观测井，并定时测量记录，以便及时调节灌、抽量，使灌、抽基本达到平衡，确保周围建筑物或管线等的安全。

二、施工降水相关安全措施

1. 排水的安全要求

（1）施工前应做好施工区域内临时排水系统的总体规划，并注意与原排水系统相适应。临时性排水设施应尽量与永久性排水设施相结合。山区施工应充分利用和保护自然排水系统和山地植被，如需改变原排水系统时，应取得有关单位同意。

（2）临时排水不得破坏附近建筑物或构筑物的地基和挖、填方的边坡，并注意不要损害农田、道路。

（3）在山坡地区施工，应尽量按设计要求先做好永久性截水沟，或设置临时截水沟，阻止山坡水流入施工场地。沟底应防止渗漏。在平坦地区施工，可采用挖临时排水沟或筑土堤等措施，阻止场外水流入施工场地。

（4）临时排水沟和截水沟的纵向坡度、横断面、边坡坡度和出水口应符合下列要求：纵向坡度应根据地形确定，一般不应小于3‰，平坦地区不应小于2‰，沼泽地区可减至 1‰；横断面应根据当地气象资料，按照施工期间最大流量确定。边坡坡度应根据土质和沟的深度确定，一般为 1∶0.7～1∶1.5，岩石边坡可适当放陡；出水口应设置在远离建筑物或构筑物的低洼地点，并应保证排水畅通。排水暗沟的出水口处应防止冻结。

（5）必要时临时排水沟在下列地段或部位应对沟底和边坡采取临时加固措施。

1）土质松软地段；

2）流速较快，可能遭受冲刷地段；

3）跌水处；

4）地面水汇集流入沟内的部位；

5）出水口处。

（6）在地形、地质条件复杂（如山坡陡峻、地下有溶洞、边坡上有滞水层或坡脚处地下水位较高等），有可能发生滑坡、坍塌的地段挖方时，应根据设计单位确定的方案进行排水。

2. 降低地下水位的安全要求

（1）开挖低于地下水位的基坑（槽）、管沟和其他挖方时，应根据施工区域内的工程地质、水文地质资料、开挖范围和深度，以及防坍防陷防流砂的要求，分别选用集水坑降水、井点降水或两者结合降水等措施降低地下水位，施工期间应保证地下水位经常低于开挖底面 0.5m 以上。

（2）基坑顶四周地面应设置截水沟。坑壁（边坡）处如有阴沟或局部渗漏水时，应设法堵截或引出坡外，防止边坡受冲刷而坍塌。

（3）采用集水坑降水时，应符合下列要求：

1）根据现场地质条件，应能保持开挖边坡的稳定；

2）集水坑和集水沟一般应设在基础范围以外，防止地基土结构遭受破坏，大型基坑可在中间加设小支沟与边沟连通；

3）集水坑应比集水沟、基坑底面深一些，以利于集排水；

4）集水坑深度以便于水泵抽水为宜，坑壁可用竹筐、钢筋网外加碎石过滤层等方法加以围护，防止堵塞抽水泵；

5）排泄从集水坑抽出的泥水时，应符合环境保护要求；

6）边坡坡面上如有局部渗出地下水时，应在渗水处设置过滤层，防止土粒流失，并应设置排水沟，将水引出坡面；

7）土层中如有局部流砂现象，应采取防止措施。

（4）采用井点降水时，应根据含水层土的类别及其渗透系数、要求降水深度、工程特点、施工设备条件和施工期限等因素进行技术经济比较，选择适当的井点装置。

（5）井点降水的施工组织设计（或施工方案）应包括以下主要内容：

1）基坑（槽）或管沟的平、剖面图和降水深度要求；

2）井点的平面布置、井的结构（包括孔径、井深、过滤器类型及其安设位置等）和地面排水管路（或沟渠）布置图；

3）井点降水干扰计算书；

4）井点降水的施工要求；

5）水泵的型号、数量及备用的井点、水泵和电源等。

（6）降水前，应考虑在降水影响范围内的已有建筑物和构筑物可能产生附加沉降、位移或供水井水位下降，以及在岩溶土洞发育地区可能引起的地面塌陷，必要时应采取防护措施。在降水期间，应定期进行沉降和水位观测并作出记录。

（7）在第一个管井井点或第一组轻型井点安装完毕后，应立即进行抽水试验，如不符合要求时，应根据试验结果对设计参数做适当调整。

（8）采用真空泵抽水时，管路系统应严密，确保无漏水或漏气现象，经试运转后，方可正式使用。

（9）降水期间，应经常观测并记录水位，以便发现问题及时处理。

（10）井点降水工作结束后所留的井孔，必须用砂砾或黏土填实。如井孔位于建筑物或构筑物基础以下，且设计对地基有特殊要求时，应按设计要求回填。

（11）在地下水位高而采用板桩做支护结构的基坑内抽水时，应注意因板桩的变形、接缝不密或桩端处透水等原因而渗水量大的可能情况，必要时应采取有效措施堵截板桩的渗漏水，防止因抽水过多使板桩外的土随水流入板桩内，从而淘空板桩外原有建（构）筑物的地基，危及建（构）筑物的安全。

（12）开挖采用平面封闭式地下连续墙作支护结构的基坑或深基坑之前，应尽量将连续墙范围内的地下水排除，以利于挖土。发现地下连续墙有夹泥缝或孔洞漏水的情况，应及时采取措施加以堵截补漏，以防止墙外泥（砂）水涌入墙内、危及墙外原有建（构）筑物的基础。

【思考与练习】

1. 为什么要进行基坑降水？
2. 明排水法适用于哪些情况？
3. 流砂是如何形成的？
4. 轻型井点降水的施工顺序是什么？
5. 如何防止轻型井点降水时造成的水土流失？

模块 2　基坑支护（Z44E2002 Ⅰ）

【模块描述】本模块介绍了根据开挖的地质条件和开挖深度确定边坡坡度或基坑

支护方案以及安全措施。通过要点讲解、案例分析，掌握基坑支护的相关要求以及安全措施。

【模块内容】

基坑支护是指为保证地下结构施工及基坑周边环境的安全，对基坑侧壁及周边环境采用的支挡。

一、基坑支护施工准备

（1）基础施工前必须进行地质勘探和了解地下管线情况，根据土质情况和基础深度编制专项施工方案。施工方案应与施工现场实际相符，能指导实际施工。其内容包括放坡要求或支护结构设计、机械类型选择、开挖顺序和分层开挖深度、坡道位置、坑边荷载、车辆进出道路、降水排水措施及监测要求等。对重要的地下管线应采取相应保护措施。

（2）基础施工应进行支护，基坑深度超过 3m 的基坑支护应编制专项施工方案，超过 5m 时应组织召开专家论证会对方案进行论证。

（3）施工方案必须经企业技术负责人审批，签字盖章后方可实施。

二、基坑临边防护

基坑施工必须进行临边防护并设置明显警示标志。深度不超过 2m 的临边可采用 1.2m 高栏杆式防护，深度超过 2m 的基坑施工还必须采用密目式安全网做封闭式防护。临边防护栏杆离基坑边口的距离不得小于 50cm。

1. 坑壁支护

（1）坑槽开挖时设置的边坡符合安全要求。坑壁支护的做法以及对重要地下管线的加固措施必须符合专项施工方案和基坑支护结构设计方案的要求。

（2）支护设施产生局部变形，应会同设计人员提出方案并及时采取相应的措施进行调整加固。

2. 排水措施

（1）基坑施工应根据施工方案设置有效的排水和降水措施。

（2）深基坑施工采用坑外降水的，必须有防止邻近建筑物危险沉降的措施。

3. 坑边荷载

（1）基坑边堆土、料具堆放的数量和距基坑边距离等应符合有关规定和施工方案的要求。

（2）机械设备施工与基坑（槽）边距离不符合有关要求时，应根据施工方案对机械施工作业范围内的基坑壁支护、地面等采取有效措施。

4. 上下通道

（1）基坑施工必须有专用通道供作业人员上下。

（2）设置的通道，在结构上必须牢固可靠，数量、位置满足施工要求并符合有关安全防护规定。

5. 土方开挖

（1）施工机械应由企业安全管理部门检查验收后进场作业，并有验收记录。

（2）施工机械操作人员应按规定进行培训考核，持证上岗，熟悉本工种安全技术操作规程。

（3）施工作业时，应按施工方案和规程挖土，不得超挖、破坏基底土层的结构。

（4）机械作业位置应稳定、安全，在挖土机作业半径范围内严禁人员进入。

6. 监测

基坑支护结构应按照方案进行变形监测，并有监测记录。对毗邻建筑物和重要管线、道路应进行沉降观测，并有观测记录。

基坑支护工程监测包括支护结构检测和周围环境监测。

（1）支护结构监测，包括对围护墙侧压力、弯曲应力和变形的监测；对支撑锚杆的轴力、弯曲应力监测；对腰梁（围檩）轴力、弯曲应力的监测以及对立柱沉降、抬起的监测。

（2）周围环境的监测。包括邻近建筑物的沉降和倾斜的监测；地下管线的沉降和位移监测等；坑外地形的变形监测。

（3）作业环境。基坑内作业人员应有稳定、安全的立足处。垂直、交叉作业时应设置安全隔离防护措施。夜间或光线较暗的施工应设置足够的照明，不得在一个作业场所只装设局部照明。

三、各类基坑支护的适用范围

1. 放坡开挖

适用于周围场地开阔，周围无重要建筑物，对位移控制无严格要求，并经验算能保证边坡稳定性的基坑开挖，具有造价低廉、工期短和工艺简单的特点，但回填土方量较大。

2. 水泥土桩墙

水泥土桩墙是深基坑支护的一种，指依靠其本身自重和刚度保护基坑土壁安全。一般不设支撑，特殊情况下经采取措施后可局部加设支撑。水泥土桩墙分深层搅拌水泥土桩墙和高压旋喷桩墙等类型，通常呈格构式布置。水泥土桩墙的适用范围为：基坑侧壁安全等级宜为二、三级；水泥土桩施工范围内地基土承载力不宜大于150kPa；基坑深度不宜大于6m。

3. 槽钢钢板桩

这是一种简易的钢板桩围护墙，由槽钢正反扣搭接或并排组成。槽钢长6～8m，型号由计算确定。其特点为：槽钢具有良好的耐久性，基坑施工完毕回填土后可将槽钢拔出回收再次使用；施工方便，工期短；不能挡水和土中的细小颗粒，在地下水位高的地区需采取隔水或降水措施；抗弯能力较弱，多用于深度≤4m 的较浅基坑或沟槽，顶部宜设置一道支撑或拉锚；支护刚度小，开挖后变形较大。

4. 钢筋混凝土板桩

钢筋混凝土板桩具有施工简单、现场作业周期短等特点，曾在基坑中广泛应用，但由于钢筋混凝土板桩的施打一般采用锤击方法，振动与噪声大，同时沉桩过程中挤土也较为严重，在城市工程中受到一定限制。此外，其制作一般在工厂预制，再运至工地，成本较灌注桩等略高。但由于其截面形状及配筋对板桩受力较为合理，并且可根据需要设计，制作厚度较大（如厚度达 500mm 以上）的板桩，并有液压静力沉桩设备，故在基坑工程中仍是支护板墙的一种使用形式。

5. 钻孔灌注桩

钻孔灌注桩围护墙是排桩式中应用最多的一种，在我国得到广泛的应用。其多用于坑深 7～15m 的基坑工程，在我国北方土质较好地区已有 8～9m 的臂桩围护墙。钻孔灌注桩支护墙体的特点有：施工时无振动、无噪声等环境公害，无挤土现象，对周围环境影响小；墙身强度高，刚度大，支护稳定性好，变形小；当工程桩也为灌注桩时，可以同步施工，从而施工有利于组织、方便、工期短。

6. 土钉墙

锚杆及土钉墙是由天然土体通过土钉墙就地加固并与喷射混凝土面板相结合，形成一个类似重力挡墙，以此来抵抗墙后的土压力，从而保持开挖面的稳定，这个土挡墙称为土钉墙。土钉墙是通过钻孔、插筋、注浆来设置的，一般称砂浆锚杆，也可以直接打入角钢、粗钢筋形成土钉。土钉墙的做法与矿山加固坑道用的喷锚网加固岩体的做法类似，故也称为喷锚网加固边坡或喷锚网挡墙。土钉墙在变电站建设中应用较多，土层锚杆构造如图 2–2–1 所示。

（1）作用机理。土钉在复合土体内的作用有以下几点：

1）土钉对复合土体起箍束骨架作用制约土体变形并使复合土体构成一个整体。

2）土钉与土体共同承担外荷载和土体自重应力，土钉起分担作用，由于土钉有很高的抗拉抗剪强度，所以土体进入塑性状态后，应力逐渐向土钉转移，土钉分担作用更为突出。

3）土钉起着应力传递与扩散作用以推迟开裂区域的形成和发展。

4）坡面变形的约束作用，在坡面上设置的与土钉在一起的钢筋网喷射混凝土面板限制坡面开挖卸荷而膨胀变形，加强边界约束的作用。

（2）墙体特点。土钉墙应用于基坑开挖支护和挖方边坡稳定有以下特点：

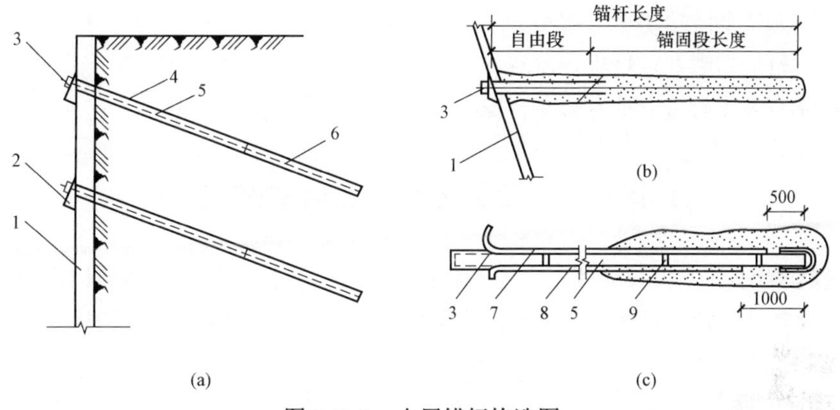

图 2–2–1　土层锚杆构造图

（a）多层锚杆剖面图；（b）锚杆与地下墙连接构造图；（c）二次灌浆管的布置

1—墙结构；2—锚头垫座；3—锚头；4—钻孔；5—锚拉杆；6—锚固体；

7—一次灌浆管；8—二次灌浆管；9—定位器

1）形成土钉复合体，显著提高边坡整体稳定性和承受边坡超载的能力。

2）施工设备简单。由于钉长一般比锚杆的长度小得多，不加预应力，所以设备简单。

3）随基坑开挖逐层分段开挖作业，不占或少占单独作业时间，施工效率高，占用周期短。

4）施工不需单独占用场地，在现场狭小、放坡困难、有相邻建筑物时显示其优越性。

5）土钉墙成本费较其他支护结构显著降低。

6）施工噪声、振动小，不影响环境。

7）土钉墙本身变形很小，对相邻建筑物影响不大。

（3）具体应用。土钉墙不仅应用于临时支护结构，而且也应用于永久性构筑物。当应用于永久性构筑物时，宜增加喷射混凝土面层的厚度，并适当考虑其美观。土钉墙的应用领域主要有：

1）托换基础；

2）基坑支挡或竖井；

3）斜坡面的挡土墙；

4）斜坡面的稳定；

5）与锚杆挡墙结合做斜面的防护。

【思考与练习】

1. 哪些深基坑必须进行维护？

2. 深基坑的临边防护有哪些方法？
3. 基坑应对哪些项目进行监测？
4. 锚杆及土钉墙支护有哪些特点？

模块3 地基验槽（Z44E2003Ⅲ）

【模块描述】本模块介绍了土方工程隐蔽前应检查的内容，地基验槽记录的填写要点以及常见问题。通过要点讲解、图表对比，掌握地基验槽的重点内容及记录的填写要点。

【模块内容】

地基验槽是由建设、勘察、设计、施工、监理等单位共同检查验收地基是否满足设计、规范等有关要求，是否与地质勘查报告中土质情况相符的验收行为。基坑（槽）基底开挖到设计标高后，应进行工程地质检验并做好隐蔽纪录。

一、验槽时必须具备的资料和条件

（1）勘察、设计、建设、监理、施工等单位有关负责及技术人员到场；

（2）基础施工图和结构总说明；

（3）详勘阶段的岩土工程勘察报告；

（4）开挖完毕，槽底无浮土、松土（若分段开挖，则每段条件相同），条件良好的基槽。

二、无法验槽的情况

（1）基槽底面与设计标高相差太大；

（2）基槽底面坡度较大，高差悬殊；

（3）槽底有明显的机械车辙痕迹，槽底土扰动明显；

（4）槽底有明显的机械开挖、未加人工清除的沟槽、铲齿痕迹；

（5）现场没有详勘阶段的岩土工程勘察报告或基础施工图和结构总说明。

三、验槽前的准备工作

（1）察看结构说明和地质勘察报告，对比结构设计所用的地基承载力、持力层与报告所提供的是否相同；

（2）询问、察看建筑位置是否与勘察范围相符；

（3）察看场地内是否有软弱下卧层；

（4）场地是否为特别的不均匀场地、是否存在勘察方要求进行特别处理的情况，而设计方没有进行处理；

（5）要求建设方提供场地内是否有地下管线和相应的地下设施。

四、推迟验槽的情况

（1）设计所使用承载力和持力层与勘察报告所提供不符；

（2）场地内有软弱下卧层而设计方未说明相应的原因；

（3）场地为不均匀场地，勘察方需要进行地基处理而设计方未进行处理。

五、验槽的主要内容

不同建筑物对地基的要求不同，基础形式不同，验槽的内容也不同，主要有以下几点：

（1）根据设计图纸检查基槽的开挖平面位置、尺寸、槽底深度；检查是否与设计图纸相符，开挖深度是否符合设计要求；

（2）仔细观察槽壁、槽底土质类型、均匀程度和有关异常土质是否存在，核对基坑土质及地下水情况是否与勘察报告相符；

（3）检查基槽之中是否有旧建筑物基础、古井、古墓、洞穴、地下掩埋物及地下人防工程等；

（4）检查基槽边坡外缘与附近建筑物的距离，基坑开挖对建筑物稳定是否有影响；

（5）检查核实分析钎探资料，对存在的异常点位进行复核检查。

六、验槽方法

验槽方法主要以观察法为主，而对于基底以下的土层不可见部位，要先辅以钎探法配合共同完成。

1. 观察法

（1）观察槽壁、槽底的土质情况，验证基槽开挖深度，初步验证基槽底部土质是否与勘察报告相符，观察槽底土质结构是否被人为破坏。

（2）基槽边坡是否稳定，是否有影响边坡稳定的因素存在，如地下渗水、坑边堆载或近距离扰动等(对难于鉴别的土质，应采用洛阳铲等手段挖至一定深度仔细鉴别)。

（3）基槽内有无旧的房基、洞穴、古井、掩埋的管道和人防设施等。如存在上述问题，应沿其走向进行追踪，查明其在基槽内的范围、延伸方向、长度、深度及宽度。

（4）在进行直接观察时，可用袖珍式贯入仪作为辅助手段。

2. 钎探法

（1）工艺流程。绘制钎点平面布置图→放钎点线→核验点线→就位打钎→记录锤击数→拔钎→盖孔保护→验收→灌砂。

（2）人工（机械）钎探。采用直径ϕ22～25mm钢筋制作的钢钎，使用人力（机械）将大锤（穿心锤）自由下落规定的高度，撞击钎杆垂直打入土层中，记录其单位进深所需的锤数，为设计承载力、地勘结果、基土土层的均匀度等质量指标提供验收依据。人工（机械）钎探是在基坑底进行轻型动力触探的主要方法。

（3）作业条件。人工挖土或机械挖土后由人工清底到基础垫层下表面设计标高，表面人工铲平整，基坑（槽）宽、长均符合设计图纸要求；钎杆上预先用钢锯锯出以300mm为单位的横线，0刻度从钎头开始。

（4）主要机具。钎杆：用直径为ϕ22～25mm的钢筋制成，钎头呈60°尖锥形状，钎长2.1～2.6m；

大锤：普通锤子，重量8～10kg；

穿心锤：钢质圆柱形锤体，在圆柱中心开孔ϕ28～30mm，穿于钎杆上部，锤重10kg；

钎探机械：专用的提升穿心锤的机械，与钎杆、穿心锤配套使用。

（5）根据基坑平面图，依次编号绘制钎点平面布置图。按钎点平面布置图放线，孔位撒上白灰点，用盖孔块压在点位上做好覆盖保护。盖孔块宜采用预制水泥砂浆块、陶瓷锦砖、碎磨石块、机砖等。每块盖块上面必须用粉笔写明钎点编号。

（6）就位打钎。钢钎的打入分人工和机械两种。

人工打钎：将钎尖对准孔位，一人扶正钢钎，另一人站在操作凳子上，用大锤打钢钎的顶端；锤举高度一般为50cm，自由下落，将钎垂直打入土层中。也可使用穿心锤打钎。

机械打钎：将触探杆尖对准孔位，再把穿心锤套在钎杆上，扶正钎杆，利用机械动力拉起穿心锤，使其自由下落，锤距为50cm，把触探杆垂直打入土层中。

（7）记录锤击数。钎杆每打入土层30cm时，记录一次锤击数。钎探深度以设计为依据；如设计无规定时，一般钎点按纵横间距1.5m梅花形布设，深度为2.1m。

（8）拔钎、移位。用麻绳或钢丝将钎杆绑好，留出活套，套内插入撬棍或钢管，利用杠杆原理，将钎拔出。每拔出一段将绳套往下移一段，依此类推，直至完全拔出为止；将钎杆或触探器搬到下一孔位，以便继续拔钎。

（9）灌砂。钎探后的孔要用砂灌实。打完的钎孔，经过质量检查人员和有关工长检查孔深与记录无误后，用盖孔块盖住孔眼。当设计、勘察和施工方共同验槽办理完验收手续后，方可灌孔。

（10）质量控制及成品保护。

1）同一工程中，钎探时应严格控制穿心锤的落距，不得忽高忽低，以免造成钎探不准，使用钎杆的直径必须统一。

2）钎探孔平面布置图绘制要有建筑物外边线、主要轴线及各线尺寸关系，外圈钎点要超出垫层边线200～500mm。

3）遇钢钎打不下去时，应请示有关工长或技术员，调整钎孔位置，并在记录单备注栏内做好记录。

4）钎探前，必须将钎孔平面布置图上的钎孔位置与记录表上的钎孔号先行对照，无误后方可开始打钎；如发现错误，应及时修改或补打。

5）在记录表上用有色铅笔或符号将不同的钎孔（锤击数的大小）分开。

6）在钎孔平面布置图上，注明过硬或过软的孔号的位置，把枯井或坟墓等尺寸画上，以便设计勘察人员或有关部门验槽时分析处理。

7）打钎时，注意保护已经挖好的基槽，不得破坏已经成型的基槽边坡；钎探完成后，应做好标记，用机砖护好钎孔，未经勘察人员检验复核，不得堵塞或灌砂。

3. 验槽注意事项

验槽时应重点观察柱基、墙角、承重墙下或其他受力较大部位；如有异常部位，要会同勘察、设计等有关单位进行处理。

4. 轻型动力锹探

遇到下列情况之一时，普遍应在基坑底进行轻型动力触探（现场也可用轻型动力触探替代钎探）：

（1）持力层明显不均匀；

（2）浅部有软弱下卧层；

（3）有浅埋的坑穴、古墓、古井等，直接观察难以发现时；

（4）勘察报告或设计文件规定应进行轻型动力触探时。

【思考与练习】

1. 地基验槽应有哪些人员参加？
2. 哪些情况无法进行地基验槽？
3. 地基验槽有哪些方法？
4. 地基验槽的主要内容是哪些？

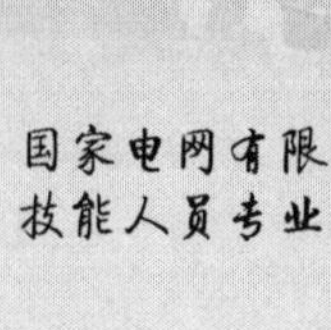

第三章

土　方　回　填

模块 1　土方填筑与压实（Z44E3001 Ⅰ）

【模块描述】本模块介绍了土方填料的要求、填筑的顺序、压实的方法等。通过要点讲解、案例分析，掌握土方填筑的要求和压实的方法。

【模块内容】

建筑工程的填土，主要有地基填土、基坑（槽）或管沟回填、室内地坪回填、室外场地回填平整等。对地下设施工程（如地下结构物、沟渠、管线沟等）的两侧或四周及上部的回填土，应先对地下工程进行各项检查，办理验收手续后方可回填。

一、填土选择与填筑要求

为了保证填土工程的质量，必须正确选择土料和填筑方法。

填料应符合设计要求，不同填料不应混填。淤泥、淤泥质土、草皮土和有机质含量大于 8%的土，不应用于有压实要求的回填区域。碎石类土或爆破石渣，可用于表层以下回填，采用碾压法或强夯法施工，按规范要求控制分层厚度及最大粒径。膨胀土、盐渍土等作为回填土时，应符合《土方与爆破工程施工及验收规范》（GB 50201）的要求。不同土类应分别经过击实试验测定填料的最大干密度和最佳含水量。两种透水性不同的填料分层填筑时，上层宜填透水性较小的填料。填土为黏性土时，回填前应检验含水量，偏高时翻松晾晒或均匀掺入干土或生石灰，偏低时预先洒水湿润。

填方施工应接近水平地分层填土、分层压实，每层的厚度根据土的种类及选用的压实机械而定。当回填基底坡度大于 1∶5 时，应将基底挖成台阶，台阶面内倾，台阶高宽比为 1∶2，台阶高度不大于 1m。土方回填应填筑压实，且压实系数应满足设计要求。当采用分层回填时，应在下层的压实系数经试验合格后，才能进行上层施工。

二、填土压实方法

填土压实方法有碾压法、夯实法及振动压实法。

1. 碾压法

碾压法是利用机械滚轮的压力压实土壤，使之达到所需的密实度。碾压机械有平碾及羊角碾等。平碾（光碾压路机）是一种以内燃机为动力的自行式压路机，重量为6～15t。羊角碾单位面积的压力比较大，土壤压实的效果好。羊角碾一般用于碾压黏性土，不适于砂性土，因在砂土中碾压时，土的颗粒受到羊足较大的单位压力后会向四面移动而使土的结构破坏。

松土碾压宜先用轻碾压实，再用重碾压实。碾压机械压实填方时，行驶速度不宜过快，一般平碾和振动碾不应超过2km/h；羊角碾不应超过3km/h。

2. 夯实法

夯实法是利用夯锤自由下落的冲击力来夯实土壤，土体孔隙被压缩，土粒排列得更加紧密。人工夯实所用的工具有木夯、石夯等；机械夯实常用的有内燃夯土机、蛙式打夯机和夯锤等。夯锤是借助起重机悬挂一重锤，提升到一定高度，自由下落，重复夯击基土表面。夯锤锤重1.5～3t，落距为2.5～4m。还有一种强夯法是在重锤夯实法的基础上发展起来的，其锤重8～30t，落距为6～25m，其强大的冲击能可使地基深层得到加固。强夯法适用于黏性土、湿陷性黄土、碎石类填土地基的深层加固。

3. 振动压实法

振动压实法是将振动压实机放在土层表面，在压实机振动作用下，土颗粒发生相对位移而达到紧密状态。振动碾是一种震动和碾压同时作用的高效能压实机械，比一般平碾提高功效1～2倍，可节省动力30%。用这种方法振实填料为爆破石渣、碎石类土、杂填土和粉质黏土等非黏性土效果较好。

【思考与练习】

1. 土方压实的顺序是怎么样的？
2. 土方压实有哪些方法，各适用于什么情况？

模块2　回填土质量验收（Z44E3002Ⅰ）

【模块描述】本模块包含回填料质量、填土分层厚度、压实系数等质量要求。通过要点讲解、案例分析，掌握回填土质量验收要点和记录要求。

【模块内容】

回填土的质量验收是控制回填土质量的重要手段，是保证工程地基施工水平的重要步骤，在地基工程施工过程中，回填土的质量验收至关重要。

一、回填土质量控制

填土压实质量与许多因素有关，其中主要影响因素为压实功、土的含水量以及每层铺土厚度。

1. 压实功的影响

填土压实后的干密度与压实机械在其上施加的功有一定的关系。在开始压实时，土的干密度急剧增加，待到接近土的最大干密度时，压实功虽然增加许多，而土的干密度几乎没有变化。因此，在实际施工中，不要盲目过多地增加压实遍数。压实遍数参考数据见表 3–2–1。

表 3–2–1　　填方每层铺土厚度与压实遍数

压实机具	层铺土厚度（mm）	压实遍数
平碾	200～300	6～8
羊角碾	200～350	8～16
蛙式打夯机	200～250	3～4
人工夯实	≤200	3～4

2. 含水量的影响

在同一压实功条件下，填土的含水量对压实质量有直接影响。较为干燥的土，由于土颗粒之间的摩阻力较大，因而不易压实。当土具有适当含水量时，水起了润滑作用，土颗粒之间的摩阻力减小，从而易压实。各种土壤都有其最佳含水量。土在这种含水量条件下，使用同样的压实功进行压实，可得到最大干密度。各种土的最佳含水量和所能获得的最大干密度，可由击实试验取得，如图 3–2–1 所示。

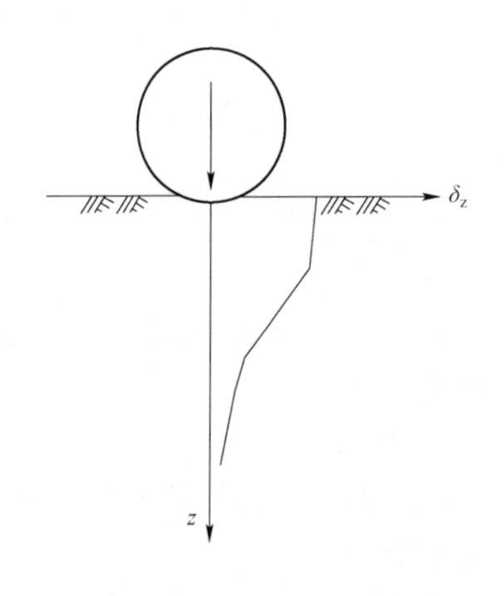

图 3–2–1　土壤干密度曲线图

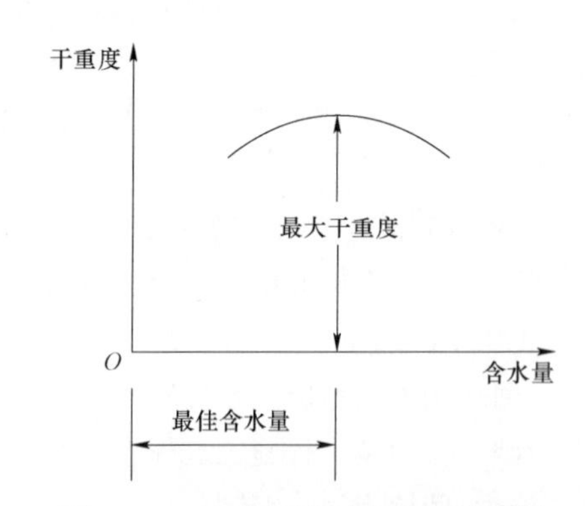

图 3–2–2　土的压实功和深度关系图

3. 铺土厚度的影响

土在压实功的作用下，压应力随深度增加而逐渐减小，其影响深度与压实机械、土的性质和含水量等有关，如图 3–2–2 所示。铺土厚度应小于压实机械压土时的作用深度，但其中还有最优土层厚度问题：铺得过厚，要压很多遍才能达到规定的密实度；铺得过薄，则也要增加机械的总压实遍数。恰当的铺土厚度能使土方压实而机械的功耗费最少。

填土压实的质量检查标准要求土的实际干密度要大于或等于设计规定的控制干密度，即 $\gamma_0 \geqslant \gamma_d$。土的控制干密度可用土的压实系数与土的最大干密度之积来表示，即 $\gamma_d = \gamma_c \gamma_{d\max}$。压实系数一般由设计根据工程结构性质、使用要求以及土的性质确定。主要要求见表 3–2–2。

表 3–2–2　　填土质量控制

结构类型	填土部位	压实系数	控制含水量（%）
砌体承重结构和框架结构	在地基主要受力层范围内	≥0.97	$\omega_{op}\pm2$
	在地基主要受力层范围以下	≥0.95	
排架结构	在地基主要受力层范围内	≥0.96	
	在地基主要受力层范围以下	≥0.94	

注　ω_{op} 是指土的最优含水率，压实填土的最大干密度和最优含水量宜采用击实试验确定。

二、回填土取样试验

土样取样数量，应依据现行国家标准、行业标准和国网公司现行标准执行。

（1）依据《建筑地基基础工程施工质量验收标准》（GB 50202），回填料每层压实系数应符合设计要求，采用环刀法取样时，基坑和室内回填，每层按 100～500m^2 取样一组，且每层不少于 1 组；柱基回填，每层抽样柱基总数的 10%，且不少于 5 组；基槽或管沟回填，每层按 20～50m 取样 1 组，且每层不少于 1 组；室外回填，每层按 400～900m^2 取样 1 组，且每层不少于 1 组，取样部位应在每层压实后的下半部。采用灌砂或灌水法取样时，取样数量可较环刀法适当减少，但每层不少于 1 组。

（2）依据《建筑地基处理技术规范》（JGJ 79），对于换填垫层，采用环刀法检验时，取样点应选择位于每层垫层厚度的 2/3 处。条形基础下每 10～20m 不应少于 1 点，其他垫层每 50～100m^2 不应少于 1 点。

【思考与练习】

1. 回填土的质量受哪些因素的影响？
2. 回填采用的压实机具应采用填铺厚度和碾压遍数是多少？
3. 回填土的质量检验标准是什么？
4. 回填土取样试验应采用哪些方法？

第四章

土方工程施工方案编制

模块1　土方工程施工方案编制（Z44E4001Ⅲ）

【模块描述】本模块包含土方工程施工方案编制的内容、控制要求及相关安全注意事项。通过工序介绍、要点讲解、流程描述，熟练编制土方工程施工方案。

【模块内容】

土方工程施工方案编制要点如下：

一、工程概况

至少包括以下内容：

（1）土方工程所处的地段，周边的环境。

（2）四周市政道路、管、沟、电缆等情况。

（3）基础类型、基坑开挖深度、降排水条件、施工季节、原状土放坡形式及其他要求。

二、编制依据

包括相关的法律、法规、规范性文件、标准、规范及施工图纸（国标图集）、施工组织设计等。其中《建筑地基基础设计规范》（GB 50007）、《建筑地基基础工程施工质量验收标准》（GB 50202）、《建筑工程施工质量评价标准》（GB/T 50375）、《建筑施工土石方工程安全技术规范》（JGJ 180）、《建筑地基处理技术规程》（JGJ 79）、《建筑边坡工程技术规范》（GB 50330）、《建筑基坑工程监测技术规范》（GB 50497）、《建筑机械使用安全技术规程》（JGJ 33）等标准规范必须列入；有围护结构的基坑，还必须有由专业设计资质的设计单位设计的基坑围护及挖土施工组织设计及降水施工方案。

三、工程地质情况及现场环境

（1）施工区域内建筑基地的工程地质勘察报告。

（2）施工区域内及邻近地区地下水情况。

（3）场地内和邻近地区地下管道、管线图和有关资料，如位置、深度、直径、构造及埋设年份等。

（4）邻近的原有建筑、构筑物的结构类型、层数、基础类型、埋深、基础荷载及上部结构现状，如有裂缝、倾斜等情况，需做标记、拍片或绘图，形成原始资料文件。

（5）土方工程四周道路的距离及车辆载重情况。

四、土方工程施工

1. 施工准备工作

（1）勘查现场，清除地面及地上障碍物。

（2）做好施工场地防洪排水工作，全面规划场地，平整各部分的标高，保证施工场地排水通畅不积水，场地周围设置必要的截水沟、排水沟。

（3）保护测量基准桩，以保证土方开挖标高位置与尺寸准确无误。

（4）备好施工用电、用水、道路及其他设施。

2. 施工注意事项

（1）根据土方工程开挖深度和工程量的大小，选择机械和人工挖土或机械挖土方案。

（2）如开挖的深度比邻近建筑物基础深时，开挖应保持一定的距离和坡度，以免在施工时影响邻近建筑物的稳定。如不满足要求，应采取边坡支撑加固措施。并在施工中进行沉降和位移观测。

（3）弃土应及时运出，如需要临时堆土，或留作回填土，堆土坡脚至坑边距离应按开挖深度、边坡坡度和土的类别确定（应考虑堆土附加侧压力）。

（4）土方开挖工程完成后要尽量减少暴露时间，及时进行下一道工序的施工。如不能立即进行下一道工序，要预留15～30cm厚覆盖土层，待基础施工时再挖去。

3. 土方开挖

开挖应根据边坡形式、降排水要求，确定开挖方案。施工边界周围地面应设排水沟，且应避免漏水、渗水进入坑内；放坡开挖时，应对坡顶、坡面、坡脚采取降排水措施。基坑周边严禁超堆荷载。

内容应包括开挖机械的选型，开挖程序，机械和运输车辆行驶路线，地面和坑内排水措施，冬季、雨季、汛期施工措施等。

应根据不同的支护形式确定不同挖土工艺。

（1）放坡大开挖的土方开挖：机械挖土→运土、弃土→人工挖土、修整坑壁、坑底→基坑验收。

（2）采用复合土钉墙的基坑土方开挖：机械挖土→运土、弃土→人工挖土、修整坑壁→坑壁钻孔→插入有孔钢管→钢管内插入钢筋→喷射混凝土→坑壁布设钢筋网→坑壁喷射混凝土→循环作业达到坑底以上20cm→人工挖土、修整坑壁、坑底→基坑验收。

（3）采用无内支撑的重力坝围护墙的基坑土方开挖：重力坝围护墙达到设计强度

后→分层机械挖土→运土、弃土→人工挖土、修整坑壁、坑底→基坑验收。

（4）采用围护墙加支撑的基坑的土方开挖：机械挖土→运土、弃土→人工挖土、修整坑壁→制作模板、绑扎钢筋、浇筑混凝土支撑（制作、安装型钢或钢管支撑）→循环作业达到坑底以上 20cm→人工挖土、修整坑壁、坑底→基坑验收。

方案应详细阐述所选工艺流程的具体操作要求和作业方法，便于指导施工班组的指挥和作业。

4. 开挖监控

开挖前应作出系统的开挖监控方案，监控方案应包括监控目的、监测项目、监控报警值、监测方法及精度要求、监测点的布置、监测周期、工序管理和记录制度以及信息反馈系统等。

五、安全保证措施

（1）施工前要有单项土方工程施工方案，对施工准备、开挖方法、放坡、排水、边坡支护应根据有关规范要求进行设计。

（2）人工挖土方时，操作人员之间要保持安全距离，一般大于 2.5m；多台机械开挖，挖土机间距应大于 10m，挖土要自上而下，逐层进行，严禁先挖坡脚的危险作业。

（3）挖土方前对于周围环境要认真检查，不能在危险岩石或建筑物下面进行作业。

（4）开挖应严格按要求放坡，操作时应随时注意边坡的稳定情况，发现问题及时加强处理。

（5）机械挖土，多台阶同时开挖土方时，应验算边坡的稳定。根据规定和验算确定挖土机离边坡的安全距离。

（6）四周设防护栏杆，人员上下要有专用爬梯。

（7）运土道路的坡度、转弯半径要符合有关安全规定。

（8）爆破土方要遵守爆破作业安全有关规定。

（9）建立健全施工安全保证体系，落实有关建筑施工的基本安全措施等内容。

（10）结合工程特点采取紧急应急措施。

【土方工程施工方案实例】

1. 工程概况

××工程位于××市东环路东。由××市政府代建项目管理局投资兴建；地质工程由××市工程勘察院负责勘察；设计单位为××建筑设计有限公司；监理单位为××建筑工程监理有限公司；承建单位为××建筑工程总公司。本工程为 3 栋 6 层 ABC 楼，标准层高为 3.0m，建筑高度为 22.5m，1 栋 4 层 D 楼，建筑高度为 16.6m，泵房为单层建筑，建筑高度为 5.1m，总建筑面积为 16 013m^2；施工总工期为 150 天，工程总造价约为 3018 万元。工程由××担任项目经理，××担任项目技术负责人。

本工程结构形式为框架结构，建筑抗震等级为二级，结构安全等级为二级，合理使用年限为50年，屋面防水等级为Ⅱ级，建筑抗震设防烈度为7度，防火等级为二级，建筑结构安全等级为二级，地基基础设计等级为乙级，基础形式采用预制管桩基础、冲孔灌注桩及天然地基基础，本工程±0.000相当于绝对标高53.8m。

工程周边环境空置，无在建工程及相关管道等。

2. 编制依据

该施工方案编制的主要依据：招投标文件、设计图纸、本工程施工组织设计；住建部现行规范、规程及本市有关规程。主要规范、规程如下：

《建筑地基基础设计规范》（GB 50007）

《建筑地基基础工程施工质量验收标准》（GB 50202）

《建筑工程施工质量评价标准》（GB/T 50375）

《建筑施工土石方工程安全技术规范》（JGJ 180）

《建筑地基处理技术规程》（JGJ 79）

《建筑边坡工程技术规范》（GB 50330）

《建筑基坑工程监测技术规范》（GB 50497）

《建筑机械使用安全技术规程》（JGJ 33）

3. 场地地质情况

场地地质情况见表4–1–1。

表4–1–1　　综合地层柱状剖面

地层 系	地层代号	层序号	厚度范围值（m）	厚度平均值（m）	层顶埋深（m）	层顶高程（m）	地层剖面示意	土层名称
第四系	Q^{ml}	①	0.50～1.50	0.72	0.00～0.00	9.77～11.75		耕植土
	Q^{al}	②	0.90～6.10	3.38	0.50～1.50	8.77～10.85		粉质黏土
	Q^{al}	③	0.40～6.90	2.81	2.20～7.50	2.90～8.79		淤泥质黏土
	Q^{al}	$③_1$	0.50～4.70	1.62	1.60～7.50	3.66～8.44		中砂
	Q^{el}	④	0.50～6.40	2.39	2.30～13.00	–2.10～8.68		粉质黏土

续表

地层 系	地层代号	层序号	厚度范围值（m）	厚度平均值（m）	层顶埋深（m）	层顶高程（m）	地层剖面示意	土层名称
白垩系	K_{1l}	⑤	0.50～10.00	2.87	4.80～15.00	–4.79～6.20		强风化砂岩

具体参数详见地质勘查报告。

场地水文概况：

（1）地表水。场地西侧发育河流为××河，距离拟建场地约 150～200m，场地东北至西南方向发育一条排洪沟，除此之外无大型地表水系发育。由于场地呈中部高周边低渐变过渡，场地西南侧及东侧地势较低，雨水于此处汇集，场地此处已作排水处理，无大量积水。

（2）地下水。拟建场地勘察深度范围内地下水可划分为 3 个含水层。

第 1 含水层系赋存于①素填土的上层滞水，赋水条件较差，含水量较小，该含水层主要受大气降水的入渗补给，向低洼处排泄。

第 2 含水层系赋存于③1 中砂层的微承压潜水，赋水条件较好，地下水水量较丰富，大气降水和附近万泉河及其他河流水为其主要补给来源。

第 3 含水层系赋存于赋存于⑤强风化砂岩、⑥中风化砂岩中的裂隙型潜水，该层地下水水量相对较丰富，主要依靠大气降水和入渗补给，向场地以外低洼沟谷及河流排泄。勘察施工期间，采用测钟法测量钻孔地下水的稳定水位，各钻孔地下水位的稳定埋深为 0.50～2.30m，高程为 7.30～10.52m。根据区域水文地质资料，该区年地下水位变幅约 1m。

根据以上工程地质特点，本工程基础开挖深度主要在第四系②、③层，地下水主要在第 1 含水层系，因此，地质情况较简单，地下水较少。

4. 施工准备

由于本工程占地面积大，单体栋号数量多，土方工程量相对较大（约 3000m³），且工期紧迫。而桩基工程安排了 3 台桩机 24 小时连续作业，易形成流水施工和工作面的展开。根据业主要求的工期，为加快土建工作局面的打开，在土方开挖第一阶段安排 2 台挖掘机，第二阶段安排 2 台挖掘机配 1 台推土机进行开挖和回填。按照桩基施工顺序，土方优先开挖部位应为 A、B、C、D 楼，其次为高压泵房。

（1）按照打桩的工程量及施工顺序，第一阶段桩基完成顺序应该为 B、C 栋，故第一阶段（预估打桩开始 10 天后）采用 2 台挖掘机首先开挖 B、C 栋。

（2）随着打桩的继续，工作面的展开，即进入挖土第二阶段（预估打桩开始 15

天后），此时增设 1 台挖机开挖，接着 A 栋。

（3）第三阶段灌注桩完成后开挖 D 楼，其次开挖高压泵房；并进入全面开挖回填阶段。

土方开挖工作务必保证后续工序的正常展开，不得延误工期。每个施工区的流水作业如下：机械挖土→运土、弃土→人工挖土、修整坑壁、坑底→基坑验收。

5. 土方施工作业

（1）开挖边线确定：首先，测量人员根据业主提供的控制点，定出本工程基坑轴线；然后按基底混凝土垫层外边线每边加工作面 600mm 定出基坑开挖下口线，再按 1∶0.3 放坡开挖；稍深基坑采用二级放坡开挖，首先按二级放坡加中间平台宽度和坑底工作面宽度放出基坑开挖上口线，按照开挖边线 1∶1 放坡开挖至深基坑的中部，然后扣除 1000mm 宽的中间平台放出下一级边坡开挖边线，最后继续按照开挖边线 1∶1 放坡开挖至坑底设计标高。在具体基坑开挖过程中结合开挖实际深度定出开挖上口线，并撒灰线标记开挖边线及变坡位置。

（2）开挖方法。

1）机械挖土，随挖土随修整边坡。在开挖至距离坑底 500mm 以内时，测量人员抄出 500mm 水平线，在基槽底钉上水平标高小木桩，在基坑内抄若干个基准点，拉通线找平，预留 300mm 土层人工清理。

2）机械开挖至最后一步时，测量人员随即放出基础承台线，由人工挖除 300mm 预留土层，并清理整平，及时进行垫层的浇筑，防止基底土水分蒸发损失，导致土体积膨胀。

（3）开挖注意事项。

1）坑底及坡顶四周做好排水措施，在地面设置截水沟，基坑内设集水井，采用明排水的方法，沿坑底周围开挖 300（W）×300（H）排水沟，使水流入 1000（L）×1000（B）×1000（H）集水井，用水泵排到业主要求的雨水沉砂池，最后排到雨水沟内。防止雨水及地下水浸泡基土，每日及雨天例行检查土壁稳定情况，在确定安全情况下方可继续工作。

2）清底人员必须根据设计标高做好清土工作，因桩顶高出基底 200 ㎜，为保护桩基，坑底必须预留 300mm 余土采用人工开挖。

3）机械开挖过程中以及停置和进出场应注意安全，随时配合挖运土做好现场清洁工作，做到文明施工。

（4）异常情况处理：开挖过程中，施工人员要随时注意观察基坑土质变化及边坡稳定情况，出现异常情况，立即报告。

1）场内如有暗浜或软弱夹层，应将瘀泥全部清除干净，用砂石分层夯实至设计标高。

2）开挖过程中如遇滑坡迹象，应立即暂停施工，报告业主并主动采取应急措施，在转移工人的同时，将滑坡现场进行封锁；测量人员根据滑坡迹象设置观测点，以便观测坡体平面及竖向位移，为应急措施提供重要的原始资料。

（5）土方回填。

1）回填土前应将基坑底或地坪上的垃圾等杂物清理干净，肥槽回填前，必须清理到基础底标高，将回落的松散垃圾、砂浆、石子等杂物清除干净。

2）检验回填土的质量有无杂物，粒径是否符合规定，以及回填土的含水量是否在控制范围内；如含水量偏高可采用翻松，晾晒或均匀掺入干土等措施；如遇回填土的含水量偏低，可采用预先洒水润湿等措施。

3）回填应分层铺摊。每层铺土厚度应根据土质、密实度要求和机具性能确定。一般蛙式打夯机每层铺土厚度为200～250mm；人工打夯不大于200mm。每层铺摊后，随之耙平。

4）回填土每层至少夯打三遍。打夯应一夯压半夯，夯夯相接，行行相连，纵横交叉。并且严禁采用水浇使土下沉的所谓的“水夯”法。

5）深浅两基槽回填时，应先填夯深基坑，填至浅基坑相同标高时，再与浅基础一起填夯。如必须分别填夯时，交接处应填成阶梯形，梯形的高宽比一般为1∶2。上下层错缝距离不小于1.0m。

6）回填房心及管沟时，为防止管道中心线位移或损坏管道，应用人工先在管道两侧填土夯实。并应由管道两侧同时进行，直至管顶0.5m以上时，在不损坏管道的情况下，方可采用蛙式打夯机夯实。在抹带接口处，防腐绝缘层或电缆周围，应回填细粒料。回填土每层填土夯实后，应按规范规定进行环刀取样，测出干土的质量密度；达到要求后，再进行上一层的铺土。

7）修整找平，填土全部完成后，应进行表面拉线找平，凡超过标准高程的地方，及时依线铲平，凡低于标准高程的地方，应补土夯实。

6. 安全保证措施

（1）安全管理及防护技术措施。按照公司职业健康安全管理手册、程序文件严格对现场安全防护进行控制。现场成立安全领导小组，工地设专职安全员，全面负责安全生产及各种安全教育活动，由工程部组织有关部门对现场进行经常性检查，发现隐患及时组织人员整改。保证无重大事故。

场内按各阶段施工情况在进出口和危险区挂宣传画、色标、标牌及标语，各种防护部位防护到位。各种标牌应挂齐，并挂在醒目部位处，符合OHSAS18001标准。

基坑的防护措施如下：

1）土方开挖要探明地下管网，防止发生意外事故。

2）在距基坑边 0.6m 周围用ϕ48 钢管设置两道护身栏杆，立杆间距 4m，高出自然地坪 1.8m，埋深 0.8m，基坑上口边 1m 范围内不许堆土、堆料和停放机具。各施工人员严禁翻越护身栏杆。基坑施工期间设警示牌，夜间加设红色灯标志。

3）基坑外施工人员不得向基坑内乱扔杂物，向基坑下传递工具时要接稳后再松手。

4）坑下人员休息要远离基坑边及放坡处，以防不慎。

5）施工机械一切服从指挥，人员尽量远离施工机械，如有必要，先通知操作人员，待回应后方可接近。

（2）施工现场场容管理措施。

1）施工现场执行“谁主管，谁负责”的原则，工地项目经理对施工现场管理工作全面负责，一切与建设工程施工活动有关的单位和个人，必须服从管理。

2）现场施工道路为混凝土路面，保持畅通，禁止路面堆放材料、设备；雨季有可行的排水措施，配备 4 寸潜水泵 10 台，现场设置排水沟，及时将现场雨水排入原有雨水管道。

3）进入现场的土方机械及材料不用时要堆放整齐，不得混乱，每天安排专人保持现场的整洁。

4）进入施工现场的所有人员必须佩戴安全帽，非施工人员不准进入施工现场。

5）各种机械定期保养，机械操作人员建立岗位责任制，做到持证上岗，严禁无证操作。

6）天气干燥时，现场适量洒水，减少扬尘。

7）施工现场全体管理人员佩戴胸卡。

（3）环境保护措施。

1）土方由合格的运输单位施工，并签订运输合同，在合同中明确公司的环境要求。在现场出入口设专人清扫车轮，并拍实车上或严密遮盖，运载工程土方最高点不超过车辆槽帮上沿 50cm，边缘不高于车辆槽帮上沿 10cm，严禁沿途遗洒。并安排专人负责清扫道路。

2）施工现场干燥时，应洒水润湿，以防尘土飞扬。

3）施工材料不得堆放在施工道路上，以保证运输通畅。

（4）现场消防保卫管理措施。

1）在施工现场建立防火领导小组、义务消防员、治保会、社会综合治理小组，设一名领导干部具体负责消防保卫工作，并建立每月召开一次例会制度。

2）施工现场工作坚持“预防为主，防消结合”的工作方针，认真贯彻《中华人民共和国消防法》和省《消防条例》，逐级落实防火责任制，利用多种形式对员工进行广泛的宣传教育，做到人人重视消防工作；同时将消防保卫工作纳入生产管理议事日程，与生产同计划、同布置、同检查、同落实、同评比。

3）参加施工的所有人员，入场前都要进行“四防”教育和考试。坚持每月和重大节日、社会政治活动前教育一次，学习现场的各项规章制度和国家法规，使每一个施工人员做到制度明确、安全生产、文明施工。

4）现场采用非易燃材料做临设，施工现场的生活、加工、仓储、办公室与在施工程分开设置。

5）易燃、剧毒物品分类专库管理，严格进出库手续，进行易燃、易爆化学危险品操作时，必须保证通风良好，禁止与电气焊等明火作业交叉操作。

6）加强现场明火作业管理，严格用火审批制度。现场用火证，统一由保卫负责人员签发，并有书面安全防火技术交底。

7）现场设吸烟区，在明显位置贴吸烟管理要求和标志，配备烟头容器和灭火器材，吸烟应到吸烟区，现场其他地方禁止吸烟。

8）现场架设照明线路及安装各种电器设备，必须由正式电工操作，非电工人员不准操作。

9）施工现场消防器材统一由保卫人员检查，保证灭火器材完好有效，不准他人擅自乱移、乱用；施工现场道路宽度不低于3.5m。

10）对现场的要害部位及成品保护工作，坚持“谁主管、谁负责，谁施工、谁负责”的原则，把责任落实到人，根据现场实行情况，采取减少出入口，分片控制出入人员，具体办法由保卫人员负责制定。

7. 地下水控制措施

该分项工程将遇雨期施工，雨期施工采取以下措施：

（1）建立以项目经理为组长的雨期施工领导小组：

组长：蒋××（项目经理）

副组长：余××（技术负责人）、陈××（生产负责人）

成员：项目部各职能管理员及施工队长、各班组长

（2）工程开工后，施工队伍进入现场首先应进行现场排水设计，并按设计要求完成现场排水管道施工，保持现场无积水、施工道路畅通。

（3）施工现场中所有机械、机电设备采取防雨措施，已开挖的基坑雨后要及时排除坑内积水。

（4）及时收听天气预报，土方开挖尽可能避开雨天施工，施工现场准备足够的塑料布，以备突然降雨时对未达到强度的混凝土、机械设备、土方等覆盖。

（5）对地表水进行有组织排放。

（6）施工技术措施。

1）土方开挖时尽量避开雨天，如遇下雨土方开挖应立即停止，机械设备退场，禁止雨天作业，以防不安全因素的产生。

2）未做支护的边坡，如遇雨天，应采取塑料布覆盖边坡的方式，防止雨水冲刷边坡，避免不安全因素的发生。

3）雨天基坑内如有积水，应立即用水泵抽水或其他排水措施，防止雨水泡槽。

4）雨天作业时，应采取必要的防滑措施。

5）在基坑的顶面和基坑底面设置排水沟和积水坑，利用抽水泵进行地面排水。

8. 安全生产

（1）加强安全教育，认真做好防洪、防雷、防触电、防火、防风暴、防潮、防暑等工作，通过交底贯彻到班组。

（2）经常检查施工用电，电闸箱、机电设备有完善的保护接零，可靠的防雨、防潮措施。绝缘良好，严防漏电，设漏电保护器，手持电动工具佩带齐个人安全保护用具。

（3）随时检查边坡的稳定情况，如发现边坡有裂缝等不安全因素，应立即停止该处施工，上报项目部安全及技术人员，确定无安全隐患后方可继续施工。

（4）施工电源线的在雨季时要架高，架高高度不低于 2m，避免漏电。

（5）尽力改善工作环境，调整作业时间。

（6）雨天作业时，应采取必要的防滑措施。

（7）在基坑底面设置排水沟和积水坑，利用抽水泵进行地面排水。

9. 应急预案

（1）土方坍塌的预防和监控措施。

施工前，项目技术负责人或施工员应向作业班组进行技术、质量、安全交底，分工明确，责任落实到人。

土方开挖时，必须有专人在现场统一指挥，按既定方案和程序施工。

对于挖出的泥土，要及时运走或按规定放置，不得随意堆放。

施工中应严格控制建筑材料、模板、施工机械、机具或其他物料在坑边堆放，以避免产生过大的附加荷载，造成基坑边坡失稳及土方坍塌。

基坑开挖完后，应尽量缩短暴露的时间，以防其他不可预见的因素造成基坑边坡失稳及土方坍塌。

基坑开挖过程中，自始至终应做好监测。根据具体周边环境设置监测控制点，按规定每日监测并做好记录，当发现监测数据超标准应及时报告并采取有效措施，防止基坑边坡土方坍塌。

（2）基坑土方坍塌现场应急措施。

当边坡变形过大，变形速率过快，周边环境出现开裂等险情时应立即停止施工，根据险情原因采取如下应急措施：

1）坡脚被动区临时压重——将原预备好的砂包抛（堆）至基坑坡脚；

2）坡顶地面主动区域卸土减载，并严格控制卸载程序；

3）做好排水、地面处理；

4）对险情段加强监测。

【思考与练习】

1. 土方工程施工方案的工程概况应包含哪些内容？
2. 土方工程施工方案的编制依据应由哪些内容组成？
3. 土方工程施工方案的开挖方式有哪些？
4. 土方工程施工方案应做好哪些应急预案？

第二部分

钢 筋 工 程

第五章

钢筋图识图及翻样

模块1　钢筋下料计算（Z44F1001Ⅱ）

【模块描述】本模块介绍钢筋下料计算的概念与计算方法。通过概念描述、定量分析，了解钢筋下料单的基本概念，掌握各种钢筋下料单的计算方法。

【模块内容】

钢筋配料是钢筋加工成型之前一项很重要的工作。它是根据施工图，分别计算出每种编号钢筋的下料长度和根数，填写配料单，申请加工。

一、钢筋下料长度计算基本要求

钢筋因弯曲或弯钩会使其长度变化，在配料时不能直接根据图纸尺寸下料，必须先了解对混凝土保护层、钢筋弯钩和弯折规定，再根据图中尺寸计算其下料长度。

1. 混凝土保护层厚度

（1）混凝土保护层厚度是指最外层钢筋外缘至混凝土构件表面的距离。其作用是保护钢筋不受锈蚀，其最小厚度符合表5–1–1的规定，且应不小于受力钢筋的直径。

表5–1–1　　混凝土保护层最小厚度　　（mm）

环境类别	板、墙、壳	梁、柱、杆
一	15	20
二a	20	25
二b	25	35
三a	30	40
三b	40	50

注　1. 混凝土强度等级不大于C25时，表中保护层厚度数值应增加5mm。
2. 钢筋混凝土基础宜设置混凝土垫层，基础中钢筋的混凝土保护层厚度应从垫层顶面算起，且不应小于40mm。

（2）当构件表面有可靠的保护层、采用工厂化的预制构件、在混凝土中掺加阻锈剂或采用阴极保护处理等防锈措施时，可适当减少混凝土保护层的厚度；当对地下室墙体采用可靠的建筑防水或防护措施时，与土层接触一侧钢筋的保护层厚度可适当减少，但不应小于 25mm。保护层厚度具体由设计确定，当设计文件存在错误或现场需要变更时，应出具设计变更。

2. 受力钢筋的弯钩和弯折

（1）纵向受力钢筋的弯折后平直段长度应符合设计要求。光圆钢筋末端做 180°弯钩时，弯钩的平直段长度不应小于钢筋直径的 3 倍。

（2）钢筋弯折的弯弧内直径：光圆钢筋不应小于钢筋直径的 2.5 倍；400MPa 级带肋钢筋不应小于钢筋直径的 4 倍；500MPa 级，当直径为 28mm 以下时不应小于钢筋直径的 6 倍，28mm 以上时不应小于钢筋直径 7 倍。

3. 箍筋弯钩的形式

（1）箍筋弯钩的弯弧内直径除应满足上述受力钢筋的弯钩和弯折的规定外，尚应不小于受力钢筋直径。

（2）箍筋弯钩的弯折角度：对于一般结构，不应小于 90°；对于有抗震等特殊要求的结构，应为 135°。

（3）箍筋弯后平直部分长度：对一般结构，不宜小于箍筋直径的 5 倍；对有抗震等要求的结构，不应小于箍筋直径的 10 倍。

二、钢筋下料长度计算方法

钢筋下料长度=外包尺寸–量度差+端部弯钩增值。外包尺寸是指钢筋的外皮尺寸，即钢筋弯曲成型后受拉边与直线段的累加长度。在钢筋形状由多段凹凸相反折线组成时，必须判断受拉边、确定分段的起点与终点。在无法精确计算的情况下只能采用近似计算，如梁的弯起筋斜段外包尺寸一般用 $h/\sin\alpha$ 来计算。外包尺寸总误差有时不亚于量度差的影响。

由于钢筋弯曲成型时，外皮伸长，内皮缩短，只有中线（轴线）尺寸不变，因此钢筋的标注尺寸采用中线标志尺寸。

1. 中线标志尺寸

钢筋的直线段：中线标志尺寸就是钢筋的轴线长度。

钢筋中部弯曲段：如图 5–1–1 所示，弯曲段钢筋的中线标志尺寸为 ABC 的长度，即中线标志尺寸=AB+BC=$(D+d)\tan\frac{\alpha}{2}$。图中 D 为钢筋的弯曲直径，d 为钢筋的直径，α 为钢筋的弯折角度。图中 A、C 为弧的切点。

钢筋末端弯钩段：如图 5–1–2 所示，末端弯钩段钢筋的中线标志尺寸为线段 AB 的长度，即中线标志尺寸=$D/2+d$。图中 $BE\perp AB$，E 为弧的切点。

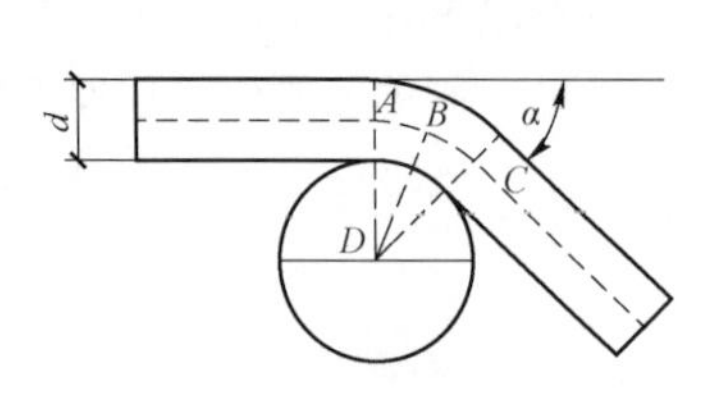

图 5–1–1 钢筋中部弯曲

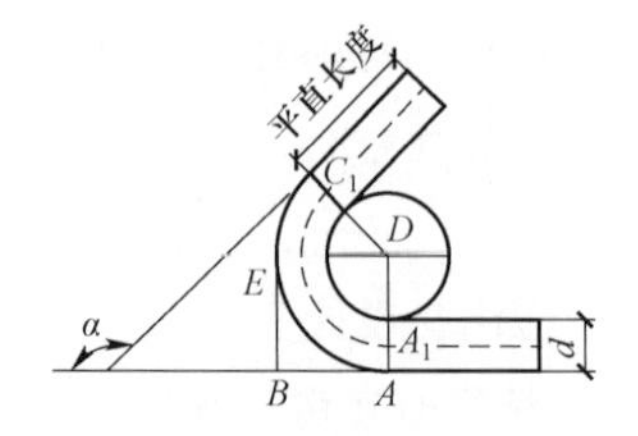

图 5–1–2 钢筋端部弯曲

2. 量度差、端部弯钩增值

根据图 5–1–1 可得：量度差=中线标志尺寸 –弧$\widehat{AC}$=$(D+d)\left(\tan\dfrac{\alpha}{2}-\dfrac{\alpha\pi}{360^\circ}\right)$。

根据图 5–1–2 可得：端部弯钩增值 = 弧$\widehat{A_1C_1}$ – 中线标志尺寸AB + 平直长度 = $(D+d)\dfrac{\alpha}{360^\circ}-(D/2+d)$ + 平直长度

取常用的α、D 值代入量度差、端部弯钩增值公式，计算得出的量度差、端部弯钩增值列于表 5–1–2 和表 5–1–3 中。

表 5–1–2　　钢筋中部弯曲量度差值表

参数	α=30°	α=45°	α=60°	α=90°
D=2.5d	0.022d	0.075d	0.188d	0.75d
D=4d	0.031d	0.108d	0.269d	1.07d
D=5d	0.037d	0.129d	0.323d	1.29d

表 5–1–3　　端 部 弯 钩 增 值 表

参数	α=90°	α=135°	α=180°
D=2.5d	0.50d+L	1.87d+L	3.25d+L
D=4d	0.93d+L	2.89d+L	4.85d+L
D=5d	1.21d+L	3.57d+L	5.92d+L

3. 下料长度=中线标志尺寸–量度差+端部弯钩增值

例：钢筋外形如图 5–1–3 所示，图中标注的长度尺寸为钢筋的中线标志尺寸，其中 h=500mm，为上下水平段钢筋轴线间垂直距离。钢筋的弯曲直径 D=2.5d，钢筋直径 d=28mm，平直长度=3d，末端弯钩 180°，计算该钢筋下料长度。

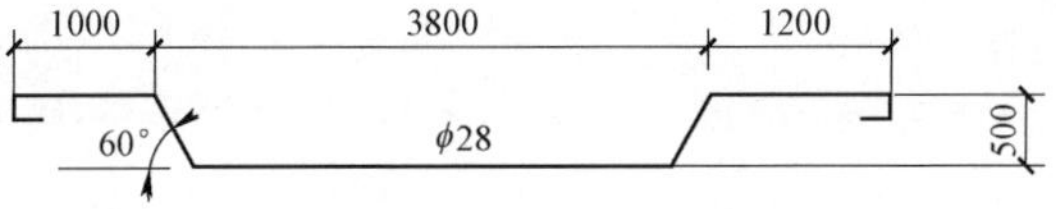

图 5–1–3　钢筋外形简图

解：（1） 中线标志尺寸=$\left(1000+3800-2\times500\text{ctan}60^\circ+2\times\dfrac{500}{\sin60^\circ}+1200\right)\text{mm}=$ 6577mm

（2）量度差=$0.188d\times4$=21mm　端部弯钩增值=$(3.25d+3d)\times2$mm=350mm

（3）下料长度=(6577–21+350)mm=6906mm

【思考与练习】

1. 梁、板构件纵向受力钢筋的混凝土保护层有什么要求？
2. 抗震要求箍筋弯钩的弯折角度是多少？
3. 简述钢筋下料计算方法。

第六章

钢筋加工与安装

模块1　钢筋加工（Z44F2001Ⅰ）

【模块描述】本模块介绍钢筋主筋和箍筋的加工质量要求、检查内容以及安全措施。通过要点介绍控制内容，掌握钢筋加工施工工艺、质量要求、检查方法以及安全措施。

【模块内容】

钢筋加工包括除锈、调直、切断、弯曲等工艺。随着施工技术的发展，钢筋加工已逐步实现机械化和工厂化。

一、钢筋除锈

为保证钢筋与混凝土之间的握裹力，在钢筋使用前，应将其表面的油渍、漆污、铁锈等清除干净。钢筋除锈的方法：一是在钢筋冷拉或调直过程中除锈，这对大量钢筋除锈较为经济；二是采用电动除锈机除锈，对钢筋局部除锈较为方便；三是采用手工除锈（用钢丝刷、砂盘）、喷砂和酸洗除锈等。

二、钢筋调直

钢筋调直可利用冷拉进行。若冷拉只是为了调直，而不是为了提高钢筋的强度，则调直冷拉率：HPB300 级钢筋不宜大于 4%，HRB400 级钢筋不宜大于 1%。如果所用钢筋无弯钩、弯折要求时，调直冷拉率可适当放宽，HPB300 级钢筋不大于 6%，HRB400 级钢筋不超过 2%。除利用冷拉调直外，粗钢筋还可采用锤直和扳直的方法。直径为 4～14mm 的钢筋可采用调直机进行调直。

三、钢筋切断

钢筋下料时必须按下料长度切断。钢筋切断可采用钢筋切断机或手动切断器。后者一般切断直径小于 12mm 的钢筋；前者可切断 40mm 的钢筋；大于 40mm 的钢筋常用氧乙炔焰或电弧割切或锯断。钢筋的下料长度应力求准确，其允许偏差为+10mm。

四、钢筋弯曲

钢筋下料后，要根据图纸要求弯曲成一定的形状。根据弯曲设备的特点及工地习惯进行划线，以便弯曲成规定的（外包）尺寸。当弯曲形状比较复杂的钢筋时，可先放出实样，再进行弯曲。钢筋弯曲宜采用弯曲机，可弯曲直径 6～40mm 的钢筋。直径小于 25mm 的钢筋，当无弯曲机时也可采用扳钩弯曲。受力钢筋弯曲后，顺长度方向全长尺寸不超过+10mm，弯起位置偏差不应超过+10mm。

五、钢筋加工检验要求

1. 主控项目

（1）纵向受力钢筋的弯钩和弯折应按设计要求并符合下列规定：

1）光圆钢筋弯弧内直径不应小于钢筋直径的 2.5 倍，末端做 180°弯钩时的平直段长度不应小于钢筋直径的 3 倍。

2）对于 HRB400 级纵向钢筋，钢筋的弯弧内直径不应小于钢筋直径的 4 倍。弯折后平直段长度应符合设计要求。

检查数量：按每工作班同一类型钢筋、同一加工设备抽查不应少于 3 件。

检验方法：尺量。

（2）箍筋、拉筋的末端应按设计做弯钩并符合下列规定：

1）对一般结构构件，箍筋弯钩角度不应小于 90°，弯折后平直段长度不应小于箍筋直径的 5 倍；对有抗震设防要求或设计有专门要求的结构构件，箍筋弯钩角度不应小于 135°，弯后平直段长度不应小于箍筋直径的 10 倍。

2）圆形箍筋的搭接长度不应小于其受拉锚固长度，且两末端的弯折角度不应小于 135°，弯折后平直段长度不应小于箍筋直径的 5 倍；对有抗震设防要求的结构构件不应小于箍筋直径的 10 倍。

3）梁、柱复合箍筋中的单支箍筋两端弯钩的弯折角度均不应小于 135°，弯折后平直段长度对应符合本条第 1 款对箍筋的有关规定。

检查数量：同一设备加工的同一类型钢筋、每工作班抽查不应少于 3 件。

检验方法：尺量。

（3）钢筋调直应符合下列规定：盘卷钢筋调直后应进行力学性能和重量偏差检验，其强度、断后伸长率和重量偏差应符合国家现行有关标准的规定，采用无延伸功能的机械设备调直的钢筋除外。

检查数量：同一设备加工的同一牌号、同一规格的调直钢筋，重量不大于 30t 为一批，每批见证抽取 3 个试件。

检验方法：检查抽样检验报告。

2. 一般项目

（1）钢筋调直宜采用机械方法，也可采用冷拉方法。当采用机械设备调直时，调直设备不应具有延伸功能。当采用冷拉方法调直时，HPB300 光圆钢筋的冷拉率不宜大于 4%，HRB400、HRB500、HRBF400、HRBF500 及 RRB400 带肋钢筋的冷拉率不宜大于 1%。钢筋调直过程中不应损伤带肋钢筋的横肋。调直后的钢筋应平直，不应有局部弯折。

（2）钢筋加工的形状、尺寸应符合设计要求，其偏差应符合表 6–1–1 的规定。

检查数量：按每工作班同一类型钢筋、同一加工设备抽查不应少于 3 件。

检查方法：尺量。

表 6–1–1　　钢筋加工的允许偏差

项　目	允许偏差（mm）
受力钢筋沿长度方向全长的净尺寸	±10
弯起钢筋的弯折位置	±20
箍筋外廓尺寸	±5

六、钢筋加工安全措施

（1）钢筋加工必须在规定的地点进行，并将四周围起，无关人员不得逗留。

（2）操作地点应铺设木板，以防触电。

（3）各种操作台均应牢固稳定，工作地点应保持整洁。

（4）机械必须有专人负责管理，定期检修，保持完好；不得超负荷使用；非指定人员严禁开动机器。

（5）工作时应将裤脚袖口扎好，并穿戴应有的劳保用品。酒后或病中严禁操作机械。

（6）工作前应对使用的机械工具进行详细的全面检查，及时维修，以防操作时发生质量和安全事故。

（7）一切电动机械，必须先接好零线，并检查没有漏电现象后，方准使用。

（8）机械的传动皮带、飞轮和其他传动部分，都应设置防护罩。

（9）室外的电开关箱，应设防雨罩。雨天合闸应戴胶皮手套。不用时应锁箱门。不得在电开关箱内存放杂物。

（10）搬运钢筋时，应戴好垫肩，将道路上的障碍物清理干净。抬运时应前后呼应动作一致。

（11）运输途中必须注意电线，防止触电。

（12）拔丝车间内堆放原料或成品的地点，应离开机器和旋转架 2m 以外。

（13）拉直盘圆钢筋时，为防止盘圆的末端脱落伤人，应设置安全防护措施。

（14）使用机械切断时，必须防止断头蹦出伤人；应根据实际情况，设置保护罩。切断机处严禁无关人员靠近。并应经常检查切刀螺栓的松紧，以保证安全使用。

【思考与练习】

1. 钢筋常见加工工艺有哪些？
2. 简述受力钢筋的弯钩和弯折的要求。
3. 钢筋加工的安全措施有哪些？

模块 2 钢筋安装（Z44F2002 Ⅰ）

【模块描述】本模块介绍了钢筋安装的质量要求、检查内容以及安全措施。通过知识讲解重点控制内容，掌握钢筋安装施工工艺、质量要求、检查方法以及安全措施。

【模块内容】

钢筋的绑扎与安装是钢筋工程最后的工序，钢筋的安设方法有两种：一种是将钢筋骨架在加工厂制作好，再运到现场安装，称为整装法；另一种是加工好的散钢筋运到现场，再逐根绑扎安装，称为散装法。本模块重点介绍钢筋的绑扎安装。

一、钢筋绑扎安装准备工作

（1）钢筋绑扎和安装之前，应先熟悉施工图纸，核对成品钢筋的牌号、直径、形状、尺寸和数量是否与配料单、料牌相符，研究钢筋安装和有关工种的配合顺序，装备绑扎用的铁丝、绑扎工具、绑扎架等。

（2）钢筋骨架的绑扎一般采用 20～22 号铁丝（火烧丝）或镀锌铁丝（铅丝），其中 22 号铁丝只用于绑扎直径 12mm 以下的钢筋。

（3）钢筋骨架的绑扎和模板架设的工序搭接关系是：柱子一般先绑扎成型钢筋骨架后架设模板；梁一般是先架设梁底模板，然后在模板上绑扎钢筋骨架；现浇楼板一般是模板安装后，在模板上绑扎钢筋网片；墙是在钢筋网片绑扎完毕并采取临时固定措施后，架设模板。

二、钢筋绑扎流程

钢筋绑扎流程是：划线—摆筋—穿箍—绑扎—安放垫块等。划线时应注意间距、数量，表明加密箍筋的位置。板类构件摆筋顺序一般先排主筋后排负筋；梁类构件一般先摆纵筋。摆放有焊接接头和绑扎接头的钢筋应符合规范规定。有边截面的箍筋，应事先将箍筋排列清除，然后安装纵向钢筋。

三、钢筋绑扎要求

（1）钢筋的交点须用铁丝扎牢。

（2）绑扎板和墙的钢筋网片时，除靠近外边缘两行钢筋的相交点全部扎牢外，中间部分的相交点可相隔交错扎牢，但必须保证受力钢筋不发生位移。而对于双向受力钢筋网片则必须全部扎牢，确保所有受力钢筋的正确位置。

（3）梁和柱的箍筋绑扎，除设计有特殊要求外，应保证与梁、柱受力主钢筋垂直。箍筋弯钩叠合处，应沿受力钢筋方向错开设置。对于梁，箍筋弯钩在梁面左右错开 50%；对于柱，箍筋弯钩在柱四角相互错开。

（4）柱的竖向受力钢筋接头处的弯钩应指向柱中心，这样既有利于弯钩的嵌固，又能避免露筋。

（5）板、次梁与主梁交叉处，板的钢筋在上，次梁的钢筋居中，主梁的钢筋在下；当有梁垫或圈梁时，主梁的钢筋在上。

此外，在绑扎墙、板钢筋时，应注意受力钢筋的方向，受力钢筋与构造钢筋的上下位置不能倒置，以免减弱受力钢筋的抗弯能力。

四、安放垫块

（1）控制混凝土的保护层可用水泥砂浆或塑料卡。水泥砂浆的厚度应等于保护层厚度。垫块的平面尺寸，当保护层厚度等于或小于 20mm 时为 30mm×30mm；大于 20mm 为 50mm×50mm。在垂直方向使用垫块，应在垫块中埋入 20 号铁丝，把垫块绑在钢筋上。

（2）塑料卡的形状有塑料垫块和塑料环圈两种，如图 6–2–1 所示。塑料垫块用于水平构件（如梁、板），在两个方向均有槽，以便适应两种保护层厚度；塑料环圈用于垂直构件（如柱、墙），在两个方向具有凹槽，以便适应两种保护层厚度。塑料环圈使用时，钢筋从卡嘴进入卡腔，由于塑料环圈有弹性，可使卡腔的大小能适应钢筋直径的变化。

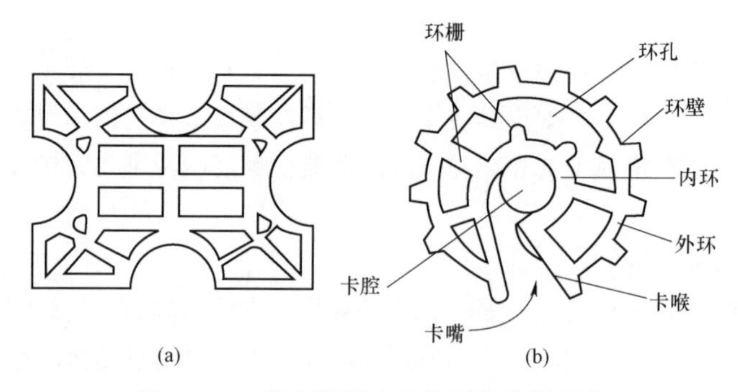

图 6–2–1 控制混凝土保护层用的塑料卡

（a）塑料垫块；（b）塑料环圈

五、钢筋安装质量检查

钢筋安装完毕后，应检查下列方面：

（1）根据设计图纸检查钢筋的牌号、直径、形状、尺寸、根数、间距和锚固长度是否正确，特别要注意检查负筋的位置。

（2）检查钢筋接头的位置及搭接长度、搭接数量是否符合规定。

（3）检查混凝土保护层厚度是否符合要求。

（4）检查钢筋绑扎是否牢固，有无松动变形现象。受力钢筋的安装位置、锚固方式是否符合设计要求。

（5）钢筋表面不允许有油渍、漆污和颗粒状（片状）铁锈。

（6）安装钢筋时的允许偏差是否在规范规定范围内。

钢筋工程属于隐蔽工程，在浇筑混凝土前应对钢筋及预埋件进行检查验收，并做好隐蔽工程记录。

（7）钢筋安装位置的偏差应符合表 6–2–1 的规定，受力钢筋保护层厚度的合格点率应达到 90%及以上，且不得有超过表 6–2–1 中数值 1.5 倍的尺寸偏差。

检查数量：在同一检验批内，对梁、柱和独立基础，应抽查构件数量的 10%，且不少于 3 件；对墙和板，应按有代表性的自然间抽查 10%，且不少于 3 间。

表 6–2–1　　钢筋安装允许偏差和检验方法

项　目		允许偏差（mm）	检验方法
绑扎钢筋网	长、宽	±10	尺量
	网眼尺寸	±20	尺量连续三档，取最大偏差值
绑扎钢筋骨架	长	±10	尺量
	宽、高	±5	尺量
纵向受力钢筋	锚固长度	–20	尺量
	间距	±10	尺量两端、中间各一点，取最大偏差值
	排距	±5	
纵向受力钢筋、箍筋的混凝土保护层厚度	基础	±10	尺量
	柱、梁	±5	尺量
	板、墙、壳	±3	尺量
绑扎箍筋、横向钢筋间距		±20	尺量连续三档，取最大偏差值
钢筋弯起点位置		20	尺量
预埋件	中心线位置	5	尺量
	水平高差	+3，0	塞尺量测

注　检查中心线位置时，沿纵、横两个方向量测，并取其中偏差较大值。

【思考与练习】

1. 钢筋绑扎的流程是什么？

2. 梁和柱箍筋绑扎的要求有哪些？

3. 简述钢筋安装质量验收抽样的要求。

模块3 钢筋接头位置和数量控制（Z44F2003Ⅰ）

【模块描述】 本模块介绍了受拉构件和受压构件钢筋接头在同一截面的数量要求、接头的设置位置。通过知识讲解重点控制内容，掌握钢筋焊接接头的设置要点。

【模块内容】

钢筋配料加工过程中，部分加工余料可通过连接利用；同时在绑扎钢筋时由于钢筋吊装、搬运、场地、工艺等条件局限，也存在一定钢筋搭接问题。为保证结构受力的整体效果，钢筋必须通过一定的方式连接起来实现内力的传递和过渡。钢筋的接头不可避免，同时通过连接接头传力的性能不如整根钢筋，必须对钢筋连接接头设置相应原则。本模块重点介绍钢筋接头位置和数量控制内容。

一、受力钢筋连接接头设置

1. 连接接头设置原则

（1）受力钢筋的连接接头宜设置在受力较小处。在同根钢筋上宜少设接头。

（2）钢筋的接头宜采用机械连接接头，也可采用焊接接头和绑扎的搭接接头。

（3）钢筋的机械连接接头应符合《钢筋机械连接技术规程》JGJ107 的规定。

（4）钢筋焊接连接接头应符合《钢筋焊接及验收规程》JGJ 18—2012。

2. 不得采用非焊接连接绑扎的搭接接头

（1）轴心受拉及偏心受拉杆件（如桁架和拱的拉杆）的纵向受力钢筋不得采用绑扎的搭接接头。

（2）双面配置受力钢筋的焊接骨架不得采用绑扎的搭接接头。

（3）需进行疲劳验算的构件，其纵向受力钢筋不得采用搭接接头。

（4）当受拉钢筋直径大于 28mm 及受压钢筋的直径大于 32mm 时，不宜采用绑扎的搭接接头。

3. 可采用搭接连接接头

（1）偏心受压构件中的受拉钢筋。

（2）受弯构件、偏心受压构件、大偏心受拉构件和轴心受压构件中的受压钢筋。

（3）单面配置受力钢筋的焊接骨架在受力方向的连接接头。

4. 宜采用机械连接的接头

（1）直径大于 28mm 的受拉钢筋和直径大于 32mm 的受压钢筋宜采用机械连接。应根据钢筋在构件中的受力情况选用不同等级的机械连接接头。

（2）机械连接接头连接件的混凝土保护层厚度宜满足受力钢筋最小保护层厚度的要求，连接件之间的横向净距不宜小于 25mm。

5. 需进行疲劳验算的构件

需进行疲劳验算的构件，其纵向受拉钢筋不宜采用焊接接头，且不得在钢筋上焊有任何附件（端部锚固除外）。

当钢筋长度不够时，直接承受吊车荷载的钢筋混凝土屋面梁及屋架下弦的纵向受拉钢筋必须采用焊接接头。此时应符合下列规定：

（1）必须采用闪光接触对焊，并去掉接头的毛刺及卷边。

（2）在同一连接区段内有焊接接头的受拉钢筋截面积占受拉钢筋总截面面积的百分率不应大于 25%，距离不超过 45d 的钢筋焊接接头应视为同一连接区段内（d 为纵向受拉钢筋的最大直径）。

（3）在进行疲劳验算时，应按有关规定，对焊接接头的疲劳应力幅限值进行折减。

二、受力钢筋接头位置要求及接头面积百分率

1. 绑扎搭接接头

（1）同一构件中相邻纵向受力钢筋的绑扎搭接接头宜相互错开。绑扎搭接接头中钢筋的横向净距不应小于钢筋直径，且不应小于 25mm。

钢筋绑扎搭接接头连接区段的长度为 1.3l_1（l_1为搭接长度），凡搭接接头中点位于该连接区段长度内的搭接接头均属于同一连接区段。同一连接区段内，纵向钢筋搭接接头面积百分率为该段内有搭接接头的纵向受力钢筋截面面积与全部纵向受力钢筋截面面积的比值（见图 6–3–1）。

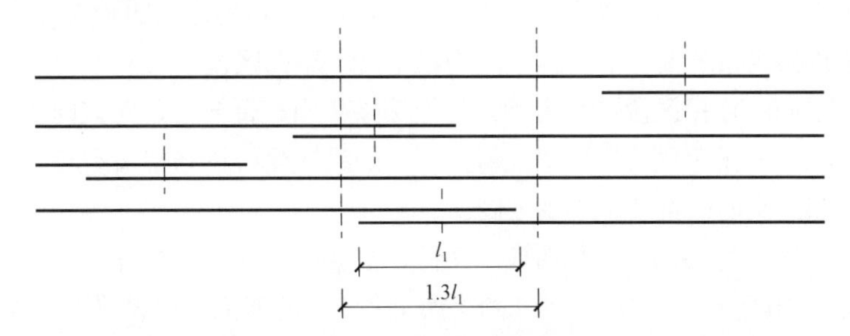

图 6–3–1　同一连接区内的纵向受拉钢筋绑扎搭接接头

注：图中所示同一连接区段内的搭接接头钢筋为 2 根，当钢筋直径相同时，钢筋搭接接头面积百分率为 50%。

位于同一连接区段内的受拉搭接钢筋面积百分率：对梁类、板类及墙类构件不宜超过 25%；对柱类构件，不宜超过 50%，当工程中确有必要增大受拉钢筋接头面积百分率时，梁类构件不应大于 50%，板类、墙类及柱类构件可根据实际情况放宽。

（2）受拉钢筋绑扎搭接接头长度应根据位于同一连接区段内的搭接面积百分率按式（6–3–1）计算，且不应小于 300mm。

$$l_1 = \zeta l_a \tag{6–3–1}$$

式中 l_1——受拉钢筋的搭接长度；

l_a——受拉钢筋的锚固长度；

ζ——受拉钢筋搭接长度修正系数，按表 6–3–1 取用。

表 6–3–1　　纵向受拉钢筋搭接长度修正系数

同一连接区段内搭接钢筋面积百分率（%）	≤25	50	100
搭接长度修正系数 ζ	1.2	1.4	1.6

（3）纵向受压钢筋绑扎搭接接头的搭接长度不应小于纵向受拉钢筋搭接长度的 0.7 倍，且在任何情况下不应小于 200mm。

（4）在纵向受力钢筋搭接长度范围内应配置箍筋，其直径不应小于搭接钢筋较大直径的 0.25 倍。当钢筋受拉时，箍筋间距不应大于搭接钢筋较小直径的 5 倍，且不应大于 100mm；当钢筋受压时，箍筋间距不应大于搭接钢筋较小直径的 10 倍，且不应大于 200mm。当柱中纵向受力钢筋直径大于 25mm 时，应在搭接接头两端面外 100mm 范围内各设置 2 个箍筋，其间距宜为 50mm。

2. 焊接接头

（1）纵向受力钢筋焊接接头应相互错开。钢筋焊接接头连接区段的长度为 35*d*（*d* 为钢筋的较大直径）且不小于 500mm，吊车梁、屋面梁及屋架下弦的纵向受拉钢筋焊接（必须采用闪光对焊）接头连接区段的长度为 45*d*（*d* 为钢筋的较大直径）。凡接头中点位于该连接区段长度内的焊接接头均属于同一连接区段。

（2）位于同一连接区段内受力钢筋的焊接接头面积百分率，对纵向受拉钢筋接头不应大于 50%；对吊车梁、屋面梁及屋架下弦的纵向受拉钢筋接头不应大于 25%；对纵向受压钢筋接头面积百分率不受限制。

（3）承受均布荷载作用的屋面板、楼板、檩条等简支受弯构件，如在受拉区内配置的纵向受力钢筋少于 3 根时，可在跨度两端各 1/4 跨度范围内设置 1 个焊接接头。

3. 机械连接接头

（1）纵向受力钢筋机械连接接头宜相互错开，且不宜设置在结构受力较大处；钢筋机械连接接头连接区段长度为 35*d*（*d* 为钢筋较大直径），凡接头中点位于该连接区段长度内的机械连接接头均属于同一连接区段。

（2）在受力较大处设置机械连接接头时，位于同一连接区段内的纵向受拉钢筋接头面积百分率不宜大于 50%，纵向受压钢筋接头面积百分率不受限制。

（3）承受动力荷载的构件中的机械连接接头，除应满足抗疲劳性能外，位于同一连接区段内的纵向受力钢筋接头面积百分率不应大于 50%。

【思考与练习】

1. 钢筋连接接头设置原则有哪些？
2. 简述可采用搭接连接接头的情况。
3. 受拉钢筋绑扎搭接接头长度如何计算？

模块 4 清水混凝土结构钢筋安装（Z44F2004 Ⅰ）

【模块描述】本模块介绍了清水混凝土结构钢筋安装的质量要求、检查内容以及安全措施。通过知识讲解重点控制内容，掌握清水混凝土结构钢筋安装施工工艺、质量要求、检查方法以及安全措施。

【模块内容】

随着清水混凝土结构的广泛应用，在普通的混凝土结构钢筋安装的基础上，提出了特殊的要求。本模块介绍了清水混凝土材料、工艺及质量标准等方面内容。

一、清水混凝土结构钢筋安装要求

（1）对于处于露天环境的清水混凝土结构，其纵向受力钢筋的混凝土保护层厚度最小厚度应符合表 6–4–1 的规定。

表 6–4–1 纵向受力钢筋的混凝土保护层最小厚度 （mm）

部位	保护层最小厚度
板、墙、壳	25
梁	35
柱	35

注 钢筋的混凝土保护层厚度为钢筋外边缘至混凝土表面的距离。

（2）设计结构钢筋时，应根据清水混凝土饰面效果对螺栓孔位的要求确定。

（3）钢筋材料应符合下列规定：

1）钢筋连接方式不应影响保护层厚度。

2）钢筋绑扎材料宜选用 20～22 号无锈绑扎钢丝。

3）钢筋垫块应有足够的强度、刚度、颜色应与清水混凝土的颜色接近。

（4）钢筋应清洁，无明显锈蚀和污染。钢筋半成品应分类摆放、及时使用，存放环境应干燥、清洁。

（5）钢筋保护层垫块宜梅花形布置。饰面清水混凝土定位钢筋的端头应涂刷防锈漆，并宜套上与混凝土颜色接近的塑料套。

（6）每个钢筋交叉点均应绑扎，绑扎钢丝不得少于两圈，扎扣及尾端应朝向构件截面的内侧。

（7）饰面清水混凝土对拉螺栓与钢筋发生冲突时，宜遵循钢筋避让对拉螺栓的原则。

（8）钢筋绑扎后应有防水冲淋等措施。

（9）对于钢筋、垫块、预埋件等，操作时不得对其位置造成影响。

二、清水混凝土结构钢筋安装检验方法

1. 检查数量

（1）主控项目。

1）钢筋焊接接头力学性能：按现行有关规程确定；

2）其他主控项目：应全数检查。

（2）一般项目。

1）接头位置和外观质量：应全数检查。

2）其他一般项目：在同一检验批内，对梁、柱和独立基础，应抽查构件数量的10%，且不少于3件；对墙和板，应按有代表性的自然间抽查10%，且不少于3间；对大空间结构，墙可按相邻轴线间高度不大于5m划分检查面，板可按纵、横轴线划分检查面，抽查10%，且均不少于3面。

2. 钢筋安装质量标准及检验方法

见表6–4–2。

表6–4–2 钢筋安装质量标准和检验方法

类别	序号	检查项目	质量标准	单位	检验方法及器具
主控项目	1	受力钢筋的品种、级别、规格和数量	必须符合设计要求		检查产品合格证、出厂检验报告和进场复验报告
	2	纵向受力钢筋连接方式	应符合设计要求和现行有关标准的规定		观察检查
	3	焊接接头的质量	应符合Q/GDW 1183附录C的规定		检查产品合格证、接头力学性能试验报告

续表

类别	序号	检查项目		质量标准	单位	检验方法及器具
一般项目	1	清水混凝土特殊要求	钢筋表面质量	钢筋表面应清洁无浮锈		观察检查
	2		钢筋绑扎	每个钢筋交叉点均应绑扎，绑扎钢丝不得少于两圈，钢筋绑扎钢丝扣和尾端应弯向构件截面内侧		观察检查
	3		钢筋保护层垫块	钢筋保护层垫块颜色应与混凝土表面颜色接近，位置、间距应准确，垫块宜梅花形布置		观察检查
	4		饰面清水混凝土定位钢筋的端头处理	应涂刷防锈漆，并宜套上与混凝土接近的塑料套		观察检查
	5		钢筋保护	钢筋绑扎后应有防雨水冲淋等措施		观察检查
	6	接头位置		宜设在受力较小处。同一纵向受力钢筋不宜设置两个或两个以上接头；接头末端至钢筋弯起点距离不应小于钢筋直径的10倍		观察和钢尺检查
	7	受力钢筋焊接接头设置		宜相互错开。在连接区段长度为35倍d且不小于500mm范围内，接头面积百分率应符合国家规范GB 50204的规定		观察检查
	8	绑扎搭接接头		同一构件中相邻纵向受力钢筋的绑扎搭接接头宜相互错开。接头中钢筋的横向净距不应小于钢筋直径，且不应小于25mm。搭接长度应符合标准的规定；连接区段1.3L长度内，接头面积百分率：① 对梁类、板类及墙类构件，不宜大于25%；② 对柱类构件，不宜大于50%；③ 当工程中确有必要增大接头面积百分率时，对梁类构件不宜大于50%，对其他构件，可根据实际情况放宽		观察和钢尺检查
	9	箍筋配置		在梁、柱类构件的纵向受力钢筋搭接长度范围内，应按设计要求配置箍筋。当设计无具体要求时应符合标准GB 50204的规定		钢尺检查
	10	钢筋网	网片长、宽偏差	±10	mm	钢尺检查
	11		网眼尺寸偏差	±20	mm	钢尺检查，尺量连续三当，取最大值

续表

类别	序号	检查项目		质量标准	单位	检验方法及器具
一般项目	12	钢筋网	网片对角线差	≤10	mm	钢尺检查
	13	钢筋骨架	长度偏差	±10	mm	钢尺检查
	14		宽、高度偏差	±5	mm	钢尺检查

【思考与练习】

1. 清水混凝土结构使用钢筋材料要求有哪些？
2. 简述清水混凝土结构钢筋安装检验方法。

模块5 混凝土保护层控制（Z44F2005Ⅰ）

【模块描述】本模块介绍了不同混凝土结构的保护层厚度、检查内容以及安全措施。通过知识讲解重点控制内容，掌握混凝土结构的保护层质量要求、检查方法以及安全措施。

【模块内容】

混凝土保护层厚度是指最外层钢筋外缘至混凝土构件表面的距离，其主要作用是保护钢筋不受锈蚀。

一、钢筋的混凝土保护层厚度

（1）钢筋混凝土保护层厚度应满足设计要求，设计使用年限为50年的混凝土结构，最外层钢筋的混凝土保护层最小厚度应符合表5-1-1的规定，且应不小于受力钢筋的直径。

（2）当有充分依据并采取下列措施时，可适当减少混凝土保护层厚度，但应提交设计单位进行确认。

1）当构件表面有可靠的保护层；

2）采用工厂化的预制构件；

3）在混凝土中掺加阻锈剂或采用阴极保护处理等防锈措施时；

4）当对地下室墙体采用可靠的建筑防水或防护措施时，与土层接触一侧钢筋的保护层厚度可适当减少，但不应小于25mm。

（3）当梁、柱中纵向受力钢筋的混凝土保护层厚度大于50mm时，宜对保护层采取有效的防裂构造措施。当在保护层内配置防裂、防剥落的钢筋网片时，网片钢筋的保护层厚度不应小于25mm。

（4）对有防火要求的建筑物及处于四、五类环境中的建筑物，其混凝土保护层厚度尚应符合国家现行有关标准的要求。

混凝土结构的环境类别规定见表 6–5–1。

表 6–5–1 混凝土结构的环境类别

环境类别	条 件
一	室内干燥环境； 无侵蚀性静水浸没环境
二 a	室内潮湿环境； 非严寒和非寒冷地区的露天环境； 非严寒和非寒冷地区与无侵蚀性的水或土壤直接接触的环境； 严寒和寒冷地区的冰冻线以下与无侵蚀性的水或土壤直接接触的环境
二 b	干湿交替环境； 水位频繁变动环境； 严寒和寒冷地区的露天环境； 严寒和寒冷地区的冰冻线以上与无侵蚀性的水或土壤直接接触的环境
三 a	严寒和寒冷地区冬季水位变动区环境； 受除冰盐影响环境； 海风环境
三 b	盐渍土环境； 受除冰盐作用环境； 海岸环境
四	海水环境
五	受人为或自然的侵蚀性物质影响的环境

注 1. 室内潮湿环境是指构件表面经常处于结露或湿润状态的环境。

2. 严寒和寒冷地区的划分应符合现行国家标准《民用建筑热工设计规范》GB 50176 的有关规定。

3. 海岸环境和海风环境宜根据当地情况，考虑主导风向及结构所处迎风、背风部位等因素的影响，调查研究和工程经验确定。

4. 受除冰盐影响环境是指受到除冰盐盐雾影响的环境；受除冰盐作用环境是指被除冰盐溶液溅射的环境及使用除冰盐地区的洗车房、停车楼等建筑。

5. 暴露的环境是指混凝土结构表面所处的环境。

二、钢筋的混凝土保护层检验

（1）钢筋的混凝土保护层厚度检验的结构部位和构件数量，应符合下列要求：

1）钢筋的混凝土保护层厚度检验的结构部位，应由建设、监理、施工等各方根据结构构件的重要性共同选定。

2）对非悬臂梁板类构件，应各抽取构件数量的 2%且不少于 5 个构件进行检验；对悬挑梁，应抽取构件数量的 5%且不少于 10 个构件，少于 10 个时全数检验；对悬挑板，应抽取构件数量的 10%且不少于 20 个构件，少于 20 个时全数检验。

（2）对选定的梁类构件，应对全部纵向受力钢筋的混凝土保护层厚度进行检验；对选定的板类构件，应抽取不少于 6 根纵向受力钢筋的混凝土保护层厚度进行检验。对每根钢筋，应选择有代表性的不同部位量测 3 点取平均值。

（3）钢筋的混凝土保护层厚度的检验，可采用非破损或局部破损的方法，也可采用非破损并用局部破损方法进行校准。当采用非破损方法检验时，所使用的检测仪器应经过计量检验，检测操作应符合相应规程的规定。

钢筋保护层厚度检验的检测误差不应大于 1mm。

（4）钢筋的混凝土保护层厚度检验时，纵向受力钢筋保护层厚度的允许偏差，对梁类构件为+10mm，–7mm；对板类构件为+8mm，–5mm。

（5）梁类、板类构件纵向受力钢筋的保护层厚度应分别进行验收，并应符合下列规定：

1）当全部钢筋保护层厚度检验的合格点率为 90%及以上时，可判为合格。

2）当全部钢筋保护层厚度检验的合格点率小于 90%但不小于 80%，可再抽取相同数量的构件进行检验；当按两次抽样总和计算的合格点率为 90%及以上时，仍判为合格。

3）每次抽样检验结果中不合格点的最大偏差不应大于上述第 4 条允许偏差的 1.5 倍。

【思考与练习】

1. 什么是钢筋的混凝土保护层，作用是什么？

2. 一类环境钢筋的混凝土保护层如何规定？

3. 结构实体钢筋的混凝土保护层厚度检验如何取样？

模块 6　钢筋隐蔽验收（Z44F2006Ⅲ）

【模块描述】本模块介绍了钢筋工程隐蔽前应检查的内容，隐蔽验收记录的填写要点，隐蔽验收记录的常见问题。通过知识讲解重点控制内容，掌握钢筋隐蔽验收的要求及记录的填写要点。

【模块内容】

在施工过程中，前道工序操作完毕后，将被后一道工序所掩盖，前道工序又涉及结构安全和使用功能效果，这类工程称为隐蔽工程。钢筋的隐蔽工程验收是钢筋工程质量控制很重要的环节。

一、钢筋工程隐蔽检查内容

（1）检查产品合格证、出厂检验报告是否齐全、规范，进场复验报告。钢筋物理性能（必要时化学成分）的进场复验检验是否合格。

（2）按施工图检查以下内容：

1）钢筋规格、型号等是否符合设计要求，现场检查钢筋上的标识和外观质量。

2）钢筋尺寸、弯钩角度、弯后平直段长度等是否符合设计及规范要求。

3）纵向钢筋间距、箍筋间距、双层钢筋间距、弯起点位置、钢筋接头位置、锚固长度和连接区长度等是否符合设计及规范要求，绑扎、固定是否牢固。现场用直尺等进行量测。

4）检查钢筋连接型式是否符合设计及规范要求,钢筋连接接头面积率是否符合设计要求。焊接、机械接头是否已取样复试合格，取样数量是否符合要求。

5）钢筋垫块、马凳筋安装是否符合规范要求。保护层厚度控制是否符合设计要求。

6）预埋件、管线等埋设是否符合设计及规范要求。

（3）检查是否按设计变更要求进行修改，钢筋代用等设计变更程序是否符合要求。

二、钢筋工程隐蔽验收记录填写

钢筋隐蔽验收记录表可参照电力行业或国网公司参考表式编制填写，验收记录应包括以下内容：

（1）施工图纸编号、设计变更单编号。

（2）详细的验收部位，包括某层，某轴线梁、板、柱等结构构件名称。

（3）受力钢筋的品种、规格、级别和数量，出厂合格证编号，进场复验报告编号。

（4）钢筋接头形式，钢筋机械连接、焊接试验报告编号。

（5）检查验收意见。检查并填写相关的检查内容是否符合设计要求及施工规范的规定。

（6）验收结论，填写是否同意隐蔽。

三、钢筋隐蔽验收实例

验收记录可参考表 6–6–1 并结合验收要求编制。

表 6–6–1　　隐 蔽 工 程 验 收 记 录

（钢筋工程）

编号 YBJL Ⅰ–4

单位工程名称	主控楼	分部（子分部）工程名称	主体结构
验收部位	一层框架柱		
施工图号	×××	设计变更编号	×××

续表

<table>
<tr><td rowspan="10">主要质量情况</td><td>钢筋直径</td><td>钢筋级别</td><td>出厂合格证编号</td><td>试验报告编号</td><td>接头形式</td><td>焊接试验报告编号</td></tr>
<tr><td>12</td><td>HRB400</td><td></td><td></td><td></td><td></td></tr>
<tr><td>14</td><td></td><td></td><td></td><td></td><td></td></tr>
<tr><td>16</td><td></td><td></td><td></td><td></td><td></td></tr>
<tr><td>18</td><td></td><td></td><td></td><td></td><td></td></tr>
<tr><td>**</td><td></td><td></td><td></td><td></td><td></td></tr>
<tr><td>**</td><td></td><td></td><td></td><td></td><td></td></tr>
<tr><td></td><td></td><td></td><td></td><td></td><td></td></tr>
<tr><td colspan="4">质量问题及其处理情况</td><td colspan="2">复查意见</td></tr>
<tr><td colspan="4">×××</td><td colspan="2">×××</td></tr>
<tr><td>验收意见</td><td colspan="4">×××（符合设计要求，同意隐蔽）</td><td>验收结论</td><td>×××（符合设计要求，同意隐蔽）</td></tr>
<tr><td>施工单位检查结果</td><td colspan="6">班组长： 项目专业质量检查员：
项目专业技术负责人： 年 月 日</td></tr>
<tr><td>监理单位验收结论</td><td colspan="6">×××（同意隐蔽）
专业监理工程师： 年 月 日</td></tr>
</table>

填写隐蔽验收记录时应注意钢筋直径、牌号、出厂合格证、试验报告编号、接头形式、焊接试验报告编号等应一一对应。钢筋隐蔽验收检查事项应符合设计要求，填写检查验收结果最后应注明“同意隐蔽”。

【思考与练习】

简述钢筋隐蔽前应检查的内容。

第七章

接　头　焊　接

模块1　钢筋焊接（Z44F3001Ⅰ）

【模块描述】本模块介绍了钢筋接头焊接的种类及质量要求、检查内容以及安全措施。通过知识讲解重点控制内容，掌握钢筋焊接接头施工工艺、质量要求、检查方法以及安全措施。

【模块内容】

钢筋焊接连接是利用焊接技术将钢筋连接起来的连接方法，应用广泛。但焊接是一项专门的技术，要求对焊工进行专门培训，持证上岗。焊接施工受气候、电流稳定性影响较大。焊接质量与钢材的可焊性、焊接工艺有关，可焊性与钢筋所含碳、合金元素的比重有关，碳、硫、硅、锰含量增加，则可焊性差，而含适量的钛可改善可焊性。焊接工艺（焊接参数与操作水平）也影响焊接质量，即使可焊性差的钢材，若焊接工艺合理，也可获得良好的焊接质量。

一、钢筋焊接方法

一般常用的焊接方法有闪光对焊、电弧焊、电渣压力焊、气压焊、电阻点焊和埋弧压力焊等。

1. 钢筋闪光对焊

钢筋闪光对焊是将两钢筋安放成对接形式，利用焊接电流通过两钢筋接触点产生的电阻热，使金属熔化，产生强烈飞溅，形成闪光，使钢筋端部产生塑性区及均匀的液体金属层。迅速施加顶锻力完成的一种压焊方法。

（1）根据工艺方法可分成连续闪光焊、预热闪光焊和闪光—预热闪光焊三种。

1）当钢筋直径较小、钢筋牌号较低，在表7-1-1的范围内，可采用连续闪光焊。

表 7–1–1 连续闪光焊钢筋上限直径

焊机容量（kVA）	钢筋牌号	钢筋直径（mm）
160 （150）	HPB300	22
	HRB400	22
	HRBF400	20
100	HPB300	20
	HRB400	20
	HRBF400	18
80 （75）	HPB300	16
	HRB400	14
	HRBF400	12

2）当超过表 7–1–1 中的范围，即钢筋较粗，且钢筋端面较平整，宜采用预热闪光焊。

3）当钢筋端面不平整，应采用闪光—预热闪光焊。

（2）闪光对焊时，应选择调伸长度，烧化留量，顶锻留量以及变压器级数等焊接参数：

1）调伸长度应随着钢筋牌号的提高和钢筋直径的加大而增长。当焊接 HRB400、HRBF400 等牌号钢筋时，调伸长度宜在 40～60mm。

2）烧化留量应根据焊接工艺方法确定，连续闪光焊时的烧化过程应较长；烧化留量应等于两根钢筋在断料时切断机刀口严重压伤部分(包括端面的不平整度)，再加 8～10mm。当闪光—预热闪光焊时，一次烧化留量不应小于 10mm，二次烧化留量不应小于 6mm。

3）需要预热时，宜采用电阻预热法。预热留量应为 1～2mm，预热次数应为 1～4 次；每次预热时间应为 1.5～2s，间歇时间应为 3～4s。

4）顶锻留量应为 3～7mm。并应随钢筋直径的增大和钢筋牌号的提高而增加。其中，有电顶锻留量约占 1/3，无电顶锻留量约占 2/3，焊接时必须控制得当。焊接 HRB500 钢筋时，顶锻留量宜稍微增大，以确保焊接质量。

5）变压器级数应根据钢筋牌号、直径、焊机容量以及焊接工艺方法等具体情况选择。

（3）当 HRBF400、HRBF500、RRB400W 钢筋闪光对焊时，与热轧钢筋比较，应减小调伸长度，提高焊接变压器级数，缩短加热时间，快速顶锻，形成快热快冷条件，使热影响区长度控制在钢筋直径 60%范围之内。

（4）HRB500、HRBF500 钢筋应采用预热闪光焊或闪光—预热闪光焊。当接头拉伸试验结果发生脆性断裂或弯曲试验达不到规定要求时，尚应在焊机上进行焊后热处理。

（5）在闪光对焊生产中，当出现异常现象或焊接缺陷时，应查找原因，采取措施，及时消除。

2. 钢筋电弧焊

钢筋电弧焊是以焊条作为一极，钢筋为另一极，利用焊接电流通过的电弧热进行焊接的一种熔焊方法。

（1）电弧焊所采用的焊条，其性能应符合《非合金钢及细晶粒钢焊条》（GB/T 5117）或《热强钢焊条》（GB/T 5118）的规定。钢筋二氧化碳气体保护电弧焊所采用的焊丝，应符合现行国家标准《气体保护电弧焊用碳钢、低合金钢焊丝》（GB/T 8110）的规定。其焊条、焊丝型号应根据设计要求；若设计无要求时，可按表 7–1–2 选用。

表 7–1–2　钢筋电弧焊所采用焊条、焊丝型号

钢筋牌号	电弧焊接头形式			
	帮条焊 搭接焊	坡口焊 熔槽帮条焊 预埋件穿孔塞焊	窄间隙焊	钢筋与钢板搭接焊 预埋件 T 形角焊
HPB300	E4303、ER50–X	E4303、ER50–X	E4316、E4315、ER50–X	E4303、ER50–X
HRB400、HRBF400	E5003、E5516、E5515、ER50–X	E5503、E5516、E5515、ER55–X	E5516、E5515、ER55–X	E5003、E5516、E5515、ER50–X
HRB500、HRBF500	E5503、E6003、E6016、E6015、ER55–X	E6003、E6016、E6015	E6016、E6015	E5503、E6003、E6016、E6015、ER55–X
RRB400W	E5003、E5516、E5515、ER50–X	E5503、E5516、E5515、ER55–X	E5516、E5515、ER55–X	E5003、E5516、E5515、ER50–X

（2）钢筋电弧焊包括帮条焊、搭接焊、坡口焊、窄间隙焊和熔槽帮条焊 5 种接头形式。焊接时应符合下列要求：

1）应根据钢筋牌号、直径、接头形式和焊接位置，选择焊接材料，焊接工艺和焊接参数。

2）焊接时，引弧应在垫板、帮条或形成焊缝的部位进行，不得烧伤主筋。

3）焊接地线与钢筋应接触紧密。

4）焊接过程中应及时清渣，焊缝表面应光滑，焊缝余高应平缓过渡，弧坑应填满。

（3）帮条焊或搭接焊时，宜采用双面焊［图 7–1–1（a）、图 7–1–2（a）］。当不能进行双面焊时，可采用单面焊［图 7–1–1（b）、图 7–1–2（b）］。

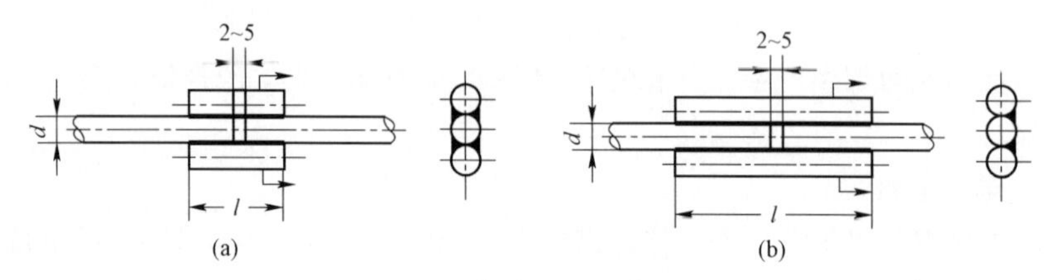

图 7–1–1 钢筋帮条焊接头

（a）双面焊；（b）单面焊

d—钢筋直径；*l*—帮条长度

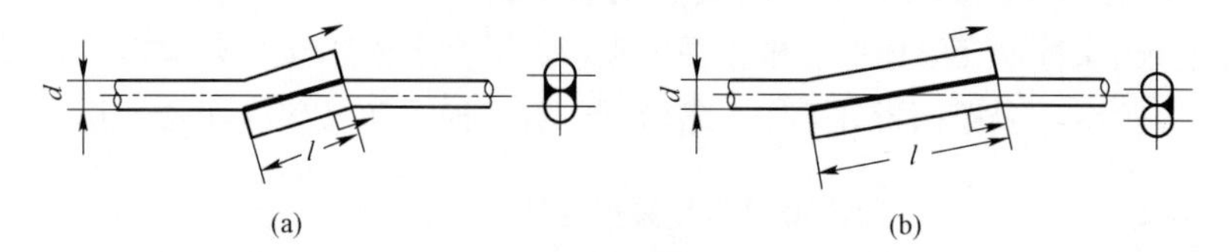

图 7–1–2 钢筋搭接焊接头

（a）双面焊；（b）单面焊

d—钢筋直径；*l*—搭接长度

帮条长度应符合表 7–1–3 的规定。当帮条牌号与主筋相同时，帮条直径可与主筋相同或小一个规格；当帮条直径与主筋相同时，帮条牌号可与主筋相同或低一个牌号等级。

表 7–1–3 帮条长度或搭接长度

钢筋牌号	焊缝形式	帮条长度、搭接长度
HPB300	单面焊	≥8*d*
	双面焊	≥4*d*
HRB400、HRBF400、HRB500、HRBF500、RRB400W	单面焊	≥10*d*
	双面焊	≥5*d*

帮条焊接接头或搭接接头的焊缝厚度不应小于主筋直径的 0.3 倍；焊缝宽度不应小于主筋直径的 0.8 倍。

（4）帮条焊或搭接焊时，钢筋的装配和焊接应符合下列要求：

1）帮条焊时，两主筋端面间隙应为 2～5mm。

2）搭接焊时，焊接端钢筋应宜预弯，并应使两钢筋的轴线在一直线上。

3）帮条焊时，帮条与主筋之间应用四点定位焊固定；搭接焊时，应用两点固定；

定位焊缝与帮条端部或搭接端部的距离宜大于或等于 20mm。

4）焊接时，应在帮焊条或搭接焊形成焊缝中引焊；在端头收弧前应填满弧坑，并应使主焊缝与定位焊缝的始端和终端熔合。

（5）预埋件钢筋电弧焊 T 形接头可分为角焊和穿孔塞焊两种，如图 7–1–3 所示。装配和焊接时，应符合下列规定：

1）当采用 HPB300 钢筋时，角焊缝焊脚尺寸 *k* 不得小于钢筋直径的 50%，采用其他牌号钢筋时，焊脚尺寸 *k* 不得小于钢筋直径的 60%；

2）施焊中，不得使钢筋咬边和烧伤。

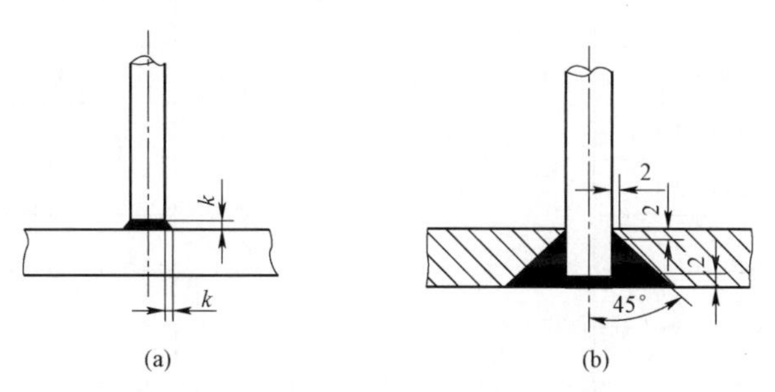

图 7–1–3　预埋件钢筋电弧焊 T 形接头

（a）角焊；（b）穿孔塞焊

k—焊脚

3. 钢筋电渣压力焊

钢筋电渣压力焊是将两钢筋安放成竖向对接形式，利用电流通过两钢筋端间隙，在焊剂层下形成电弧过程和电渣过程，产生电弧热和电阻热，熔化钢筋并加压完成的一种压焊方法。

（1）电渣压力焊应用于现浇钢筋混凝土结构中竖向或斜向（倾斜度不大于 10°）钢筋的连接。

（2）电渣压力焊工艺过程应符合下列要求：

1）焊接夹具的上、下钳口应夹紧于上、下钢筋上；钢筋一经夹紧，不得晃动，且两钢筋应同心。

2）引弧可采用直接引弧法或铁丝圈（焊条芯）间接引弧法。

3）引燃电弧后，应先进行电弧过程，然后加快上钢筋下送速度，使钢筋端面插入液态渣池约 2mm，转变为电渣过程，最后在断电的同时，迅速下压上钢筋，挤出熔化金属和熔渣。

4）接头焊毕，应停歇后，方可回收焊剂和卸下焊接夹具；敲去渣壳后，四周焊包凸出钢筋表面的高度，当钢筋直径为 25mm 及以下时不得小于 4mm；当钢筋直径为

28mm 及以上时，不得小于 6mm。

（3）电渣压力焊可采用交流或直流焊接电源，焊机容量应根据所焊钢筋直径选定。

（4）电渣压力焊焊接参数应包括焊接电流、电压和通电时间，并应符合表 7–1–4 的规定。不同直径钢筋焊接时，应按较小直径钢筋选择参数，焊接通电时间可延长。

表 7–1–4　　电渣压力焊焊接参数

钢筋直径（mm）	焊接电流（A）	焊接电压（V）		焊接通电时间（s）	
		电弧过程 $U_{2.1}$	电渣过程 $U_{2.2}$	电弧过程 t_1	电渣过程 t_2
12	280～320	35～45	18～22	12	2
14	300～350			13	4
16	300～350			15	5
18	300～350			16	6
20	350～400			18	7
22	350～400			20	8
25	350～400			22	9
28	400～450			25	10
32	450～500			30	11

4. 钢筋气压焊

钢筋气压焊是采用氧燃烧火焰将钢筋对接处进行加热，使其达到塑性温度（约 125℃）。或者达到熔化温度，加压完成的一种压焊方法。

达到塑性温度称为固态气压焊，达到熔化温度称为熔态气压焊。采用固态气压焊时，可采用三次加压法工艺。采用熔态气压焊时，将钢筋端面预留间隙 3～5mm。采用中性焰，在焊口处集中加热。消除端面附着物，同时将钢筋端面熔化，调整至碳化焰加压完成。

（1）气压焊可用于钢筋在垂直位置、水平位置或倾斜位置的对接焊接。

（2）采用半自动钢筋固态气压焊或半自动钢筋熔态气压焊时，应增加电动加压装置、装有加压控制开关的多嘴环管加热器；采用固态气压焊时，宜增加带有陶瓷切割片的钢筋常温直角切断机。

（3）气压焊施焊前，钢筋端面应切平，并宜与钢筋轴线相垂直；在钢筋端部两倍直径长度范围内若有水泥等附着物，应予清除。其钢筋边角毛刺及面上铁锈、油污和氧化膜应清除干净，并经打磨，使其露出金属光泽，不得有氧化现象。

（4）安装焊接夹具和钢筋时，应将两根钢筋分别夹紧，并使两根钢筋的轴线在同一直线上。钢筋安装后应加压顶紧，两根钢筋之间的局部缝隙不得大于 3mm。

（5）气压焊时，应根据钢筋直径和焊接设备等具体条件选用等压法，二次加压和三次加压法焊接工艺。在两根钢筋缝隙密合和镦粗过程中，对钢筋施加轴向压力，按钢筋横截面积计算应为 30～40MPa。

（6）气压焊的开始阶段应采用碳化焰，对准两钢筋接缝处集中加热，并应使其内焰包住缝隙，防止钢筋端面产生氧化。

在确认两根钢筋缝隙完全密合后，应改用中性焰，以压焊面为中心，在两侧各 1 倍钢筋直径长度范围内往复宽幅加热。

钢筋端面的加热温度应为 1150～1250℃；钢筋端部表面的加热温度应稍高于该温度，并应随钢筋直径大小而产生的温度梯差确定。

（7）气压焊施焊中，通过最终的加热加压，应使接头的镦粗区形成规定的形状；然后，应停止加热，略为延时，卸除压力，拆下焊接夹具。

（8）在加热过程中，当在钢筋端面缝隙完全密合之前发生灭火中断现象时，应将钢筋取下重新打磨、安装，然后点燃火焰进行焊接。当发生在钢筋端面缝隙完全密合之后，可继续加热加压。

5. 钢筋电阻点焊

将两钢筋安放成交叉叠接形式，压紧于两电极之间，利用电阻热熔化母材金属，加压形成焊点的一种压焊方法。

（1）混凝土结构中的钢筋焊接骨架和钢筋焊接网，宜采用电阻点焊制作。

（2）钢筋焊接骨架和钢筋焊接网在焊接生产中，当两根钢筋直径不同时，焊接骨架较小钢筋直径小于或等于 10mm 时，大、小钢筋直径之比不宜大于 3；当较小钢筋直径为 12～16mm 时，大、小钢筋直径之比不宜大于 2。焊接网较小钢筋直径不得小于较大钢筋直径的 60%。

（3）电阻点焊的工艺过程应包括预压、通电、锻压三个阶段。

（4）电阻点焊工艺参数应根据钢筋牌号、直径及焊机性能等具体情况，选择变压器级数、焊接通电时间和电极压力。

（5）焊点的压入深度应为较小钢筋直径的 18%～25%。

（6）钢筋焊接网、钢筋焊接骨架宜用于成批生产；焊接时应按设备使用说明书中的规定进行安装、调试和操作，根据钢筋直径选择合适电极压力、焊接电流和焊接通电时间。

（7）在点焊生产中，应经常保持电极与钢筋之间接触面的清洁平整；当电极使用变形时，应及时修整。

（8）钢筋点焊生产过程中，应随时检查制品的外观质量；当发现焊接缺陷时，应查找原因并采取措施，及时消除。

6. 预埋件钢筋埋弧压力焊

（1）预埋件钢筋 T 形接头宜采用埋弧压力焊。埋弧压力焊设备应符合下列要求：

1）当钢筋直径为 6mm 时，可选用 500 型弧焊变压器作为焊接电源；当钢筋直径为 8mm 及以上时，应选用 1000 型弧焊变压器作为焊接电源。

2）焊接机构应操作方便、灵活；宜装有高频引弧装置；焊接地线宜采取对称接地法，以减少电弧偏移；操作台面上应装有电压表和电流表。

3）控制系统应灵敏、准确，并应配备时间显示装置或时间继电器，以控制焊接通电时间。

（2）埋弧压力焊工艺过程应符合下列要求：

1）钢板应放平，并与铜板电极接触紧密。

2）将锚同钢筋夹于夹钳内，应夹牢；并应放好挡圈，注满焊剂。

3）接通高频引弧装置和焊接电源后，应立即将钢筋上提，引燃电弧。使电弧稳定燃烧，再渐渐下送。

4）顶压时，用力应适度。

5）敲去渣壳，四周焊包应凸出钢筋表面的高度：当钢筋直径为 18mm 及以下时，不得小于 3mm；当钢筋直径为 20mm 及以上时，不得小于 4mm。

（3）埋弧压力焊的焊接参数应包括引弧提升高度、电弧电压、焊接电流和焊接通电时间。

（4）在埋弧压力焊生产中，引弧、燃弧（钢筋维持原位或缓慢下送）和顶压等环节应密切配合；焊接地线应与铜板电极接触紧密；并应及时消除电极钳口的铁锈和污物，修理电极钳口的形状。

（5）在埋弧压力焊生产中，焊工应自检，当发现焊接缺陷时，应查找原因，并采取措施，及时消除。

二、钢筋焊接质量标准及检查方法

（1）钢筋闪光对焊质量标准和检验方法应符合表 7–1–5 的规定。

表 7–1–5 钢筋闪光对焊质量标准和检验方法

类别	序号	检查项目	质量标准	单位	检验方法及器具
主控项目	1	焊工技能	从事钢筋焊接施工的焊工必须持有焊工考试合格证，并应按照合格证规定的范围上岗操作		检查合格证
	2	钢筋级别	必须符合设计要求及现行有关标准的规定		检查出厂证件或试验报告

续表

类别	序号	检查项目	质量标准	单位	检验方法及器具
主控项目	3	焊前工艺试验	工程焊接开工前，参与该项工程施焊的焊工必须进行现场条件下的焊接工艺试验，应经试验合格，方准于焊接生产		检查试件试验报告
	4	钢筋焊接接头的力学性能检验	必须符合 JGJ 18 的规定		检查焊接试验报告
	5	钢筋低温焊接头	应符合 JGJ 18 的规定		检查焊接试验报告
一般项目	1	接头处外观质量	接头表面应呈圆滑、带毛刺状，不得有肉眼可见的裂纹；与电极接触处的钢筋表面不得有明显烧伤		观察检查
	2	接头处弯折偏差	≤2	度	刻槽直尺检查
	3	接头处钢筋轴线偏移	不得大于钢筋直径的 1/10，且不得大于 1mm		刻槽直尺检查

（2）钢筋电渣压力焊质量标准和检验方法应符合表 7–1–6 的规定。

表 7–1–6　　钢筋电渣压力焊质量标准和检验方法

类别	序号	检查项目		质量标准	单位	检验方法及器具
主控项目	1	焊工技能		从事钢筋焊接施工的焊工必须持有焊工考试合格证，并应按照合格证规定的范围上岗操作		检查合格证
	2	钢筋级别		必须符合设计要求及现行有关标准的规定		检查出厂证件或试验报告
	3	焊剂		应有产品合格证，其品种、性能、牌号必须符合设计及现行有关标准的规定		检查出厂证件或试验报告
	4	焊前工艺试验		工程焊接开工前，参与该项工程施焊的焊工必须进行现场条件下的焊接工艺试验，应经试验合格，方准于焊接生产		检查试件试验报告
	5	钢筋焊接接头的力学性能检验		必须符合 JGJ 18 的规定		检查焊接试验报告
	6	钢筋低温焊接头		应符合 JGJ 18 的规定		检查焊接试验报告
一般项目	1	接头处外观质量		接头处焊包均匀，无裂纹及明显烧伤		观察和刻度放大镜检查
	2	焊包高度	钢筋直径≤25mm 时	≥4	mm	刻槽直尺检查
			钢筋直径≥28mm 时	≥6	mm	刻槽直尺检查
	3	接头处弯折偏差		≤2	度	刻槽直尺检查
	4	接头处钢筋轴线偏移		不得大于 1mm		刻槽直尺检查

（3）钢筋电弧焊质量标准和检验方法应符合表 7–1–7 的规定。

表 7–1–7　　钢筋电弧焊质量标准和检验方法

类别	序号	检查项目			质量标准	单位	检验方法及器具
主控项目	1	焊工技能			从事钢筋焊接施工的焊工必须持有焊工考试合格证，并应按照合格证规定的范围上岗操作		检查合格证
	2	钢筋级别			必须符合设计要求及现行有关标准的规定		检查出厂证件或试验报告
	3	焊条、焊丝、CO_2气体			应有产品合格证，其质量必须符合现行有关标准的规定。焊条、焊丝的型号应符合设计及 JGJ 18 的规定		检查出厂证件或试验报告
	4	焊前工艺试验			工程焊接开工前，参与该项工程施焊的焊工必须进行现场条件下的焊接工艺试验，应经试验合格，方准于焊接生产		检查试件试验报告
	5	钢筋焊接接头的力学性能检验			必须符合 JGJ 18 的规定		检查焊接试验报告
	6	钢筋低温焊接头			应符合 JGJ 18 的规定		检查焊接试验报告
一般项目	1	接头焊缝外观质量			焊缝表面应平整，不得有凹陷或焊瘤；焊缝接头区域不得有肉眼可见的裂纹；焊缝余高 2～4mm；咬边深度不大于 0.5mm		观察和刻度放大镜检查
	2	帮条沿接头中心线的纵向偏移			≤0.3*d*	mm	焊接工具检查尺
	3	接头处弯折			≤2	度	焊接工具检查尺
	4	接头处钢筋轴线偏移			不得大于钢筋直径的 1/10，且不大于 1mm		刻槽直尺检查
	5	帮条焊、搭接焊	焊缝高度偏差		0.05*d*～0	mm	焊接工具检查尺
	6		焊缝宽度偏差		0.1*d*～0	mm	焊接工具检查尺
	7	帮条焊、搭接焊	焊缝长度偏差		–0.3*d*	mm	焊接工具检查尺
	8		在 2*d* 长焊缝表面上的气孔和夹渣	数量	≤2	个	观察、点数检查
	9			面积	≤6	mm^2	钢尺检查
	10	坡口焊、窄间隙焊、熔槽帮条焊	焊缝加强高		2～3	mm	焊接工具检查尺
	11		在全部焊缝表面上的气孔和杂渣	数量	≤2	个	观察、点数检查
	12			面积	≤6	mm^2	钢尺检查

注　表中 *d* 为钢筋直径。

（4）钢筋气压焊质量标准和检验方法应符合表 7–1–8 的规定。

表 7–1–8　　钢筋气压焊质量标准和检验方法

<table>
<tr><th>类别</th><th>序号</th><th colspan="2">检查项目</th><th>质量标准</th><th>单位</th><th>检验方法及器具</th></tr>
<tr><td rowspan="6">主控项目</td><td>1</td><td colspan="2">焊工技能</td><td>从事钢筋焊接施工的焊工必须持有焊工考试合格证，并应按照合格证规定的范围上岗操作</td><td></td><td>检查合格证</td></tr>
<tr><td>2</td><td colspan="2">钢筋级别</td><td>必须符合设计要求及有关现行规范的规定</td><td></td><td>检查出厂证件或试验报告</td></tr>
<tr><td>3</td><td colspan="2">氧气、溶解乙炔、液化石油气</td><td>应有产品合格证，其质量必须符合现行有关标准的规定</td><td></td><td>检查出厂证件或试验报告</td></tr>
<tr><td>4</td><td colspan="2">焊前工艺试验</td><td>工程焊接开工前，参与该项工程施焊的焊工必须进行现场条件下的焊接工艺试验，应经试验合格，方准于焊接生产</td><td></td><td>检查试件试验报告</td></tr>
<tr><td>5</td><td colspan="2">钢筋焊接接头的力学性能检验</td><td>应符合 JGJ 18 的规定</td><td></td><td>检查焊接试验报告</td></tr>
<tr><td>6</td><td colspan="2">钢筋低温焊接头</td><td>应符合 JGJ 18 的规定</td><td></td><td>检查焊接试验报告</td></tr>
<tr><td rowspan="6">一般项目</td><td>1</td><td colspan="2">接头焊缝外观质量</td><td>接头处表面不得有肉眼可见的裂纹，凸起部分平缓圆滑</td><td></td><td>观察和刻度放大镜检查</td></tr>
<tr><td>2</td><td colspan="2">接头处弯折</td><td>≤2</td><td>度</td><td>刻槽直尺检查</td></tr>
<tr><td>3</td><td colspan="2">接头处钢筋轴线偏移</td><td>不得大于钢筋直径的 1/10，且不得大于 1mm</td><td></td><td>刻槽直尺检查</td></tr>
<tr><td rowspan="2">4</td><td rowspan="2">镦粗直径</td><td>固态</td><td>不小于 1.4 倍钢筋直径</td><td>mm</td><td>刻槽直尺检查</td></tr>
<tr><td>熔态</td><td>不小于 1.2 倍钢筋直径</td><td>mm</td><td>刻槽直尺检查</td></tr>
<tr><td>5</td><td colspan="2">镦粗长度</td><td>不小于 1.0 倍钢筋直径</td><td>mm</td><td>刻槽直尺检查</td></tr>
</table>

（5）钢筋电阻点焊质量标准和检验方法应符合表 7–1–9 的规定。

表 7–1–9　　钢筋电阻点焊质量标准和检验方法

类别	序号	检查项目	质量标准	单位	检验方法及器具
主控项目	1	焊工技能	从事钢筋焊接施工的焊工必须持有焊工考试合格证，并应按照合格证规定的范围上岗操作		检查合格证
	2	钢筋级别	必须符合设计要求及有关现行规范的规定		检查出厂证件或试验报告
	3	焊前工艺试验	工程焊接开工前，参与该项工程施焊的焊工必须进行现场条件下的焊接工艺试验，应经试验合格，方准于焊接生产		检查试件试验报告

续表

类别	序号	检查项目	质量标准	单位	检验方法及器具
主控项目	4	钢筋焊接接头的力学性能检验	应符合 JGJ 18 的规定		检查焊接试验报告
	5	钢筋低温焊接头	应符合 JGJ 18 的规定		检查焊接试验报告
一般项目	1	焊点处外观质量	焊点处熔化金属均匀；无脱落、漏焊、裂纹、多孔性缺陷及明显烧伤		观察和刻度放大镜检查
	2	焊点压入深度	较小钢筋直径的 18%～25%	mm	观察检查

三、钢筋焊接安全

（1）安全培训与人员管理应符合下列规定：

1）承担钢筋焊接工程的企业应建立健全钢筋焊接安全生产管理制度，并应对实施焊接操作和安全管理人员进行安全培训，经考核合格后方可上岗。

2）操作人员必须按焊接设备的操作说明书或有关规程，正确使用设备和实施焊接操作。

（2）焊接操作及配合人员应按下列规定并结合实际情况穿戴劳动防护用品：

1）焊接人员操作前，应戴好安全帽，佩戴电焊手套、围裙、护腿，穿阻燃工作服；穿焊工皮鞋或电焊工劳保鞋，应戴防护眼镜（滤光或遮光镜）、头罩或手持面罩。

2）焊接人员进行仰焊时，应穿戴皮制或耐火材质的套袖、披肩罩或斗篷，以防头部灼伤。

（3）焊接工作区域的防护应符合下列规定：

1）焊接设备应安放在通风、干燥、无碰撞、无剧烈振动、无高温、无易燃品存在的地方；特殊环境条件下还应对设备采取特殊的防护措施。

2）焊接电弧的辐射及飞溅范围，应设不可燃或耐火板、罩、屏，防止人员受到伤害。

3）焊机不得受潮或雨淋；露天使用的焊接设备应予以保护，受潮的焊接设备在使用前必须彻底干燥并经适当试验或检测。

4）焊接作业应在足够的通风条件下（自然通风或机械通风）进行，避免操作人员吸入焊接操作产生的烟气流。

5）在焊接作业场所应当设置警告标志。

（4）焊接作业区防火安全应符合下列规定：

1）焊接作业区和焊机周围 6m 以内，严禁堆放装饰材料、油料、木材、氧气瓶、溶解乙炔气瓶、液化石油气瓶等易燃、易爆物品。

2）除必须在施工工作面焊接外，钢筋应在专门搭设的防雨、防潮、防晒的工房内焊接；工房的屋顶应有安全防护和排水设施，地面应干燥，应有防止飞溅的金属火花伤人的设施。

3）高空作业的下方和焊接火星所及范围内，必须彻底清除易燃、易爆物品。

4）焊接作业区应配置足够的灭火设备，如水池、沙箱、水龙带、消火栓、手提灭火器。

（5）各种焊机的配电开关箱内，应安装熔断器和漏电保护开关；焊接电源的外壳应有可靠的接地或接零；焊机的保护接地线应直接从接地极处引接，其接地电阻直不应大于4Ω。

（6）冷却水管、输气管、控制电缆、焊接电缆均应完好无损；接头处应连接牢固，无渗漏，绝缘良好；发现损坏应及时修理；各种管线和电缆不得挪作拖拉设备的工具。

（7）在封闭空间内进行焊接操作时，应设专人监护。

（8）氧气瓶、溶解乙炔气瓶或液化石油气瓶、干式回火防止器、减压器及胶管等，应防止损坏。发现压力表指针失灵，瓶阀、胶管有泄漏，应立即修理或更换；气瓶必须进行定期检查，使用期满或送检不合格的气瓶禁止继续使用。

（9）气瓶使用应符合下列规定：

1）各种气瓶应摆放稳固；钢瓶在装车、卸车及运输时，应避免互相碰撞；氧气瓶不能与燃气瓶、油类材料以及其他易燃物品同车运输。

2）吊运钢瓶时应使用吊架或合适的台架，不得使用吊钩、钢索和电磁吸盘；钢瓶使用完时，要留有一定的余压力。

3）钢瓶在夏季使用时要防止暴晒，冬季使用时如发生冻结、结霜或出气量不足时，应用温水解冻。

（10）贮存、使用、运输氧气瓶、溶解乙炔气瓶瓶、二氧化碳气瓶时，应分别按照原国家质量监督检验检疫总局颁发的现行《气瓶安全监察规定》和原劳动部颁发的现行《溶解乙炔气瓶安全监察规程》中有关规定执行。

【思考与练习】

1. 什么是钢筋电弧焊，接头形式有哪些？
2. 什么是钢筋电渣压力焊，工艺过程要求有哪些？
3. 什么是钢筋电阻电焊，工艺过程包括哪几个阶段？

模块2 焊接试验报告分析（Z44F3002Ⅱ）

【模块描述】本模块包含焊接试验报告内容完整性、数据的正确性的判断标准。通过案例分析，掌握焊接试验报告是否正确，能分析判断焊接报告是否符合要求。

【模块内容】

在工业与民用建筑的混凝土结构中经常会遇到钢筋需要焊接，为确保钢筋焊接接头质量，应符合标准《钢筋焊接及验收规程》（JGJ 18—2012）、《钢筋焊接接头试验方法标准》（JGJ/T 27—2014）的规定。

一、焊接试验报告判定标准

（1）施工单位项目专业质量员应检查钢筋、钢板质量证明书、焊接材料产品合格证和焊接工艺试验时的接头力学性能试验报告。钢筋焊接接头力学性能检验时，应在接头外观质量检查合格后随机切取试件进行试验。试验方法应按现行行业标准《钢筋焊接接头试验方法标准》（JGJ/T 27）有关规定执行。试验报告应包括下列内容：

1）工程名称、取样部位；

2）批号、批量；

3）钢筋生产厂家和钢筋批号，钢筋牌号、规格；

4）焊接方法；

5）焊工姓名及考试合格证编号；

6）施工单位；

7）焊接工艺试验时的力学性能试验报告。

（2）钢筋闪光对焊接头、电弧焊接头、电渣压力焊接头、气压焊接头、箍筋闪光对焊接头、预埋件钢筋 T 形接头的拉伸试验，应从每一检验批接头中随机切取三个接头进行试验并应按下列规定对试验结果进行评定：

1）符合下列条件之一，应评定该检验批接头拉伸试验合格：

① 3 个试件均断于钢筋母材。呈延性断裂，其抗拉强度大于或等于钢筋母材抗拉强度标准值。

② 2 个试件断于钢筋母材，呈延性断裂，其抗拉强度大于或等于钢筋母材抗拉强度标准值；另一试件断于焊缝，呈脆性断裂，其抗拉强度大于或等于钢筋母材抗拉强度标准值的 1.0 倍。

注：试件断于热影响区，呈延性断裂，应视作与断于钢筋母材等同；试件断于热影响区，呈脆性断裂，应视作与断于焊缝等同。

2）符合下列条件之一，应进行复验：

① 2 个试件断于钢筋母材，呈延性断裂，其抗拉强度大于或等于钢筋母材抗拉强度标准值；另一试件断于焊缝，或热影响区，呈脆性断裂，其抗拉强度小于钢筋母材抗拉强度标准值的 1.0 倍。

② 1 个试件断于钢筋母材，呈延性断裂，其抗拉强度大于或等于钢筋母材抗拉强度标准值；另 2 个试件断于焊缝或热影响区，呈脆性断裂。

3）3 个试件均断于焊缝，呈脆性断裂，其抗拉强度均大于或等于钢筋母材抗拉强度标准值的 1.0 倍，应进行复验。当 3 个试件中有 1 个试件抗拉强度小于钢筋母材抗拉强度标准值的 1.0 倍，应评定该检验批接头拉伸试验不合格。

4）复验时，应切取 6 个试件进行试验。试验结果，若有 4 个或 4 个以上试件断于钢筋母材，呈延性断裂，其抗拉强度大于或等于钢筋母材抗拉强度标准值；另 2 个或 2 个以下试件断于焊缝，呈脆性断裂，其抗拉强度大于或等于钢筋母材抗拉强度标准值的 1.0 倍，应评定该检验批接头拉伸试验复验合格。

5）可焊接余热处理钢筋 RRB400W 焊接接头拉伸试验结果，其抗拉强度应符合同级别热轧带肋钢筋抗拉强度标准值 540MPa 的规定。

6）预埋件钢筋 T 形接头拉伸试验结果，3 个试件的抗拉强度均大干或等于表 7–2–1 的规定值时，应评定该检验批接头拉伸试验合格。若有一个接头试件抗拉强度小于表 7–2–1 的规定值时，应进行复验。

复验时，应切 6 个试件进行试验。复验结果，其抗拉强度均大于或等于表 7–2–1 的规定值时。应评定该检验批接头拉伸试验复验合格。

表 7–2–1　　预埋件钢筋 T 形接头抗拉强度规定值

钢筋牌号	抗拉强度规定值（MPa）
HPB300	400
HRB400、HRBF400	520
HRB500、HRBF500	610
RRB400W	520

（3）钢筋闪光对焊接头、气压焊接头进行弯曲试验时，应从每一个检验批接头中随机切取 3 个接头，焊缝应处于弯曲中心点，弯心直径和弯曲角度应符合表 7–2–2 的规定。

表 7–2–2　　接头弯曲试验指标

钢筋牌号	弯心直径	弯曲角度（°）
HPB300	$2d$	90
HRB400、HRBF400、RRB400W	$5d$	90
HRB500、HRBF500	$7d$	90

注　1. d 为钢筋直径（mm）。

2. 直径大于 25mm 的钢筋焊接接头，弯心直径应增加 1 倍钢筋直径。

弯曲试验结果应按下列规定进行评定：

1）当试验结果，弯曲至 90°，有 2 个或 3 个试件外侧（含焊缝和热影响区）未发生宽度达到 0.5mm 的裂纹，应评定该检验批接头弯曲试验合格。

2）当有 2 个试件发生宽度达到 0.5mm 的裂纹，应进行复验。

3）当有 3 个试件发生宽度达到 0.5mm 的裂纹，应评定该检验批接头弯曲试验不合格。

4）复验时，应切取 6 个试件进行试验。复验结果，当不超过 2 个试件发生宽度达到 0.5mm 的裂纹时，应评定该检验批接头弯曲试验复验合格。

二、试验报告填写要求及实例分析

试验报告的内容应包括工程名称、取样部位（模拟试件或施焊试件部位）、批量、钢筋牌号、规格、焊接种类、焊工姓名及考试合格证编号、施工单位、力学性能试验结果、弯心直径及弯曲角度。

例：

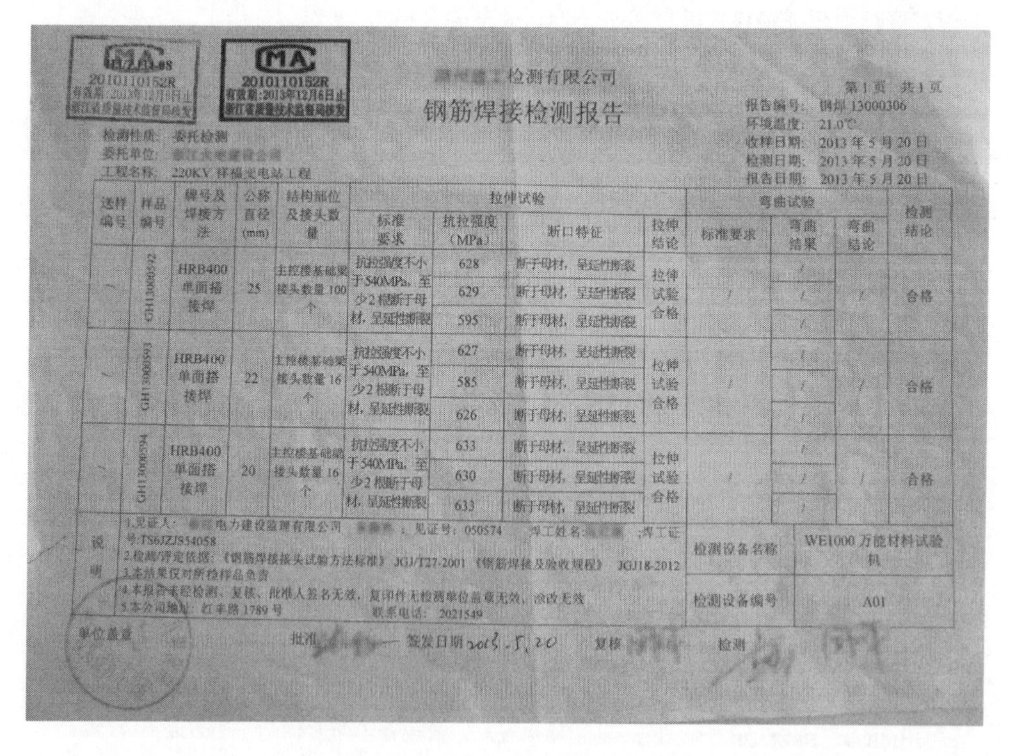

CMA 2010110152R 有效期：2013年12月6日止 浙江省质量技术监督局核发

检测有限公司

钢筋焊接检测报告

第1页 共1页

报告编号：钢焊 13000306
环境温度：21.0℃
收样日期：2013 年 5 月 20 日
检测日期：2013 年 5 月 20 日
报告日期：2013 年 5 月 20 日

检测性质：委托检测
委托单位：
工程名称：220KV 祥福变电站工程

送样编号	样品编号	牌号及焊接方法	公称直径(mm)	结构部位及接头数量	拉伸试验				弯曲试验			检测结论
					标准要求	抗拉强度（MPa）	断口特征	拉伸结论	标准要求	弯曲结果	弯曲结论	
/	GH13000592	HRB400 单面搭接焊	25	主控楼基础梁接头数量 100 个	抗拉强度不小于 540MPa，至少 2 根断于母材，呈延性断裂	628	断于母材，呈延性断裂	拉伸试验合格	/	/	/	合格
						629	断于母材，呈延性断裂			/		
						595	断于母材，呈延性断裂			/		
/	GH13000593	HRB400 单面搭接焊	22	主控楼基础梁接头数量 16 个	抗拉强度不小于 540MPa，至少 2 根断于母材，呈延性断裂	627	断于母材，呈延性断裂	拉伸试验合格	/	/	/	合格
						585	断于母材，呈延性断裂			/		
						626	断于母材，呈延性断裂			/		
/	GH13000594	HRB400 单面搭接焊	20	主控楼基础梁接头数量 16 个	抗拉强度不小于 540MPa，至少 2 根断于母材，呈延性断裂	633	断于母材，呈延性断裂	拉伸试验合格	/	/	/	合格
						630	断于母材，呈延性断裂			/		
						633	断于母材，呈延性断裂			/		

说明：
1.见证人： 电力建设监理有限公司 ；见证号：050574 焊工姓名： ；焊工证号:TS6JZJ854058
2.检测/评定依据：《钢筋焊接接头试验方法标准》JGJ/T27-2001 《钢筋焊接及验收规程》 JGJ18-2012
3.本结果仅对所检样品负责
4.本报告未经检测、复核、批准人签名无效，复印件无检测单位盖章无效，涂改无效
5.本公司地址：红丰路 1789 号 联系电话：2021549

检测设备名称	WE1000 万能材料试验机
检测设备编号	A01

单位盖章 批准 签发日期 2013.5.20 复核 检测

该份试验报告为某工程 HRB400 钢筋单面搭接焊的检测报告，检查时应从下列几个方面分析判定：

（1）公称直径、取样部位、送检样本数量是否符合标准及工程设计要求；

（2）拉伸试验的抗拉强度及断口特征是否符合标准要求；

（3）弯曲试验的弯曲结果是否符合标准要求；

（4）见证人及单位签章、焊工姓名及证号、报告日期、批次、焊接方式是否符合工程实际。

【思考与练习】

1. 钢筋焊接试验报告包括哪些内容？

2. 钢筋焊接接头拉伸试验需复验情况有哪些？

3. 钢筋焊接接头弯曲试验评定合格的标准是什么？

第八章

钢筋工程施工方案编制

模块1　钢筋工程施工方案编制（Z44F4001Ⅲ）

【模块描述】本模块包含钢筋制作与安装施工方案编制的内容、控制要求及相关安全注意事项。通过工序介绍、要点解释、流程讲解，熟练编制钢筋制作与安装施工方案。模块内容为钢筋工程施工方案的举例说明，实际工作中方案的格式、深度等可根据情况进行调整。

【模块内容】

一、编制说明

（1）编制目的、适用范围。

（2）编制依据。

1）施工图纸（包括涉及图纸卷册及主要说明）。

2）施工组织设计。

3）相关规范、标准、规程。

二、工程概况

1. 工程简介

介绍工程基本情况，地上几层、地下几层、长、宽、层高、总建筑面积等。

2. 结构设计概况

如本工程基础形式为筏板基础，地上结构形式为框架—剪力墙结构。楼层均采用现浇混凝土梁、板结构，并运用了预应力技术，满足承载力和裂缝控制要求。

3. 抗震要求

如本工程抗震设防烈度8度，抗震等级为二级。

4. 钢筋规格和连接方式

如本工程钢筋主要级别为HRB335、HRB400，直径6～32mm，钢筋直径大于或等于18mm的采用直螺纹连接方式，钢筋直径小于18mm的采用搭接绑扎方式。

三、质量目标

根据工程总体质量目标及管理要求，分解建筑工程应达到的质量目标，细化钢筋工程的质量控制目标。

四、流水段及任务划分

根据施工组织设计合理组织施工。具体说明钢筋加工场位置，各班组人员安排。翻样、加工、现场安装组人员组成等。以图文说明施工段划分情况，流水分段情况等。

五、施工准备

1. 技术准备

（1）为确保正常施工，技术部门应认真熟悉审查施工图纸，尽早组织图纸会审，及时发现图纸中存在的问题，与设计人员及监理工程师协商办理工程变更洽商，并及时对施工人员进行交底。当钢筋的品种、级别或规格需要做变更时，必须经过项目技术部办理设计变更文件，施工现场不得擅自更改钢筋级别及规格。

（2）钢筋专业工长认真熟悉图纸及规范，编制钢筋加工单。

（3）按照施工图纸所建的工程量，施工组织设计拟定的施工方法，建筑工程预算定额和有关费用定额，认真编制施工图预算和施工预算。

（4）制订好试验计划和见证取样计划。

（5）施工现场管理人员主要由工长、质检员、技术员组成，管理人员必须熟悉掌握设计要求、施工规范、施工手册、标准图集、设计变更等，并对工人进行组织管理，认真确定分部分项工程质量控制点，落实质量控制措施，保证工程质量控制目标。

2. 机具准备

钢筋加工在现场进行，根据现场实际情况及工程量需要安排钢筋加工机械及数量，可参考表 8–1–1。

表 8–1–1　　机具准备一览表

序号	设备名称	规格型号	数量	单机功率（kW）	备注
1	钢筋切断机	CQ40–1	3	5.5	
2	钢管弯曲机	Y100L2–4	3	3	
3	钢筋卷扬机	J4–14	2	7	
4	直螺纹套丝机	GY–40	4	4	
5	无齿锯		3		

3. 材料准备

（1）根据设计图纸，本工程所用钢筋均为热轧带肋钢筋，其钢筋屈服强度标准值HPB300钢筋f_{yk}=235N/mm^{2}和HRB335钢筋f_{yk}=335N/mm^2，强度设计值HPB300钢筋f_y=270N/mm^2，HRB335钢筋f_y=300N/mm^2。

（2）钢筋必须在公司合格分承包方范围内进行采购，钢筋进场必须有出厂合格证和材质证明书，原材料必须符合现行规范、标准和设计要求。

（3）施工前，根据施工进度计划和加工场地情况合理配备材料，并运到现场进行加工。钢筋进现场后，要严格按规范要求检查其外观、尺寸是否符合设计要求。

（4）凭进场钢筋的材质证明进行钢筋复试，试验内容包括屈服强度、抗拉强度、伸长率、弯曲性能和重量偏差等。结构承重钢筋取样时见证取样率不低于30%；对于一、二、三及抗震等级设计的框架和斜撑结构，尚应符合钢筋的抗拉强度实测值与屈服强度实测值的比值不小于1.25，屈服强度实测值与屈服强度标准值的比值不大于1.3。

（5）进场钢筋检验试样应按批检验，其分批方法及试样采取如下方法：每批由同一牌号、同一炉罐号、同一规格、同一交货状态的钢筋组成，重量不大于60t。对于每批钢筋的检验数量，应按相关产品标准执行。对热轧光圆和带肋钢筋，应按照《钢筋混凝土用钢　第1部分：热轧光圆钢筋》（GB 1499.1—2017）和《钢筋混凝土用钢　第2部分：热轧带肋钢筋》（GB 1499.2—2018）的规定，每批抽取5个试件，先进行重量偏差检验，再取其中2个试件进行拉伸试验检验屈服强度、抗拉强度、伸长率，另取其中两个试件进行弯曲性能检验。对于钢筋伸长率，牌号带“E”的钢筋必须检验最大力下总伸长率。

检验结果，如有一项试验结果不符合标准要求，则应另取双倍数量的试样重新做各项试验。如仍有一个试样不符合要求，则该批钢筋为不合格产品，不合格产品应做退货处理，并按有关规定做好记录。

（6）钢筋原材料入、出库应有管理制度。应按进场批的级别、品种、直径、外形分垛堆放，妥善保管，并挂标识牌注明垛号、产地、规格、品种、数量，复试报告单编号，质量状态等。

4. 劳动力组织准备

（1）根据本工程工程量，项目部拟组织一个钢筋施工专业队。

（2）钢筋施工专业人员必须进行上岗前培训，所有操作人员必须熟悉图纸设计要求和施工验收规范规定，由工长对其进行技术交底。

（3）钢筋焊工须持证上岗，钢筋机械工须持证上岗，严禁无证操作。

六、施工工艺及方法

1. 钢筋加工

钢筋加工采用场外加工，现场只堆放钢筋成品和半成品。

（1）钢筋加工要求。

正式加工钢筋前，需向总包上报钢筋配料单，且经总包审批后方可加工钢筋，加工前先根据设计图纸和施工规范要求放出大样，分包单位向总包上报钢筋配料单，经总包审核认可后方可加工。对钢筋较复杂、较密集处实地放样，找到与相邻钢筋的关系后，再确定钢筋加工尺寸，保证加工准确。

施工班组严格按配料单尺寸、形状进行加工，对钢筋加工进行技术交底，并在钢筋加工过程中必须进行指导和抽查。每加工一批必须经质检员验收后，才能进入施工现场。

钢筋加工的形状、尺寸必须符合设计要求，钢筋的表面必须洁净无损伤，油渍、漆污和铁锈等在使用前要清除干净，钢筋平直无局部曲折。

钢筋进场时材质证明必须齐全，并按试验规定取样进行力学性能试验，复试合格方可加工使用。

切割后的钢筋断口不得有马蹄形或起弯等现象。

钢筋弯曲点处不能有裂缝，为此，对HRB400级钢筋不能反复弯曲。

纵向HRB335级钢弯折时弯曲直径：当纵向钢筋直径$d \leqslant 25$mm时$D=4d$（$6d$），当纵向钢筋直径$d>25$mm时$D=6d$（$8d$），括号内为顶层框架梁边节点要求。

弯曲成型的钢筋、弯钩弯折必须符合抗震设计等有关规定：对HPB300级钢筋两端的180°弯钩和箍筋的135°弯钩，其弯曲直径不小于钢筋直径的$2.5d$，箍筋平直长度$\geqslant 10d$且$\geqslant$75mm，且其弯钩加工和绑扎后必须相互平行。

直螺纹、顶模棍、模板支撑卡、梯子筋材料的截断采用无齿锯进行下料。结构钢筋严禁采用气焊切割。

钢筋加工过程中的废料按划定的区域堆放，不得乱扔（现场设有钢筋废料堆放池）。长度超过1m的料头按规格码放整齐，码放时一头对齐，以备二次利用，最大限度地节约材料。

钢筋加工要有专人负责，每加工一种规格的钢筋，都要先仔细量其尺寸批量加工。有偏差必须及时调整。

钢筋弯曲成型后的允许偏差见表8–1–2，合格后方可施工。

表 8-1-2 钢筋弯曲成型后的允许偏差

序号	项目	允许偏差（mm）
1	全长	±10
2	外包长度	±5
3	弯起点位移	±20
4	弯起高度	±3
5	箍筋边长	±2

（2）钢筋半成品堆放。加工好的半成品筋按规格码放，挂好标牌，以防混淆。采用脚手架钢管搭设钢筋存放钢管支架。

每一型号加工完成的钢筋上不得少于两个标识，标识的材料为塑料胸卡材质，填写表格采用机器打印，手工填写，标识卡可重复使用（见表 8-1-3）。

表 8-1-3 钢 筋 标 识 卡

施工单位			
工程名称			
楼层		施工段	
结构部位	□基础底板；□集水坑；□外墙；□内墙 □连梁；□框架梁；□楼板；□柱；□暗柱		
轴线位置		钢筋编号	
钢筋名称			
加工班组		加工日期	

每一批原材钢筋存放支架上设木标识牌，木标识牌上用图钉固定塑料夹，便于标识随时进行更换，标识采用塑料板，塑料板可重复使用。

（3）钢筋抽样。钢筋抽样由专业人员进行，并由监理人员见证。抽样前仔细阅读有关图纸、设计变更、洽商、相关规范、规程、标准、图集，熟悉钢筋构造要求，详细读懂图纸中的各个细部，并以此画出结构配筋详图。

钢筋抽样中结合现场实际情况，考虑搭接、锚固等规范要求，进行放样下料，下料时必须兼顾钢筋长短搭配，最大限度地节约钢筋。

料单在该批钢筋加工使用前 7 天编制完毕，并经有关工程师审批后，方可下料加工。

下料前应依据料单查看现场钢筋的规格及原材料复试是否合格，用量情况。原材料各种规格是否齐全，如需钢筋代换时，应与技术部会同设计人员协商，办理设计变更文件，方可进行钢筋代换施工。

（4）钢筋除锈。钢筋表面的浮锈、油渍、漆污等使用前应清除干净，盘条钢筋生锈时可通过钢筋调直机调直除锈，螺纹钢筋用钢丝刷除锈，保证混凝土对钢筋的握裹力。若有成批量原材料锈蚀较重的必须采用机械除锈，在除锈施工中，若发现钢筋表面有严重的麻坑、斑点伤蚀截面时，应与技术部门联系通过试验确定钢筋强度，确定降级使用或剔除不用。

（5）钢筋调直的方法及设备。直径 12mm 以下盘条采用钢筋调直机进行调直，同时可以根据需要的钢筋长度切断。

（6）钢筋切断的方法及设备。钢筋切断采用切断机和无齿锯。采用切断机和无齿锯，断料之前必须先进行尺量。对于直螺纹连接用钢筋必须采用无齿锯切割，保证切割面垂直于钢筋的轴线，确保加工的直螺纹丝头全部为有效丝头；对于非直螺纹连接用钢筋切断选用钢筋切断机，钢筋断口不得有马蹄形或起弯现象，确保钢筋长度准确。

根据原料长度，将同规格钢筋根据不同长度，进行长短搭配，先断长料，后断短料，减少损耗。断料避免用短尺量长料，防止量料中的累计误差。

（7）钢筋弯曲成型的方法及设备。钢筋弯曲采用弯曲机，钢筋弯曲前要划线，对各类型的弯曲钢筋都要先试弯，检查其弯曲质量是否与设计要求相符，经过调整后，再进行成批生产。不同直径钢筋的加工采用不同弯曲成型轴。

HPB300 级钢筋末端做 180° 弯钩，其弯弧内直径不小于钢筋直径的 2.5 倍，弯钩的弯后平直部分长度不小于钢筋直径的 3 倍。

箍筋、拉筋的弯钩及箍筋形式严格按照结构设计总说明的要求加工，按照抗震要求，箍筋的弯钩为 135°，弯钩直段长度不小于箍筋直径（*d*）的 10 倍且不小于 75mm。箍筋弯钩两端平直部分长度相等，弯钩平整不扭翘。箍筋成型时以内边尺寸来计算，以外边尺寸来计算时，则要加上 2 倍的箍筋直径。

HRB400 级钢筋末端做 135° 弯折时，弯曲直径（*D*）不小于钢筋直径（*d*）的 4 倍。钢筋做不大于 90° 弯钩时，其弯弧内直径不应小于钢筋直径的 5 倍。弯钩的弯后平直长度按设计要求确定。设计要求受力主筋、构造筋有弯折或末端有弯钩者，其弯折点位置、角度和弯钩尺寸、平直度等应符合要求。制作箍筋、梯子筋等专用模具，保证加工尺寸精确。

2. 钢筋连接

直径大于或等于 18mm 的钢筋采用直螺纹连接，直径小于或等于 16mm 的钢筋优先采用搭接接头。直螺纹连接应用在基础底板、基础主梁、剪力墙、框架柱、框架梁、暗柱和部分楼板，搭接主要应用在剪力墙和楼板（见表 8–1–4）。本工程选用Ⅰ级接头。

表 8–1–4 钢筋连接位置表

<table>
<tr><th colspan="2">结构部位</th><th>跨中 1/3 范围内</th><th>支座处 1/3 范围内</th><th>备　注</th></tr>
<tr><td rowspan="2">底板</td><td>下铁</td><td>√</td><td>/</td><td rowspan="9">1. 设置在同一构件内机械接头应相互错开，在任一机械接头中心至长度为钢筋直径 d 的 35 倍且不小于 500mm 的区段内。
2. Ⅲ区底板及基础梁不考虑接头位置。
3. 板下铁该范围指后浇带中轴线远离板支座侧 2m 范围，板上铁在支座处连接；上述接头等级为Ⅰ级；Ⅲ区钢筋在后浇带范围钢筋连接应满足上述要求</td></tr>
<tr><td>上铁</td><td>/</td><td>√</td></tr>
<tr><td rowspan="2">基础梁</td><td>下铁</td><td>√</td><td>/</td></tr>
<tr><td>上铁</td><td>/</td><td>√</td></tr>
<tr><td rowspan="2">楼板</td><td>下铁</td><td>/</td><td>√</td></tr>
<tr><td>上铁</td><td>√</td><td>/</td></tr>
<tr><td rowspan="2">框架梁</td><td>下铁</td><td>/</td><td>√</td></tr>
<tr><td>上铁</td><td>√</td><td>/</td></tr>
<tr><td colspan="2">框架柱主筋</td><td colspan="2">钢筋接头位置必须错开，第一排接头位置离板面不小于 500mm 且不小于 $H_n/6$，第二排位置距第一个接头不小于 35d 且不小于 500mm</td></tr>
<tr><td rowspan="2">墙体</td><td>竖向筋</td><td colspan="2">留在楼板面以上搭接长度 $1.2L_{aE}$，且相邻接头错开不小于 35d 且不小于 500mm</td><td rowspan="2">墙体的搭接百分率≤25，纵向受拉钢筋的搭接长度修正系数 ξ 取 1.2</td></tr>
<tr><td>水平筋</td><td colspan="2">墙体水平钢筋搭接长度 $1.2L_{aE}$，且相邻接头错开不小于 35d 且不小于 500mm</td></tr>
</table>

（1）一般要求。采用直螺纹套筒连接的钢筋接头，同一根纵向受力钢筋不宜设置两个或两个以上接头。接头末端至钢筋弯起点的距离不应小于钢筋直径的 10 倍。

设置在同一构件中纵向受力钢筋的接头相互错开。纵向受力钢筋连接区段的长度为 35d（d 为较大直径）且不小于 500mm。该连接区段内有接头的纵向受力钢筋截面面积百分率应符合设计要求，并应符合下列规定：

1）Ⅲ区底板及基础梁不考虑接头位置。

2）在受拉区不宜大于 50%，接头不宜设置在有抗震设防要求的框架梁端、柱端的箍筋加密区。

3）当无法避开时，机械连接接头不应大于 50%。

4）直接承受动力荷载的结构构件中，不宜采用焊接接头；当采用机械连接接头时，不应大于 50%。

（2）材料的要求。连接套筒材料其材质符合 GB/T 699—2015 规定。钢筋套丝后的螺牙符合质量标准。钢筋切口端面及丝头锥度、牙形、螺距等应符合质量标准，并与连接套筒螺纹规格相匹配。连接套表面无裂纹，螺牙饱满，无其他缺陷。各种型号和规格的连接套外表面，必须有明显的钢筋级别及规格标记。连接套两端的孔必须用塑料盖封上，以保护内部清净，干燥防锈。

（3）剥肋滚轧直螺纹连接。

1）钢筋直螺纹加工。凡是从事直螺纹加工的工人要经过培训并持证上岗。加工钢筋螺纹的丝头、牙形、螺距等必须与连接套牙形、螺距一致，且经配套的量规检验合格。钢筋下料时不宜用热加工方法切断；钢筋端面宜平整并与钢筋轴线垂直；不得有马蹄形或扭曲；钢筋端部不得有弯曲；出现弯曲时应调直。加工钢筋螺丝，采用水溶性切削润滑液，气温低于 0℃时，掺入 15%～20%亚硝酸钠，不准用机油作润滑液或不加润滑液套丝。操作人员应逐个检查钢筋丝头的外观质量并做出操作者标记。

经逐个自检合格的钢筋丝头，质量检查员应对每种规格加工批量随机抽检 10%，且不少于 10 个，并填写钢筋螺纹加工检验记录。如有一个丝头不合格，即应对该加工批全数检查，不合格丝头应重加工，经再次检验合格方可使用。

2）钢筋丝头加工程序。

钢筋端面平头→剥肋滚轧螺纹→丝头质量检验→戴帽保护→丝头质量抽检→存放待用。

钢筋丝头加工操作要点如下：

钢筋端面平头：平头的目的是让钢筋端面与母材轴线方向垂直，采用砂轮切割机进行端面平头施工，严禁气割。

剥肋滚轧螺纹：使用钢筋剥肋滚轧直螺纹机将待连接的钢筋的端头加工成螺纹。

戴帽保护：用专用的钢筋丝头保护帽对钢筋丝头进行保护，防止螺纹被磕碰或被污物污染。按规格型号及类型进行分类码放。

3）接头连接程序。

钢筋就位→拧下钢筋丝头保护帽→接头拧紧→做标记→施工检验。

操作要点如下：

钢筋就位：将丝头检验合格的钢筋搬运至待连接处。

接头拧紧：用扳手和管钳将连接接头拧紧。

做标记：对已经拧紧的接头做标记，与未拧紧的接头区分开。

4）钢筋连接。在进行钢筋连接时，钢筋规格应与连接套筒规格一致，并保证丝头和连接套筒内螺纹干净、完好无损。

连接钢筋时对准轴线将钢筋拧入相应的连接套筒（见图 8–1–1）。

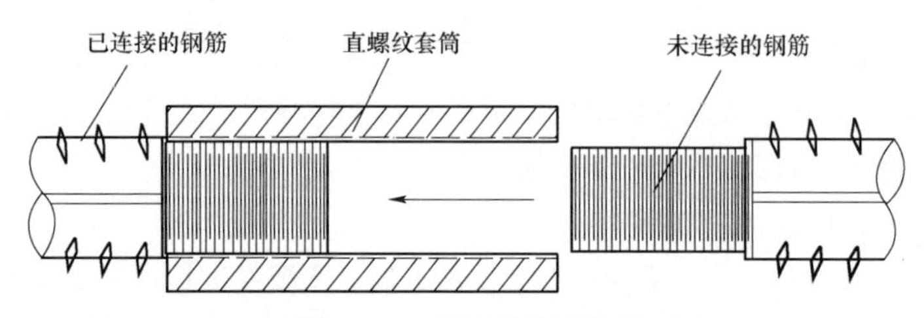

图 8–1–1 钢筋接头连接图

接头拼接完成后，使两个丝头在套筒中央位置互相顶紧，套筒每端不得有一扣以上的完整丝扣外露。加长型接头的外露丝扣数不受限制，但有明显标记，以检查进入套筒的丝头长度是否满足要求。钢筋接头拧紧后应用力矩扳手按不小于规定的拧紧力矩值检查，并加以标记。

5）钢筋接头检验。

工艺检验：在正式施工前，按同批钢筋、同种机械连接形式的接头形式的接头试件不少于 3 根，同时对应截取接头试件的母材，进行抗拉强度试验。

现场检验：按检验批进行同一施工条件下采用同一批材料的同等级、同形式、同规格的接头每 500 个为一验收批，不足 500 个接头的也按一个验收批，取样后的钢筋用电弧焊焊接。

对接头的每一验收批，必须在工程结构中随机截取 3 个试件做抗拉强度试验。当 3 个接头试件的抗拉强度符合表 8–1–5 中相应等级的要求时，该验收批评为合格。

表 8–1–5　抗拉试验接头强度等级

接头等级	Ⅰ级	Ⅱ级	Ⅲ级
抗拉试验	$f_{mst}^0 \geqslant f_{st}^0$或$1.10 \geqslant f_{uk}$	$f_{mst}^0 \geqslant f_{uk}$	$f_{mst}^0 1.25 \geqslant f_{yk}$

注 f_{mst}^0—接头试件实际抗拉强度； f_{st}^0—接头试件中钢筋抗拉强度实测值； f_{uk}—钢筋抗拉强度标准值； f_{yk}—钢筋屈服强度标准值 。

现场连续检验 10 个验收批抽样试件抗拉强度试验 1 次合格率为 100%时，验收批接头数量可以扩大 1 倍。

3. 钢筋的搭接

钢筋绑扎接头设置在受力较小处。同一纵向受力钢筋不设置两个或两个以上接头，接头末端距钢筋弯起点的距离不小于钢筋直径的 10 倍。

同一构件中相邻纵向受力钢筋的绑扎搭接头宜相互错开。绑扎搭接接头中钢筋的横向净距不小于钢筋直径，且不应小于 25mm。

同一连接区段内，纵向受力钢筋的接头面积百分率应符合设计要求。当设计无具体要求时，应符合 GB 50204 中的下列规定：

（1）对梁类、板类及墙类构件，不宜大于 25%。

（2）对柱类构件，不宜大于 50%。

4. 钢筋的焊接

采用帮条焊或搭接焊。在正式焊接之前，先进行现场条件下的焊接工艺试验，并经试验合格后，方可正式焊接。每 300 个接头为一个检验批。

HPB300 和 HRB335 钢筋选用 E43××焊条焊接，HRB400 钢筋选用 E50××焊条焊接。单面焊接长度 10*d*，双面焊接长度 5*d*。

5. 钢筋的绑扎

基础钢筋绑扎施工流程如下：

弹插筋位置线→运钢筋到使用部位→绑扎底板下部及地梁钢筋→水电工序插入→设置垫块→放置马凳→绑底板上部钢筋→设置定位框→插墙、柱预埋钢筋→基础底板钢筋验收。

6. 保证保护层厚度的措施

（1）钢筋保护层厚度见表 8–1–6。

表 8–1–6　　钢筋保护层厚度

部位或构件	厚度（mm）	垫块类型	部位或构件	厚度（mm）	垫块类型
基础底板下侧	40	混凝土垫块	柱	35	砂浆垫块
基础导墙上侧	30	砂浆垫块	内墙	25	砂浆垫块或塑料垫块
地下外墙外侧	40	砂浆垫块	梁	35	砂浆垫块
地下外墙内侧	30	砂浆垫块	楼板	20	砂浆垫块

（2）保证保护层厚度的具体措施。地下室底板基础钢筋保护层垫块采用 40mm 混凝土垫块，间距 0.9m 梅花形布置。底板侧面采用 40mm 砂浆垫块做保护层。

垫块摆完后摆放马凳，马凳铁支腿要放在钢筋上。且在马凳铁上划分钢筋上层网南北方向的钢筋间距分格线，并摆放好钢筋，上面保护层为 30mm。

垫块应在水电管线安装施工完后摆放，以保证墙、柱保护层厚度。

所有墙体采用水泥砂浆垫块间距 1.0m 梅花形布置控制钢筋保护层厚度。

（3）定位钢筋措施。

1）柱筋定位。采用 35mm 砂浆垫块作保护层，避开十字交叉处，间距 1.0m，每面两排布置，框架柱圆柱间距 1.0m 梅花形布置（见图 8–1–2）。

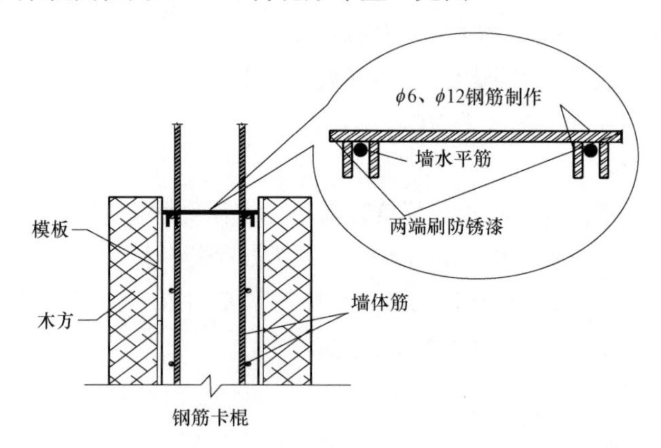

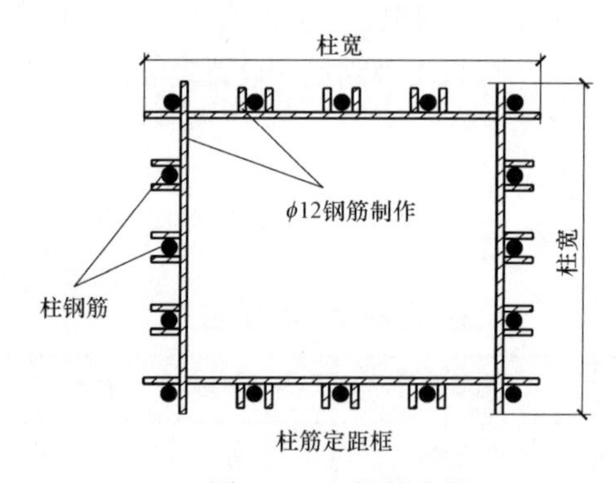

图 8–1–2 柱筋定位

2）墙筋定位（见图 8–1–3）。

3）板筋定位。楼板上铁钢筋沿板厚的位置控制采用支垫马凳的方法进行控制，板筋上铁铺放在专用马凳上，马凳采用ϕ14 或ϕ12 并确保承受荷载不变形，间距不大于 1000mm，马凳位于上下铁之间。

7. 钢筋安装质量要求

（1）允许偏差及检查方法见表 8–1–7。

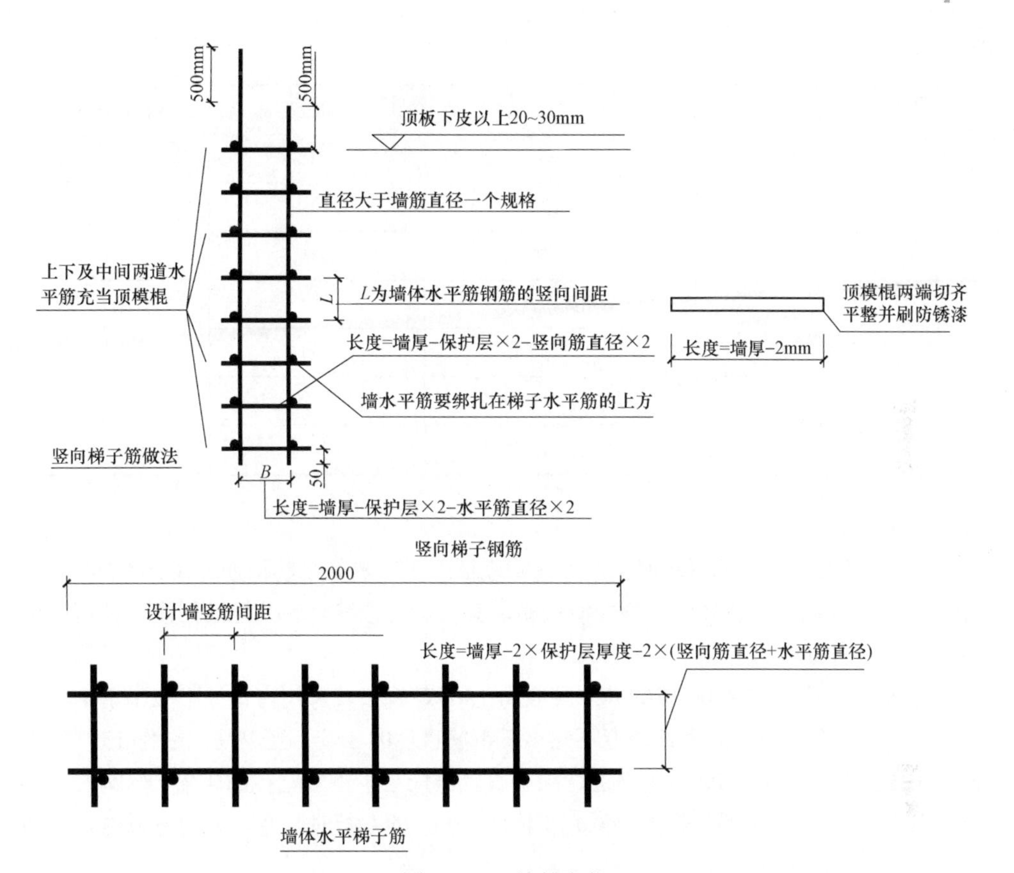

图 8-1-3　墙筋定位

表 8-1-7　　钢筋工程安装允许偏差及检查方法

序号	项　目		允许偏差（mm）	检查方法
			国家标准	
1	绑扎骨架	宽、高	±5	尺量
		长	±10	
2	受力钢筋	间距	±10	尺量
		排距	±5	
		弯起点位置	20	
3	箍筋、横向筋焊接网片	间距	±20	尺量连续 5 个间距
		网格尺寸	±20	

续表

序号	项目		允许偏差（mm）	检查方法
			国家标准	
4	保护层厚度	基础	±10	尺量
		板、墙	±3	
5	不等强直螺纹接头外露丝扣	套筒外露整扣	≤2个	尺量
		套筒外露半扣	—	
6	板受力钢筋锚固长度	入支座、节点搭接	—	尺量
		入支座、节点锚固	—	

（2）验收方法。

1）主控项目。钢筋进场时，应按《钢筋混凝土用热轧带肋钢筋》（GB/T 1499.2—2018）等的规定抽取试件作力学性能检验，其质量必须符合有关标准的规定。钢筋进场要注意混合批的问题。

钢筋加工时，HPB300 级钢筋末端应作 180° 弯钩，其弯钩内直径不应小于钢筋直径的 2.5 倍，弯钩的弯后平直长度不应小于钢筋直径的 3 倍；当钢筋末端作 135° 弯钩时，HRB335 级、HRB400 级钢筋的弯弧内直径不应小于钢筋直径的 4 倍，弯钩的弯后平直部分长度应符合设计要求；钢筋作不大于 90° 的弯折时，弯折处的弯弧内直径不应小于钢筋直径的 5 倍。

箍筋的末端应作弯钩，当有抗震要求时，弯钩应为 135°，弯钩平直部分的长度应不小于箍筋直径的 10 倍，且不小于 75mm。

纵向受力钢筋的连接方式应符合设计和规范要求，按《钢筋机械连接技术规程》（JGJ 107）及相应连接标准的规定抽取钢筋接头试件作力学性能检验，其质量应符合有关规程的规定。

受力钢筋的品种、级别、规格、形状、尺寸、数量必须符合设计要求。

所用钢筋要认真检查是否符合设计要求。钢筋绑扎完毕后，施工队伍必须经过自检合格后上报到项目部质量检查员，经质量检查员检查合格后，由监理工程师组织隐蔽工程验收并同意隐蔽后，方可浇筑混凝土。

2）一般项目。

钢筋平直、无损伤，表面不得有裂纹、油污、颗粒状或片状老锈。

当采用冷拉方法调直钢筋时，HPB300 级钢筋的冷拉率不宜大于 4%；HRB335、HRB400 级钢筋的冷拉率不宜大于 1%。

钢筋加工的形状、尺寸应符合设计要求。

钢筋接头宜设置在受力较小处，同一纵向受力钢筋不宜设置两个或两个以上接头。同一截面的接头数量应符合设计要求，但设计无要求时，必须满足《混凝土结构工程施工质量验收规范》（GB 50204—2015）的要求。

钢筋的接头宜设置在受力较小处。同一纵向受力钢筋不宜设置两个或两个以上接头。接头末端至钢筋弯起点的距离不应小于钢筋直径的 10 倍。

检查数量：全数检查。检验方法：观察，钢尺检查。

在施工现场，应按国家现行标准《钢筋机械连接技术规程》（JGJ 107）和《钢筋机械连接用套筒》（JG/T 163）的规定对钢筋机械连接接头的外观进行检查，其质量符合有关规程的规定。

检查数量：全数检查。检验方法：观察。

当受力钢筋采用机械连接接头，设置在同一构件内的接头宜相互错开。

纵向受力钢筋机械连接接头及焊接接头连接区段的长度为 35*d*（*d* 为纵向受力钢筋的较大直径）且不小于 500mm，凡接头中点位于该连接区段长度内的接头均属于同一连接区段。同一连接区段内，纵向受力钢筋机械连接接头面积百分率为该区段内接头的纵向受力钢筋截面面积与全部纵向受力钢筋截面面积的比值。

同一连接区段内，纵向受力钢筋的接头面积百分率应符合设计要求。接头不宜设置在柱端的箍筋加密区。

检查数量：在同一检验批内，对墙和板应按有代表性的自然间抽查 10%，且不少于 3 间；若大空间结构，墙可按相邻轴线间高度 5m 左右划分检查面，板可按纵横轴线划分检查面，抽查 10%，且均不少于 3 面。

检验方法：观察，钢尺检查。

同一构件中相邻纵向受力钢筋的绑扎搭接接头宜相互错开。绑扎搭接接头中钢筋的横向净距不应小于钢筋直径，且不应小于 25mm。

箍筋加密区应符合设计要求，但设计无要求时，必须满足《混凝土结构工程施工质量验收规范》（GB 50204）的要求。

3）应注意的问题。浇筑混凝土前检查钢筋位置是否正确，振捣混凝土时防止碰动钢筋，浇完混凝土后立即修整甩筋的位置，防止墙筋位移。

箍筋末端应弯成 135°，平直部分长度为 10*d*，且不小于 75mm。

板的弯起钢筋和负弯矩钢筋位置应准确，施工时不应踩到下面。

绑板的钢筋时用尺杆划线，绑扎时随时找正调直，防止板筋不顺直。

绑纵向受力筋时要吊正，搭接部位绑 3 个扣，绑扣不能用同一方向的顺扣。层高超过 4m 时搭架子进行绑扎，并采取措施固定钢筋，防止墙钢筋内架不垂直。

七、质量保证措施

（1）钢筋的品种和质量必须符合设计要求和有关标准的规定。每次绑扎钢筋时，由专业工长对照施工图确认。

（2）钢筋表面应保持清洁。如有油污则必须用棉纱蘸稀料擦拭干净。

（3）钢筋的规格、形状、尺寸、数量、锚固长度、接头设置必须符合设计要求和施工规范规定。

（4）钢筋机械连接接头性能必须符合钢筋验收规定。

（5）弯钩的朝向要正确，箍筋的间距数量应符合设计要求，弯钩角度为135°，弯钩平直长度保证不小于10d。

（6）为了防止墙柱钢筋位移，在振捣混凝土时严禁碰动钢筋，浇筑混凝土前检查钢筋位置是否正确，设置定位箍以保证钢筋的稳定性、垂直度。混凝土浇筑时设专人看护钢筋，一旦发现偏位及时纠正。

（7）墙体筋在支完模板后，必须把钢筋上端位置间距重新调整一次，并临时附加一根水平筋绑扎牢固，门洞口等关键部位处两边柱筋最后用线坠吊直后，上口与墙水平筋重点绑牢，防止浇筑混凝土时柱筋跑位。

（8）钢筋保护层塑料卡间距根据钢筋的直径、长度、随时做调整，确保保护层厚度满足设计要求。

八、成品保护

（1）已成型钢筋，应在指定地点摆放，用垫木垫放整齐，防止钢筋变形、锈蚀、油污。

（2）绑扎墙柱筋时，应事先在侧面搭临时架子，上铺脚手板，绑扎钢筋人员不准蹬踩钢筋进行操作；底板、楼板上下层钢筋绑扎时，应将支撑马凳绑牢固，防止操作时马凳被踩变形，严格控制马凳加工精度在3mm以内，防止底板、楼板上部混凝土保护层偏差过大。

（3）严禁随意割断钢筋。当预埋套管必须切断钢筋时，按设计要求设置加强钢筋。

（4）绑扎钢筋时禁止碰动预埋件及洞口模板。

（5）钢模板内面涂刷的脱模剂，要在地面事先刷好，防止污染钢筋。

（6）安装电线管、暖卫管线或其他设施时不得任意切断和移动钢筋。如有相碰，则与土建技术人员现场协商解决。

（7）浇筑楼板混凝土时，混凝土输送泵管要用铁马凳架高300mm，防止由于过重的泵管压塌板上部筋。去往操作面的主要通道也需设铁马凳，上铺钢跳板，边浇边撤。

九、安全文明施工及环保措施

1. 钢筋机械的使用安全

（1）进入现场的钢筋机械在使用前，必须经项目部机械管理员检查验收，合格后方可使用。机械操作人员需持证上岗作业，并在机械旁挂牌注明安全操作规定。

（2）钢筋机械必须设置在平整、坚实的场地上，设置机棚和排水沟，防雨雪、防水浸泡。焊机必须接地，焊工操作时，必须穿戴防护衣具，以保证操作人员安全。

（3）钢筋加工机械要设专人维护维修，定期检查各种机械的零部件；特别是易损部件，出现有磨损的必须更换。现场加工的成品、半成品堆放整齐。

（4）钢筋加工机械处必须设置足够的照明，保证操作人员在光线较好的环境下操作。在进行加工材料时，弯曲机、切断机等严禁一次超量上机作业。

2. 钢筋吊运的安全要求

（1）塔吊在吊运钢筋时，必须将两根钢丝绳吊索在钢筋材料上缠绕两圈，钢筋缠绕必须紧密，两个吊点长度必须均匀，钢筋吊起时，保证钢筋水平，预防材料在吊运中发生滑移坠落。塔吊在吊运钢筋时，要派责任心强的有证信号工指挥，不得无人指挥或乱指挥。

（2）成批量的钢筋严禁集中堆放在非承重的操作架上。只允许吊运到安全可靠处后方可传递倒运。

（3）短小材料必须用容器进行吊运，严禁挂在长料上。

3. 墙、柱、梁钢筋绑扎安全要求

（1）在进行墙、柱、梁钢筋绑扎时，搭设的脚手架每步高度不大于1.8m，且加斜撑，上铺脚手板。上端防护高度不小于1.2m，设置两道水平防护栏杆。操作架上严禁出现单板、探头和飞跳板，必要时操作工人系挂安全带。

（2）操作架上严禁超量堆放钢筋材料，堆放量每平方米不得超过120kg。

4. 钢筋加工机械作业的安全要求

（1）钢筋拉直圆盘条时，必须用专用卡具，两端设挡板（或挡栏），沿线须设围栏禁止人员通行。

（2）切断机切断钢筋时，要待机械运转正常后，方准作业。活动刀片前进时禁止送料，并在机械旁设置放料台。机械运转时严禁直接用手靠近刀口附近清料，且严禁将手靠近机械传动部件上。

5. 砂轮机的使用安全

（1）打磨钢筋的砂轮机在使用前应经安全部门检验合格后方可投入使用。开机检查砂轮罩、砂轮片是否完好，旋转方向是否正确；对有裂纹的砂轮严禁使用。

（2）操作人员必须站在砂轮片运转切线方向的旁侧。

（3）用砂轮片切割时压力不宜过大，切割件固定必须牢固。切忌使用劣质砂轮片。使用手持砂轮机时，要佩戴绝缘手套及防护墨镜。

6. 直螺纹滚丝机安全使用注意事项

（1）参加钢筋直螺纹连接施工的人员必须经培训、考核后持证上岗，不许经常更换操作人员。

（2）不准硬拉电线或高压油管。

（3）高压油管不能打死弯。

（4）设备电源线要及时用绝缘钩和缆线用支架挂好，严禁随意铺设、拖地或在钢筋中铺设。

（5）设备在作业面转动或移位时应切断电源。

7. 文明施工

（1）在加工场所产生的垃圾、废屑要及时收集，存放在固定地点，统一清运到北京市规定的垃圾集中地。

（2）在加工场所作业时，必须按工完场清和一日一清的规定执行。

（3）现场在进行钢筋加工及成型时，要控制各种机械的噪声。将机械安放在平整度较高的平台上，下垫木板。并定期检查各种零部件，如发现零部件有松动、磨损，及时紧固或更换，以降低噪声。浇筑混凝土时不要振动钢筋，降低噪声排放强度。

（4）钢筋原材、加工后的产品或半产品堆放时要注意遮盖（用苫布或塑料），防止因雨雪造成钢筋的锈蚀。如果钢筋有轻微老锈，钢筋在使用前必须用铁丝刷或砂盘进行除锈。为了减少除锈时灰尘飞扬，现场要设置苫布遮挡，并及时将锈屑清理起来，待统一清运到规定的垃圾集中地。

（5）直螺纹套丝的铁屑装入尼龙口袋送废品回收站回收再利用。

（6）为了减少资源的浪费，下料后长度大于或等于300mm的短钢筋用对焊机连接后，用来制作构造搭接马凳筋。其余长度小于300mm的钢筋头由专业回收公司回收再利用。

（7）为减轻由于焊接造成的大气污染，钢筋接头采用直螺纹机械连接接头。

【思考与练习】

1. 简述基础钢筋绑扎工艺流程。
2. 简述板、次梁、主梁等钢筋铺放层次。
3. 简述钢筋吊运的安全要求。

第三部分

模　板　工　程

第九章

模　板　施　工

模块 1　普通混凝土模板制作（Z44G1001 Ⅰ）

【模块描述】本模块介绍普通混凝土工程模板的原材料控制、加工质量要求、检查内容以及安全措施。通过要点介绍控制内容，掌握模板加工施工工艺、质量要求、检查方法以及安全措施。

【模块内容】

模板的制作包括模板的选材和制作，通过配板和加工完成模板的制作。本模块主要介绍常见的模板制作加工工艺、质量要求及检查方法等内容。

一、模板材料选用原则

混凝土结构施工用的模板材料种类很多，较常用的是木材和钢材两种。为了保证所浇筑混凝土结构的施工质量（包括结果形状与尺寸正确，混凝土表面平整等）与施工安全，所选用的模板材料应具有下列特性：

（1）材料应有足够的强度，以保证模板结构有足够的承载能力。

（2）材料应有足够的弹性模量，以保证模板结构的刚度。在使用时，变形在允许范围内。

（3）模板接触混凝土的表面，必须平整光滑。

（4）尽量选用轻质材料，并且能够经受多次周转而不损坏。

二、常见模板加工制作要求

（一）木模板

1. 模板配制的方法

（1）按图纸尺寸直接配制模板。形体简单的结构构件，可根据结构施工图纸，直接按尺寸列出模板规格和数量进行配制。模板厚度、横档及楞木的断面和间距，以及支撑系统的配置，都可按支撑要求通过计算选用。

（2）放大样方法配制模板。形体复杂的结构构件，如楼梯、圆形水池等结构模板，可采用放大样的方法配制模板。即在平整的地坪上，按结构图用足尺画出结构构件的实样，量出各部分模板的准确尺寸或套制样板，同时确定模板及其安装的节点构造，进行模板的制作。

（3）按计算方法配制模板。形体复杂的结构构件，尤其是一些不易采用放大样且又有规律的几何形体，可以采用计算方法，或用计算方法结合放大样的方法，进行模板的配制。

（4）结构表面展开法配制模板。有些形体复杂的结构构件，如设备基础，是由各种不同的形体组合而成的复杂体，其模板的配制就适用展开法，画出模板平面和展开图，再进行配模设计和模板制作。

2. 模板的配制要求

（1）木模板及支撑系统所用的木材，不得有脆性、严重扭曲和受潮后容易变形的木材。

（2）木模厚度。侧模一般可采取20～30mm厚，底模一般可采取40～50mm厚。

（3）拼制模板的木板条不宜宽于下值：

1）工具式模板的木板为150mm；

2）直接与混凝土接触的木板为200mm；

3）梁和拱的底板，如采用整块木板，其宽度不加限制。

（4）木板条应将拼缝处刨平刨直，模板的木档也要刨直。

（5）钉子长度应为木板厚度的1.5～2倍，每块木板与木档相叠处至少钉2只钉子。

（6）混水模板正面高低差不得超过3mm；清水模板安装前应将模板正面刨平。

（7）配制好的模板应在反面编号并写明规格，分别堆放保管，以免错用。

（二）组合钢模板

1. 模板制作质量要求

（1）模板及配件应按《组合钢模板技术规范》（GB/T 50214）制作。

（2）模板的槽板制作宜采用冷轧冲压整体成型的生产工艺，沿槽板纵向两侧的凸棱倾角，应严格按标准图尺寸控制。

（3）模板槽板边肋上的U形卡孔和凸鼓，宜采用一次冲孔和压鼓成型的生产工艺。

（4）模板的组装焊接，宜采用组装胎具定位及合理的焊接顺序。

（5）焊接后的模板，宜采用整形机校正模板的变形。当采用手工校正时，不得碰伤其棱角，且板面不得留有锤痕。

（6）焊缝处外形应光滑、均匀，不得有漏焊、焊穿、裂纹等缺陷，并不宜产生咬肉、夹渣、气孔等缺陷。

（7）焊接选用的焊条材质、性能和直径，应与被焊物相适应。

（8）U形卡应采用冷作工艺成型，卡口弹性夹紧力不应小于1500N。

（9）U 形卡和 L 形插销等配件的圆弧半径应符合设计要求，且不得出现非圆弧形的折角皱纹。

（10）各种螺栓连接件，应符合国家现行有关标准。

（11）连接件应采用镀锌表面处理，厚度应为 0.05～0.08mm，镀层应均匀，不得有漏镀缺陷。

（12）钢模板及配件的表面，必须除去油污、锈迹后再做防锈处理。处理方法见表 9–1–1。

表 9–1–1　钢模板及配件的防锈处理

名　称	防 锈 处 理
钢模板	板面涂防锈油一道，其他面涂防锈底漆、面漆各一道
U 形卡	镀锌
L 形插销	
钩头螺栓	
紧固螺栓	
扣件	
柱箍	定位器、插销镀锌，其他涂防锈底漆、面漆各一道
钢楞	涂防锈底漆、面漆各一道
支柱、斜撑	插销镀锌，其他涂防锈底漆、面漆各一道
桁架	涂防锈底漆、面漆各一道

注　1. 电泳涂漆和喷塑钢模板可不涂防锈油。
　　2. U 形卡表面可做氧化处理。

2. 钢模板组装质量要求

钢模板组装质量应符合表 9–1–2 的要求。

表 9–1–2　钢模板组装质量标准

项　目	允许偏差（mm）
两块模板之间的拼接缝隙	≤1.5
相邻模板面的高低差	≤2.0
组装模板板面的平整度	≤2.0
组装模板板面的长宽尺寸	±2.0
组装模板两对角线长度差值	≤3.0

（三）大模板

大模板加工前，应绘制大模板制作图和组装图，图中要详细注明预埋件、门窗的位置及其连接要求，所有模板的型号、安装连接和装拆顺序如下。

1. 大模板主体加工流程

大模板主体加工：画线→下料→调直→对胎→拼板面→组焊成型→校正→钻孔→质量检验→刷防锈漆→堆放待运。

2. 大模板主体加工要点

（1）画线。画线是大模板加工的第一道工序，要事先根据图纸尺寸放好足尺大样，制作样板，根据样板进行画线，画线误差不得大于 0.5mm，各种型钢应逐根铺开，统一画线。

（2）下料。钢板采用剪板机下料，要先确定基准边，然后利用基准边剪切其他边，以保证板料的方正，串角不得大于 1mm，宽度误差不大于 0.5mm。各种型钢骨架（龙骨）下料采用气割，要对准画线下料，不能割在线外。

（3）调直。要对每根型钢骨架逐根进行调直，并将焊渣清除干净。调直后在骨架上进行画线，按线钻孔打眼。

（4）对胎。将加工后的纵横龙骨在胎模上定位。定位时，将正反号龙骨的同一侧放在一起（见图 9–1–1）。先将横龙骨放在胎模上，调整间距，使板面拼缝对正横龙骨。正反两块模板的龙骨要同时组对，然后安装竖龙骨，并用卡具将横、竖龙骨与胎模卡紧，经检查无误后施焊。焊接应由两人从两侧同时施焊，骨架上的其他附件也应同时焊接。对接焊缝熔透深度应不小于较薄板的 0.7 倍，贴角焊缝高度应大于板厚 1mm。外形尺寸定位误差不得大于 1.5mm。

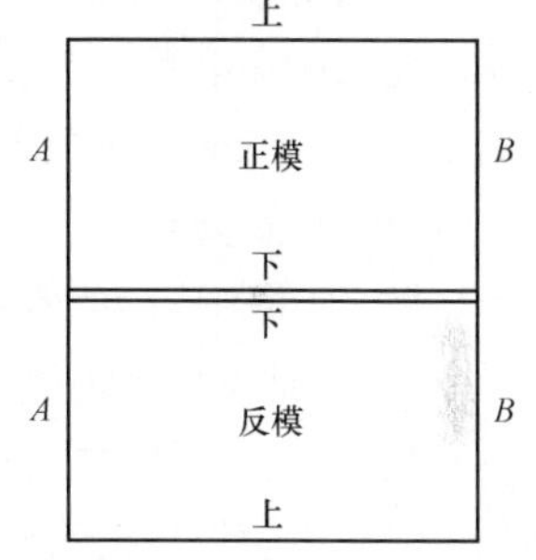

图 9–1–1　骨架组对示意图

（5）拼板面。将剪切好的面板在另一胎模上进行点焊固定，每次可铺 3～4 层钢板。组拼板面时，应将裁切平直的侧边用于拼缝处。

（6）组焊成型。将焊好的骨架放到面板上，并用卡具将面板、骨架与胎模卡紧。如个别地方未贴紧板面，应进行校正。然后对称地进行施焊，面板与骨架之间采用断续焊，每隔 150～200mm 焊接 10mm。

（7）校正。每块模板制作完毕后，都应按设计图纸及加工制作质量标准进行检查，然后吊离胎模。质量不合格的应进行返修。由于焊接变形而翘曲是一种常见的质量通病，当超过允许偏差时应进行校正。方法是：将两块翘曲的模板板面相对放置，四周用卡具卡紧，在不平整的部位打入钢模，静置一段时间，使其焊接产生的内应力消失，达到调平的目的。

（8）钻孔。校正后的大模板将板面向上放置，精确量出穿墙螺栓的位置，再用电钻钻孔。为了保证孔位的准确，可先用小直径钻杆钻孔定位，然后用大钻头扩孔。检查合格的大模板，要清除浮锈、刷防锈漆，然后编号堆放待运。

3. 大模板附件的加工

主要有操作平台架挂钩、吊环等。吊环、操作平台架挂钩采用烘煨加热至 1150℃左右，利用工装成型。吊环的两脚与横龙骨采用焊接时，需双面焊，焊缝长度大于 80mm，焊缝高度不小于 8mm。操作平台的连接钢管与竖向龙骨也采用双面焊，焊缝长度不大于 100mm，高度不少于 8mm。所有焊缝均不得咬肉。

4. 胶合板板面的组装

胶合板不得使用脱胶窄鼓、边角不齐、板面覆膜不全的板材。板材在画线后应采用圆锯切割，以确保拼缝紧密平整。胶合板与竖龙骨的连接宜采用 M10 平头螺栓，先用钻在面板上钻ϕ12mm 孔，这样使螺栓连接后能比板面低 0.5mm，再用防水材料批嵌。

板面拼缝出现高差时，应在较低的板面下用薄铁片垫平后再用螺栓固定。所有缝隙、孔洞和穿墙螺栓孔壁均应覆膜。

5. 大模板加工的质量要求与质量标准

（1）质量要求。

1）加工制作模板所用的各种钢材和焊条以及模板的几何尺寸必须符合设计要求。

2）各部位焊接牢固，焊缝尺寸符合要求，不得有漏焊、夹渣、咬肉、开焊等缺陷。

3）毛刺、焊渣要清理干净，除锈要彻底，防锈漆涂刷均匀。

（2）大模板加工的允许偏差及检查方法，见表 9–1–3。

表 9–1–3　　大模板加工质量标准及检查方法

检查项目	允许偏差（mm）	检查方法
表面平整	2	用 2m 靠尺和楔尺检查
平面尺寸	±2	钢卷尺
对角线误差	3	钢卷尺
螺孔位置	2	钢卷尺

【思考与练习】

1. 简述模板材料的选用原则。

2. 木模板配制的要求有哪些？

3. 简述大模板加工流程及加工质量标准。

模块2　普通支模架搭设及模板安装（Z44G1002Ⅰ）

【模块描述】本模块介绍普通混凝土工程模板承重架搭设对钢管、扣件的质量要求，钢管立杆和水平杆的间距要求，钢管底基础要求等内容的控制及安全措施。通过要点介绍控制内容，掌握普通支模架安装施工工艺、质量要求、检查方法以及安全措施。

【模块内容】

普通混凝土结构模板系统包括模板和支架两部分。普通支模架的搭设和模板的安装质量将影响混凝土结构工程的质量。

一、普通混凝土工程模板承重架搭设要求

采用扣件式钢管作模板支架时，支架搭设应符合下列规定：

（1）模板支架搭设所采用的钢管、扣件规格，应符合设计要求；立杆纵距、立杆横距、支架步距以及构造要求，应符合专项施工方案的要求。

（2）立杆纵距、立杆横距不应大于1.5m，支架步距不应大于2.0m；立杆纵向和横向宜设置扫地杆，纵向扫地杆距立杆底部不宜大于200mm，横向扫地杆宜设置在纵向扫地杆的下方；立杆底部宜设置底座或垫板。

（3）立杆接长除顶层步距可采用搭接外，其余各层步距接头应采用对接扣件连接，两个相邻立杆的接头不应设置在同一步距内。

（4）立杆步距的上下两端应设置双向水平杆，水平杆与立杆的交错点应采用扣件连接，双向水平杆与立杆的连接扣件之间的距离不应大于150mm。

（5）支架周边应连续设置竖向剪刀撑。支架长度或宽度大于6m时，应设置中部纵向或横向的竖向剪刀撑，剪刀撑的间距和单幅剪刀撑的宽度均不宜大于8m，剪刀撑与水平杆的夹角宜为45°～60°；支架高度大于3倍步距时，支架顶部宜设置一道水平剪刀撑，剪刀撑应延伸至周边。

（6）立杆、水平杆、剪刀撑的搭接长度，不应小于0.8m，且不应少于2个扣件连接，扣件盖板边缘至杆端不应小于100mm。

（7）扣件螺栓的拧紧力矩不应小于40N·m，且不应大于65N·m。

（8）支架立杆搭设的垂直偏差不宜大于1/200。

二、普通混凝土工程模板安装要求

（1）支架立柱和竖向模板安装在土层上时，应符合下列规定：

1）应设置具有足够强度和支撑面积的垫板。

2）土层应坚实，并应有排水措施；对湿陷性黄土、膨胀土，应有防水措施；对冻

胀性土，应有防冻胀措施。

3）对软土地基，必要时可采用堆载预压的方法调整模板面板安装高度。

（2）安装模板时，应进行测量放线，并应采取保证模板位置准确的定位措施。对竖向构件的模板及支架，应根据混凝土一次浇筑高度和浇筑速度，采取竖向模板侧移，抗浮和抗倾覆措施。对水平构件的模板及支架，应结合不同的支架和模板面板形式，采取支架间、模板间及模板与支架间的有效拉结措施。对可能承受较大风荷载的模板，应采取防风措施。

（3）对跨度不小于 4m 的梁、板，其模板施工起拱高度宜为梁、板跨度的 1/1000～3/1000。起拱不得减少构件的截面高度。

（4）采用门式钢管架搭设模板支架时，应符合现行行业标准《建筑施工门式钢管脚手架安全技术标准》（JGJ 128）的有关规定。当支架高度较大或荷载较大时，主立杆钢管直径不宜小于 48mm，并应设水平加强杆。

（5）支架的竖向斜撑和水平斜撑应与支架同步搭设，支架应与成型的混凝土结构拉结。钢管支架的竖向斜撑和水平斜撑的搭设，应符合国家现行有关钢管脚手架标准的规定。

（6）对现浇多层、高层混凝土结构，上、下楼层模板支架的立杆宜对准。模板及支架杆件等应分散堆放。

（7）模板安装应保证混凝土结构构件各部分形状、尺寸和相对位置准确，并应防止漏浆。

（8）模板安装应与钢筋安装配合进行，梁柱节点的模板宜在钢筋安装后安装。

（9）模板与混凝土接触面应清理干净并涂刷脱模剂，脱模剂不得污染钢筋和混凝土接槎处。

（10）后浇带的模板及支架应独立设置。

（11）固定在模板上的预埋件、预留孔和预留洞，均不得遗漏，且应安装牢固、位置准确。

三、模板安装质量检验

1. 主控项目

（1）模板及支架用材料的技术指标应符合国家现行有关标准的规定。进场时应抽样检验模板和支架材料的外观、规格和尺寸。

检查数量：按国家现行有关标准的规定确定。

检验方法：检查质量证明文件；观察，尺量。

（2）现浇混凝土结构模板及支架的安装质量，应符合国家现行有关标准的规定和施工方案的要求。

检查数量：按国家现行有关标准的规定确定。

检验方法：按国家现行有关标准的规定执行。

（3）后浇带处的模板及支架应独立设置。

检查数量：全数检查。

检验方法：观察。

（4）支架竖杆或竖向模板安装在土层上时，应符合下列规定：

1）土层应坚实、平整，其承载力或密实度应符合施工方案的要求；

2）应有防水、排水措施；对冻胀性土，应有预防冻融措施；

3）支架竖杆下应有底座或垫板。

检查数量：全数检查。

检验方法：观察；检查土层密实度检测报告、土层承载力验算或现场检测报告。

2. 一般项目

（1）模板安装应满足下列要求：

1）模板的接缝不应漏浆；在浇筑混凝土前，木模板应浇水湿润，但模板内不应有积水。

2）模板与混凝土的接触面应清理干净并涂刷隔离剂，但不得采用影响结构性能或妨碍装饰工程施工的隔离剂。

3）浇筑混凝土前，模板内的杂物应清理干净。

4）对清水混凝土工程及装饰混凝土工程，应使用能达到设计效果的模板。

检查数量：全数检查。

检验方法：观察。

（2）用作模板的地坪、胎模等应平整光洁，不得产生影响构件质量的下沉、裂缝、起砂或起鼓。

检查数量：全数检查。

检验方法：观察。

（3）对跨度不小于 4m 的现浇钢筋混凝土梁、板，其模板应按设计要求起拱；当设计无具体要求时，起拱高度宜为跨度的 1/1000～3/1000。

检查数量：在同一检验批内，对梁，跨度大于 18m 时应全数检查，跨度不大于 18m 时应抽查构件数量的 10%，且不少于 3 件；对板，应按有代表性的自然间抽查 10%，且不少于 3 间；对大空间结构，板可按纵、横轴线划分检查面，抽查 10%，且不应少于 3 面。

检验方法：水准仪或拉线、钢尺检查。

（4）固定在模板上的预埋件、预留孔和预留洞均不得遗漏，且应安装牢固，其偏差应符合表 9–2–1 的规定。

检查数量：在同一检验批内，对梁、柱和独立基础，应抽查构件数量的 10%，且不少于 3 件；对墙和板，应按有代表性的自然间抽查 10%，且不少于 3 间；对大空间结构，墙可按相邻轴线间高度 5m 左右划分检查面，板可按纵横轴线划分检查面，抽查 10%，且均不少于 3 面。

检验方法：钢尺检查。

表 9–2–1　　预埋件和预留孔洞的允许偏差

项　目		允许偏差（mm）
预埋钢板中心线位置		3
预埋管、预留孔中心线位置		3
插筋	中心线位置	5
	外露长度	+10，0
预埋螺栓	中心线位置	2
	外露长度	+10，0
预留洞	中心线位置	10
	尺寸	+10，0

注　检查中心线位置时，应沿纵、横两个方向量测，并取其中的较大值。

（5）现浇结构模板安装的偏差应符合表 9–2–2 的规定。

检查数量：在同一检验批内，对梁、柱和独立基础，应抽查构件数量的 10%，且不少于 3 件；对墙和板，应按有代表性的自然间抽查 10%，且不少于 3 间；对大空间结构，墙可按相邻轴线间高度 5m 左右划分检查面，板可按纵、横轴线划分检查面，抽查 10%，且均不少于 3 面。

表 9–2–2　　现浇结构模板安装的允许偏差及检验方法

项　目		允许偏差（mm）	检验方法
轴线位置		5	尺量
底模上表面标高		±5	水准仪或拉线、尺量
模板内部尺寸	基础	±10	尺量
	柱、墙、梁	±5	尺量
	楼梯相邻踏步高差	5	尺量

续表

项目		允许偏差（mm）	检验方法
柱、墙垂直度	层高≤6m	8	经纬仪或吊线、尺量
	层高＞6m	10	经纬仪或吊线、尺量
相邻模板表面高差		2	尺量
表面平整度		5	2m 靠尺和塞尺量测

注　检查轴线位置，当有纵横两个方向时，沿纵、横两个方向量测，并取其中偏差较大值。

【思考与练习】

1. 简述扣件式钢管支模架剪刀撑设置要求。
2. 当支架立柱和竖向模板安装在土层上时，需符合哪些规定？

模块 3　模板拆除（Z44G1003 Ⅰ）

【模块描述】本模块介绍普通混凝土工程模板承重架拆除对不同混凝土结构根据其长度、龄期的拆除要求，对承重架拆除的顺序及安全措施。通过要点介绍控制内容，掌握普通支模架拆除质量要求、检查方法以及安全措施。

【模块内容】

普通混凝土工程模板拆除是模板工程的重要组成部分，模板拆除需考虑混凝土结构强度、拆除顺序、安全控制措施等内容。

模板拆除要求如下：

（1）模板拆除时，可采取“先支的后拆、后支的先拆，先拆非承重模板、后拆承重模板”的顺序，并应从上而下进行拆除。

（2）底模及支架应在混凝土强度达到设计要求后再拆除；当设计无具体要求时，同条件养护的混凝土立方体试件抗压强度应符合表 9–3–1 的规定。

表 9–3–1　底模拆除时的混凝土强度要求

构件类型	构件跨度（m）	达到设计混凝土强度等级值的百分率
板	≤2	≥50
	＞2，≤8	≥75
	＞8	≥100
梁、拱、壳	≤8	≥75
	＞8	≥100
悬臂结构		≥100

（3）当混凝土强度能保证其表面及棱角不受损伤时，方可拆除侧模，见表 9–3–2。

表 9–3–2 拆除侧模时间参考表

水泥品种	混凝土强度等级	混凝土的平均硬化温度（℃）					
		5	10	15	20	25	30
		混凝土强度达到 2.5MPa 所需天数					
普通水泥	C10	5	4	3	2	1.5	1
	C15	4.5	3	2.5	2	1.5	1
	≥C20	3	2.5	2	1.5	1.0	1
矿渣及火山灰质水泥	C10	8	6	4.5	3.5	2.5	2
	C15	6	4.5	3.5	2.5	2	1.5

（4）模板拆除时，不应对楼层形成冲击荷载。拆除的模板和支架宜分散堆放并及时清运。

（5）多个楼层间连续支模的底层支架拆除时间，应根据连续支模的楼层间荷载分配和混凝土强度的增长情况确定。

（6）快拆支架体系的支架立杆间距不应大于 2m。拆模时，应保留立杆并顶托支承楼板，拆模时的混凝土强度可按表 9–3–1 中构件跨度为 2m 的规定确定。

（7）后张预应力混凝土结构构件，侧模宜在预应力筋张拉前拆除；底模及支架不应在结构构件建立预应力前拆除。

（8）模板拆除后应将其表面清理干净，对变形和损伤部位应进行修复。

（9）单块组拼的柱模，在拆除柱箍钢楞后，如有对拉螺栓应先行拆除，然后才能自上而下逐步拆除配件及模板。对分片组装的柱模，则一般应先拆除两个对角的 U 形卡并做临时支撑后，再拆除另两个对角 U 形卡，或者将四边临时支撑好再拆除四角 U 形卡。待吊钩挂好后，拆除临时支撑，方能脱模起吊。

（10）单块组拼的墙模，在拆除穿墙螺栓、大小楞和连接件后，从上到下逐步水平拆除；预组拼的大块墙模，应在挂好吊钩，检查所有连接件是否拆除后，拴好导向拉绳，方能拆除临时支撑脱模起吊，严防模板撞墙造成墙体裂缝或撞坏模板。

（11）拆除钢模板时，应先拆钩头螺栓和内外钢楞，然后拆下 U 形卡、L 形插销，再用钢钎轻轻撬动钢模板，或用木槌或带胶皮垫的铁锤轻击钢模板，把第一块钢模板拆下，然后再逐块拆除。对已拆下的钢模板不准随意抛掷，以确保钢模板完好。

【思考与练习】

1. 简述板类构件拆模混凝土强度要求。
2. 模板拆除的顺序是什么？

模块4　清水混凝土模板制作（Z44G1001Ⅱ）

【模块描述】本模块介绍清水混凝土工程模板的原材料控制、加工质量要求、检查内容以及安全措施。通过要点介绍控制内容，掌握模板加工施工工艺、质量要求、检查方法以及安全措施。

【模块内容】

清水混凝土工程模板制作在普通混凝土工程基础上，提出了更高的要求，需充分考虑原材料控制、加工质量要求和相关工艺控制。

一、清水混凝土模板制作要求

（1）模板体系的选型应根据工程设计要求和工程具体情况确定，应满足清水混凝土质量要求；所选择的模板体系应技术先进、构造简单、支拆方便、经济合理。

（2）模板应严格控制加工精度，保证模板表面平整、方正，接缝严密。

（3）模板面板可采用胶合板、钢板、塑料板、铝板、玻璃钢等材料，应满足强度、刚度和周转使用要求，且加工性能好。

（4）模板骨架材料应顺直、规格一致，应有足够的强度、刚度，且满足受力要求。

（5）模板之间的连接可采用模板夹具、螺栓等连接件。

（6）对拉螺栓的规格、品种应根据混凝土侧压力、墙体防水、人防要求和模板面板等情况选用，选用的对拉螺栓应有足够的强度。

（7）对拉螺栓套管及堵头应根据对拉螺栓的直径进行确定，可选用塑料、橡胶、尼龙等材料。

（8）模板下料尺寸应准确，切口应平整，组拼前应调平、调直。

（9）模板龙骨不宜接头。当确需接头时，有接头的主龙骨数量不应超过主龙骨总数量的50%。

（10）木模板材料应干燥，切口宜刨光。

（11）对饰面清水混凝土的模板周边加工，应采用手工木刨进行找边处理，处理好后的模板采用清漆封边。

（12）两块模板拼缝之间要采用粘胶处理，拼缝模板背面要粘贴海绵条。

（13）模板加工后宜预拼，应对模板平整度、外形尺寸、相邻板面高低差以及对拉螺栓组合情况等进行校核，校核后应对模板进行编号。

二、清水混凝土模板制作标准及检验方法

1. 检查数量

（1）主控项目：全数检查。

（2）一般项目：模板制作的偏差：在同一检验批内，应抽查构件数量的 10%，且不少于 3 件。

2. 质量标准和检验方法

质量标准和检验方法见表 9–4–1。

表 9–4–1　　清水混凝土模板制作工程质量标准和检验方法

类别	序号	检查项目		质量标准	单位	检验方法及器具
主控项目	1	原材料控制		木模板材料应干燥，切口且刨光；模板龙骨不宜有接头，当确需接头时，有接头的主龙骨数量不应超过主龙骨总数量的 50%		观察检查
	2	模板下料		尺寸应准确，切口应平整，组装前应调平、调直		观察检查
	3	模板加工后质量控制		模板加工后宜预拼，应对模板平整度、外形尺寸、相邻板面高低差以及对拉螺栓组合情况等进行校核，校核后应对模板进行编号		观察检查
一般项目	1	模板高度偏差		±2	mm	钢尺检查
	2	模板宽度偏差		±1	mm	钢尺检查
	3	整块模板对角线偏差		≤3	mm	钢尺、塞尺检查
	4	单块板面对角线偏差	普通清水混凝土	≤3	mm	钢尺、塞尺检查
			饰面清水混凝土	≤2	mm	
	5	板面平整度	普通清水混凝土	3	mm	2m 靠尺和楔形塞尺检查
			饰面清水混凝土	2	mm	
	6	边肋平直度		2	mm	2m 靠尺和楔形塞尺检查
	7	相邻面板拼缝高低差	普通清水混凝土	≤1.0	mm	直尺和楔形塞尺检查
			饰面清水混凝土	≤0.5	mm	
	8	相邻面板拼缝间隙		≤0.8	mm	塞尺检查
	9	连接孔中心距偏差		±1	mm	游标卡尺检查
	10	边框连接孔与面板距离偏差		±0.5	mm	游标卡尺检查

【思考与练习】

1. 清水混凝土结构模板的原材料使用要求有哪些？
2. 简述清水混凝土结构模板制作检查数量要求。

模块 5　高大支模架搭设及模板安装（Z44G1005Ⅱ）

【模块描述】本模块介绍高大支模架工程模板承重架搭设对钢管、扣件的质量要求，钢管立杆和水平杆的间距要求，钢管底基础要求等内容的控制及安全措施。通过要点介绍控制内容，掌握高大支模架安装施工工艺、质量要求、检查方法以及安全措施。

【模块内容】

为贯彻实施《危险性较大的分部分项工程安全管理规定》（住房城乡建设部令第37号），住房城乡建设印发关于实施《危险性较大的的分部分项工程安全管理规定》有关问题的通知（建办质〔2018〕31号），规定搭设高度5m及以上，或搭设跨度10m及以上，或施工总荷载（设计值）10kN/m^{2}及以上，或集中线荷载（设计值）15kN/m及以上的混凝土模板支撑工程为危险性较大分项工程；搭设高度8m及以上，或搭设跨度18m及以上，或施工总荷载（设计值）15kN/m^{2}及以上，或集中线荷载（设计值）20kN/m及以上的混凝土模板支撑工程为超过一定规模的危险性较大分项工程。工程除参照本模块进行高达支模架搭设安全质量控制外，尚应严格执行《危险性较大的分部分项工程安全管理规定》等相关管理要求。

一、扣件式钢管高大支模架搭设要求

采用扣件式钢管作高大模板支架时，支架搭设除应符合Z44G1002Ⅰ模块规定外，尚应符合下列规定：

（1）宜在支架立杆顶端插入可调托座，可调托座螺杆外径不应小于36mm，螺杆插入钢管的长度不应小于150mm，螺杆伸出钢管的长度不应大于300mm，可调托座伸出顶层水平杆的悬臂长度不应大于500mm。

（2）立杆纵距、横距不应大于1.2m，支架步距不应大于1.8m。

（3）立杆顶层步距内采用搭接时，搭接长度不应小于1m，且不应少于3个扣件连接。

（4）立杆纵向和横向应设置扫地杆，纵向扫地杆距立杆底部不宜大于200mm。

（5）宜设置中部纵向或横向的竖向剪刀撑，剪刀撑的间距不宜大于5m；沿支架高度方向搭设的水平剪刀撑的间距不宜大于6m。

（6）立杆的搭设垂直偏差不宜大于1/200，且不宜大于100mm。

（7）应根据周边结构的情况，采取有效的连接措施加强支架整体稳固性。

二、高大模板钢管支架施工

1. 高大模板支架施工工艺流程

弹出梁的位置线→摆放扫地杆→逐根竖立杆→随即与扫地杆扣紧→装扫地横向水

平杆与立杆或扫地杆扣紧→安装第一步纵向水平杆与各立杆扣紧→安装第一步横向水平杆→加设临时斜撑杆→安装第二步纵向水平杆→安装第二步横向水平杆→加设临时斜撑杆→安装第三、四步纵、横向水平杆→连柱加固件→接立杆→加设剪刀撑。

依此类推，直至完成支架的安装。支架安装完成后，进行模板安装。

2. 施工要求

（1）首先根据结构楼层的梁位置进行定位放线，然后进行选料摆料，再根据立杆位置搭设，纵横向扫地杆距地面200mm处连续设置。

（2）楼板与梁支撑体系同时搭设。每搭完一步脚手架后，进行步距、纵距、横距及立杆的水平度和垂直度检查。立杆采用长钢管，以减少竖向接头，增强整体稳定性。

（3）水平拉杆的设置。水平拉杆的长度不能小于4跨，拉杆接长宜采用对接扣件连接或采用搭接。对接、搭接应符合以下规定：水平杆的对接扣件交错布置；两相邻水平杆的接头不设置在同步或跨度内；搭接长度不小于1m，等间距设置3个旋转扣件固定。

（4）剪刀撑的设置。

1）支架外侧四周沿水平每5～6根立杆且不大于5m设剪刀撑一组，中部每隔4排支架立杆设置一道剪刀撑。剪刀撑与地面夹角在45°～50°之间且沿全高连续设置，斜杆与支架杆以扣件加以可靠联结，斜杆除两端外在中间增设2～4个扣结点，相邻扣结点距离不大于1.8m。

2）剪刀撑搭设随立杆、纵向（横向）水平杆同步搭设。剪刀撑斜杆采用搭接，搭接长度大于50cm，并用2个以上的扣件固定。

3）剪刀撑斜杆用旋转扣件固定在与相交的水平杆的伸出端或立杆上。支架与周边的柱用钢管进行连接，以增加整体刚度。

三、高大模板安装

1. 高大模板安装流程

（1）弹线：待楼板新浇筑混凝土结硬后，由测量员在楼面混凝土上弹出结构轴线控制线、梁中心线和立柱定位线。同时按满堂支架布置图的要求在楼面上弹出立杆的定位线。

（2）搭满堂架：根据梁板布置图、柱定位图和满堂支架布置图，先搭设纵横向扫地杆，再搭设满堂架模板支撑立柱，扫地杆离地面150～200mm高，立柱纵横方向对齐。

（3）核验标高：标高弹出之后，及时核查无误。

（4）安梁模：按设计间距要求整齐铺满50mm×90mm方木，随即铺设梁底模。铺设时应先与柱头对接好钉牢。梁底模要求起拱 2‰，模板接缝处贴双面胶，外侧用松木板钉牢，底模铺好之后，待梁钢筋及波纹管绑扎完通过验收之后及时封侧模，侧模用 50mm×90 mm 枋木条作立挡。

（5）铺楼板模板：把可调顶托插入立柱，调直顶托至楼板底标高，铺设主、次龙骨，拉线检查，直至平整。然后铺楼面胶合板模板，在两端及接头处钉钉。模板拼缝处用胶带纸封闭。

2. 高大模板施工质量标准

实测允许偏差项目应符合 Z44G1001Ⅰ模块相关规定（见表 9–2–1、表 9–2–2）。

【思考与练习】

1. 什么是高大模板工程？

2. 简述高大模板支架施工工艺流程。

3. 简述高大模板支架剪刀撑设置要求。

模块 6 清水混凝土支模架搭设及模板安装（Z44G1006Ⅱ）

【模块描述】本模块介绍清水混凝土工程模板承重架搭设对钢管、扣件的质量要求，钢管立杆和水平杆的间距要求，钢管底基础要求等项目的控制及安全措施。通过要点介绍控制内容，掌握普通支模架安装施工工艺、质量要求、检查方法以及安全措施。

【模块内容】

清水混凝土工程包括普通清水混凝土、饰面清水混凝土，除满足普通混凝土结构支模架搭设和模板安装要求外，从施工工艺、质量要求和检查方法上提出了更高的要求。

一、清水混凝土支模架搭设要求

清水混凝土支模架搭设与普通混凝土现浇结构采用支模体系基本一致。采用扣件式钢管作模板支架时，支架搭设应符合下列规定：

（1）模板支架搭设所采用的钢管、扣件规格，应符合设计要求；立杆纵距、立杆横距、支架步距以及构造要求，应符合专项施工方案的要求。

（2）立杆纵距、立杆横距不应大于 1.5m，支架步距不应大于 2.0m；立杆纵向和横向宜设置扫地杆，纵向扫地杆距立杆底部不宜大于 200mm，横向扫地杆宜设置在纵向扫地杆的下方；立杆底部宜设置底座或垫板。

（3）立杆接长除顶层步距可采用搭接外，其余各层步距接头应采用对接扣件连接，两个相邻立杆的接头不应设置在同一步距内。

（4）立杆步距的上下两端应设置双向水平杆，水平杆与立杆的交错点应采用扣件连接，双向水平杆与立杆的连接扣件之间的距离不应大于 150mm。

（5）支架周边应连续设置竖向剪刀撑。支架长度或宽度大于 6m 时，应设置中部纵向或横向的竖向剪刀撑，剪刀撑的间距和单幅剪刀撑的宽度均不宜大于 8m，剪刀撑与水平杆的夹角宜为 45°～60°；支架高度大于 3 倍步距时，支架顶部宜设置一道水平剪刀撑，剪刀撑应延伸至周边。

（6）立杆、水平杆、剪刀撑的搭接长度，不应小于 0.8m，且不应少于 2 个扣件连接，扣件盖板边缘至杆端不应小于 100mm。

（7）扣件螺栓的拧紧力矩不应小于 40N・m，且不应大于 65N・m。

（8）支架立杆搭设的垂直偏差不宜大于 1/200。

二、清水混凝土模板安装质量标准及验收方法

（一）普通清水混凝土模板安装工程

1. 检查数量

（1）主控项目：全数检查。

（2）一般项目

1）模板安装：全数检查。

2）钢筋混凝土梁、板的起拱：在同一检验批内，对梁，应抽查构件数量的 10%，且不少于 3 件；对板，应按有代表性的自然间抽查 10%，且不少于 3 间；对大空间结构，板可按纵、横轴线划分检查面，抽查 10%，且不少于 3 面。

3）预埋件、预留孔（洞)：在同一检验批内，对梁、柱和独立基础，应抽查构件数量的 10%，且不少于 3 件；对墙和板，应按有代表性的自然间抽查 10%，且不少于 3 间；对大空间结构，墙可按相邻轴线间高度不大于 5m 划分检查面，板可按纵、横轴线划分检查面，抽查 10%，且均不少于 3 面。

4）模板安装的偏差：在同一检验批内，对梁、柱和独立基础，应抽查构件数量的 10%，且不少于 3 件；对墙和板，应按有代表性的自然间抽查 10%，且不少于 3 间；对大空间结构，墙可按相邻轴线间高度不大于 5m 划分检查面，板可按纵、横轴线划分检查面，抽查 10%，且均不少于 3 面。

2. 质量标准和检验方法

质量标准和检验方法见表 9–6–1。

表 9–6–1 普通清水混凝土模板安装工程质量标准和检验方法

类别	序号	检查项目		质量标准	单位	检验方法及器具
主控项目	1	模板及其支架		应根据工程结构形式、荷载大小、地基土类别、施工设备和材料供应等条件进行设计。模板及其支架应具有足够的承载能力、刚度和稳定性，能可靠地承受浇筑混凝土的重量、侧压力以及施工荷载		检查计算书，观察和手摇动检查
	2	上、下层支架的立柱		应对准，并铺设垫板		观察检查
	3	模板板面质量、隔离剂及支撑		模板板面应干净，隔离剂应涂刷均匀。模板间的拼缝应平整、严密，模板支撑应设置正确		观察检查
一般项目	1	模板安装要求		（1）模板的拼接缝处应有防漏浆措施，木模板应浇水湿润，但模板内不应有积水； （2）模板与混凝土的接触面应清理干净并涂刷隔离剂； （3）模板内的杂物应清理干净； （4）使用能达到设计效果的模板		观察检查
	2	梁、板起拱度（L_2≥4m）	设计有要求	应符合设计要求		水准仪或拉线、钢尺检查
			设计无要求	应为全跨长的 1/1000～3/1000		
	3	预埋件、预留孔（洞）		应齐全、正确、牢固		观察和手摇动检查
	4	预埋件制作、安装		应符合 Q/GDW183 附录 B 的规定		按照 Q/GDW183 附录 B 规定检查
	5	柱、墙、梁轴线位移		≤4	mm	钢尺检查
	6	柱、墙、梁截面尺寸偏差		±4	mm	钢尺检查
	7	标高偏差		±5	mm	水准仪或拉线、钢尺检查
	8	相邻板面高低差		≤3	mm	钢尺检查
	9	模板垂直度	不大于 5m	≤4	mm	经纬仪或吊线、钢尺检查
			大于 5m	≤6		
	10	表面平整度		≤3	mm	钢尺检查
	11	阴阳角	方正	≤3	mm	用直角检测尺和拉线、钢尺检查
			顺直	≤3		
	12	预留洞口	中心线位移	≤8	mm	拉线、钢尺检查
			孔洞尺寸	+8～0		
	13	预埋件、管、螺栓中心线位移		≤3	mm	拉线、钢尺检查
	14	门窗洞口	中心线位移	≤8	mm	拉线、钢尺检查
			宽高	±6		
			对角线	≤8		

（二）饰面清水混凝土模板安装工程

1. 检查数量

（1）主控项目：全数检查。

（2）一般项目

1）模板安装：应全数检查。

2）钢筋混凝土梁、板的起拱：在同一检验批内，对梁，应抽查构件数量的10%，且不少于3件；对板，应按有代表性的自然间抽查10%，且不少于3间；对大空间结构，板可按纵、横轴线划分检查面，抽查10%，且不少于3面。

3）预埋件、预留孔（洞）：在同一检验批内，对梁、柱和独立基础，应抽查构件数量的10%，且不少于3件；对墙和板，应按有代表性的自然间抽查10%，且不少于3间；对大空间结构，墙可按相邻轴线间高度不大于5m划分检查面，板可按纵、横轴线划分检查面，抽查10%，且均不少于3面。

4）模板安装的偏差：在同一检验批内，对梁、柱和独立基础，应抽查构件数量的10%，且不少于3件；对墙和板，应按有代表性的自然间抽查10%，且不少于3间；对大空间结构，墙可按相邻轴线间高度不大于5m划分检查面，板可按纵、横轴线划分检查面，抽查10%，且均不少于3面。

2. 质量标准和检验方法

质量标准和检验方法见表9–6–2。

表9–6–2　　饰面清水混凝土模板安装工程质量标准和检验方法

类别	序号	检查项目	质量标准	单位	检验方法及器具
主控项目	1	模板及其支架	应根据工程结构形式、荷载大小、地基土类别、施工设备和材料供应等条件进行设计。模板及其支架应具有足够的承载能力、刚度和稳定性，能可靠地承受浇筑混凝土的重量、侧压力以及施工荷载		检查计算书，观察和手摇动检查
	2	上、下层支架的立柱	应对准，并铺设垫板		观察检查
	3	模板板面质量、隔离剂及支撑	模板板面应干净，隔离剂应涂刷均匀。模板间的拼缝应平整、严密，模板支撑应设置正确		观察检查
一般项目	1	模板安装要求	（1）模板的拼接缝处应有防漏浆措施，木模板应浇水湿润，但模板内不应有积水； （2）模板与混凝土的接触面应清理干净并涂刷隔离剂； （3）模板内的杂物应清理干净； （4）使用能达到设计效果的模板		观察检查

续表

<table>
<tr><th>类别</th><th>序号</th><th colspan="2">检查项目</th><th>质量标准</th><th>单位</th><th>检验方法及器具</th></tr>
<tr><td rowspan="19">一般项目</td><td rowspan="2">2</td><td rowspan="2">梁、板起拱度（$L_2 \geqslant 4m$）</td><td>设计有要求</td><td>应符合设计要求</td><td rowspan="2"></td><td rowspan="2">水准仪或拉线、钢尺检查</td></tr>
<tr><td>设计无要求</td><td>应为全跨长的 1/1000～3/1000</td></tr>
<tr><td>3</td><td colspan="2">预埋件、预留孔（洞）</td><td>应齐全、正确、牢固</td><td></td><td>观察和手摇动检查</td></tr>
<tr><td>4</td><td colspan="2">预埋件制作、安装</td><td>应符合本部分附录 B 的规定</td><td></td><td>按照附录 B 规定检查</td></tr>
<tr><td>5</td><td colspan="2">柱、墙、梁轴线位移</td><td>≤3</td><td>mm</td><td>钢尺检查</td></tr>
<tr><td>6</td><td colspan="2">柱、墙、梁截面尺寸偏差</td><td>±3</td><td>mm</td><td>钢尺检查</td></tr>
<tr><td>7</td><td colspan="2">标高偏差</td><td>±3</td><td>mm</td><td>水准仪或拉线、钢尺检查</td></tr>
<tr><td>8</td><td colspan="2">相邻板面高低差</td><td>≤2</td><td>mm</td><td>钢尺检查</td></tr>
<tr><td rowspan="2">9</td><td rowspan="2">模板垂直度</td><td>不大于 5m</td><td>≤3</td><td rowspan="2">mm</td><td rowspan="2">经纬仪或吊线、钢尺检查</td></tr>
<tr><td>大于 5m</td><td>≤5</td></tr>
<tr><td>10</td><td colspan="2">表面平整度</td><td>≤2</td><td>mm</td><td>钢尺检查</td></tr>
<tr><td rowspan="2">11</td><td rowspan="2">阴阳角</td><td>方正</td><td>≤2</td><td rowspan="2">mm</td><td rowspan="2">用直角检测尺和拉线、钢尺检查</td></tr>
<tr><td>顺直</td><td>≤2</td></tr>
<tr><td rowspan="2">12</td><td rowspan="2">预留洞口</td><td>中心线位移</td><td>≤6</td><td rowspan="2">mm</td><td rowspan="2">钢尺检查</td></tr>
<tr><td>孔洞尺寸</td><td>+4～0</td></tr>
<tr><td>13</td><td colspan="2">预埋件、管、螺栓中心线位移</td><td>≤2</td><td>mm</td><td>拉线、钢尺检查</td></tr>
<tr><td rowspan="3">14</td><td rowspan="3">门窗洞口</td><td>中心线位移</td><td>≤5</td><td rowspan="3">mm</td><td rowspan="3">拉线、钢尺检查</td></tr>
<tr><td>宽高</td><td>±4</td></tr>
<tr><td>对角线</td><td>≤6</td></tr>
</table>

【思考与练习】

1. 简述普通清水混凝土模板安装检验抽样要求。
2. 简述普通清水混凝土模板安装的质量检验标准。

第十章

承重支模架及模板安装计算

模块1　承重支模架及模板安装计算要点（Z44G2001Ⅱ）

【模块描述】本模块介绍承重支模架及模板安装的概念与计算。通过概念描述、定量分析，了解承重支模架及模板安装计算的基本概念，掌握各种承重支模架及模板安装的计算方法和计算要点。

【模块内容】

定型模板和常用的模板拼板，在其适用范围内一般不需要进行设计或验算。而对于重要结构的模板、特殊形式结构的模板或超出适用范围的一般模板，应该进行设计或验算以确保安全，保证质量，防止浪费。

模板和支架的设计，包括选型、选材、荷载计算、结构计算、绘制模板图、拟定制作安装和拆除方案。

一、模板的荷载及荷载组合

1. 模板及支架自重标准值

模板及支架的自重，可按图纸或实物计算确定。对于肋形楼盖及无梁楼板模板的自重标准值见表10–1–1。

表10–1–1　　模板及支架自重标准值　　（kN/m^2）

项次	模板构件名称	木模板	定型组合钢模板	钢框胶合板模板
1	平面的模板及小楞	0.30	0.50	0.40
2	楼板模板（其中包括梁的模板）	0.50	0.75	0.60
3	楼板模板及其支架（楼层高度为4m以下）	0.75	1.10	0.95

2. 新浇筑混凝土的自重标准值

普通混凝土为$24kN/m^3$，其他混凝土根据实际重力密度确定。

3. 钢筋自重标准值

根据设计图纸确定。一般按每立方米混凝土的含量计算，取值为：楼板 1.1kN/m³；梁 1.5kN/m³。

4. 施工人员及设备荷载标准值

（1）计算模板及直接支承模板的小楞时，均布活荷载取 2.5kN/m²，另应以集中荷载 2.5kN 再进行验算，取两者中较大的弯矩值。

（2）计算支承小楞的构件时，均布活荷载取 1.5kN/m²。

（3）计算支架立柱及其他支承结构构件时，均布活荷载取 1.0kN/m²。

对大型浇筑设备（上料平台等）、混凝土泵等按实际情况计算。对混凝土堆集料高度超过 100mm 以上者，按实际高度计算；当模板单块宽度小于 150mm 时，集中荷载可分部在相邻的两块板上。

5. 振捣混凝土时产生的荷载标准值

对水平面模板取 2.0kN/m²；对垂直面模板取 4.0kN/m²（作用范围在新浇混凝土侧压力的有效压头高度范围之内）。

6. 新浇筑混凝土对模板侧面的压力标准值

影响混凝土侧压力的因素很多，如混凝土的骨料种类、水泥用量、外加剂、浇筑速度、结构的截面尺寸、坍落度等。但更重要的还是混凝土的重力密度、浇筑速度、混凝土的温度、外加剂种类、振捣方式、构件厚度等。

混凝土的浇筑速度是一个重要影响因素，最大侧压力一般与其成正比。但当其达到一定速度后，再提高浇筑速度，则对最大侧压力的影响就不明显。混凝土的温度影响混凝土的凝结速度，温度低、凝结慢，混凝土侧压力的有效压头就高，最大侧压力就大。反之，最大侧压力就小。模板情况和构件厚度影响拱作用的发挥，因之对侧压力也有影响。

由于影响混凝土侧压力的因素很多，想用一个计算公式全面加以反映是有一定困难的。

国内外研究混凝土侧压力都是抓住几个主要影响因素，通过典型试验或现场实测取得数据，再用数学方法分析归纳后提出计算公式。

当采用内部振动器时，新浇筑的混凝土作用于模板的最大侧压力按下列两式计算，并取两式中的较小值作为侧压力的最大值，混凝土侧压力分布如图 10–1–1 所示。

$$F = 0.22\gamma_c t_0 \beta_1 \beta_2 V^{\frac{1}{2}} \tag{10–1–1}$$

$$F = \gamma_c H \tag{10–1–2}$$

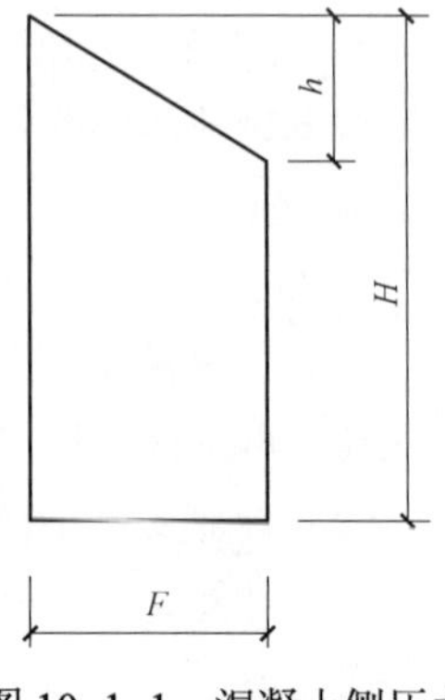

图 10–1–1 混凝土侧压力

式中 F——新浇筑混凝土对模板的最大侧压力（kN/m^2）；

γ_c ——混凝土的重力密度（kN/m^3）；

t_0 ——新浇筑混凝土的初凝时间（h），可按实测确定。当缺乏试验资料时，可采用 t_0=200/（T+15）计算（T 为混凝土的温度℃）；

V ——混凝土的浇筑速度（m/h）；

H ——混凝土侧压力计算位置处至新浇筑混凝土顶面的总高度（m）；

β_1 ——外加剂影响修正系数，不掺外加剂时取 1.0，掺具有缓凝作用的外加剂时取 1.2；

β_2 ——混凝土坍落度影响修正系数，当坍落度小于 30mm 时取 0.85；50～90mm 时取 1.0；110～150mm 时取 1.15。

混凝土侧压力的计算分布图形如图 10–1–1 所示，图中 h 为有效压头高度（m），可按 $h=F/\gamma_c$ 计算确定。

7. 倾倒混凝土时产生的荷载标准值

倾倒混凝土时对垂直面模板产生的水平荷载标准值，可按表 10–1–2 采用。

表 10–1–2　　倾倒混凝土时对垂直面模板产生的水平荷载标准值

项次	向模板内供料方法	水平荷载（kN/m^2）
1	用溜槽、串桶或导管输出	2
2	用容积小于 0.2m^3 的运输器具倾倒	2
3	用容积为 0.2～0.8m^3 的运输器具倾倒	4
4	用容积大于 0.8m^3 的运输器具倾倒	6

注　作用范围在有效压头的高度以内。

8. 风荷载标准值

对风压较大地区及受风荷载作用易倾倒的模板，尚需考虑风荷载作用下的抗倾覆稳定性。风荷载标准值按《建筑结构荷载规范》（GB 50009）的规定采用，其中基本风压除按不同地形调整外，可乘以 0.8 的临时结构调整系数，即风荷载标准值为：

$$\omega_k=0.8\beta_z\mu_s\mu_z\omega_0 \qquad (10\text{–}1\text{–}3)$$

式中 ω_k ——风荷载标准值（kN/m^2）；

β_z ——高度 z 处的风振系数；

μ_s ——荷载体型系数；

μ_z ——风压高度变化系数；

ω_0 ——基本风压（kN/m^2）。

二、荷载设计值

计算模板及其支架时的荷载设计值，应将上述 1～8 项的荷载标准值乘以相应的荷载分项系数求得。荷载分项系数见表 10–1–3。

表 10–1–3　　模板及支架荷载分项系数

项次	荷载类别	分项系数
1	模板及支架自重	1.2
2	新浇混凝土自重	
3	钢筋自重	
4	施工人员及施工设备荷载	1.4
5	振捣混凝土时产生的荷载	
6	新浇混凝土对模板侧面的压力	1.2
7	倾倒混凝土时产生的荷载、风荷载	1.4

三、荷载组合

对模板及其支架进行相应计算式，参与模板及其支架荷载效应组合的各项荷载，应符合表 10–1–4 的规定。

表 10–1–4　　模板及其支架的荷载组合

项次	模板类别	参与组合的荷载项	
		计算承载能力	验算刚度
1	平板和薄壳的模板及其支架	1，2，3，4	1，2，3
2	梁和拱模板的底板及其支架	1，2，3，5	1，2，3
3	梁、拱、柱（边长≥300mm）、墙（厚≤100mm）的侧面模板	5，6	6
4	大体积结构、柱（边长＞300mm）、墙（厚＞100mm）的侧面模板	6，7	6

四、模板设计的计算规定

在进行模板系统设计时，其计算简图应根据模板的具体构造确定，但对于不同的构件在设计时所考虑的重点有所不同，例如对定型模板、梁模板、楞木等主要考虑抗弯强度及挠度；对于支柱、排架等系统主要考虑受压稳定性；对于桁架支撑应考虑上弦杆的抗弯能力；对于木构件，则应考虑支座处抗剪及承压等问题。

1. 荷载折减（调整）系数

模板工程属于临时性工程。由于我国目前还没有临时性工程的设计规范，所以只能按正式工程结构设计规范执行，并进行适当调整。

（1）对钢模板及其支架的设计，其荷载设计值可乘以系数 0.85 予以折减；但其截面塑性发展系数取 1.0。

（2）采用冷弯薄壁钢材时，其荷载设计值不应折减，系数为 1.0。

（3）对木模板及其支架的设计，当木材含水率小于 25%时，其荷载设计值可乘以系数 0.90 予以折减。

（4）在风荷载作用下验算模板及其支架的稳定性时，其基本风压值可乘以系数 0.80 予以折减。

2. 模板结构的挠度要求

当验算模板及其支架的刚度时，其最大变形值不得超过下列允许值：

（1）对结构表面外露（不做装修）的模板，为模板构件计算跨度的 1/400。

（2）对结构表面隐蔽（作装修）的模板，为模板构件计算跨度的 1/250。

（3）对支架的压缩变形值或弹性挠度，未相应的结构计算跨度的 1/1000。

支架的立柱或桁架应保持稳定，并用撑杆拉杆固定。当验算模板及其支架在自重和风荷载作用下的抗倾覆稳定性时，其抗倾覆系数不小于 1.15，并符合有关的专业规定。

【例 10–1–1】已知钢筋混凝土梁高 0.8m，宽 0.4m，全部采用定形钢模板，采用 C30 级混凝土，坍落度为 50mm，混凝土温度为 20℃，未采用外加剂，混凝土浇筑速度为 lm/h，试计算梁模板所受的荷载。

【解】

1. 梁侧模板所受的荷载

新浇混凝土侧压力由公式计算得

$$t_0 = \frac{200}{20+15}h = 5.714h$$

$$F_1 = 0.22\gamma_c t_0 \beta_1 \beta_2 V^{1/2} = 0.22\times24\times5.714\times1\times1\times1^{1/2}\mathrm{kN/m^2} = 30.17\mathrm{kN/m^2}$$

$$F_2 = \gamma_c H = 24\times0.8\mathrm{kN/m^2} = 19.2\mathrm{kN/m^2}$$

则取较小值：F=19.2kN/m^2

有效压头 $h=F_1/24$=1.26m，梁模板高 0.8m，即 $H<h$，说明振捣混凝土时沿整个梁模板高度内的新浇混凝土均处于充分液化状态。且当 $H<h$ 时，根据荷载组合规定，梁侧模还应叠加由振捣混凝土产生的荷载 4kN/m^2。

故梁侧模所受荷载为：（19.2+4）kN/m^2=23.2kN/m^2

（注意：叠加的水平荷载不应超过 F_1 值，即 30.17kN/m²，现小于 F_1 值，故满足要求。）

2. 梁底模所受的荷载

钢模板自重：0.75kN/m²

新浇混凝土自重：24×0.8×0.4kN/m=7.68kN/m

钢筋自重：1.5×0.8×0.4kN/m=0.48kN/m

振捣混凝土产生的荷载（在有效压头范围内）：2kN/m²

梁底模所受线荷载：［(0.75+2)×0.4+7.68+0.48］kN/m=9.26kN/m

【思考与练习】

新浇混凝土对模板的侧压力如何计算？

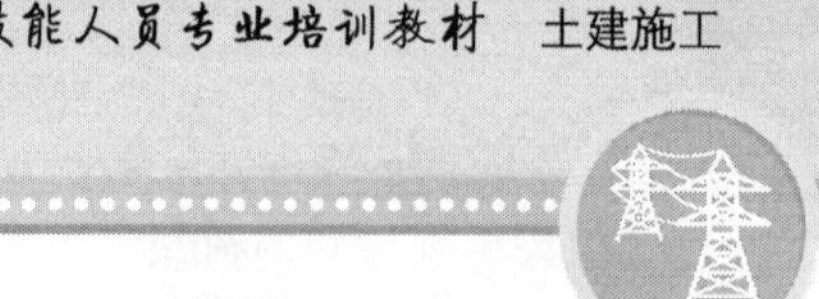

第十一章

模板工程施工方案编制

模块 1　模板工程施工方案编制（Z44G3001Ⅲ）

【模块描述】 本模块包含模板安装施工方案编制的内容、控制要求及相关安全注意事项。通过工序介绍、要点讲解、流程描述，熟练编制模板安装施工方案。

【模块内容】

一、模板工程施工方案编制依据

（1）图纸：包括涉及图纸卷册及主要说明。

（2）施工组织设计。

（3）涉及相关规程、规范、标准。如《混凝土结构工程施工及验收规范》（GB 50204）（2011 年版）、《建筑施工模板安全技术规范》（JGJ 162）、《组合钢模板技术规范》（GB/T 50214）、《建筑施工脚手架安全技术统一标准》（GB 51210）等。

二、工程概况

1. 工程基本信息

包括工程名称、工程地点、建设单位、设计单位、施工单位、监理单位。

2. 工程设计情况一览表（建筑概况）

工程设计情况一览表见表 11–1–1。

表 11–1–1　工程设计情况一览表

<table>
<tr><td rowspan="2">1</td><td rowspan="2">建筑面积</td><td>总建筑面积</td><td colspan="3"></td></tr>
<tr><td>占地面积</td><td></td><td>标准层面积</td><td></td></tr>
<tr><td>2</td><td>层数/层高</td><td>层数</td><td></td><td>层高</td><td></td></tr>
<tr><td rowspan="3">3</td><td rowspan="3">结构形式</td><td colspan="2">基础形式</td><td colspan="2"></td></tr>
<tr><td colspan="2">主体结构形式</td><td colspan="2"></td></tr>
<tr><td colspan="2">屋顶防水形式</td><td colspan="2"></td></tr>
</table>

续表

4	结构断面尺寸	基础底板厚度	
		柱断面	
		梁断面	
		楼板厚度	
5	结构	设置位置 结构形式	

3. 平面图

可后附结构平面图一张。

三、施工安排

1. 施工部位及工期要求

（1）基础底板施工开始时间。

（2）±0.00 以下结构施工时间。

（3）主体结构施工时间。

（4）主体结构封顶时间。

2. 劳动力组织及职责分工

（1）项目部人员组成及分工：项目经理、总工程师、安全员、技术员、质检员、资料员、材料员、预算员等。

（2）劳动力组织：包括各工班人数使用计划，各流水段劳动力人数应按工程量分配。

四、施工部署及施工准备

（1）施工技术准备。包括图纸会检及技术交底，参与并执行施工组织设计的工期要求，技术要求以及其他专业工种相配合的重点注意事项。

（2）机具准备。

（3）材料准备。包括模板、支撑、龙骨、脱模剂等。

五、施工方法

1. 柱模板安装

施工工艺流程：放出柱中线或边线→搭设脚手架→用短钢管将柱模两头固定在满堂架上→吊线检查垂直度→中间加箍筋及支撑→最后检查补缝→浇筑混凝土→柱模拆模。

【例 11–1–1】某工程为 450mm×400mm，400mm×400mm，400mm×600mm，400mm×550mm 及 400mm×900mm 柱五种规格，柱模板为 12mm 木胶板，50mm×100mm 木方做竖向背楞，双钢管对拉螺栓固定。

（1）按照设计图纸，每个柱子预制好 4 片模板，木胶板宽度两边比柱截面小 3mm，另外两边宽度为柱截面加两块木胶板的厚度。

（2）竖向背楞间距不大于 250mm，对拉螺栓间距不大于 600mm，下面一道螺栓距地 200mm。

（3）支模前根据柱边线用钢筋在距地 50mm 左右，焊好柱断面撑，每边二根，并做好柱根清理工作。

（4）先拼装相邻两块柱模，穿好对拉螺栓，套上套管，然后再拼装另外两片柱模，用钉固定，模板四角加贴海绵条。

（5）先固定柱根部模板的截面尺寸和轴线位置，然后固定柱模上口的截面尺寸及垂直度，柱模的斜撑每边设二根，距地 1.2m、2.5m，与预留在板面的锚筋连接，锚筋距柱约 3/4 柱高。

（6）通排柱先安装两端柱，经校正固定合格后，拉通线校正中间柱。

（7）浇筑混凝土板时，在板下预留ϕ16 以上的锚固铁，高于地面 10～15cm，以利柱模底线准确就位，其位置在模板外边缘线 10cm 左右。支模前，弹 300mm 控制线，即该线离墙体边线 300mm。

框架柱支模节点图如图 11–1–1 所示。

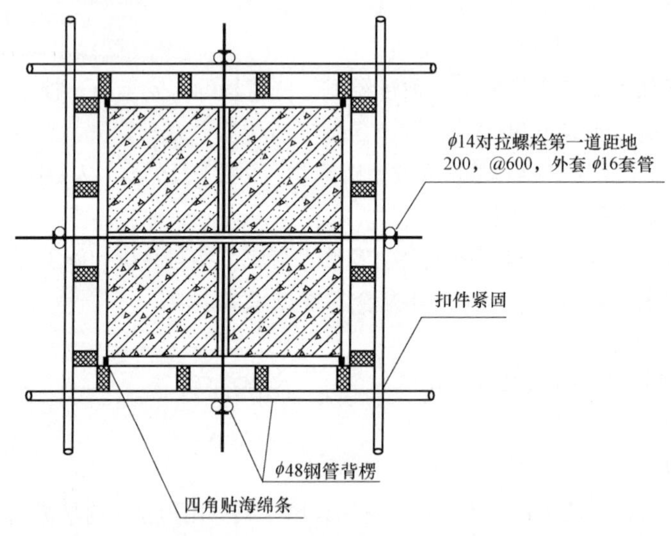

图 11–1–1 框架柱支模节点图

2. 梁板模板安装

施工工艺流程：弹出梁轴线及水平控制线→搭设梁模支架→安装梁底横杆→安放梁底模→按要求梁底起拱→绑扎钢筋→安装梁侧模固定、校正→安装梁柱节点模板→搭设顶板支架→放 U 形顶托→放大龙骨→调整顶托标高→放小龙骨→铺设顶板。

【例 11-1-2】某工程梁板支模，采用 12mm 木胶板，50mm×100mm 木方做主次龙骨。顶模采用木胶合板，厚度 12mm，木板接缝处采用胶条封粘，以防漏浆。板下采用双搁栅，用 100mm×100mm 方木上层间距 400mm，下层间距 700mm；支撑采用ϕ48 钢管支撑，间距 900mm；水平方向采用斜撑，间距 1500mm。

操作工艺要求：标准跨梁板支撑系统如图 11-1-2 所示。

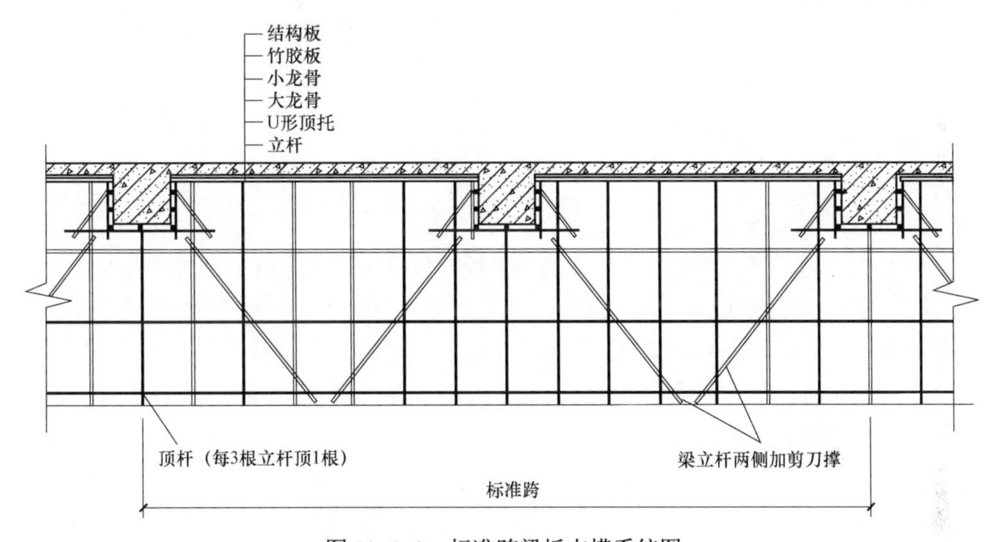

图 11-1-2　标准跨梁板支模系统图

1）在框架柱上弹出梁的轴线、位置线和水平线。

2）拉通线搭设梁支柱、立杆间距 900，横杆设三道。

3）根据水平线安装好梁底横杆，梁跨度≥4m 时，按跨度 1‰起拱，然后放置梁底模。在梁底模两侧粘贴海绵条，然后安装梁侧模，在梁侧模与梁底横杆间垫小竹胶板块，以利于梁侧模的周转使用。用钢管扣紧梁底处侧模，梁侧竖向短钢管吊直、钢管三角撑固定，并注意梁截面尺寸大小正确，如图 11-1-3 所示。

4）梁模板固定完后，接着安装梁柱板接头。根据梁柱截面尺寸四个柱面做成 8 块模板组拼，上口平板底，下口比原混凝土低 200mm，双向用ϕ14 对拉螺栓拧紧。在柱模安装前，在混凝土四边镶贴海绵条，以防漏浆。

5）楼板采用满堂脚手架，支柱间距 1200mm，横杆三道与梁支撑连成整体，安装顶托，主龙骨，板跨度≥4m，按跨度的 1‰起拱，调节顶托高度将背楞找平。然后放置 50mm×100mm 次龙骨，间距≤300mm，上口与支梁模上口相平。竹胶板边刨直对拼并在下部加垫海绵条防止漏浆。

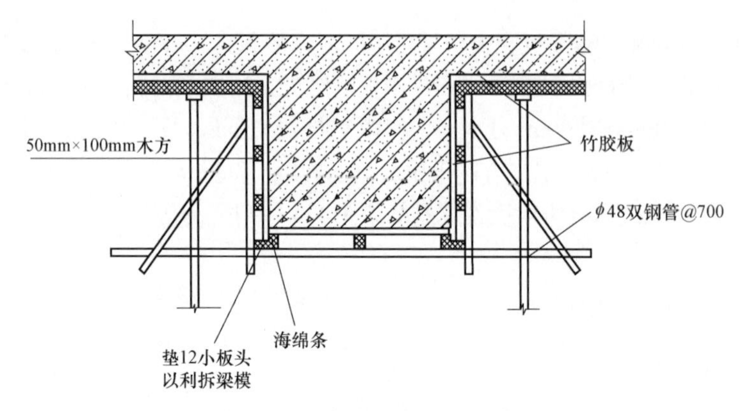

图 11–1–3 框架梁板节点支模图

3. 楼梯模板安装

（1）先支休息平台梁模板，后支踏步斜板、休息平台板，施工要求同梁板施工。

（2）楼梯绑筋完成后，最后支踏步板，踏步板用 500mm 厚木板。按照楼梯设计加工斜三角，高宽同踏步的高宽，按楼梯步节钉在同楼梯板厚的木方上，然后一起钉在斜板上。安装时注意上下楼层的标高，最后在斜三角立面钉踏步板，支撑固定牢固，如图 11–1–4 所示。

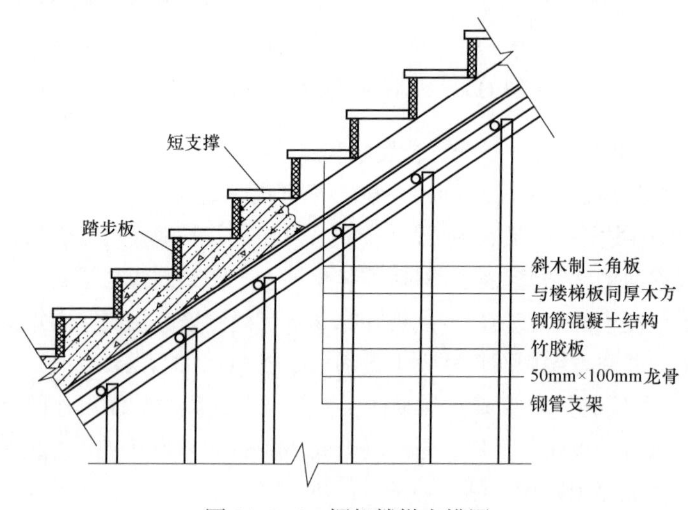

图 11–1–4 框架楼梯支模图

（3）楼梯踏步在浇筑后应按图纸要求在混凝土初凝前预埋楼梯杆埋件。

4. 组合模板安装

（1）安装模板时先横墙后纵墙，先内墙后外墙，先正板后反板。

（2）施工工艺流程：安放角模→大墙板按墙身线就位→固定斜撑支腿→调整斜撑丝杆使正面板垂直穿墙拉片并套上 PVC 管→安放门窗框模板并固定且验收该模板框→安装反板（就位及调整垂直度均同正板）→按穿墙拉片并拧紧→复查正反板垂直度及就位是否正确→铺操作平台 50mm 厚板→浇灌混凝土→养护。

穿墙拉片采用 30mm 扁拉片，间距 300mm×600mm 梅花形布置。

六、模板拆除

（1）拆模顺序一般应先支的后拆，后支的先拆，先拆除非承重部分，后拆除承重部分。

（2）柱混凝土强度达到 1.2MPa 时（以同条件试块为准）方可拆模，根据目前温度和混凝土强度，24 小时可拆模。拆模时应先试拆一块模板，确定混凝土棱角不受到破坏方可大面积拆除。先拆斜撑，再拆柱箍，接着用小撬棍轻轻撬模板上口，使模板与混凝土面脱离，然后再拆另外三块。拆模时注意螺栓螺母等的收集，柱模码放整齐。

（3）梁板模板跨度≤8m，应当混凝土强度≥设计强度的 75%后方可安排拆除。梁侧模须周转使用，在梁板强度达到 2.5MPa 时可以考虑拆除。当上层正在浇混凝土时，下层梁板的底模板和支柱不可拆除，必须至少隔一层拆除（考虑施工荷载影响），楼梯模板随楼板模板拆除。

即先拆最上支架部分水平拉杆→下调楼板顶托→拆除主次龙骨→拆楼板模板→拆梁底模→拆支架系统。对活动部件必须一次拆除，如中途停止应及时进行加固，以免发生事故。如果模板与混凝土墙面吸附或黏结不能离开时，可用撬棍轻撬动模板，不得用大锤砸模板，应保证拆模时，不损坏混凝土结构或门窗洞口。

（4）拆模时不要用力过猛，拆下来的木料应及时运走。

（5）加强模板保护，拆除后逐块传递下来，不得抛掷，拆下后，即清理干净，涂刷隔离剂，按规格分类堆放整齐，以利再用。

（6）模板拆除后，及时清理杂物，各种材料及小型构件一定清除干净，放入指定场地。

七、模板工程施工质量保证措施

（1）模板平整度达不到要求的，严禁使用。

（2）安装螺栓时，要两面均匀，对拉螺栓要平整，两端拧入螺用的丝扣，应有足够的长度。

（3）为防止根部漏浆，柱模板拼装前，先在根部边线外抹砂浆找平，粘贴海绵条。

（4）梁板应按要求起拱。

（5）通排柱拉通线进行校正，混凝土浇筑时，设看模人员，如有变形走位，及时调整模板。

（6）墙体及梁内设支撑铁，端头刷防锈漆。柱采取在四角预留插铁，与支撑铁焊牢，每边 2 根以防柱根部位移。

（7）留置同条件试块作为拆模依据。

（8）每次拆模后，及时用铲子、干拖布等清理模板表面，涂刷脱模剂备用。

（9）所有模板拼缝均粘贴海绵条，与混凝土面接触的接缝粘贴塑胶带。

（10）模板工程质量控制程序到位。

模板质量控制程序如图 11-1-5 所示。

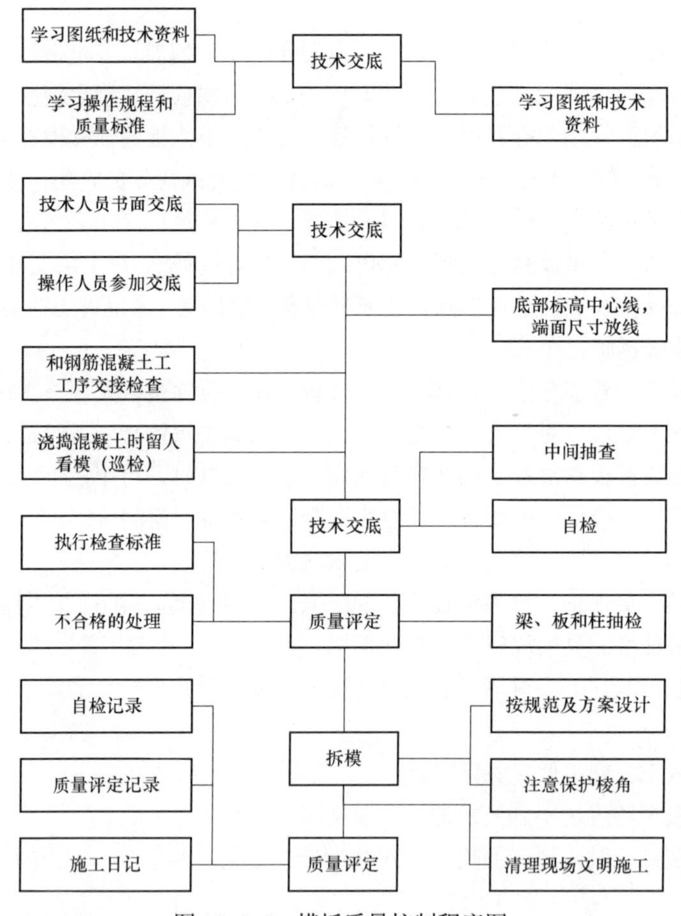

图 11-1-5 模板质量控制程序图

八、模板工程施工安全保证措施

（1）进入施工现场，必须戴好安全帽，高处必须系牢安全带，安全带必须定期检查，不合格者禁止使用。

（2）拆模时应搭设脚手板，拆模间歇时，应将松开的部件和模板运走。

（3）不得在脚手架上堆放大批模板、支撑材料及配件等。

（4）支模必须按自上而下的工序进行，上道工序未固定不得进行下道工序操作，支模停歇，应将支撑、搭头等扣钉牢固。

（5）支模和拆模应防止上下同时操作。

（6）拆模工作区应暂停人员过往，高空拆模应有信号标志和警示牌，并有专人指挥，严禁非操作人员进入作业区。

（7）安装外墙模时，脚手架必须有严密的防护，拆除楼层外边梁模板时，应有防高空坠落、防止模板向外翻的措施。

（8）安装早拆支撑体系时，必须按技术要求，保证立柱构件的稳定性。

（9）夜间施工时，要有足够的照明措施。

（10）模板上架设的电线和使用的电动工具，应采用 36V 的低压电源或采取其他有效的安全措施。

（11）模板支撑及拆除成品保护措施：

1）吊装模板应轻起轻放，不准碰撞已完成的结构并注意防止模板变形。

2）拆模时不得用大锤硬砸或撬棍硬撬，以免损伤混凝土表面及棱角。

3）拆模后发现不平或缺陷应及时修理。

4）模板支好后，应保持模内清洁，防止掉入砖头、砂浆、木屑等杂物。

5）吊运大模板时应防止碰撞墙体，堆放合理，保持板面不变形，吊运就位时要平稳、准确，不得碰撞楼板及其他已施工完的部位，不得兜挂钢筋。

6）使用过程中加强管理，分规格堆放，及时刷防锈漆及脱模剂。

九、模板支撑设计计算

见模块 Z44G2001Ⅱ。

【思考与练习】

1. 简述梁、板、柱模板安装流程。

2. 简述模板支撑及拆除的成品保护措施。

第四部分

混凝土工程

第十二章

混凝土原材料及配合比控制

模块 1　混凝土搅拌（Z44H1001Ⅰ）

【模块描述】本模块介绍混凝土原材料的质量控制要求、各种材料的比例控制要求、投放顺序要求、搅拌时间等控制要求。通过对各控制要点的学习，了解混凝土原材料及配合比控制的重点内容，掌握混凝土原材料及配合比控制方法。

【模块内容】

为拌制出均匀优质的混凝土，除合理建立搅拌站和选择搅拌机的类型外，还必须要有正确的工艺及流程，其内容包括进料容量、搅拌时间与投料顺序等，以及明确的质量目标和质量控制要求。

一、施工准备

1. 主要机具

建立混凝土自动搅拌站，应配备强制式搅拌机、电子自动计量的配料装置、双向传送带、装载机、自卸翻斗车，以及制作混凝土试块的试模及测定混凝土和易性的坍落度筒等。

小型混凝土搅拌站应配备强制式搅拌机、铁锹、运输车、磅秤及必要的量具，制作混凝土试块的试模及测定混凝土和易性的坍落度筒等。

2. 材料准备

（1）现场已准备数量充足的原材料，能满足混凝土连续施工的需要。

（2）各种原材料、外加剂、掺合料均经过复检，质量符合有关规定的要求。

3. 作业条件

（1）各种机具均处于完好状态、运转正常，各种计量器具经检测符合要求，现场标准养护室或养护箱经验收符合要求。

（2）试验室已按要求下达混凝土配合比通知单。

（3）水、电源已经接好，能满足混凝土连续施工的需要。

（4）混凝土开盘鉴定已完成，混凝土浇筑申请已被批准，操作人员全部到位并进行了技术交底。

二、操作工艺及流程

（1）现场根据试验室下达的混凝土配合比计算出每罐搅拌用的各种材料及水的用量。

（2）在搅拌地点明显处悬挂《混凝土搅拌配合比标牌》，标牌内容见表 12–1–1。

（3）混凝土搅拌用的各种原材料必须经过称量，计量误差在规定范围之内，严禁采用不称量的其他办法。

（4）搅拌机刚开始工作时，应先加水空转湿润后再投料。第一罐应搅拌同配合比的水泥砂浆，用于润滑搅拌机、混凝土输送泵及管路，以后则每罐按规定数量投料。

（5）投料顺序：粗细骨料、水泥和水可同时加入。掺合料与水泥可同时投放，外加剂的添加宜滞后于水和水泥。

（6）混凝土搅拌应使砂、石、水泥完全拌和均匀，颜色一致，搅拌的最短时间应符合表 12–1–2 的规定；当掺有外加剂、掺合料时，搅拌时间应适当延长（具体视外加剂的要求确定）。冬期施工时，搅拌时间应比常温施工适当延长，一般为常温时间的 1.5 倍。

表 12–1–1　　　　混凝土搅拌配合比标牌

工程名称：　　　　　　　　　　搅拌机编号：

<table>
<tr><td colspan="2">浇筑部位</td><td></td><td colspan="2">浇筑日期</td><td></td><td colspan="2">浇筑总量</td><td></td></tr>
<tr><td colspan="2">强度等级</td><td></td><td colspan="2">坍落度</td><td></td><td colspan="2">配合比编号</td><td></td></tr>
<tr><td colspan="2">水泥品种及强度等级</td><td></td><td colspan="2">外加剂品种</td><td></td><td colspan="2">掺合料品种</td><td></td></tr>
<tr><td colspan="2">砂的种类</td><td></td><td colspan="2">石子种类</td><td></td><td colspan="2">混凝土初凝时间</td><td></td></tr>
<tr><td rowspan="4">设计配合比</td><td colspan="2">名称</td><td></td><td></td><td></td><td></td><td></td><td></td></tr>
<tr><td colspan="2">配合比</td><td></td><td></td><td></td><td></td><td></td><td></td></tr>
<tr><td colspan="2">每立方米用量</td><td></td><td></td><td></td><td></td><td></td><td></td></tr>
<tr><td colspan="2">每盘用量</td><td></td><td></td><td></td><td></td><td></td><td></td></tr>
<tr><td rowspan="5">施工配合比</td><td colspan="2">砂、石含泥量（%、%）</td><td></td><td></td><td></td><td></td><td></td><td></td></tr>
<tr><td colspan="2">砂、石含水率（%、%）</td><td></td><td></td><td></td><td></td><td></td><td></td></tr>
<tr><td colspan="2">调整后每盘实际用量</td><td></td><td></td><td></td><td></td><td></td><td></td></tr>
<tr><td colspan="2">小车运料每车重量(不含车自重)(kg)</td><td></td><td></td><td></td><td></td><td></td><td></td></tr>
<tr><td colspan="5">加水计量装置每秒流量（kg / s）：</td><td colspan="3">搅拌机加水时间（s）：</td></tr>
<tr><td colspan="3">工程项目技术负责人：</td><td colspan="3">施工配合比调整负责人：</td><td colspan="3">搅拌操作负责人：</td></tr>
</table>

制定时间：　　年　　月　日

表 12-1-2　　混凝土搅拌的最短时间　　（s）

混凝土坍落度（mm）	搅拌机机型	搅拌机出机量		
		＜250	250～500	＞500
≤30	强制式	60	90	120
	自落式	90	120	150
＞30	强制式	60	60	90
	自落式	90	90	120

（7）冬期施工。搅拌前应用热水或蒸汽冲洗搅拌机，搅拌混凝土优先采用加热水的办法，当骨料不加热时，水可加热到 100℃，但水泥不能与 80℃以上的水直接接触。投料顺序可改为先投骨料和热水，稍加搅拌后再投入水泥。

三、质量控制

（1）各种材料必须有出厂质量合格证明、材料复验报告单，不合格产品不准使用。

（2）用于工程结构上的混凝土，均应由试验室根据实际使用的材料通过试配进行配合比设计。当原材料有变更时，现场应及时通知试验室调整配合比。投料时各种材料的计量误差不得超过以下规定：水泥、掺合料、水、外加剂为 2%；粗、细骨料±3%。

（3）对首次使用的混凝土配合比应进行开盘鉴定，开始生产时应至少留置一组标准试件，作为验证配合比的依据。

（4）搅拌机操作手必须由经过培训、掌握混凝土施工基本知识、工作认真负责的技工担任，人员要相对稳定。

（5）现场使用的各种计量器具必须经检测部门校验，精度在允许偏差值之内；为减少计量误差，尽量采用自动计量的混凝土配料机。

（6）投料前要复核袋装水泥的重量；如使用散装水泥，则必须经过称量。其他材料也必须严格按要求计量。

（7）严格控制水灰比，经常测定骨料的含水率（特别是雨季），并根据测试结果调整材料用量；冬期施工如使用防冻剂溶液时，所含水分应从拌和水中扣除。

（8）当混凝土可泵性差或出现泌水、离析、难以泵送及浇灌时，应立即对投料计量、混凝土输送泵、泵送管路及泵送工艺等进行检查，并采取措施加以解决。

（9）加强混凝土搅拌过程的检查，每一工作班至少二次对各种原材料的掺量、混凝土搅拌时间、混凝土坍落度等进行抽查，并做好记录。

（10）冬期施工混凝土所用骨料必须清洁，不得含有冰、雪等冻结物及易冻裂的矿物质；在掺用含有钾、钠离子防冻剂的混凝土中不得混有活性骨料；冬期施工混凝土的入模温度不得低于 5℃，出罐温度不得低于 10℃。

（11）按有关规定制作混凝土试块，搞好养护、按时送检。

（12）水泥、砂、石、外加剂、掺合料应分类推放，标识清楚。应注明产地、品种、数量、进场时间、检验状态等，水泥还应有出厂时间。

四、质量标准

1. 主控项目

（1）水泥进场时应对其品种、级别、包装或散装仓号、出厂日期等进行检查，并对其强度、安定性及其他必要的性能指标进行复验，其质量必须符合现行国家标准《通用硅酸盐水泥》（GB 175）等的规定。

当在使用中对水泥质量有怀疑或水泥出厂超过三个月（快硬硅酸盐水泥超过一个月）时，应进行复验，并按复验结果使用。

钢筋混凝土结构、预应力混凝土结构中，严禁使用含氯化物的水泥。

检验方法：检查产品合格证、出厂检验报告和进场复验报告。

（2）掺用外加剂的质量及应用技术应符合国家现行标准《混凝土外加剂》（GB 8076），《混凝土外加剂应用技术规范》（GB 50119）等和有关环境保护的规定。

检验方法：检查产品合格证、出厂检验报告和进场复验报告。

（3）混凝土中氯化物和碱的总含量应符合《混凝土结构设计规范》（GB 50010）、《混凝土质量控制标准》（GB 50164）和设计的要求。

检验方法：检查原材料试验报告和氯化物、碱的总含量计算书。

（4）结构混凝土的强度等级必须符合设计要求。用于检查结构构件混凝土强度的试件，应在混凝土的浇筑地点随机抽取。取样与试件留置应符合下列规定：

每拌制服 100 盘且不超过 100m³ 的同配合比的混凝土，取样不得少于一次。

每工件工作班拌制的同一配合比的混凝土不足 100 盘时，取样不得少于一次。

当一次连续浇筑超过1000m³时，同一配合比的混凝土每200m³取样不得少于一次。

每一楼层、同一配合比的混凝土，取样不得少于一次。

每次取样应至少留置一组标准养护试件，同条件养护试件的留置组数应根据实际需要确定。

检验方法：检查施工记录及试件强度试验报告。

（5）对有抗渗要求的混凝土结构，其混凝土试件应在浇筑地点随机取样。同一工程、同一配合比的混凝土，取样不应少于一次，留置组数可根据实际需要确定。

检验方法：检查试件抗渗试验报告。

2. 一般项目

（1）普通混凝土用砂、石料的质量应符合国家现行标准《普通混凝土用砂、石质量及检验方法标准》（JGJ 52）的规定。

检验方法：检查进场复验报告。

（2）普通混凝土中掺用粉煤灰，质量应符合《用于水泥和混凝土中的粉煤灰》（GB/T 1596）的有关规定，其掺量通过试验确定。

检验方法：检查产品合格证和进场复验报告。

（3）搅拌混凝土宜采用饮用水。当采用其他来源水时，水质应符合国家现行标准《混凝土拌和用水标准》（JGJ 63）的要求。

检验方法：检查水质试验报告。

五、成品保护

（1）采用泵送混凝土时应随用随搅拌，避免在搅拌筒内或输送管路中存留时间过长，造成管路堵塞。

（2）当出现混凝土输送困难时，严禁随意加水，可以采取加减水剂的方法予以解决。

（3）夏季要对混凝土输送管路进行遮阳，冬期要对混凝土输送管路和混凝土进行保温。

【思考题】

1. 混凝土搅拌前要提供哪些资料？

2. 混凝土质量标准的主控项目有哪些？

模块 2　混凝土试块制作（Z44H1002 Ⅰ）

【模块描述】本模块介绍混凝土试块的坍落度检查要求，不同类型混凝土试块数量要求，试块的制作等控制要求。通过对各控制要点的学习，了解混凝土试块制作的重点内容，掌握混凝土试块制作的控制要求。

【模块内容】

在单位工程施工前，策划做好混凝土试块制作计划，防止试块不够或漏做现象（标样抗压、抗渗试块，同条件结构实体检验试块，同条件拆模试块等）；混凝土试块制作计划必须符合《混凝土结构工程施工质量验收规范》（GB 50204—2015）的有关要求；

一、取样及留置要求

（1）取样规定用于检查混凝土强度的试件，应在混凝土的浇筑地点随机抽取。

（2）每拌制 100 盘且不超过 100m^3 的同配合比的混凝土，取样不得少于一次。

（3）每工作班拌制的同一配合比的混凝土不足 100 盘时，取样不得少于一次。

（4）当一次连续浇筑超过 1000m^3 时，同一配合比的混凝土每 200m^3 取样不得少于一次。

（5）每一楼层、同一配合比的混凝土，取样不得少于一次。

（6）每次取样应一至少留置一组标准养护试件，同条件养护试件的留置组数应根据实际需要确定。

（7）对有抗渗要求的混凝土结构，其混凝土试件应在浇筑地点随机取样。同一工程、同一配合比的混凝土，取样不应少于一次，留置组数可根据实际需要确定。

（8）新配合比在使用前要进行开盘鉴定，检查其工作性（坍落度、和易性等）是否满足设计配合比的要求并作好记录。并留置一组标准养护试件，验证配合比的依据。

二、试件制作过程及注意事项

（1）成型前，应检查试模（150mm 边长）尺寸及角度，试模不变形。试模内表面应涂一薄层矿物油或其他不与混凝土发生反应的脱模剂。

（2）取样拌制的混凝土应在拌制后尽可能短的时间内成型，一般不宜超过 15 分钟。

（3）检验现浇混凝土或预制构件的混凝土，试件成型方法宜与实际采用的方法相同。

（4）取样的混凝土拌和物应至少用铁锨再来回拌和三次。

（5）用振动台振动成型的(现场平板振动现浇混凝土)，要将拌和物一次装入试模，装料时应用抹刀沿各试模壁插捣，并使混凝土拌和物高出试模口。振动时试模不得有任何跳动，振动应持续到表面出浆为止，不得过振。刮除试模上口多余的混凝土，待混凝土临近初凝时，用抹刀抹平。

（6）用插入式振捣棒振实制作时（插入式振捣现浇混凝土），将混凝土拌和物一次装入试模，装料时应用抹刀沿各试模壁插捣，并使混凝土拌和物高出试模口；宜用直径为 25mm 的插入式振捣棒，插入试模振捣时，振捣棒距试模底板 10～20mm 且不得触及试模底板，振动应持续到表面出浆为止，且应避免过振，以防止混凝土离析；一般振捣时间为 20s。振捣棒拔出时要缓慢，拔出后不得留有孔洞。刮除试模上口多余的混凝土，待混凝土临近初凝时，用抹刀抹平。

（7）试模制作好后移动要小心，防止大幅振动，特别是初凝后，也就是“硬化”后。

（8）制作过程时不要认为振动长就能密实或强度高，严格按上述方法振动。试模在用前要装紧挤紧。

（9）每次宜一同制作最少两组（6 个试模），其中一组是标养试块。试件抹刀抹平后，标养试模要用塑料布捆好包装尽量严密，防止水分丢失。有条件的工地标养试块要尽快移入温度 20℃±0.5℃的房间养护。24 小时左右当试块凝化可以脱模时要尽快脱模送入标准养护室养护。同条件养护的试块要与代表构件同条件、同环境养护，拆模时间与代表构件拆模板一同进行。中间要注意与构件一同加水、覆盖养护。记录同条件的温度，每天记录最少 2 次，并且是最高温度和最低温度值，但零摄氏度以下不计算在内。对于日平均温度，当无实测值时，可采用为当地天气预报的最高温，最低温的平均值。当日平均温度逐日累计达到（560～640）℃·d 且不少于 14d 时，送试验室进行混凝土强度实体检验。本结果仅供参考，使用时应根据工地所在环境实际情况而定。

三、施工步骤及方法

一定：指定人员上岗，操作人员不宜换动频繁。

二装：指制作试块的模具拆卸、清渣、拼装过程要认真，检查其紧固程度和尺寸误差，如果试模多的话，要一个个的拆装，以免混错了模具。组装后的各相邻面的不垂直度不应超过±0.5°。脱模剂要涂刷均匀。

三查：浇捣混凝土前，取样人员要认真检查配合比单、混凝土小票上的施工部位、混凝土强度等级等与设计要求是否一致。

四测：搅拌车进入施工现场后，应及时检测其坍落度，每车都要检测。其试料必须从搅拌车 1/4～3/4 处随机抽样。

五选：制作试块前，应按规范要求，在监理的见证下，共同挑选混凝土熟料。其试料必须从搅拌车 1/4～3/4 处随机抽样。

六拌：指试块样量选好后，应二次手工拌和均匀。

七捣：指熟料分两层入模捣实，每层装料厚度大致相等。插捣用的钢制捣棒应为：长 600mm，直径 16mm，端部磨圆。插捣按螺旋方向从边缘向中心均匀进行。插捣时捣棒应保持垂直，不得倾斜。每层插捣的次数应根据试件的截面而定，一般标准试块≥27 次。插捣完后，刮除多余的混凝土，试件表面要比试模高出 2～3mm。

八排：在插捣的同时用平铲反复穿插，排除试块内部的空气。试块表面在收光时，注意料浆饱满，防止混凝土由于塑性变形而造成出现凹陷状况。

九盖：指试块成型后，终凝前常常置于原地或露天，为了防止内部水分蒸发而影响水泥的水化速度，应及时用黑色塑料布或麻袋将试块覆盖严实。

十刻：指在终凝前（试件做好后 3～4h），用铁板将表面抹平，并用铁钉在试块表面刻上：混凝土强度等级、制作时间、部位等（具体刻写的内容应在事先咨询相关相关检测单位，每个检测单位都有自己的规定）。

十一养：指试块硬化拆模后，应及时送往温度 20℃±3℃、湿度为 90%以上的标准养护室实行养护。如果是同条件养护试块，成型后即应覆盖其表面，试件的拆模时间与实际构件的拆模时间相同，拆模后，试件仍需保持同条件养护。

十二送：在试块到龄前五天，将试块从标养室水池取出来，晾干水分，在到龄前三天送检测单位进行检测。一般的检测单位在节假日是不收样的，遇到节假日就要提前送进去。切忌试块的漏送，那样将给工作带来很多不必要的麻烦。

四、如何成型混凝土立方体抗压试块

（1）将试模装配好，检查试模尺寸，避免使用变形试模，并在试模内部涂一薄层矿物油或其他脱模剂。

（2）在装入试模前，应取少量拌和物代表样，在 5min 内进行坍落度试验，认为品质合格后将拌好的拌和料在 15min 内装入试模，进行捣实工作。

（3）捣实工作可采用下列方式：当坍落度大于 70mm 时，用人工成型。将混合料分两层装入，用直径 16mm 的捣棒以螺旋形从边缘向中心均匀地进行。插捣次数应符合规定。插捣底层时，捣棒插到模底；插捣上层时，捣棒插入该层底面下 20～30mm 处。插捣时应用力将捣棒压下，不得冲击，捣完一层后，用橡皮锤轻轻击打试模外端面 10～15 次，以填平插捣过程中留下的孔洞。

（4）用前述方法捣实之后，刮除多余的混合料，用馒刀将表面初次抹平，待试件收浆后，再次用馒刀将表面仔细抹平。试件抹面与试模边缘高低差不得超过 0.5mm。

（5）养护试件成型后，用湿布覆盖表面（或采用其他保持湿度方法）在室温（20±5）℃、相对湿度大于 50%的情况下静放 1～2d，然后拆模并作第一次外观检查、编号，有缺陷的试件应除去或加工补平。将完好试件放入标准养护室进行养护，标准养护室温度：（20±2）℃，相对湿度 95%以上，试件宜放在铁架或木架上，间距至少 10～20mm，并避免用水直接冲淋；或者将试件放入温度（20±2）℃的不流动的 $Ca(OH)_2$ 饱和溶液中养护。标准养护龄期 28d。

【思考题】

1. 简述混凝土试块制作的取样要求。
2. 混凝土试块标准养护有哪些标准？

模块 3 搅拌用水（Z44H1003 Ⅰ）

【模块描述】本模块介绍混凝土搅拌用水的质量要求，搅拌用水的相关试验标准及试验项目要求。通过对试验标准的学习，了解混凝土搅拌用水的重点试验项目。

【模块内容】

依据混凝土拌和用水标准，检验水质能否用于拌制混凝土，是保证混凝土质量的措施之一。水是混凝土的重要组成部分，水的品质会影响混凝土的和易性、凝结时间、强度发展和耐久性等，水中的氯离子对钢筋特别是预应力钢筋会产生腐蚀作用。一般认为饮用水就可作为混凝土拌和用水。

一、水质要求

（1）混凝土拌和用水水质要求应符合表 12-3-1 的规定。对于设计使用年限为 100 年的结构混凝土，氯离子含量不得超过 500mg/L；对使用钢丝或经热处理钢筋的预应力混凝土，氯离子含量不得超过 350mg/L。

表 12-3-1 混凝土拌和用水水质要求

项目	预应力混凝土	钢筋混凝土	素混凝土
pH 值	≥5.0	≥4.5	≥4.5
不溶物（mg/L）	≤2000	≤2000	≤5000
可溶物（mg/L）	≤2000	≤5000	≤10 000
Cl^-（mg/L）	≤500	≤1000	≤3500
SO_4^{2-}（mg/L）	≤600	≤2000	≤2700
碱含量（mg/L）	≤1500	≤1500	≤1500

注 碱含量按 Na_2O+0.658K_2O 计算值来表示。采用非碱活性骨料时，可不检验碱含量。

（2）地表水、地下水、再生水的放射性应符合现行国家标准《生活饮用水卫生标准》（GB 5749）的规定。

（3）被检验水样应与饮用水样进行水泥凝结时间对比试验。对比试验的水泥初凝时间差及终凝时间差均不应大于 30min；同时，初凝和终凝时间应符合现行国家标准《通用硅酸盐水泥》（GB 175）的规定。

（4）被检验水样应与饮用水样进行水泥胶砂强度对比试验，被检验水样配制的水泥胶砂 3d 和 28d 强度不应低于饮用水配制的水泥胶砂 3d 和 28d 强度的 90%。

（5）混凝土拌和用水不应有漂浮明显的油脂和泡沫，不应有明显的颜色和异味。

（6）混凝土企业设备洗刷水不宜用于预应力混凝土、装饰混凝土、加气混凝土和暴露于腐蚀环境的混凝土；不得用于使用碱活性或潜在碱活性骨料的混凝土。

（7）未经处理的海水严禁用于钢筋混凝土和预应力混凝土。

（8）在无法获得水源的情况下，海水可用于素混凝土，但不宜用于装饰混凝土。

二、试验标准和项目

（1）pH 值的检验应符合现行国家标准《水质 pH 值的测定 玻璃电极法》（GB 6920）的要求，并宜在现场测定。

（2）不溶物的检验应符合现行国家标准《水质悬浮物的测定重量法》（GB 11901）的要求。

（3）可溶物的检验应符合现行国家标准《生活饮用水标准检验方法》（GB 5750）中溶解性总固体检验法的要求。

（4）氯化物的检验应符合现行国家标准《水质氯化物的测定 硝酸银滴定法》（GB 11896）的要求。

（5）硫酸盐的检验应符合现行国家标准《水质硫酸盐的测定 重量法》（GB 11899）

的要求。

（6）碱含量的检验应符合现行国家标准《水泥化学分析方法》（GB/T 176）中关于氧化钾、氧化钠测定的火焰光度计法的要求。

（7）水泥凝结时间试验应符合现行国家标准《水泥标准稠度用水量、凝结时间、安定性检验方法》（GB/T 1346）的要求。试验应采用42.5级硅酸盐水泥，也可采用42.5级普通硅酸盐水泥；出现争议时，应以42.5级硅酸盐水泥为准。

（8）水泥胶砂强度试验应符合现行国家标准《水泥胶砂强度检验方法（ISO法）》（GB/T 17671）的要求。试验应采用42.5级硅酸盐水泥，也可采用42.5级普通硅酸盐水泥；出现争议时，应以42.5级硅酸盐水泥为准。

三、检验规则

1. 取样

（1）水质检验水样不应少于5L；用于测定水泥凝结时间和胶砂强度的水样不应少于3L。

（2）采集水样的容器应无污染；容器应用待采集水样冲洗三次再灌装，并应密封待用。

（3）地表水宜在水域中心部位、距水面100mm以下采集，并应记载季节、气候、雨量和周边环境的情况。

（4）地下水应在放水冲洗管道后接取，或直接用容器采集；不得将地下水积存于地表后再从中采集。

（5）再生水应在取水管道终端接取。

（6）混凝土企业设备洗刷水应沉淀后，在池中距水面100mm以下采集。

2. 检验期限和频率

水样检验期限应符合下列要求：

（1）水质全部项目检验宜在取样后7d内完成。

（2）放射性检验、水泥凝结时间检验和水泥胶砂强度成型宜在取样后10d内完成。

（3）地表水、地下水和再生水的放射性应在使用前检验；当有可靠资料证明无放射性污染时，可不检验。

（4）地表水、地下水、再生水和混凝土企业设备洗刷水在使用前应进行检验；在使用期间，检验频率宜符合下列要求：

1）地表水每6个月检验一次。

2）地下水每年检验一次。

3）再生水每3个月检验一次；在质量稳定一年后，可每6个月检验一次。

4）混凝土企业设备洗刷水每3个月检验一次；在质量稳定一年后，可一年检验一次。

5）当发现水受到污染和对混凝土性能有影响时，应立即检验。

四、结果评定

（1）符合现行国家标准《生活饮用水卫生标准》GB 5749 要求的饮用水，可不经检验作为混凝土用水。

（2）符合第二项要求的水，可作为混凝土用水。

（3）当水泥凝结时间和水泥胶砂强度的检验不满足要求时，应重新加倍抽样复检一次。

【思考题】

1. 混凝土搅拌用水的检验项目有哪些？
2. 哪些水作为混凝土搅拌用水可不作检验？

模块 4　普通混凝土配合比试配要求（Z44H1004Ⅲ）

【模块描述】本模块介绍普通混凝土应根据混凝土强度等级、耐久性和工作性等要求进行配合比设计，对首次使用的配合比应进行开盘鉴定。混凝土拌制前，应测定砂、石含水率并根据测试结果调整材料用量，提出施工配合比。掌握试验配合比和施工配合比的调整关系。

【模块内容】

配合比设计是实现预拌混凝土性能的一个重要过程，也是保证拌混凝土质量的重要环节。针对预拌混凝土企业确定混凝土配比时重设计、轻试配的现状，结合配合比设计的条件要素，从混凝土配合比设计、试配、调整三个方面，系统阐述预拌混凝土配合比设计的全过程，突出强调了试配的重要性，进一步明确预拌混凝土配合比设计是在经验、理论指导下的实践性过程。

一、试配的准备

（1）取样的代表性。散装水泥应从不少于 3 个车罐中取等量水泥、袋装水泥应从不少于 20 袋中取等量水泥，经混拌均匀后再从中取不少于 12kg 的水泥作为试样；砂、石在料堆上取样应清除表皮后从不同部位取样，砂 8 份、石子 16 份，组成各自一组样品。

（2）样品取好后，应根据需要进行制样。制样必须注意两点：一是样品能真正代表原材料，二是样品必须具有高度均匀性。常用的制样方法为四分法。

（3）所有原材料，都必须严格根据国家标准检验后，才能根据检验结果计算配合比，进行试配。当然，在实际工作中，可能来不及等所有原材料检验结果出来以后，就要进行试配，那么，作为试配方案确定的人员，就要注意收集原材料统计数据，着重做好下面的工作：

1）日常收集原材料供应商的检验、试验报告。

2）建立企业自身对原材料检验的数据库，对各供应商供应的原材料要建立独立的分析台账，并根据统计、分析结果，定期评价供应商检验报告的可靠性和准确程度，如供应商检验报告长期可靠、准确，在混凝土配合比设计计算时，报告结果可直接应用。

3）对定点供应的水泥，要掌握水泥的强度增长规律，并能用回归分析法依据水泥早期强度推定水泥的 28 天强度。

二、试配前的调整

在混凝土强度试验的配合比确定过程中，必须根据混凝土配合比设计条件要素，正确选取水灰比、砂率、用水量等，称之为试配前调整。

1. 根据原材料状况选择合适的参数，进行配合比设计

在《普通混凝土配合比设计规程》中，就参数的选取有一些规定，这些规定也是根据生产实践中的经验得来的，可直接使用。例如：在用水量的确定上，采用细砂时，每立方米混凝土用水量可增加 5～10kg；采用粗砂时，则可减少 5～10kg；对流动性、大流动性混凝土的用水量，以坍落度 90mm 的用水量为基础，按坍落度每增大 20mm，用水量增加 5kg。对砂率的选取有下列规定：① 对细砂或粗砂，可相应地减小或增大砂率。② 对单粒级粗骨料配制混凝土时，砂率应适当增大。③ 对薄壁构件，砂率取偏大值。

上述内容均为规程中根据原材料状况，对配合比设计参数的选择。日常生产中碰到的情况，往往要复杂得多，这就要求我们根据原材料检验结果，综合考虑各方面因素，做好设计参数的选择。对能够根据原材料检验结果来确定的参数，一定要先检验后确定参数，以确保配合比计算结果的可靠性。

2. 日常做好影响混凝土性能（包括强度）的敏感因素分析

当原材料质量特性发生变化时，要分析其对混凝土性能有无影响及影响大小。对影响较大的因素，可采用回归分析法，确定原材料特性值的变化对混凝土性能的影响。具体到混凝土配合比设计计算时，就是原材料质量特性值对设计参数选取时的影响。以设计参数为因变量，原材料某一质量特性值为自变量（假设其他因素相对稳定情况下），建立相应函数关系。无明显函数关系或找不出函数关系，但对混凝土性能影响较大的特性值，其与设计参数的关系也可用数据列表的形式表示。

通过上述手段，使我们能够合理估算某一因素的变化对混凝土性能的影响，并作出相应设计参数选择的调整。

3. 正确认识试配前的调整

（1）试配前调整是经验性调整。试配前调整是以经验、数据积累为基础的调整。

（2）试配前调整是趋势性调整。当我们确定某一条件要素发生变化时，必须计算这种变化对混凝土性能的影响，设计计算时，就要合理选择参数，以消除这一因素变化，对混凝土性能的影响。

（3）试配前调整，是定性调整。我们能够对某种因素（在其他因素不变的情况下）的影响做定量分析，做定量分析只是调整过程中的一个手段。

（4）试配前调整，不能代替试配后的调整，更不能代替试配。

但实际上，各种因素之间是相互影响的，混凝土性能是否符合设计要求，也是各种因素共同作用的结果，必须以试配的结果为验证。所以试配前的调整是定性的调整，最终参数的选择还必须以试配结果为确定。

三、试配

（1）试配应采用工程中实际使用的原材料。

（2）试配时的拌和方法。混凝土搅拌方法对混凝土的性能具有一定的影响，特别对混凝土坍落度和坍落度损失影响较大。这就要求我们在试配时，必须熟悉自身搅拌站的搅拌方法，然后据此制定与实际生产方法相吻合的试配搅拌方法。

（3）混凝土性能及强度试验。按计算的混凝土配合比首先进行试拌，检查拌和物的坍落度和工作性。当坍落度和工作性不能满足要求时，在保证水灰比不变的条件下，相应调整用水量和砂率，直到符合要求为止，可以确定此时配合比为强度试验基准配合比。混凝土强度试验至少采用三个不同配合比，一为基准配合比，另外两个配合比的水灰比，宜较基准配合比分别增加或减少 0.05，其用水量与基准配合比基本相同，砂率分别增加或减少 1%。在条件（材料、时间、人力）许可的情况下，强度试配试块组数越多，试配结果的可靠性越大，在强度试配试块组数的选择上，应尽量满足数据统计分析和强度检验评定的要求：

1）根据 28d 强度，统计 3d、7d 强度增长率。

2）分别计算 3d、7d、28d 强度的标准偏差及强度变异系数。

3）采用回归分析法，找出用 3d 强度推导 28d 强度的公式。

4）根据 GB/T 50107《混凝土强度检验评定标准》，对试配的结果进行强度检验评定。

（4）试配的具体要求

1）按照工程中实际使用的材料和搅拌方法，根据计算出的配合比进行试拌。混凝土试拌的数量不应少于表 12–4–1 所规定的数值，如需要进行抗冻、抗渗或其他项目试验，应根据实际需要计算用量。采用机械搅拌时，拌和量应不小于该搅拌机额定搅拌量的四分之一。

表 12–4–1 混凝土试配的最小搅拌量

骨料最大粒径（mm）	拌和物数量（L）
31.5 及以下	15
40	25

2）如果试拌的混凝土坍落度不能满足要求或保水性不好，应在保证水灰比条件下相应调整用水量或砂率，直到符合要求为止。然后提出供检验混凝土强度用的基准配合比。混凝土强度试块的边长，应不小于表 12–4–2 的规定。

表 12–4–2 混凝土立方体试块边长

骨料最大粒径（mm）	试块边长（mm×mm×mm）
≤30	100×100×100
≤40	150×150×150
≤60	200×200×200

制作混凝土强度试块时，至少应采用三个不同的配合比，其中一个是按上述方法得出的基准配合比，另外两个配合比的水灰比，应较基准配合比分别增加或减少 0.05，其用水量应该与基准配合比相同，但砂率值可分别增加和减少 1%。

3）当不同水灰比的混凝土拌和物坍落度与要求值的差超过允许偏差时，可通过增、减用水量进行调整。

制作混凝土强度试件时，尚需试验混凝土的坍落度、黏聚性、保水性及混凝土拌和物的表观密度，作为代表这一配合比的混凝土拌和物的各项基本性能。

每种配合比应至少制作一组（3 块）试件，标准养护 28d 后进行试压；有条件的单位也可同时制作多组试件，供快速检验或较早龄期的试压，以便提前提出混凝土配合比供施工使用。但以后仍必须以标准养护 28d 的检验结果为准，据此调整配合比。

经过试配和调整以后，便可按照所得的结果确定混凝土的施工配合比。由试验得出的各水灰比值的混凝土强度，用作图法或计算求出混凝土配制强度（$f_{cu,0}$）相对应的水灰比。这样，初步定出混凝土所需的配合比，其值为：

用水量（m_w）——取基准配合比中的用水量值，并根据制作强度试件时测得的坍落度值或维勃稠度加以适当调整；

水泥用量（m_c）——以用水量乘以经试验选定出来的灰水比计算确定；

粗骨料（m_g）和细骨料（m_s）用量——取基准配合比中的粗骨料和细骨料用量，按选定灰水比进行适当调整后确定。

按上述各项定出的配合比算出混凝土的表观密度计算值 $\rho_{c,c}$：

$$\rho_{c,c}=m_c+m_f+m_g+m_s+m_w$$

再将混凝土的表观密度实测值除以表观密度计算值，得出配合比校正系数 δ：

$$\delta=\rho_{c,t}/\rho_{c,c}$$

式中 $\rho_{c,t}$——混凝土表观密度实测值（kg/m^3）；

$\rho_{c,c}$——混凝土表观密度计算值（kg/m^3）。

当混凝土表观密度实测值与计算值之差的绝对值不超过计算值的2%时，按上述确定的配合比即为确定的设计配合比，当二者之差超过2%时，应将混凝土配合比中每项材料用量均乘以校正系数 δ，即为最终确定的配合比设计值。

四、混凝土配合比试配后调整

一次性试配的结果，不一定能达到预期的效果，在满足强度要求的情况下，还要满足混凝土性能要求，这就要求我们在试配结果的基础上进行调整，并最终确定配合比。

（1）通过检查试拌混凝土的坍落度和工作性，确定适宜的用水量。

（2）通过检查试拌混凝土的工作性和凝结时间，确定适宜的外加剂（缓凝减水泵送剂）用量及砂率。如保水性不好，凝结时间过长的可适当减少外加剂使用量及适当提高砂率。如果拌和稠度过大，坍损较高，可适当增加外加剂用量或适当降低砂率。当然，外加剂用量的调整，必然会影响到减水效果，必须调整水灰比及用水量。

（3）以混凝土强度检验结果，确定混凝土水灰比，并以此为依据，计算各种胶凝材料用量。强度检验结果偏高，可适度提高水灰比，强度检验结果偏低，可适当降低水灰比。水灰比的调整幅度参照水灰比和强度关系曲线，并根据试配结果来确定。当生产任务较紧，可检验混凝土 1d 或 3d 强度，再参照以往数据积累，根据 1d 或 3d 强度用回归分析法推导 28d 强度，再依据推导出的 28d 强度结果，调整混凝土水灰比。

（4）以实测的混凝土容重和试拌时确定的砂率为依据，分别计算粗、细集料的用量。

【思考题】

1. 混凝土试配前要做哪些工作？
2. 试说出粗骨料和试块的关系。

模块 5 清水混凝土配合比试配要求（Z44H1005Ⅲ）

【模块描述】本模块介绍清水混凝土配合比设计在满足普通混凝土配合比控制的基础上，应考虑工程所处环境，根据抗碳化、抗冻害、抗硫酸盐、抗盐害、抑制碱—骨料反应等对混凝土耐久性产生影响的因素进行配合比设计；按照设计要求进行试配，确定混凝土表面颜色；掌握清水混凝土配合比设计的控制要点。

【模块内容】

清水混凝土是相对于普通混凝土而言的，在混凝土的力学性能方面，二者是统一的，都满足混凝土标准要求的各项性能指标，不同的是清水混凝土更强调了外观。我们一般这样看待清水混凝土：一次成型，不做任何装饰，混凝土表面平整光滑、色泽均匀，施工缝的设置整齐、美观，不允许出现普通混凝土的质量通病（如蜂窝、麻面、砂线路），混凝土表面不受损和污染，各项性能均符合国家标准。

一、原材料的选择

良好的混凝土拌和物性能依赖于良好的原材料的性能，以及它们之间的相互作用。因此清水混凝土工程，在工程开工前一定要根据工程的特点、气候、原材料的供应情况，对原材料进行科学的选择。原材料的选择包括水泥、粗骨料、细骨料、掺合料、外加剂等。

1. 水泥

水泥的选择从以下几个方面考虑：

（1）如果无特殊要求，水泥应首选硅酸盐酸水泥。

（2）因清水混凝土对色差要求比较严格，而水泥凝化后的颜色基本上大致决定了混凝土的颜色，因此，一般在选择好水泥厂家及水泥的强度等级以后，为了色差的一致，不要随便更换水泥。对于比较重要的部位，即外观要求比较严谨的地方，最好能早备料，做到使用同一批号的水泥。

（3）如果工程使用外加剂，最好选用 C3A 含量低，C3S 含量高，细度较细的水泥。

2. 粗骨料

粗骨料的选择考虑以下几个方面：

（1）粗骨料的级配要合理：好的级配可用较少的水泥净浆制得流动性好、泌水少、不离析的混凝土拌和物。

（2）控制石子的最大粒径：石子粒径的大小对混凝土的性能有一定的影响。

（3）选择最佳的颗粒形状：粗骨料的颗料形状以圆球或立方体为最佳，含有较多的针状、片状颗粒，将增加混凝土的空隙率，集料界面黏结力下降，降低混凝土拌和物的和易性。并且针片状颗料受力时容易折断，影响混凝土的强度。

（4）含泥量和泥块含量应符合标准 JGJ 52 的要求。

（5）为预防清水混凝土色差的产生，同一单位工程最好同一货源。

3. 细骨料

选择细骨料考虑以下几点：

（1）最好选用二区中砂。如果砂的级配不良，偏粗，应考虑加入一定量的细砂或特细砂，必要时，最好加入掺和料，以增加混凝土拌和物的易性。

（2）含泥量和泥块含量符合标准 JGJ 52 的要求。

（3）为预防清水混凝土色差的产生，同一单位工程最好同一货源。

（4）选择最优砂率。对于清水混凝土砂率的选择非常重要，特别是在没有加掺合料的情况下，砂率对混凝土的性能影响非常大。

4. 掺合料

从经济效率上考虑，非高强混凝土工程中应用最广泛的掺合料是粉煤灰。加入粉煤灰有以下优点：

（1）可以改善混凝土的和易性，这有利于混凝土外观的改善。

（2）粉煤灰可以提高混凝土的后期强度：粉煤灰中含有大量的硅离子和铝离子，可以与水泥水化时产氢氧化钙发生反应，生成水化硅酸钙和水化铝酸钙。

5. 外加剂

混凝土中外加剂的掺量与其他成分相比虽然掺量很少，但却能显著影响混凝土的性能。由于清水混凝土的外观要求比较严格，适宜选择高效减水剂，尽量减少用水量，外加剂的减水率最好能达到 20%以上。

二、配合比的设计

根据原材料的实际情况找出最佳的施工配合比，获得最好的混凝土拌和物性能，为打好清水混凝土工程奠定下良好的基础。清水混凝土配合比的设计和普通混凝土配合比设计一样，要经过计算、试配、调整、确定施工配合比等阶段。计算是基础，试配是关键，在试配的基础上做进一步的分析、调整，最后确定施工配合比。影响混凝土内在质量、外观、经济指标的因素很多，一定要克服重计算、轻试配的作风。工程实践证明，没有好的施工配合比，就不可能有良好的混凝土外观，而一个好的施工配合比的获得，要经过大量的体力和脑力劳动。

（1）清水混凝土配合比设计除应符合国家现行标准《混凝土结构工程施工质量验收规范》（GB 50204）、《普通混凝土配合比设计规程》（JGJ 55）的规定外，还应符合下列规定：

1）应按照设计要求进行试配，确定混凝土表面颜色符合要求。

2）应按照混凝土原材料试验结果确定外加剂型号和用量。

3）应根据工程所处环境，根据抗碳化、抗冻害、抗硫酸盐、抗盐害和抑制碱—骨料反应等对混凝土耐久性产生影响的因素进行配合比设计。

（2）配制清水混凝土时，应采用矿物掺合料。

三、清水混凝土配合比的试配、调整、施工配合比的确定

1. 混凝土配合比的试配

（1）对于选定的每一组配合比进行试配，根据需要对混凝土拌和物的性能进行检测，同时，根据需要成型用于检测混凝土力学性能的试体（如抗压试块、抗冻试块、抗渗试块等）。

（2）试配目的在于通过调整用水量、外加剂的掺量、砂率，选出混凝土拌和物性能优良、强度及有关的物理性能都符合标准或用于检测混凝土力学性能的试体（如压试块、抗冻试块、抗渗试块等）。

（3）试配目的在于通过调整用水量、外加剂的掺量、砂率，选出混凝土拌和物性能优良、强度及有关的物理性能都符合标准或合同要求的施工配合比。

2. 混凝土配合比的调整与施工配合比的确定

由试验得出的各水灰比及其对应的 28d 混凝土强度关系，用作图法或计算法求出混凝土配置强度相对应的水灰比。然后按下列原则确定每立方米混凝土中的材料用量。

（1）用水量取试配时配合比的用水量并根据试配时的坍落度进行适当调整。

（2）水泥用量应以用水量除以选定出的水灰比计算确定：外加剂量及掺合料根据水泥的用量进行调整。

（3）粗骨料和细骨料取试配时配合比中的用量，然后，根据选定的水泥用量和用水量作相应的调整。

（4）计算配合比较正系数。

3. 施工配合比的确定

当混凝土的表观密度实测值与计算值之差的绝对值超过计算值的 2%时，上述确定的原材料量即为施工配合比。当两者之差超过 2%时，应将配合比中的每一项材料用量均乘以校正系数 δ 值，即为确定的混凝土配合比。

一个好的施工配合比对施工清水混凝土来说至关重要，不经过试配的配合比严禁用于工程。但影响清水混凝土外观的因素很多，如模板的类型、脱模剂的种类、振捣工艺、施工工艺等。因此要施工好清水混凝土，还要靠良好的设备、高素质的施工队伍、严谨科学的施工管理。

【思考题】

1. 清水混凝土采用的水泥有什么要求？

2. 混凝土配合比的调整与施工配合比怎么确定？

第十三章

混凝土浇筑

模块1　普通混凝土浇筑质量控制（Z44H2001Ⅰ）

【模块描述】本模块介绍了普通混凝土浇筑的质量要求、检查内容以及安全措施。通过知识讲解、重点控制内容，掌握普通混凝土浇筑施工工艺、质量要求、检查方法以及安全措施。

【模块内容】

本模块主要按《混凝土质量控制标准》GB 50164 的要求编写。混凝土的质量控制按时间顺序分为事前（生产准备）控制、事中（生产）控制、事后（合格）控制。

事前控制主要有两个方面：一是原材料质量检验与控制，二是配合比控制。事中控制主要有计量、搅拌、运输、浇筑和养护控制。事后控制指对混凝土质量按有关规范、规程进行验收评定。

一、事前控制

（一）事前原材料质量检验与控制

1. 原材料质量证明文件的检验

原材料进场时，应按规定批次验收型式检验报告、出厂检验报告和合格证。外加剂产品还应具有使用说明书。

2. 进场复验

为了保证进场材料的真实质量，进场材料必须进行复验。

（1）进场原材料复验检验批量应符合国家标准和电力行业有关要求。

（2）水泥。质量主要控制项目包括凝结时间、安定性、胶砂强度、氧化镁和氯离子含量，碱含量低于0.6%的水泥主要控制项目还应包括碱含量，中、低热硅酸盐水泥或低热矿渣硅酸盐水泥主要控制项目还应包括水化热。

水泥应用还应符合下列规定：宜采用新型干法窑水泥；应注明水泥中的混合材品种和掺加量；用于生产混凝土的水泥温度不宜高于60℃。

（3）粗骨料。质量主要控制项目包括颗粒级配、针片状颗粒含量、含泥量、泥块含量、压碎值指标和坚固性。用于高强混凝土的粗骨料还应包括岩石抗压强度。

粗骨料应用还应符合下列规定：

1）宜采用连续级配。

2）对于混凝土结构，粗骨料最大公称粒径不得大于构件截面最小尺寸的1/4，且不得大于钢筋最小净间距的3/4；对于混凝土实心板，骨料的最大公称粒径不宜大于板厚的1/3，且不得大于40mm。

3）对于有抗渗、抗冻、抗腐蚀、耐磨或其他特殊要求的混凝土，粗骨料中的含泥量泥块含量分别不应大于1.0%和0.5%；坚固性检验的质量损失不应大于8%。

4）对于高强混凝土，粗骨料的岩石抗压强度应至少比混凝土设计强度高30%；最大公称粒径不宜大于25mm，针片状颗粒含量不宜大于5%且不应大于8%；含泥量和泥块含量分别不应大于0.5%和0.2%。

5）对于粗骨料或用于制作粗骨料的岩石，应进行碱活性检验，包括碱—硅酸反应活性检验和碱—碳酸盐反应活性检验；对于有预防止混凝土碱—骨料反应要求的混凝土工程，不宜采用有碱活粗骨料。

（4）细骨料。质量主要控制项目包括颗粒级配、细度模数、含泥量、泥块含量、坚固性、氯离子含量和有害物质含量。海砂还应包括贝壳含量；人工砂还应包括石粉含量和压碎值指标，人工砂主要控制项目可不包括氯离子含量和有害物质含量。

细骨料应用还应符合下列规定：

1）泵送混凝土宜采用中砂，且300μm筛孔的颗粒通过量不宜少于15%。

2）对于有抗渗、抗冻或其他特殊要求混凝土，砂中的含泥量和泥块含量分别不应大于3.0%和1.0%；坚固性检验的质量损失不应大于8%。

3）对于高强混凝土，砂的细度模数宜控制在2.6～3.0范围内，含泥量和泥块含量分别不应大于2.0%和0.5%。

4）钢筋混凝土和预应力混凝土用砂的氯离子含量分别不应大于0.06%和0.02%。

5）河砂和海砂应进行碱—硅酸反应活性检验；对于有预防混凝土碱—骨料反应要求的工程，不宜采用有碱活性的砂。

（5）矿物掺合料。粉煤灰质量主要控制项目包括细度、需水量比、烧失量和三氧化硫含量，C类粉煤灰还应包括游离氧化钙含量和安定性。

粒化高炉矿渣质量主要控制项目包括比表面积、活性指数、流动度比。矿物掺合料质量主要控制项目还应包括放射性。

矿物掺合料应用还应符合下列规定：

1）掺用矿物掺合料的混凝土，宜采用硅酸盐水泥和普通硅酸盐水泥。

2）在混凝土中掺用矿物掺合料时，矿物掺合料的种类和掺量应经试验确定。

3）矿物掺合料宜与高效减水剂同时使用。

4）对于高强混凝土或有抗渗、抗冻、抗腐蚀、耐磨等其他要的混凝土，不宜采用低于Ⅱ级的粉煤灰。

（6）外加剂。外加剂质量主要控制项目分掺外加剂混凝土性能和外加剂匀质性两方面。

掺外加剂混凝土性能主要控制项目包括减水率、凝结时间差、抗压强度比。

外加剂匀质性主要控制项目包括 pH 值、氯离子含量和碱含量，膨胀剂还应包括凝结时间、限制膨胀率和抗压强度。

外加剂应用还应符合下列规定：

1）在混凝土中掺用外加剂时，外加剂应与水泥具有良好的适应性，其种类和掺量应经试验确定。

2）高强混凝土宜采用高性能减水剂，大体积混凝土宜采用缓凝剂或缓凝型减水剂。

3）外加剂中的氯离子含量和碱含量应满足混凝土设计要求。

4）宜采用液态外加剂。

5）外加剂的送检样品应与工程大批量进货一致。

（7）水。水的质量主要控制项目包括 pH 值、不溶物含量、可溶物含量、硫酸根离子含量、氯离子含量、水泥凝结时间差和水泥胶砂强度比。当混凝土骨料为碱活性时，还应包括碱含量。

（二）事前配合比控制

（1）混凝土配合比设计应符合现行行业标准《普通混凝土配合比设计规程》（JGJ 55）的有关规定。

（2）混凝土配合比设计应满足混凝土施工性能要求，强度及其力学性能和耐久性应符合设计要求。

（3）对首次使用、使用间隔时间超过三个月的配合比应进行开盘鉴定，开盘鉴定应符合下列规定：

生产的原材料与配合比设计一致；

混凝土拌和物性能应满足施工要求；

混凝土强度评定应符合设计要求；

混凝土耐久性能应符合设计要求。

（4）在混凝土配合比使用过程中，应根据混凝土质量的动态信息及时调整。

（三）制定技术方案

混凝土生产前，应制定完整的技术方案，并应做好各项准备工作。

二、事中控制

(一)计量

1. 计量设备

应具有计量部门签发的有效检定证书，并应定期校验。

混凝土生产单位每月应自检一次。

每一工作班开始前，应对计量设备进行零点校准。

2. 原材料计量允许偏差

原材料计量允许偏差见表13–1–1。

表13–1–1　　原材料计量允许偏差

原材料种类	计量允许偏差	原材料种类	计量允许偏差
胶凝材料	±2	拌和用水	±1
粗细骨料	±3	外加剂	±1

3. 生产配合比

应根据粗细骨料含水率变化，及时调整粗细骨料和用水量。

(二)搅拌

(1)原材料投料方式应满足混凝土搅拌技术要求和混凝土拌和质量要求。

(2)混凝土搅拌的最短时间按表13–1–2采用。

表13–1–2　　混凝土搅拌的最短时间

混凝土坍落度(mm)	搅拌机机型	搅拌机出料量(L)		
		＜250	250～500	＞500
≤40	强制式	60	90	120
＞40且＜100	强制式	60	60	90
≥100	强制式	60		

当搅拌高强混凝土时，搅拌时间应适当延长。对于双卧轴强制式搅拌机，可保证搅拌均匀的情况下适当缩短搅拌时间。混凝土搅拌时间应每班检查二次。

(3)同一盘混凝土的搅拌匀质性应符合下列规定：

混凝土中砂浆密度两次测值的相对误差不应大于0.8%；

混凝土稠度两次测值的差值不应大于表13–1–3规定的混凝土拌和物稠度允许偏差的绝对值。

表 13–1–3　　混凝土拌和物稠度允许偏差的绝对值

拌和物性能		允许偏差		
坍落度（mm）	设计值	≤40	50～90	≥100
	允许偏差	±10	±20	±30
扩展度（mm）	设计值	≥350		
	允许偏差	±30		

（三）运输

（1）在运输过程中，应控制混凝土不离析、不分层，并应控制混凝土拌和物性能满足施工要求。

（2）采用搅拌罐车运送混凝土拌和物时，卸料前应采用快挡旋转搅拌罐不少于20s。因运距过远、交通或现场等问题造成坍落度损失较大而卸料困难时，可采用在混凝土拌和物中掺入适量减水剂并快挡旋转搅拌罐的措施，减水剂掺量应有经试验确定的预案。

（3）采用泵送混凝土时，混凝土运输应保证混凝土连续泵送，并应符合现行行业标准《混凝土泵送施工技术规程》（JGJ/T 10）的有关规定。

（4）混凝土拌和物从搅拌机卸出至施工现场接收的时间间隔不宜大于90min。

（四）浇筑成型

（1）在浇筑过程中，应有效控制混凝土的均匀性、密实性和整体性。

（2）泵送混凝土输送管道的最小内径宜符合表 13–1–4 规定，混凝土输送泵泵压应与混凝土拌和物特性和泵送高度相匹配。

表 13–1–4　　泵送混凝土输送管道的最小内径

粗骨料最大公称料径（mm）	输送管道最小内径（mm）
25	125
40	150

（3）不同配合比或不同强度等级泵送混凝土在同一时间段并替浇筑时，输送管道中的混凝土不得混入其他不同配合比或不同强度等级混凝土。

（4）混凝土拌和物从搅拌机卸出后到浇筑完毕的延续时间不宜超过表 13–1–5 规定。

表 13–1–5　　混凝土拌和物从搅拌机卸出后到浇筑完毕的延续时间

<table>
<tr><th rowspan="2">混凝土生产地点</th><th colspan="2">气温</th></tr>
<tr><th>≤25℃</th><th>>25℃</th></tr>
<tr><td>预拌混凝土搅拌站</td><td>150</td><td>120</td></tr>
</table>

强制性条文：混凝土拌和物在运输和浇筑成型过程中严禁加水。

（五）混凝土拌和物性能检验

（1）质量要求。

1）混凝土拌和物应在满足施工要求的前提下，尽可能采用较小的坍落度，泵送混凝土拌和坍落度设计值不宜大于 180mm。

2）泵送高强混凝土的扩展度不宜小于 500mm。

3）混凝土拌和物的经时损失不应影响混凝土的正常施工。泵送混凝土拌和物坍落度经时损失不宜大于 30mm/h。

4）混凝土拌和物应具有良好的和易性，并不得离析或泌水。

5）混凝土拌和物的凝结时间应满足施工要求和混凝土性能要求。

6）混凝土拌和物中水溶性氯离子最大含量应符合表 13–1–6 要求。

表 13–1–6　　混凝土拌和物中水溶性氯离子最大含量

（水泥用量的质量百分比，%）

<table>
<tr><th rowspan="2">环境条件</th><th colspan="3">水溶性氯离子最大含量</th></tr>
<tr><th>钢筋混凝土</th><th>预应力混凝土</th><th>素混凝土</th></tr>
<tr><td>干燥环境</td><td>0.30</td><td rowspan="4">0.06</td><td rowspan="4">1.00</td></tr>
<tr><td>潮湿但不含氯离子的环境</td><td>0.20</td></tr>
<tr><td>潮湿且含氯离子的环境、盐渍土环境</td><td>0.10</td></tr>
<tr><td>除冰盐等侵蚀性物质的腐蚀环境</td><td>0.06</td></tr>
</table>

（2）在生产施工过程中，应在搅拌地点和浇筑地点分别对混凝土拌和物抽样检验。搅拌地点检验属控制性自检。

（3）混凝土拌和物的检验频率应符合下列规定：

坍落度取样频率应符合现行国家标准《混凝土强度检验评定标准》（GB/T 50107）的有关规定。

同一工程、同一配合比、采用同批水泥和外加剂的混凝土的凝结时间至少检验一次。

同一工程、同一配合比的混凝土的氯离子含量应至少检验一次。

（六）养护

生产和施工单位应根据结构、构件或制品情况、环境条件、原材料情况及对混凝土性能的要求等，提出施工养护方案或生产养护制度，并应严格执行。

（七）生产控制水平

混凝土生产控制水平按强度标准差 σ 和实测强度达到强度标准值的组数百分 P 表征。

（1）混凝土强度标准差宜符合表 13–1–7 规定。

表 13–1–7 混凝土强度标准差

生产场所	强度标准差		
	<C20	C20～C40	≥C45
预拌混凝土搅拌站	≤3.0	≤3.5	≤4.0

统计周期内相同强度等级混凝土试件组数，不应小于 30 组。

（2）实测强度达到强度标准值的组数百分比不应小于 95%。

（3）预拌混凝土搅拌站统计周期可取一个月。

三、事后控制—合格控制（混凝土质量检验与评定）

（一）混凝土拌和物

在生产施工过程中，应在搅拌地点和浇筑地点分别对混凝土拌和物抽样检验。浇筑地点检验属验收检验。

（二）硬化后混凝土

（1）强度检验评定应符合现行国家标准《混凝土强度检验评定标准》（GB/T 50107）的有关规定，其他力学性能检验应符合设计要求和有关标准规定。

（2）耐久性检验评定应符合现行行业标准《混凝土耐久性检验评定标准》（JGJ/T 193）。

（3）长期性能检验规则可按现行行业标准《混凝土耐久性检验评定标准》（JGJ/T 193）。

【思考题】

1. 混凝土运输过程有什么要求？
2. 普通混凝土质量控制有哪几方面？

模块 2 大体积混凝土浇筑质量控制（Z44H2002Ⅱ）

【模块描述】本模块介绍了大体积混凝土浇筑的质量要求、检查内容以及安全措施。通过知识讲解重点控制内容，掌握大体积混凝土浇筑施工工艺、质量要求、检查方法以及安全措施。

【模块内容】

大体积混凝土质量控制除了本模块的内容外还应符合普通混凝土质量控制的要求。本模块主要针对大体积混凝土结构厚实，混凝土量大，工程条件复杂（一般都是地下现浇结构、GIS 基础），施工技术要求高，混凝土浇筑体里表温差较大（预计超过25℃），易使结构物产生温度变形。大体积混凝土除了最小断面和内外温度有一定的规定外，一般来说平面尺寸也较大。因为平面尺寸过大，约束作用所产生的温度力也越大，如采取控温措施不当，温度应力超过混凝土所能承受的拉力极限值时，则易产生裂缝。

一、大体积混凝土的定义及特点

所谓大体积混凝土，GB 50496 规定："混凝土结构物实体最小尺寸不小于 1m 的大体量混凝土，或预计会因混凝土中胶凝材料水化引起的温度变化和收缩而导致有害裂缝产生的混凝土"。

混凝土结构在减少和使用过程中出现不同程度、不同形式的裂缝，这是一个相当普遍的现象，大体积混凝土结构出现裂缝更普遍。在大体积混凝土工程施工中，由于水泥水化热引起混凝土内部温度和温度应力剧烈变化，从而导致混凝土发生裂缝，因此，控制混凝土浇筑块体内外温差及降温速度，防止混凝土出现有害的温度裂缝（包括混凝土收缩）是其施工技术的关键问题。我国的工程技术人员在科学实验的基础上，以防为主，采用了温控施工技术，在大体积混凝土结构的设计，混凝土材料的选择、配合比设计，混凝土拌制、运输、浇筑、保温养护以及施工过程中混凝土浇筑内部温度和温度应力的监测等环节，采取了一系列的技术措施，成功地完成了许多建筑及构筑物的大体积混凝土工程的施工，积累了丰富的施工经验。

大体积混凝土内部出现的裂缝按照深度的不同，可分为贯穿裂缝、深层裂缝及表面裂缝三种。贯穿裂缝是由混凝土表面裂缝发展为深层裂缝，最终形成贯穿裂缝，它切断了结构的断面，可能破坏结构的整体性和稳定性，其危害性较严重。而深层裂缝部分的切断了结构断面，也有一定危害性。表面裂缝并不是绝对的影响结构安全，它有一个最大允许值，处于室内正常环境的一般构件最大裂缝宽度≤0.3mm，处于露天或室内高湿度环境的构件最大裂缝宽度≤0.2mm。对于地下或半地下结构，混凝土的裂缝主要影响其防水性能。一般当裂缝宽度在 0.1～0.2mm 时，虽然早期有轻微渗水，但经过一段时间后，裂缝可以自愈。如裂缝宽度超过 0.2～0.3mm，则渗透水量将随着裂缝宽度的增加而迅速加大。所以，在地下工程中应尽量避免超过 0.3mm 贯穿全断面的裂缝。如出现这种裂缝，将大大影响结构的使用，必须进行化学灌浆加固处理。

大体积混凝土施工阶段所产生的温度裂缝，一方面是由于混凝土内部因素：由内外温差而产生的；另一方面是由于混凝土的外部因素：结构的外部约束和混凝土各质点间的约束，阻止混凝土收缩变形，混凝土抗压强度较大，但抗拉能力却很小，所以温度应力一段超过混凝土能承受的抗拉强度时，即会出现裂缝。这种裂缝的宽度在允许限值内，一般不会影响结构的强度，但却对结构的耐久性有所影响，因此必须予以重视和加以控制。而产生裂缝的主要原因有水泥水化热、外界气温变化和混凝土的收缩等。

二、大体积混凝土内产生裂缝的原因

（一）裂缝的起因

钢筋混凝土结构物在使用过程中承受两类荷载：第一类为静荷载、动荷载等各种外荷载；第二类为温度、收缩、不均匀沉降等各种变形荷载。肉眼可见裂缝按其起因可分为三种：由静、动荷载等各种外荷载作用引起的裂缝，即按常规计算的主要应力引起的裂缝；由结构次应力引起的裂缝，即结构的实际工作状态同常规计算假定有出入而引起的裂缝；由变形变化引起的裂缝，即结构由温度、收缩、膨胀、不均匀沉降等因素引起的裂缝。这种裂缝的起因是介绍要求变形，当变形得不到满足，即变形受到约束是才引起应力，当这个应力超过混凝土抗拉强度时才引起裂缝。国内外有关调查资料表明，在工程实践中结构物的裂缝起因，由第二类荷载引起的裂缝约占 80%～85%，而由第一类荷载引起的裂缝只占 15%～20%。

（二）表面裂缝和收缩裂缝

通常大面积混凝土裂缝有表面裂缝和收缩裂缝，收缩裂缝按其成因可分为凝缩、自生收缩、冷缩、干缩、碳化收缩等。土木工程中的大面积钢筋混凝土结构，为了满足生产工艺、使用功能及构造要求，其截面尺寸往往很大，外荷载或次应力引起裂缝的可能性很小。但是由于结构截面大，水泥用量多，水泥水化所释放的水化热会产生较大的温度变化和收缩作用，由此形成的温度收缩应力是导致钢筋混凝土裂缝产生的主要原因。这种裂缝大致可分为两种：一是表面裂缝。大体积混凝土浇筑后，水泥水化产生大量的水化热，使混凝土的温度上升，但由于混凝土内部与表面的散热条件不同，因而中心温度高，表面温度低，形成温度梯度，使混凝土内部产生压应力，表面产生拉应力，当这个拉压力超过混凝土的抗拉强度时，混凝土表面就会产生裂缝。二是收缩裂缝。即混凝土中所含水分的变化，化学反应及温度降低等因素均会引起混凝土体积收缩。当混凝土结构由于地基、钢筋或相邻部分的牵制及内部温度湿度不一引起各质点变形不同而处于不同的约束状态，混凝土因收缩受到约束产生拉力，若超过此时混凝土的抗拉强度，则产生裂缝。混凝土若处于无约束的自由状态，则收缩不会引起裂缝产生。混凝土收缩变形主要有浇筑初期（终凝前）的凝缩变形，硬化混凝土的干燥收缩变形，自主收缩变形，温度下降引起的冷缩变形及因碳化引起的碳化收缩变形等。

施工中混凝土收缩主要与前四种收缩有关。就表面收缩和收缩裂缝而言，前者主要发生在升温阶段，因此控制浇筑过程及浇筑后 1～5d 左右的温升与温差，后者则需要综合控制使混凝土温度收缩应力、干缩应力等不要超出混凝土当时的抗拉强度，控制的过程也要持续很长时间。大面积混凝土过程的条件比较复杂，施工情况各异，再加上混凝土原材料的材性差异较大，因此控制温度变形裂缝不是单纯的结构理论问题，而是涉及结构计算、构造设计、材料组成、物理力学性能及施工工艺等多学科的综合性问题。施工过程中控制水灰比、水泥的品种的选择、掺外加剂、控制温度变化、养护条件等是完全可以实现大体积混凝土裂缝控制的。

（三）裂缝产生的原因分析

大体积混凝土施工阶段产生的温度裂缝，是其内部矛盾发展的结果。一方面是混凝土由于内外温差产生应力和应变，另一方面是结构物的外约束和混凝土各质点的约束阻止了这种应变，一旦温度应力超过混凝土能承受的极限抗拉强度，就会产生不同程度的裂缝。众多工程实例证明，引起混凝土产生裂缝的主要原因可归纳为如下几个方面：

（1）水泥水化热的影响。水泥在水化过程中产生大量的热量，这是大体积混凝土内部温升的主要热量来源，由于大体积混凝土截面的厚度大，水化热聚集在结构内部不易散发，会引起混凝土内部急剧升温，测温实验研究表明，水泥水化热在 1～3d 放出的热量最多，大约占总热量的 50%左右；浇筑后的 3～5d 内，混凝土内部的温度最高。混凝土的导热性能较差，浇筑初期混凝土的弹性模量和强度都很低，对水化热急剧升温引起的变形约束不大，温度应力比较小。随着混凝土龄期的增长，其弹性模量和强度相应提高，对混凝土降温收缩变形的约束越来越强，即产生很大的温度应力。当混凝土的抗拉强度不能抵抗温度应力时，即产生温度裂缝。

（2）内外约束条件的影响。大体积混凝土与地基浇筑在一起，当温度变化时受到地基的限制，因而产生外部的约束应力。混凝土在早期的温度上升时，产生的膨胀变形受到约束面的约束而产生压应力，此时混凝土的弹性模量很小，而徐变和应力松弛较大，与地基连接不太牢固，因而压应力较小。但当温度下降时，在产生较大的拉压力，若超过混凝土的抗拉强度，则会出现垂直裂缝。

（3）外界气温变化的影响。大面积混凝土结构在施工期间，外界气温变化对防止大体积混凝土开裂有着重要影响。混凝土浇筑温度与外界气温有着直接关系，浇筑温度又影响着混凝土的内部，大体积混凝土结构不易散热，其内部温度有的工程竟高达 90℃以上，而且持续时间较长。温度应力是由温差引起的变形所造成的，如外界气温下降，特别是气温骤降，会加大混凝土的温度梯度，温差越大，温度应力也越大，易使大体积混凝土出现裂缝。

（4）混凝土收缩变形的影响。混凝土收缩变形为塑性收缩变形和干燥收缩变形两种。在混凝土硬化之前，处于塑性状态，如果上班混凝土的均匀沉降受到现在，如遇到钢筋或大的骨料，或者平面面积较大的混凝土，其水平方向的减缩比垂直方向更难时，就容易形成一些不规律的塑性收缩性裂缝。掺入混凝土中的拌和水，约有 20%水分是水泥水化反应所必需的，其余 80%都要被蒸发，失去的自由水不引起混凝土的收缩变形，而吸附水的逸出就会引起混凝土的干燥收缩。除干燥收缩外，还会产生碳化收缩。

三、防止大体积混凝土裂缝的技术措施

（一）裂缝控制的设计措施

大体积混凝土的强度等级宜在 C25～C50 范围内选用，可以采用混凝土 60d 或 90d 的强度作为混凝土配合比设计、混凝土强度评定及工程验收的依据，这样可以减少混凝土中的水泥用量，以降低混凝土浇筑块体的温度升高。

大体积混凝土基础除应满足承载力和构造要求外，还应增配承受水泥水化热引起的温度应力及控制裂缝开展的钢筋，以构造钢筋来控制裂缝。配筋应尽可能采用小直径、小间距。采用直径 8～14mm 的钢筋和 100～150mm 的间距是比较合理的，大截面的配筋率不小于 0.3%，应在 0.3%～0.5%之间。

当基础设置于岩石地基上时，宜在混凝土垫层上设置滑动层，滑动层构造可以采用一毡二油，在夏季施工时也可采用一毡一油。

避免结构突变产生应力集中。转角和孔洞处增设构造加强筋。

大块式基础及其他筏式、箱式基础不应设置永久变形缝（沉降缝、温度伸缩缝）及竖向施工缝，可采用“后浇缝”和“跳仓打”来控制施工期间的较大温差及收缩应力。

大体积混凝土工程施工前，应对施工阶段大体积混凝土浇筑块体的温度、温度应力及收缩力进行验算，确定施工阶段大体积混凝土浇筑块体的升温峰值、内外温差不超过 25℃（部分地区为 30℃），及降温速度不超过 2.0℃/d 的控制指标，制定温控施工的技术措施。

以预防为主。在设计阶段就应考虑到可能漏水的内排水措施以及施工后的经济可靠的堵漏方法。

（二）裂缝控制的材料措施

为了减少水泥用量，降低混凝土块体的温度升高，经设计单位同意，可利用混凝土 60d 后期强度作为混凝土强度评定、工程交工验收及混凝土配合比设计的依据。

采用降低水泥用量的方法来降低混凝土的绝对温升值，可以使混凝土浇筑后的内外温差和降温速度控制的难度降低，也可降低保温养护的费用，这是大体积混凝土配合比选择的特殊性。混凝土强度等级在 C20～C35 的范围内选用，水泥用量最好不要

超过 380kg/m^3。粗骨料宜采用 5～31.5mm 颗粒级配的石子，控制含泥量小于 1%，且为非碱活性。细骨料宜采用中砂，细度模数宜大于 2.3，控制含泥量小于 3%。

掺和料及外加剂的使用。国内当前用的掺和料主要是粉煤灰，可以提高混凝土的和易性，大大改善混凝土工作性能和可靠性，同时可代替水泥，降低水化热。掺加量为水泥用量的 15%，降低水化热 15%左右。外加剂主要指减水剂、缓凝剂和膨胀剂、混凝土中掺入水泥质量 0.25%的木钙减水剂，不仅使混凝土工作性能有了明显的改善，同时又减少 10%拌和用水，节约 10%左右的水泥，从而降低了水化热。一般泵送混凝土为了延缓凝结时间，要加入缓凝剂，反之凝结时间过早，将影响混凝土浇筑面的黏结，易出现层间缝隙，使混凝土防水、抗裂和整体强度下降。为了防止混凝土的初始裂缝，宜加膨胀剂。国内常见的膨胀剂有 UEA、EAS、特密斯等型号。

（三）裂缝控制的施工措施

1. 混凝土浇筑顺序

混凝土浇筑按混凝土自然流淌坡度、斜面分层、连续逐层推移、一次到顶的方法进行。混凝土浇筑过程中，每层混凝土初凝前都确保被上层混凝土覆盖，保证上下层浇筑间隔不超过混凝土初凝时间，避免施工裂缝出现。依据设计图纸中的后浇带将整个大底板划分成厚薄、大小不同的区域，每个区域将独立一次浇筑完成。浇筑方案除应满足每一处混凝土在初凝前就被上一层新混凝土覆盖并捣实完毕外，还应考虑结构大小、钢筋疏密、预埋管道和地脚螺栓的留设、混凝土供应情况以及水化热等因素的影响。常采用的方法有以下几种：

（1）全面分层，即在第一层全面浇筑完毕后，再回头浇筑第二层，此时应使第一层混凝土还未初凝，如此逐层连续浇筑，直至完工为止。这种方案适用于结构平面尺寸不太大，施工时从短边开始，沿长边推进比较合适。必要时可分为两段，从中间向两端或从两端向中间同时浇筑。

（2）分段分层。混凝土浇筑时，先从底层开始，浇筑到一定距离后浇筑第二层，如此依次浇筑到顶后，第一层末端的混凝土还未初凝，又可以从第二段依次分层浇筑。这种方案适用于单位时间内要求供应的混凝土较少，结构物厚度不太大面积或长度较大的工程。

（3）斜面分层，要求斜面坡度不大于 1/3，适用于结构长度大大超过厚度 3 倍的情况。混凝土从浇筑层下端开始，逐渐上移。混凝土的振捣也要适应斜面分层浇筑工艺，一般在每个斜面层的上、下各布置一道振动器。上面的一道布置在混凝土卸料处，保证上部混凝土的捣实。下面一道振动器布置在近坡脚处，确保下部混凝土密实。随着混凝土浇筑的向前推进，震动器也相应跟上。

2. 混凝土振捣方式

混凝土振捣时布置三道振捣：第一道设在混凝土的坡角，第二道设在混凝土的坡中间，第三道设在混凝土的坡顶。每道设在两台振捣器。三道振捣相互配合，确保振捣器覆盖整个坡面。使用振捣棒振捣，振捣棒插入下层混凝土中的深度大于 50mm，振捣棒移动的间距以 400mm 左右为宜，振捣棒要快插慢拔，以混凝土面泛浆为宜。混凝土表面要用刮杠刮平，再撒 5～25mm 碎石，用木抹拍实抹平。

3. 泌水处理

混凝土在浇筑、振捣过程中，上涌的泌水和浮浆顺混凝土坡面下流到坑底，通过侧模底间开孔将泌水排出基坑。当混凝土大坡面的坡角接近顶端模板时，改变混凝土浇筑方向，形成集水坑，及时用水泵将泌水排除，以提高混凝土质量，减少表面裂缝。

4. 表面处理

由于泵送混凝土表面水泥浆较厚，在浇筑后 2～8h，初步按标高用长刮尺刮平，然后用木板反复压数遍，使其表面密实，易用铁面板收面后立即用塑料薄膜盖。

5. 加强施工管理

在混凝土结构中，强度不是均匀的，裂缝总是从强度最低的薄弱处开始，当混凝土质量控制不严，混凝土离差系数大时裂缝就多。为防止裂缝，必须加强施工管理，提高混凝土的施工质量。

混凝土的浇筑方法可用分层连续浇筑或推移式连续浇筑，不得留施工缝，并应符合下列规定：

1）混凝土的摊铺厚度应根据所用振捣器的作用深度用混凝土的和易性确定，当采用泵送混凝土时，混凝土的摊铺厚度不大于 600mm；当采用非泵送混凝土时，混凝土的摊铺厚度不大于 400mm。

2）分层连续浇筑或推移式连续浇筑，其层间的间隔时间应尽量缩短，必须在前层混凝土初凝之前，将其次层混凝土浇筑完毕。层间最长的时间间隔不大于混凝土的初凝时间。当层间间隔时间超过混凝土的初凝时间。层面应按施工缝处理。

大体积混凝土施工采取分层浇筑混凝土时，水平施工缝的处理应符合下列规定：

1）清除浇筑表面的浮浆，软弱混凝土层及松动的石子，并均匀露出粗骨料。

2）在上层混凝土浇筑前，应用压力水冲洗混凝土表面的污物，充分湿润，但不得有水。

3）对非泵送及低流动度混凝土，在浇筑上层混凝土时，应采取接浆措施。

混凝土的拌制运输必须满足连续浇筑施工以及尽量降低混凝土出罐温度等方面的要求，并应符合下列规定：

1）当炎热季节浇筑大体积混凝土时，混凝土搅拌场站宜对砂、石骨料采取遮阳、降温措施；

2）当采用泵送混凝土施工时，混凝土的运输车的数量应满足混凝土连续浇筑的要求。

6. 加强混凝土养护

降低大体积混凝土块体里外温度差和减慢降温速度来达到降低块体自约束应力和提高混凝土抗拉强度，以承受外约束应力时的抗裂能力，对混凝土的养护是非常重要的。混凝土浇筑后，应及时进行养护（保温层材料和厚度根据现场实际确定)。混凝土表面压平后，先在混凝土表面洒水，再覆盖一层塑料薄膜，然后在塑料薄膜上覆盖保温材料进行养护。保温材料夜间要覆盖严密，防止混凝土暴露，中午气温较高时可以揭开保温材料适当散热。底层塑料布下预设补水软管，补水软管间距 6～8m，沿管长度方向每 1000mm 开 5mm 水孔，根据底板表面湿润情况向管内注水，养护过程设专人负责。混凝土泌水结束，初凝前为了防止面层起粉及塑性收缩，要求进行多次搓压。最后一产搓压时“边掀开，边搓压，边覆盖”的措施。对底板面不能连续覆盖的部位，如墙、柱插筋部位、钢柱等采用挂麻袋片、塞聚苯板等方式，尽可能进行覆盖，避免出现“冷桥”现象。混凝土浇筑完成 12h，严禁上人踩踏，浇筑完成 24h 内，除检测测温设备及覆盖材料外，不得上人踩踏。

混凝土浇筑完毕后，应及时按温控技术措施的要求进行保温养护，并应符合下列规定：

（1）保温养护措施，应使混凝土浇筑块体的里外温差及降温速度满足温控指标的要求。

（2）保温养护的持续时间，应根据温度应力（包括混凝土收缩产生的应力）加以控制，确定，但不得少于 14d，保温覆盖层的拆除应分层逐步进行。当混凝土表面温度与环境最大温差大于 20℃时，可全部拆除。

（3）在保温养护过程中，应保持混凝土表面的湿润。保温养护是大体积混凝土施工的关键环节，其目的主要是降低大体积混凝土浇筑块体的内外温差值以降低大体积混凝土浇筑块体的降温速度，充分利用混凝土的抗拉强度，以提高混凝土块体承受外约束拉力的抗裂能力，达到防止或控制温度裂缝的目的。同时，在养护过程中保持良好的湿度和抗风条件，使混凝土在良好的温控指标的要求下，来确定大体积混凝土浇筑后的养护措施。

塑料薄膜、草袋可作为保温材料覆盖混凝土和模板，在寒冷季节可搭设挡风保温棚。覆盖层的厚度应根据温控指标的要求计算。

对标高位于±0.0 以下的部位，应及时回填土；±0.0 以上的部位应及时加以覆盖，不宜长期暴露在风吹日晒的环境中。

在大体积混凝土拆模后，应采取预防寒潮袭击，突然降温和剧烈干燥等措施。

（四）混凝土的温控措施

1. 水化热温升控制措施

混凝土升温时间较短，根据工程实践，一般在浇筑后的2～3d内，混凝土弹性模量低，基本处于塑性与弹塑性状态，约束应力很低。当水化热温升至峰值后，水化热能耗尽，继续散热引起温度下降，随着时间逐渐衰减，延续10余天到30余天。作为工程预控指标，可采取保温与降温措施的有：

1）采用冰水配制混凝土，或混凝土厂址配置有深水井，采用冰凉的井水配置。

2）粗细骨料均搭设遮阳棚，避免日光暴晒。

3）选用低水化热的P.O.普硅水泥，并利用掺合料减少水泥单方用量。

4）混凝土内部预埋水管，通入冷却水，降低混凝土内部最高温度。混凝土初凝后，上表面立即覆盖保温材料并浇水养护，保持混凝土湿润。规定合理的拆模时间，在缓慢的散热过程中，以控制混凝土的内外温差小于20℃。

大体积混凝土结构的施工技术与措施直接关系到混凝土结构的使用性能，如何采取更好的方法来降低混凝土的水化热，掺和料的用量该如何控制，混凝土原材料的温度是否可以再降低。这些都有待于在施工实践中进一步积累经验，采取有效措施，使大体积混凝土浇筑中出现的开裂问题能得到更好的解决。

2. 大体积混凝土的温控施工现场监测工作

（1）大体积混凝土的温控施工中，除应进行水泥水化热的测定外，在混凝土浇筑过程中还应进行混凝土浇筑温度的监测，在养护过程中应进行混凝土浇筑块体升降温，内外温差，降温速度及环境温度等监测。监测的规模可根据所施工工程的重要性和施工经验确定，测温的方法可采用先进的测温方法，如有经验也可采用简易测温方法。这些监测结果能及时反馈现场大体积混凝土浇筑块内温度变化的实际情况，以及所采用的施工技术措施的效果。为工程技术人员及时采取温控对策提供科技依据。

（2）混凝土的浇筑温度系指混凝土振捣后，位于混凝土上表面以下50～100mm深处的温度。混凝土浇筑温度的测试每工作班（8h）应不少于2次。

（3）大体积混凝土浇筑块体内外温差、降温速度及环境温度的测试，每昼夜应不少于4次。

（4）大体积混凝土浇筑块体温度监测点的布置，以能真实反映出混凝土块体的内外温差、降温速度及环境温度为原则，一般可按下列方式布置：

1）温度监测的布置范围以所选混凝土浇筑块体平面图对称轴线的半条轴线为测温区（对长方体可取较短的对称轴线），在测温区内温度测点呈平面布置。

2）在测温区内，温度监测的位置可根据混凝土浇筑块体内温度场的分布情况及温控的要求确定。

3）在基础平面半条对称轴线上，温度监测点的点位宜不少于4处。

4）沿混凝土浇筑块体厚度方向，应至少布置表层、底层和中心温度测点，测点间距不宜大于500mm。

5）保温养护效果及环境温度监测点数量应根据具体需要来确定。

6）混凝土浇筑块体底表面的温度，应以混凝土浇筑块体底表面以上50mm处的温度为准。

7）混凝土浇筑块体的外表温度，应以混凝土外表以内50mm处温度为准。

（5）测温元件的选择应符合下列规定：测温元件的测温误差应不大于0.3℃；测温元件安装前，必须在浸水24h后，按上述的要求进行筛选。

（6）监测仪表的选择应符合下列规定：温度记录的误差应不大于±1℃；测温仪表的性能和质量应保证施工阶段测试的要求。

（7）测温元件的安装及保护应符合下列规定：

1）测温元件安装位置应准确，固定牢固，并与结构钢筋及固定架金属绝热。

2）测温元件的引出线应集中布置，并加以保护。

3）混凝土浇筑过程中，下料时不得直接冲击测温元件及其引出线。振捣时，振捣器不得触及测温元件及其引出线。

【思考题】

1. 大体积混凝土质量控制主要有哪几方面？

2. 大体积混凝土浇筑时的温差控制有哪几方面？

模块3 清水混凝土浇筑质量控制（Z44H2003Ⅱ）

【模块描述】本模块介绍了清水混凝土浇筑的质量要求、检查内容以及安全措施。通过知识讲解重点控制内容，掌握清水混凝土浇筑施工工艺、质量要求、检查方法以及安全措施。

【模块内容】

清水混凝土分为普通清水混凝土、饰面清水混凝土和装饰清水混凝土。变电站一般采用普通清水混凝土或饰面清水混凝土，要求混凝土结构一次成型，表面平整、光滑，色泽均匀，对拉螺栓及装饰线条设置整齐、美观。本模块介绍普通和饰面混凝土（C50以下强度等级）施工工艺和工程质量通病控制措施。

一、原材料选择

（1）细骨料宜采用中砂，含泥量≤3.0%，泥块含量≤1.0%。

（2）粗骨料：应采用连续粒级，颜色应均匀，表面应洁净，含泥量≤1.0%，泥块含量≤0.5%，针、片状颗粒含量≤15%。

（3）水泥：宜选用强度等级不低于 42.5 级的硅酸盐水泥、普通硅酸盐水泥。

（4）粉煤灰：Ⅰ级，细度不大于 12，烧失量不大于 5%，需水量比不大于 95%，三氧化硫含量不大于 3%，含水率不大于 1%。

二、施工工序

混凝土施工缝处理→测量放线，标出楼层轴线、标高、原浆面模板对拉螺栓孔的位置→调整钢筋→竖向钢筋绑扎→标定对拉螺栓孔竖向位置→绑扎水平向钢筋→钢筋隐蔽验收→支设原浆面模板→原浆面模板安装质量检查、验收→支设非原浆面模板，并进行质量检查→整体模板、对拉螺栓检查验收→混凝土浇筑。

三、配置模板的方法

据建筑结构的设计尺寸设计模板，模板布置原则是按标准尺寸外墙从墙体中间分别向两边均匀排布，余量留在每个区相邻的伸缩缝位置处，这样保证了明缝、拼缝及孔位均匀分布。外墙模板的下部另加下包板；在门窗洞口处使用门窗洞模板，施工时，先支设好门窗洞模板，再根据模板编号支设墙体外侧原浆混凝土模板。

模板配模量以最高层的结构为标准，模板高度方向以首层的模板配置向上流水。当局部楼层或墙体变化时，外墙模板的水平蝉缝位置必须按设计要求分布，内墙模板的施工工艺及顺序做相应调整。

四、施工方法

1. 施工要求

（1）饰面清水混凝土的色彩依据现浇样品由建筑设计师确认。原材料的规格、品种、产地，应依据经确认的组成样品混凝土的原材料予以确定。

（2）对于有预留洞、预埋件和钢筋密集的部位，应采取技术措施，确保顺利布料和振捣密实。在浇筑混凝土时，应经常观察，当发现混凝土有不密实等现象时，应立即予以纠正。

（3）浇筑完成的混凝土表面，应适时用木抹子抹平，搓毛两遍以上，且最后一遍宜在混凝土收水时完成。

（4）浇筑过程中，应用木槌敲击模板，使原浆面混凝土致密，并防止石子外露。

（5）混凝土下料分层厚度小于 50cm，分层振捣密实。

（6）混凝土从搅拌站机卸出后到浇筑完毕的延续时间应不超过 60min。

（7）混凝土运至浇筑地点，应立即浇筑入模。如混凝土拌和物出现离析或分层现象，应对混凝土拌和物进行二次搅拌。

（8）浇筑混凝土应连续进行。如必须间歇时，其间歇时间宜缩短，并应在前层混凝土凝结之前，将次层混凝土浇筑完毕。

混凝土运输、浇筑及间歇的全部时间不得超过混凝土初凝时间，严禁随意设置施工缝。

（9）混凝土应振捣成型，用插入式振捣器机械振捣、用竹竿人工辅助振捣、用木槌敲击振捣，并确保振捣时间。

（10）混凝土浇筑及静置过程中，应采取措施防止产生裂缝。由于混凝土的沉降及干缩产生的非结构性的表面裂缝，应在混凝土终凝前予以修整。

（11）浇筑清水混凝土时，应设操作平台，不得直接站在模板或支撑件上操作。

（12）炎热季节施工时，要在混凝土输送管上遮盖湿罩布或湿草袋，以避免阳光照射，同时每隔一定的时间洒水湿润；严寒季节施工时，混凝土输送管道应用保温材料包裹，以防止管内混凝土受冻，并保证混凝土的入模温度。

2. 混凝土浇筑

（1）混凝土自吊口下落的自由倾落高度不得超过2m。

（2）柱、墙混凝土浇筑前，底应先铺筑50～100mm厚与混凝土配合比相同的石子水泥砂浆，砂浆必须铺设均匀。浇筑混凝土时应分段分层连续进行，浇筑层高度应根据结构特点、钢筋疏密决定，一般为振捣器作用部分长度的1.25倍，最大不超过500mm。梁、柱节点钢筋较密时，浇筑此处混凝土时宜用与小粒径石子同强度等级的混凝土浇筑，并用小直径振捣棒振捣。

（3）泵送混凝土的浇筑顺序为当采用输送管输送混凝土时，应由远而近浇筑；同一区域的混凝土，应先竖向结构后水平结构的顺序，分层连续浇筑；当不允许留施工缝时，区域之间、上下层之间的混凝土浇筑间歇时间，不得超过混凝土初凝时间；原浆混凝土浇筑从非原浆的部位开始，沿确定方向连续浇筑，其浇筑速度应略快于非原浆的混凝土，避免非原浆混凝土侵入原浆混凝土结构内，出现色差。

3. 混凝土振捣

（1）混凝土应用混凝土振捣器进行振实捣固，在阳角处，配合人工用竹竿辅助插捣，派专人检查浇筑厚度，并用木槌辅助敲击模板，保证混凝土浇筑成功。

（2）混凝土振捣器作业时，要使振动棒自然沉入混凝土，不得用力猛插，宜垂直插入，并插到尚未初凝的下层混凝土中50～100mm，以使上下层相互结合。

（3）振动棒各插点间距离应均匀，插点间距不应超过振动棒有效作用半径的1.25倍，最大不超过50cm。振捣时，应“快插慢拔”。

（4）振动棒在混凝土内振捣时间为每插点约45s，见到混凝土不再显著下沉，不出现气泡，表面泛出水泥浆和外观均匀为止。振捣时应将振动棒上下抽动50～100mm，使混凝土振实均匀。作业中要避免振动棒触动模板、钢筋、芯管及预埋件等，更不得采取通过振动棒振动钢筋的方法来促使混凝土振实。

（5）严禁用振动棒撬动钢筋和模板，或将振动棒当锤使用；不得将振动棒头夹到钢筋中；移动振动器时，必须切断电源，不得用软管或电缆线拖拉振动器械。

五、质量控制及处理措施

1. 测量放线

必须注意施工竖向精度、平面轴线投测及引测标高，轴线投测后放出竖向构件几何尺寸和模板就位线、检查控制线，模板就位前对墙根部进行清理，检查地坪是否平整，当地坪高低差较大时，用砂浆找平，使内外模板合模后，模板在同一水平高度，正负误差≤1mm；墙模安装前先在楼面弹出墙的边线和模板位置线、墙体轴线，使模板安装误差在相邻轴线区间内消除，防止产生累计误差。

2. 混凝土工程

（1）必须注意混凝土的配合比，严格控制坍落度；混凝土浇筑前要进行模板内部的清理，干净后用水湿润方可浇筑，墙根部先浇与混凝土内砂浆成分相同的水泥砂浆，原浆混凝土施工浇筑过程中严格执行混凝土振捣标准操作，防止浇筑飞溅起的灰浆对未浇筑部位模板面的污染；为保证饰面原浆效果，模板的配置考虑了施工缝的留设，即施工缝只能留设在明缝部位，同时必须严格控制拆模时间；拆模时间根据混凝土硬化速度的不同，由试验确定；要注意混凝土的养护，养护时间应能满足混凝土硬化和强度增长的需要，使混凝土强度达到设计要求，养护剂要严格确保不影响混凝土的原浆效果。

（2）脱模剂：脱模剂的选用一定要经过试验，证明不会对混凝土造成污染后才能使用。

（3）穿墙螺栓：采用通丝型穿墙螺栓外加塑料套管和塑料套管堵头，能保证穿墙孔眼的位置，并加强墙体模板的定位，以保证墙体的厚度；为防止漏浆，可在塑料套管堵头和模板面板紧贴面加海绵条；操作中，穿墙螺栓需均匀适度地紧固，避免局部将面板拉变形。对拉螺栓套筒的长度为墙体厚度，其长度制作偏差在±1mm内。

（4）吊装运输：模板进场卸车时，应水平将模板吊离车辆，并在吊绳与模板的接触部位加设垫方或角钢护角，避免吊绳伤及面板，严禁将面板朝下接触地面。模板面板之间加毡子以保护面板。模板吊装时一定要在设计的吊钩位置挂钢丝绳，起吊前一定要确保吊点的连接。

3. 预埋件的埋设

应按设计要求预留孔洞或埋设螺栓和预埋铁件，不得以后凿洞埋设。

4. 其他控制措施

（1）螺栓孔修复：在堵孔前，对孔眼变形和漏浆严重的螺栓孔眼先进行修复。首先清理孔表面浮渣及松动混凝土；将尼龙堵头放回孔中，用界面剂的稀释液约50%调同配合比砂浆，砂浆稠度为 10～30mm，用刮刀取砂浆补平尼龙堵头周边混凝土面，并刮平，待砂浆终凝后擦拭混凝土面上砂浆，轻轻取出尼龙堵头，喷水养护 2d。

（2）螺栓孔封堵：首先清理螺栓孔，并洒水润湿，用特制堵头堵住墙外侧，将颜色稍深的补偿收缩砂浆从墙内侧向孔内灌浆至孔深，用$\phi25$～$\phi30$ 平头钢筋捣实，轻轻旋出特制堵头并取出；砂浆终凝后喷水养护 7d。

（3）墙根、阳角漏浆部位的修复：首先清理表面浮尘，轻轻刮去表面松动的砂，用界面剂的稀释液约 50%调配成颜色与混凝土基本相同的水泥腻子，用刮刀取水泥腻子抹于需修复部位。待腻子终凝后打砂纸磨平，再刮至表面平整，直角顺直，洒水覆盖养护 2d。

（4）明缝处胀模、错台处理拆模后，拉通线对明缝进行检查，对超出部分切割，对明缝上下阳角损坏部位先清理浮渣和松动混凝土，用界面剂的稀释料调同配合比砂浆，稠度为 10～30mm，将 10mm×20mm 塑料条平直嵌入明缝内，将修复砂浆填补到缺陷部位，用刮刀压实刮平，上下部分分次修复；待砂浆终凝后，轻轻取出塑料条，擦净被污染的混凝土表面，养护 2d。

（5）气泡修补：对于不严重影响清水饰面混凝土观感的气泡原则上不进行修复，需修补时首先清除混凝土表面的浮浆和松动砂，用与混凝土同场别、相同强度等级的黑、白水泥调制成水泥浆体，并事先在样板墙上进行试配试验，保证水泥浆体硬化后颜色与清水饰面混凝土颜色一致。修复缺陷部位，待水泥浆体硬化后，用细砂纸将整个构件表面均匀地打磨光洁，并用水冲洗洁净，确保表面无色差。

六、成品保护

（1）浇筑清水混凝土时不应污染，损伤成品清水混凝土。

（2）拆模后对易磕碰的阳角部位采用多层板、塑料等硬质材料进行保护。

（3）当挂架、脚手架、吊篮等与成品清水混凝土表面接触时，应使用垫衬保护。

（4）严禁随意剔凿成品清水混凝土表面。确需剔凿时，应制定专项施工措施。

【思考题】

1. 清水混凝土材料选择和普通混凝土有什么区别？
2. 清水混凝土成品保护要注意哪些方面？

模块 4　施工缝和后浇带质量控制（Z44H2004Ⅱ）

【模块描述】本模块介绍了施工缝和后浇带的留置要求、浇筑时间和浇筑混凝土强度、混凝土养护等质量要求、检查内容以及安全措施。通过知识讲解、重点控制内容，掌握施工缝和后浇带质量控制施工工艺、质量要求、检查方法以及安全措施。

【模块内容】施工缝是施工时不能够保证连续施工留下的；而后浇带是设计要求必须留置的，是为了消除混凝土整体结构应力必须要留置的。施工缝在可能的情况下尽量不留。

一、定义

1. 施工缝

施工缝：是因施工组织需要而在各施工单元分区间留设的缝。施工缝并不是一种真实存在的“缝”，它只是因后浇筑混凝土超过初凝时间，而与先浇筑的混凝土之间存在一个结合面，该结合面就称之为施工缝。

2. 后浇带

后浇带是在现浇钢筋混凝土结构施工过程中，为克服由于温度、收缩等而可能产生有害裂缝而设置的临时施工缝。后浇带通常根据设计要求留设，并保留一段时间（若设计无要求，则至少保留 28d）后再浇筑，将结构连成整体。

二、施工缝、后浇带的留设和处理

1. 施工缝的位置

施工缝的位置应设置在结构受剪力较小和便于施工的部位，且应符合下列规定：

（1）柱应留水平缝，梁、板、墙应留垂直缝。施工缝应留置在基础的顶面、梁或吊车梁牛腿的下面、吊车梁的上面、无梁楼板柱帽的下面。

（2）和楼板连成整体的大断面梁，施工缝应留置在板底面以下 20～30mm 处。当板下有梁托时，留置在梁托下部。

（3）对于长宽比大于 2∶1 的单向板，施工缝应留置在平行于板的短边的任何位置，同时施工缝应垂直留置，不能做成斜槎。

（4）有主次梁的楼板，宜顺着次梁方向浇筑，施工缝应留置在次梁跨度中间 1/3 的范围内。

（5）墙上的施工缝应留置在门洞口过梁跨中 1/3 范围内，也可留在纵横墙的交接处。

（6）楼梯上的施工缝应留在踏步板的 1/3 处。楼梯的混凝土宜连续浇筑。若为多层楼梯，且上一层为现浇楼板而又未浇筑时，可留置施工缝，应留置在楼梯段中间的 1/3 部位，但要注意接缝面应斜向垂直于楼梯轴线方向。

（7）水池池壁的施工缝宜留在高出底板表面 200～500mm 的竖壁上。

（8）双向受力楼板、大体积混凝土、拱、壳、仓、设备基础、多层刚架及其他复杂结构，施工缝位置应按设计要求留设。

2. 不宜留置施工缝的位置

（1）对于大体积混凝土，由于浇筑数量大，整体性要求高，一般不应留施工缝。

（2）混凝土条形基础和独立柱基础也应一次浇筑完毕，不宜留施工缝。

（3）承受动力作用的设备基础，一般不应留置施工缝。如设计没有规定，而施工时又必须分段浇筑混凝土时，应先征得设计单位同意，并符合施工规范要求方可设置。但在同一设备机座的地脚螺栓之间，在重要机座之下和用轴连接传动的设备机座之间不得留置垂直缝。

（4）基础的薄壁或悬壁部位以及被孔洞削弱部位不应留置施工缝。

（5）和板连成整体的大断面梁，当梁的高度小于1m时，不宜留置施工缝。

（6）雨篷由于浇筑量少且属于悬臂构件，应一次浇筑混凝土完毕，不能留施工缝。

（7）有分阶的独立柱基础各阶应连续施工，各阶之间禁止留水平施工缝。

（8）防水混凝土底板、顶板不宜留施工缝，墙体不应留垂直施工缝。

3. 在施工缝处继续浇筑混凝土时的规定

（1）已浇筑的混凝土，其抗压强度不应小于1.2N/mm²。

（2）在已硬化的混凝土表面上，应清除水泥薄膜和松动石子以及软弱混凝土层，并充分湿润和冲洗干净，且不得积水。即要做到：去掉乳皮，微露粗砂，表面粗糙。

（3）在浇筑混凝土前，宜先在施工缝处刷一层水泥浆（可掺适量界面剂）或铺一层与混凝土内成分相同的水泥砂浆。

（4）混凝土应细致捣实，使新旧混凝土紧密结合。

（5）施工缝位置附近需弯钢筋时，要做到钢筋周围的混凝土不受松动和损坏。钢筋上的油污、水泥砂浆及浮锈等杂物也应清除。

（6）在浇筑前，水平施工缝宜先铺上10～15mm厚的水泥砂浆一层，其配合比与混凝土内的砂浆成分相同。

（7）当施工缝处开始继续浇筑时，要注意避免直接靠近缝边料。机械振捣前，宜向施工缝处逐渐推进。

4. 后浇带的留置和处理

（1）后浇带通常根据设计要求留设，并保留一段时间（若设计无要求，则至少保留28d）后再浇筑。后浇带宽度宜为700～1000mm。

（2）后浇带在浇筑前，应将整个混凝土表面按照施工缝的要求进行处理。

（3）后浇带内的钢筋应予保护。

（4）填充后浇带，可采用补偿收缩混凝土，其强度等级不得低于两侧混凝土。最好比两侧混凝土强度提高一级，并保持至少28d的湿润养护。

（5）当后浇带用膨胀加强带代替时，膨胀加强带就提高膨胀率0.02%。

三、容易出现的问题和处理措施

施工缝处混凝土骨料集中，混凝土酥松，新旧混凝土接茬明显，沿缝隙处易渗漏水。几点具体处理措施：

（1）立缝表面凿毛法。混凝土终凝后，挡板拆除，用斩斧或钢杆将表面凿毛，清理松动石子，此时混凝土强度很低，凿深 20～30mm 较容易，待二次浇筑混凝土时，提前用压力水将缝面冲洗干净，边浇边刷素水泥浆一道，以增强咬合力。

（2）增加粗骨料法。梁、板体积较大造成留置缝厚大，表面的浮浆层、泌水层也相应厚，施工缝的处理难度较大。如采取刮除表面的浮浆或二次振捣效果不佳，可采用添加粗骨料的方法，将级配干净的碎石撒入浮浆内，重新振捣防止石子集中。这样会使缝处浇筑混凝土在体积较大处时粗细骨料均匀，水泥浆不会流失且强度不会降低，亦能提高新旧界面的黏结力和咬合力。

（3）清除浮浆法。当混凝土体量较小，简单的方法是铁抹子将表面的浮浆刮去一层，深度小于 25mm，并挖压出条纹状，可以提高水平施工缝的黏结质量，对新旧混凝土结合有利。

（4）二次开发振捣法。掌握好时间，在混凝土初凝后，终凝前进行二次重振，这样会对沉下的石子和上浮浆水重新搅拌组合一次，使之更均匀密实。缝的重新振捣实践表明是有效措施之一。

【思考题】

1. 施工缝和后浇带有什么区别？
2. 施工缝处浇筑混凝土时，应符合哪些规定？

第十四章

混凝土质量缺陷处理

模块1　混凝土外观质量缺陷处理（Z44H3001Ⅱ）

【模块描述】本模块介绍了混凝土结构外观拆模后对蜂窝、麻面等一般缺陷的处理要求和程序。通过知识讲解、重点控制内容，掌握混凝土一般质量缺陷的处理施工工艺、质量要求、检查方法以及安全措施。

【模块内容】

混凝土外观质量缺陷是指混凝土构件在拆模后，表面显露的如麻面、蜂窝、露筋、掉角、孔洞等施工外观缺陷。本模块对混凝土外观质量缺陷产生的原因进行了分析，提出了预防措施及处理方法。

一、混凝土产生外观质量缺陷的原因

混凝土本身是一种多相（体积比气相2%～5%、液相13%～18%、固相77%～85%），多孔（凝胶孔、层间孔、毛细孔、气泡粗孔和裂缝等）存在内部原生缺陷的不均匀不连续体，另外，由于所用原材料质量的波动、计量的误差，搅拌不充分而易使新拌混凝土出现分层离析、泌水、干涩、板结等和易性不良的特征；又由于施工过程中模板和钢筋制作的偏差，以及浇筑、振捣、成型、养护等施工操作的不当，都可以引起现浇结构的外观质量缺陷。

二、混凝土外观质量缺陷处理方法

根据《混凝土结构工程施工质量验收规范》（GB 50204），混凝土现浇结构外观质量缺陷划分为九种情况，按严重程度分为一般缺陷和严重缺陷两种，见表14–1–1。

表14–1–1　　混凝土外观质量缺陷

名称	现象	严重缺陷	一般缺陷
露筋	构件内钢筋未被混凝土包裹而外露	纵向受力钢筋有露筋	其他钢筋有少量露筋
蜂窝	混凝土表面缺少水泥砂浆而形成石子外露	构件主要受力部位有蜂窝	其他部位有少量蜂窝

续表

名称	现象	严重缺陷	一般缺陷
孔洞	混凝土中孔穴深度和长度均超过保护层厚度	构件主要受力部位有孔洞	其他部位有少量孔洞
夹渣	混凝土中夹有杂物且深度超过保护层厚度	构件主要受力部位有夹渣	其他部位有少量夹渣
疏松	混凝土中局部不密实	构件主要受力部位有疏松	其他部位有少量疏松
裂缝	缝隙从混凝土表面延伸至混凝土内部	构件主要受力部位有影响结构性能或使用功能的裂缝	其他部位有少量不影响结构性能或使用功能的裂缝
连接部位缺陷	构件连接处混凝土缺陷及连接钢筋、连接件松动	连接部位有影响结构传力性能的缺陷	连接部位有基本不影响结构传力性能的缺陷
外形缺陷	缺棱掉角、棱角不直、翘曲不平、飞边凸肋等	清水混凝土构件有影响使用功能或装饰效果的外形缺陷	其他混凝土构件有不影响使用功能的外形缺陷
外表缺陷	构件表面麻面、掉皮、起砂、沾污等	具有重要装饰效果的清水混凝土构件有外表缺陷	其他混凝土构件有不影响使用功能的外表缺陷

混凝土外观质量不应出现一般缺陷和严重缺陷，对已经出现的一般缺陷，应由施工单位按技术处理方案进行处理，对经处理的部位应重新检查验收；对已经出现的混凝土外观质量严重缺陷，应由施工单位提出技术处理方案，并经监理（建设）单位认可后进行处理；对裂缝或连接部位的严重缺陷及其他影响结构安全的严重缺陷，技术处理方案尚应经设计单位认可。对经处理的部位应重新检查验收。修整或返工的结构构件或部位应有实施前后的文字及图像记录。

（一）露筋

露筋是指钢筋混凝土结构内钢筋未被混凝土包裹而外露。纵向受力钢筋有露筋的属严重缺陷，其他钢筋有少量钢筋露筋的属一般缺陷。在混凝土梁和柱的结构上，任何一根主筋的单处露筋长度不大于10cm，累计不大于20cm的，可以进行修复，但梁端主筋锚固区不允许有露筋。在混凝土墙和板的结构上，任何一处露筋长度不大于20cm，累计不大于40cm的，同样可以进行修复。露筋缺陷超过上述范围时，应做结构检测和结构鉴定。

1. 原因分析

下述原因分析，不仅仅是某一个原因的单独作用，往往是两种或多种原因共同作用的结果。

1）钢筋骨架放偏，没有钢筋垫块或垫块数量放置不够，位置不正确，致使钢筋紧贴模板而外露。

2）粗骨料粒径大于钢筋间距，或者杂物在钢筋骨架中被搁住，同时又混凝土漏振，形成严重蜂窝和孔洞而使钢筋外露。

3）混凝土泵管、振动棒等机械的反复冲击、工人踩踏或振动器碰触钢筋，引起钢筋变形位移而外露。

2. 预防措施

1）严格按照设计图纸和标准规范进行钢筋安装，确保钢筋安装位置准确。加强现场检查，发现钢筋绑扎松动时立即加固、偏位时立即调整。

2）使用保护层垫块，严格控制钢筋保护层。

3）清除混凝土中的杂物和控制粗骨料粒径，加强振捣作业，防止漏振，避免出现严重蜂窝和孔洞。

3. 修补措施

拆模后发现部位较浅的露筋缺陷，须尽快进行修补。先用钢丝刷洗刷基层，充分湿润后用 1∶2～1∶2.5 水泥砂浆抹灰，抹灰厚度在 1.5～2.5cm 之间，并注意结构表面的平整度。如果是严重峰窝、孔洞等原因形成的露筋，按其修补措施进行。

（二）蜂窝（含麻面）

混凝土拆模之后，表面局部漏浆、粗糙、存在许多小凹坑的现象，称之为麻面；若麻面现象严重，混凝土局部酥松、砂浆少、大小石子分层堆积，石子之间出现状如蜜蜂窝的窟窿，称之为蜂窝缺陷。构件主要受力部位有蜂窝的为严重缺陷，其他部位有少量蜂窝的为一般缺陷。

从工程实践中总结出麻面蜂窝与混凝土强度的下降级别如下：

A 级，混凝土表面有轻微麻面，浇筑层间存在少量间断空隙，敲击时粗骨料不下落，此时相当于强度比率为 80%;

B 级，混凝土表面有粗骨料，凹凸不平，粗骨料之间存在空隙，但内部没有大的空隙，粗骨料之间相互结合较牢，敲击时没有连续下落的现象，此时相当于强度比率为 60%～80%;

C 级，混凝土内部有很多空隙，粗骨料多外露，粗骨料周围及粗骨之间灰浆黏结很少，敲击时卵石连续下落，存在空洞，有少量钢筋直接与大气接触，此时相当于强度比率在 30%以下。

1. 原因分析

（1）模板安装不密实，局部漏浆严重。或模板表现不光滑、漏刷隔离剂、未浇水湿润而引起模板吸水，黏结砂浆等。

（2）混凝土拌和物配合比设计不当，水泥、水、砂、石子等计量不准，造成砂浆少，石子多。

（3）新拌混凝土和易性差，严重离析，砂浆石子分离，或新拌混凝土流动度太小，粗骨料太大，配筋间距过密，加之又漏振、振捣不实、振捣时间不够等。

（4）混凝土下料不当（未分层下料、分层振捣）或下料过高，未设串筒、溜槽而使石子集中，造成石子砂浆离析。

（5）输送到施工层面的混凝土料偏干时，工人直接向混凝土料随意大量冲水，将砂石洗得干干净净，水泥浆大量流走。

2. 预防措施

（1）加强模板验收，防止漏浆，重复使用模板须仔细清理干净，均匀涂刷隔离剂，不得漏刷。浇混凝土时安排专人浇水湿润模板。

（2）严格控制混凝土配合比，精确计量，充分搅拌，保证混凝土拌和物的和易性。禁止在施工现场任意加水。

（3）选择合适的混凝土坍落度和粗骨料粒径，加强振捣，振捣时间（15～30s）以混凝土不再明显沉落表面出现浮浆为限。

（4）当混凝土自由倾落高度大于2M时，须采用串筒和溜槽等工具，或在柱、墙的模板上，沿其高度方向留出“门子板”，将混凝土改为侧向入模，以此缩短倾落高度，浇灌时应分层下料，分层振捣，防止漏振。

（5）混凝土和易性不符合要求的不进行浇筑。商品混凝土连续式搅拌机在生产时存在下料不同步的现象，尾料1.0～2.0m^{3}全是石子，此时应退料。

3. 修补措施

（1）面积较小且数量不多的麻面与蜂窝的混凝土表面，可用1∶2～1∶2.5水泥砂浆抹平，在抹砂浆之前，必须用钢丝刷或加压水洗刷基层。

（2）较大面积或较严重的麻面蜂窝，应按其全部深度凿去薄弱的混凝土层和个别突出的骨料颗粒直至正常密实的混凝土面为止，然后用钢丝刷或加压水洗刷表面，再用比原混凝土强度等级提高一级的细石混凝土填塞，并仔细捣实。

（三）孔洞

混凝土结构的孔洞，是指结构构件表面和内部有空腔，局部没有混凝土或者是蜂窝缺陷过多，过于严重。一般工程上常见的孔洞，是指超过钢筋保护层厚度，但不超过构件截面尺寸三分之一的缺陷。构件主要受力部位有孔洞的为严重缺陷，其他部位有少量孔洞的为一般缺陷。

混凝土梁或柱上的孔洞面积，单处不大于40cm^2，累计不大于80cm^2，可以进行修补。混凝土基础、墙、板的面积较大，但任何一处孔洞面积不得大于100cm^2，累计不大于200cm^{2}时同样可以采取修补的方法将混凝土修补整齐。超过上述范围的孔洞，应做结构检测和结构鉴定。

1. 原因分析

（1）在钢筋较密的部位或预留孔洞和预埋件处，混凝土下料被搁住，未振捣就继续浇筑上层混凝土。

（2）混凝土离析，砂浆分离，石子成堆，严重跑浆，又未进行振捣，或者竖向结构干硬性混凝土一次下料过多、过厚，下料过高，振捣器振动不到，形成松散孔洞。

（3）薄壁结构及钢筋密集部位的混凝土内掉入工具、模板、木方等杂物，混凝土被搁住。

2. 预防措施

（1）漏振是孔洞形成的重要原因，只要振捣到位，引起孔洞缺陷的其他因素就能减弱或消除。

（2）在钢筋密集处及复杂部位，有条件时采用细石混凝土浇灌，并认真分层振捣密实。

（3）剪力墙应分层连续浇筑，每层厚度300～500mm，层高大于3.0m的柱子应侧面加开浇灌门，以保证振捣到位。

（4）薄壁结构更要注意清理卡在钢筋中的杂物，浇筑振捣成型后，可在模板外侧敲击检查是否存在孔洞。

3. 修补措施

将孔洞周围的松散混凝土和软弱浆膜凿除，用钢丝刷和压力水冲刷，湿润后用高一个强度等级的细石混凝土仔细浇筑、捣实。

（四）夹渣

混凝土内部夹有杂物且深度超过保护层厚度，称之为夹渣。杂物的来源有两种情况，一是原材料中的杂物，另一个是施工现场遗留下来的杂物。面积较大的夹渣相当于削弱钢筋保护层厚度，深度较深的夹渣与孔洞无异。施工缝部位（特别是柱头和梯板脚）更易出现夹渣。构件主要受力部位有夹渣的为严重缺陷，其他部位有少量夹渣的为一般缺陷。

1. 原因分析

（1）砂、石等原材料中局部含有较多的泥团泥块、砖头、塑料、木块、树根、棉纱、小动物尸体等杂物，并未及时清除。

（2）模板安装完毕后，现场遗留大量的垃圾杂物如锯末、木屑、小木方木块等，工人用水冲洗时不仔细，大量的垃圾杂物聚积在梁底、柱头、柱跟、梯板脚及变截面等部位，最后未及时清理。

（3）现场工人掉落工具、火机、烟盒、水杯和矿泉水瓶等杂物及丢弃的小模板等卡在钢筋中未做处理。

2. 预防措施

（1）混凝土泵机的受料斗上有一个钢栅栏网格，混凝土料较干及卸料过快时混凝土溢出泵机而洒落在地上，有的工人图方便而将此钢栅栏网格取下，致使混凝土中的杂物直接泵送到结构中，此种行为应严厉禁止。

（2）商品混凝土站和现场搅拌工地应加强砂、石等原材料的收货管理，发现砂、石中杂物过多应坚决退货。平时遇到砂石中带有杂物应及时拣除。

（3）模板安装完毕后，派专人将较大块的杂物拣出，对小而轻的杂物可使用大功率的吸尘器吸尘，用水冲洗时注意将汇集起来杂物一一清理干净。

3. 修补措施

（1）如果夹渣是面积较大而深度较浅，可将夹渣部位表面全部凿除，刷洗干净后，在表面抹 1∶2～1∶2.5 水泥砂浆。

（2）如果夹渣部位较深，超过构件截面尺寸的 1/3 时，应先做必要的支撑，分担各种荷载，将该部位夹渣全部凿除，安装好模板，用钢丝刷刷洗或压力水冲刷，湿润后用高一个强度等级的细石混凝土仔细浇灌、捣实。

（五）疏松

前述的蜂窝麻面、孔洞、夹渣等质量缺陷都同时不同程度地存在疏松现象，而单独存在的疏松现象，混凝土外观颜色、光泽度、黏结性能甚至凝结时间等均与正常混凝土差异明显，混凝土结构内部不密实，强度很低，危害性极大。构件主要受力部位有疏松的为严重缺陷，其他部位有少量疏松的为一般缺陷。

1. 原因分析

（1）混凝土漏振。

（2）水泥强度很低而又计量不准，或商品混凝土站因设备故障造成矿物掺合料掺量达到 65%以上，此时混凝土砂浆黏结性能极差，强度很低。

（3）严寒天气，新浇混凝土未做保温措施，造成混凝土早期冻害，出现松散，强度极低。

（4）实际工作中，可能出现泵送混凝土浇筑时，不预拌润泵砂浆，现场工人图省事，直接向泵机料斗内铲两斗车砂子和一包水泥，加水后未充分搅拌就开启泵机。或在浇筑面上未将润泵砂浆分散铲开而堆积在一处，拆模后构件表面起皮掉落，内部疏松。

2. 预防措施

（1）严格操作规程，加强振捣，避免漏振。

（2）使用优质水泥，严格砂石等原材料进场验收，经常检查计量设备，严格控制水灰比，商品混凝土站防止将矿物掺合料注入水泥储罐内。

（3）防止严寒天气混凝土早期冻害，加强保温保湿养护。

（4）严格润泵砂浆配合比，润泵砂浆应用模板接住，然后铲向各个柱头或柱根。

3. 修补措施

（1）因胶凝材料和冻害原因而引起的大面积混凝土疏松，强度较大幅度降低，必须完全撤除，重新建造。

（2）与蜂窝、孔洞等缺陷同时存在的疏松现象，按其修补措施。

（3）局部混凝土疏松，可采用水泥净浆或环氧树脂及其他混凝土补强固化剂进行压力注浆，实行补强加固。

（六）裂缝

混凝土出现表面裂缝或贯通性裂缝，影响结构性能和使用功能。实际中所有混凝土结构不同程度地存在各种裂缝，混凝土原生的微细裂纹有时是允许存在的，对结构和使用影响不大。但是必须防治产生宽度大于 0.5mm 的表面裂缝和大于 0.3mm 贯通性裂缝（一般环境下的工业与民用建筑）。以下说明工程结构中常见的各种类型的裂缝的处理方式。构件主要受力部位有影响结构性能或使用功能的裂缝为严重缺陷，其他部位有少量不影响结构性能或使用功能的缺陷为一般缺陷。

1. 原因分析

（1）早期塑性收缩裂缝：混凝土在终凝前后由于早期养护不当，水分大量蒸发而产生的表面裂缝，裂缝上宽下窄，纵横交错，一般短而弯曲。

（2）干缩裂缝：混凝土由于阳光高温暴晒又缺少水养护，发生干燥而在 1～7d 内出现的裂缝，板面板底干缩裂缝长而稍直，十字形交叉或机根裂缝放射状交叉。梁侧干缩裂缝间距 1～1.5m 平行出现，裂缝中部宽而深，两头细而浅，此时一般梁底部并无裂缝出现。

（3）温度裂缝：一般是大体积混凝土快速降温而在侧面出现的长而直、宽而深的裂缝。

（4）自收缩裂缝：水泥发生化学反应后，体积有一定量的减小，处理不好（如未留置适当的施工缝、后浇带等）会产生如龟背样的细小弯曲的裂缝。

（5）应力裂缝：由于设计上应力过于集中或钢筋（温度筋、分布筋）分布不合理而使混凝土产生裂缝。裂缝深而宽，可出现贯通性。

（6）载荷裂缝：混凝土未产生足够强度即拆除底模，或新浇筑楼面承受过大的集中载荷，如钢管、模板、钢筋的集中堆放，使混凝土受到冲击、震动、扰动等破坏而产生的裂缝。裂缝深而宽，从受破坏部位向外延伸。

（7）沉缩裂缝：地基（模板）下沉或垂直距离较大的部位与水平结构之间因为混凝土沉降而产生的裂缝。

（8）冷缝裂缝：大面积混凝土分区分片浇筑（未设施工缝）时，接茬部位老混凝土已凝结硬化，出现冷缝，极易产生裂缝。

2. 预防措施

（1）早期塑性收缩裂缝：表面混凝土特别是大面积混凝土加强二次抹面或多次抹面，特别是初凝后终凝前的抹面，能有效消除早期塑性收缩裂缝。并注意混凝土的早期养护。

（2）干缩裂缝：根据规范要求，加强混凝土早期养护，一般采取人工浇水自然养生，浇水时间 7～14d，浇水频率以混凝土表面保持湿润状态为准。如能采取覆盖塑料薄膜、湿麻袋、湿草袋、喷洒养护剂等方法养护，则可基本消除干缩裂缝。

（3）湿度裂缝：大体积混凝土降低内部湿升，采用混合材料掺量大的水泥或在混凝土配合比设计时外掺一定比例的 S95 级矿粉和Ⅱ级粉煤灰，炎热天气采用加冰工艺，预埋冷却水管，寒冷天气延长拆模时间，拆模后在大体积混凝土外表采取保温措施，控制内外温差不超过 25℃。

（4）自收缩裂缝：正确选择水泥品种和矿物掺合料的品种与掺加量，按设计要求留置施工缝、后浇带，道路混凝土终凝后及时切缝。

（5）应力裂缝：设计上避免应力过于集中，钢筋工程中加强箍筋、温度筋、分布筋、加力筋等正确安装。

（6）载荷裂缝：梁板底模拆除时间必须严格按照同条件试块强度要求，适当控制施工进度，待新浇混凝土强度达到 1.5MPa 以上方可上人进行施工作业，新浇楼面上钢筋、钢管、模板等分散堆放。

（7）沉缩裂缝：基础沉降须按设计要求设置沉降缝，模板确保刚度、牢固支撑，不允许下垂和沉降，整体浇筑时先浇竖向结构构件，待 1.0～1.5h 混凝土充分沉实后再浇水平构件，并在混凝土终凝前二次振捣。

（8）冷缝裂缝：合理安排混凝土浇筑顺序，掌握混凝土浇筑速度和凝结时间，炎热季节增大缓凝剂的掺量，当混凝土设备或运输出现问题时，及时设置施工缝。

3. 修补措施

（1）细小裂缝：宽度小于 0.5mm 的细小裂缝，可用注射器将环氧树脂溶液黏结剂或早凝溶液黏结剂注入裂缝内。注射前须用喷灯或电吹风将裂缝内吹干，注射时，从裂缝的下端开始，针头应插入缝内深入，缓慢注入。使缝内空气向上逸出，黏结剂在缝内向上填充。

（2）浅裂缝：深度小于 10mm 的浅裂缝，顺裂缝走向用小凿刀将裂缝外部扩凿成“V”形，宽约 5～6mm，深度等于原裂缝，然后用毛刷将“V”槽内颗粒及粉尘清除，喷灯或电吹风吹干，然后用漆工刮刀或抹灰工小抹刀将环氧树脂胶树脂胶泥压填在“V”槽上，反复搓动，务使紧密黏结，缝面按需要做成与构件面齐平或稍微突出成弧形。对于较细较深的裂缝，可以将上述两种方法结合使用，先凿槽后注射，最后封槽。

（3）较宽较深裂缝：先沿裂缝以 10～30cm 的间距设置注浆管，然后将裂缝的其他部位用胶粘带子以密封，以防漏浆，接着将搅拌好的净浆以 $2N/mm^2$ 压力用电动泵注入，从第一个注浆管开始，至第二个注浆管流出浆时停止，接着即从第二个注浆管注浆，依次完成，直至最后。

（4）锚固法：以钢锚栓沿混凝土裂缝以一定的距离将裂缝锚紧，该法多用于混凝土及钢筋混凝土的补强加固，既以恢复结构承载为目的的修补工程。锚栓孔需用机构事先钻好，待锚栓锚固之后，再用水泥浆或树脂砂浆将栓孔密封。

（七）连接部位缺陷

竖向构件和水平构件的连接部位，容易出现外观质量缺陷。竖向构件主要有墙、柱，水平构件主要有梁、板、台等。在它们的连接部位出现质量缺陷危害最大的是前述的夹渣、缝隙，除此之外，常见的还有“烂跟”“烂脖子”“缩颈”等。连接部位有影响结构传力性能的缺陷为严重缺陷，连接部位有基本不影响结构传力性能的缺陷为一般缺陷。

1. 原因分析

（1）“烂跟”一般指墙、柱与本层楼面板连接处混凝土出现露筋、蜂窝、孔洞、夹渣及疏松等症状，楼层层高较大时更容易出现此种情况。产生原因是，垃圾杂物聚集在柱跟或墙底，混凝土下料被卡住，柱墙较高振动器振捣不到，模板漏浆严重，浇筑前没有浇灌足够 50mm 厚水泥砂浆等。

（2）“烂脖子”一般指墙、柱与上层梁板连接处混凝土出现露筋、蜂窝、孔洞、夹渣及疏松等症状。产生原因是，节点部位钢筋较密混凝土被卡住，漏振，浇筑顺序错误，柱头堆积垃圾杂物等。

（3）“缩颈”有两种情况，一种是柱头或柱跟模板严重偏位凹进，使得柱子与梁板连接处截面变小；另一种是柱头或柱跟预留钢筋偏位，钢筋保护层过大，混凝土承压面积减小。产生原因是，模板安装不牢固，模板刚度差，在预留钢筋上部未绑扎稳固环箍或钢筋绑扎不牢，保护层垫块漏放或破碎掉落等。

2. 预防措施

（1）“烂跟”：在柱跟或剪力墙的模板跟部设置清理门，在浇筑混凝土前将底面杂物完全清理干净。在连接部位先浇筑 50mm 厚的同配合比砂浆，再浇上部混凝土。每次浇筑混凝土高度不超过 500mm 厚，仔细振捣密实后再继续浇筑上一层，防止模板底部和侧面漏浆。

（2）“烂脖子”：如果柱子是先期单独浇筑，则在浇筑梁板时先浇柱头同配合比砂浆 50mm 厚，如果墙柱梁板同时浇筑，先浇竖向结构，待充分沉实后再浇水平构件，连接部位加强二次振捣，消除沉降裂缝。防止模板漏浆。

（3）“缩颈”：安装梁模板前，先安装梁柱接头模板，并检查其断面尺寸、垂直度、刚度，符合要求后才允许接驳梁模板。柱头箍筋按规定要求加密并绑扎牢固，在混凝土浇筑时发现柱纵筋偏位及时调整，钢筋保护层垫块安置数量和位置正确，尽量采用塑胶垫块。

3. 修补措施

根据构件连接部位质量缺陷的种类和严重情况，按上述露筋、蜂窝、孔洞、夹渣、疏松和裂缝的有关措施进行修被加固。

（八）外形缺陷

外形缺陷主要现象有缺棱掉角、棱角不直、翘曲不平、飞边凸肋等。清水混凝土构件有影响使用功能或装饰效果的外形缺陷为严重缺陷，其他混凝土构件有不影响使用功能的外形缺陷为一般缺陷。

1. 原因分析

（1） 拆模时间过早或拆模时工人撬、扳、敲、击等造成缺棱掉角。

（2） 模板安装尺寸不准确，或模板刚度差、稳定性不够、紧固性不牢，造成棱角不直，翘曲不平、飞边凸肋等。

2. 预防措施

（1） 确保混凝土达到规定强度后才拆除模板，拆模时从上到下，从内到外，严禁野蛮粗暴敲击、撬板等行动。

（2） 严格按设计要求制作和安装模板，确保轴线和尺寸准确，加强模板的刚度、稳定性和牢固性，不使模板变形和位移。

3. 修补措施

外形缺失和凹陷的部分，先用稀草酸溶液清除表面脱模剂的油脂，然后用清水冲洗干净，让其表面湿透。再用上述配比砂浆抹灰补平。外形翘曲和凸出的部分，先凿除多余部分，清洗湿透后用砂浆抹灰补平。

（九）外表缺陷

外表缺陷有表面麻面、掉皮、起砂、沾污等，表面麻面的原因如前所述，此处不再赘述。清水混凝土构件有影响使用功能或装饰效果的外表缺陷为严重缺陷，其他混凝土构件有不影响使用功能的外表缺陷为一般缺陷。

1. 原因分析

（1） 掉皮的原因，对于竖向构件，一个是水灰比偏大，混凝土料过稀，泌水严重，另一个是混凝土料过振，产生大量浮浆。下层混凝土振捣成型后继续浇筑上一层，此时若混凝土料过稀而又过振，浮浆往上浮及往外挤，然后再顺着模板慢慢往下流，此一层浮浆的水灰比很大，强度很低，与前一层成型好了的混凝土黏结性很差，拆模后容易掉落，出现掉皮现象。对于水平构件，则是已浇筑成型好了的构件再次受到震动和扰动（比如用手推车在楼面运输新拌混凝土），引起表层混凝土起壳而出现掉皮。此外，混凝土中含气量大时，在构件表面形成大量砂眼，也容易出现掉皮。

（2）起砂是由于清水混凝土浇筑时由于模板没有充分湿润，模板吸水，黏结砂浆，或者模板漏浆严重、漏刷隔离剂等，其特征是构件表面无浆，细砂堆积，黏结不牢，与麻面同时出现。

（3）沾污是未能保持清水混凝土构件表面清洁，出现钢模铁锈污染、脱模剂残迹，或重复使用模板原混凝土未完全清理干净。

2. 预防措施

（1）正确选择脱模剂品种，不能用废机油直接作脱模剂，施工时涂抹量要适中。常用的皂化混合油，其主要成分是皂角（15.5%）、10 号机油（61.9%）、松香（9.7%）、酒精（4.3%）、石油磺酸（4.8%）、火碱（1.9%）、水（1.9%）。

（2）模板如再次使用，在使用前应仔细清除任何一点陈旧混凝土残渣，浇筑混凝土前模板应充分湿润。

3. 修补措施

（1）出现麻面、掉皮和起砂现象，在修饰前如 8.3.2 条所述清洗干净，让其表面湿透。再将上述颜色一致的砂浆拌和均匀，按漆工刮腻子的方法，将砂浆用刮刀大力压向清水混凝土外表缺陷内，即压即刮平，然后用干净的干布擦去表面污渍，养护 24h 后，用细砂纸打磨至表面颜色一致。

（2）出现沾污则必须由人工用细砂纸仔细打磨，将污渍去除，使构件外表颜色一致。

【思考题】

1. 混凝土外观一般缺陷和严重缺陷是根据什么划分的？
2. 混凝土出现裂缝怎么处理？

模块 2 清水混凝土外观处理（Z44H3002 Ⅱ）

【模块描述】本模块介绍了清水混凝土结构外观拆模后对蜂窝、麻面等一般缺陷的处理要求和程序。通过知识讲解、重点控制内容，掌握清水混凝土一般质量缺陷的处理施工工艺、质量要求、检查方法以及安全措施。

【模块内容】

本模块介绍的清水混凝土缺陷是指混凝土构件在拆模后，表面显露的如色差、毛细裂缝、砂痕、花斑、粗骨料透明层、麻面、蜂窝、气泡、孔洞等施工外观缺陷。对于其他类型的外观质量缺陷，参见 Z44H3001Ⅱ。

一、混凝土外观质量缺陷处理方法

（一）色差、毛细裂缝、砂痕、花斑或粗骨料透明层等表面缺陷的修补

1. 原因

混凝土表面产生毛细裂缝，除性能原因外，还有其他方面的原因，如养护不足、脱模太早、入模温度太高（产生水化热）等；色差，除性能原因外，还有模板锈蚀、搅拌时间不足、脱膜剂施涂不匀和养护不稳定等原因；砂痕，除性能原因外，还有模板接缝不密、振捣太强等原因：花斑或粗骨料透明层，除性能原因外，还有振动过头和模板挠曲等原因。

2. 修补方法

在浇筑主体混凝土强度增长至设计要求的 30%～40%时，即拆除侧模，将拌制均匀的修补浆体用滚刷一次性自上而下涂刷于需修补主体的表面。待浆体硬化后，用海绵块按照浆体涂刷的顺序轻轻地将表层游离粉末清扫干净，若表面仍有粗糙不平时，则用细砂纸将结构体表面均匀地打磨光洁，并用水冲洗洁净。

3. 修补注意事项

（1）浇筑主体一般只是局部区域出现色差、毛细裂缝、砂痕、花斑或粗骨料透明层等外观质量问题，但浆体修补时应是主体的整体协调修补，避免在修补部位与未修补部位间出现色差，影响美观。

（2）修补前应注意在毛细裂缝、砂痕、花斑或粗骨料透明层出现的地方用钢丝刷刷去砂粒和松散浆体，并用清水冲洗干净，避免修补后的浆体与整体分离形成裂缝，甚至脱落。

（3）修补后立即用塑料薄膜将主体整体覆盖，并用透明胶密封，利用混凝土本身强度发展时产生的水化热过程进行养护，确保修补后的浆体不与主体本身产生分层脱皮。

（二）蜂窝、麻面的缺陷修补

1. 原因

因模板漏浆或振捣不均，水泥浆缺失，导致表面粗糙并形成麻面，严重的因砂浆少、石子多，石子间出现空隙导致蜂窝状的孔洞出现。

2. 修补方法

（1）用钢丝刷刷去表面松散砂粒及浆体，并用清水冲洗干净。

（2）同主体混凝土品种、规格、强度等级的水泥和细度模数 2.0 左右的细砂，按重量比 1∶2 配制水泥砂浆填补。

（3）填补后再按前面所述的色差等表面缺陷修补方法进行表面修补并及时养护。

3. 修补注意事项

修补注意事项同色差等表面缺陷修补。

（三）气泡的缺陷修补

1. 原因

混凝土表面产生气泡，除性能原因外，还有模板不吸水、模板表面湿润性能不良以及混凝土捣固时间不足等原因。

2. 修补方法

同主体混凝土品种、规格、强度等级的水泥和白水泥按重量比 8∶1 配制干粉水泥，搅拌均匀后用抹布蘸抹填补气泡部位，并进行养护。

3. 修补注意事项

修补注意事项同色差等表面缺陷修补。

（四）特殊凹陷修补

1. 原因

对于因施工中局部模板焊缝、连接螺杆松动断裂引起混凝土跑漏或拆模后局部碰损的修复，因面积大、凹陷深，首先应进行凹陷部位的填补。

2. 修补方法

（1）凹陷浅、易于填补的应先配制高于主体本身混凝土等级的修补混凝土填满凹陷部位，填补后再按前面所述的色差等表面缺陷修补方法进行表面修补并及时养护。

（2）当凹陷部位面积过大、深度过深且一般混凝土不易粘补时应配制环氧树脂砂浆填补。

（3）环氧树脂砂浆填补浆体的配制：同主体混凝土或高于主体混凝土品种、规格、强度等级的水泥：细骨料：糠醇：乙二醇缩水甘油醚：YH–82 固化剂：E44 或 E51 环氧树脂，按重量比 1∶2.5∶0.05∶0.2∶0.3∶1 配制，首先将 E44 或 E51 环氧树脂、糠醇和乙二缩水甘油醚均匀拌和在一起配成环氧树脂混合液，再将水泥和砂均匀掺合，然后将 YH–82 固化剂加入环氧树脂砂浆混合液中，搅拌均匀后倾倒在掺合好的水泥和砂上拌和均匀即可使用。这一配制的特点是强度高（28d 抗压强度可达 100MPa）、凝结时间快，因此要求拌制后填补迅速。

（4）填补前应将需黏结修补的混凝土表面凿毛，用钢丝刷刷去松动水泥砂浆及石子，并用压力水或高压空气将黏结表面清洗干净，再把配好的环氧树脂砂浆填补于黏结面上。

（5）填补后的表面修补按前面所述的色差等表面缺陷修补方法进行。

3. 修补注意事项

修补注意事项同色差等表面缺陷修补。

二、预防措施

（一）根部漏浆

（1）柱模板支设前应对柱根部模板支设处用 1∶2 水泥砂浆找平，找平层要用水平尺进行检查，确保水平平整。

（2）柱模板下口全部过手推刨，确保下口方正平直，柱模板底部还要粘贴一道双面海绵胶带，以利模板与找平层挤压严密；柱根部应留设排水孔，模板内冲洗水利于排除，浇筑混凝土前要用砂浆将排水孔与柱根部模板周围封堵牢固。

（3）对于柱与柱接头处，可在下层柱面上、模板根部部位水平粘贴一道一定厚度的海面胶带，支设加固模板时，可保证模板底部与柱面挤压紧密。

（4）浇筑混凝土前必须接浆处理，即在柱根部均匀浇筑一层 5～10cm 厚的同配合比的水泥砂浆。

（二）模板接缝明显

（1）选用规格、厚度一致的木胶合板、方木与 PVC 内贴板；胶合板可采用酚醛覆膜木胶合板模板，该模板选用优质主体材料，表面用防水性强的酚醛树脂浸渍纸，光洁平整，强度高，重量轻，防水性强，特别适用清水混凝土工程，确保加固用方木尺寸精确统一。

（2）模板和 PVC 内贴板厚度使用前要仔细检查，确保将厚度一致的材料用到同一构件中。

（3）模板组合拼装时，严禁模板缝、PVC 内贴板缝与方木接合缝三缝合一。

（4）PVC 内贴板缝间要用腻子补齐后粘贴 2cm 宽透明胶带纸；大组合模板接头处应将模板边缘用手工刨推平，然后贴上双面胶带，保证对齐后再进行拼接。

（5）加固用钢管箍或槽钢箍严禁挠曲、变形，且必须具备足够的强度和刚度，确保清水混凝土表面平整。

（三）柱梁线角漏浆及起砂与不顺直

（1）木线条要确保规格一致，线条顺畅，进厂后使用前，要统一逐根挑选，挠曲变形及开裂者严禁使用。

（2）木线条上刷胶及胶带纸粘贴要专人施工，专人负责，木线条上粘贴胶带纸要宽些，每边宽出木线条边 2cm，要双面收头，若发现有胶带纸鼓泡现象，用针刺破以排出气体，木线条安装时与模板接触部位要粘贴双面海绵胶带，以便安装时与模板挤紧挤密，木线条上海绵胶带与木线条边要贴齐，禁止出现两者间里出外进的情况。

（3）木线条往模板上钉时，必须拉出木线条边线，逐根挑选，确保把规格一致的木线条钉在同一构件上，木线条一般固定在小面模板上，钉子间距为 200～500mm，以保证木线条在支设大面模板时不变形，柱梁模板角部 PVC 板两边都要留出 1cm 宽空地，防止安装木线条时，钉子将PVC板钉裂，木线条上的钉帽处顺直贴整条窄胶带。

（四）混凝土表面气泡

（1）混凝土应分层浇筑，采用测杆检查分层厚度，如50cm一层，测杆每隔50cm刷红蓝标志线，测量时直立在混凝土表面上，以外测杆的长度来检验分层厚度，并配备检查、浇筑用照明灯具，分层厚度应满足要求，待第1层混凝土振捣密实，直至混凝土表面呈水平不再显著下沉并产生气泡为止，再浇筑第2层混凝土，在浇筑上层混凝土时，应插入下层混凝土5cm左右，以消除两层之间的接缝。

（2）混凝土振捣应插点均匀，快插慢拔，每一插点要掌握好振捣时间，一般振捣时间20～30s，过短不利于捣实和气泡排出，过长可能造成混凝土分层离析现象，致使混凝土表面颜色不一致。

（3）混凝土振捣时，振动棒若紧靠模板振捣，则很可能将气泡赶至模板边，反而不利于气泡排出，故振动棒应与模板保持150～200mm左右间隙，以利于气泡排出。

（4）混凝土的坍落度、和易性和减水剂的掺入都对混凝土振捣产生一定的影响，我们可选用合理的外加剂，适当增加混凝土搅拌时间，适当增大坍落度等方法，在利于混凝土振捣的同时，减少混凝土气泡的产生。

三、清水混凝土外观质量与检验方法

清水混凝土外观质量与检验方法见表14–2–1。

表14–2–1 清水混凝土外观质量与检验方法

项次	项目	普通清水混凝土	饰面清水混凝土	检验方法
1	颜色	无明显色差	颜色基本一致，无明显色差	距离墙面5m观察
2	修补	少量修补痕迹	基本无修补痕迹	距离墙面5m观察
3	气泡	气泡分散	最大直径不大于8mm，深度不大于2mm，每平方米气泡面积不大于20cm^2	尺量
4	裂缝	宽度小于0.2mm	宽度小于0.2mm，且长度不大于1000mm	尺量，刻度放大镜
5	光洁度	无明显漏浆、流淌及冲刷痕迹	无漏浆、流淌及冲刷痕迹，无油迹、墨迹及锈斑，无粉化物	观察
6	对拉螺栓孔眼	—	排列整齐、孔洞封堵密实，凹孔棱角清晰圆滑	观察、尺量
7	明缝	—	位置规律、整齐、深度一致、水平交圈	观察、尺量
8	蝉缝	—	横平竖直、水平交圈、竖向成线	观察、尺量

【思考题】

1. 清水混凝土外观有油污怎么处理？

2. 怎么预防清水混凝土漏浆？

第十五章

混凝土工程施工方案编制

模块1　混凝土工程施工方案编制（Z44H4001Ⅲ）

【模块描述】本模块包含混凝土浇筑施工方案编制的内容、控制要求及相关安全注意事项。通过工序介绍、要点讲解、流程描述，熟练编制混凝土浇筑施工方案。

【模块内容】

混凝土工程施工方案编制的内容

（一）封面

（1）工程名称。

（2）编制人、审核人、批准人和签章及日期。

（二）目录

（三）正文

1. 编制依据

应包含合同、图纸、法规、规范、质量评定标准等内容。

2. 工程概况

（1）基本概况。

（2）混凝土工程概况。

（3）现场概况。

（4）质量目标。

3. 施工安排

（1）施工部位及工期要求。

（2）主体结构混凝土供应和技术要求。

（3）劳动组织。

（4）施工顺序。

（5）施工流水段划分。

（6）混凝土运输方式。

（7）混凝土供应。

（8）混凝土验收。

（9）机械部署。

4. 施工准备和资源配置计划

（1）技术准备。

（2）机具准备。

（3）施工条件作业准备。

（4）人员准备。

5. 混凝土施工方法

（1）混凝土拌制。

（2）混凝土运输。

（3）混凝土浇筑。

（4）混凝土养护。

（5）混凝土试验。

6. 雨季、冬季施工要求

7. 质量标准控制要求

（1）容许偏差和检查方法。

（2）质量管理与验收。

8. 安全注意事项

（1）安全措施。

（2）成品保护措施。

（3）环境保护、文明施工措施。

（4）应急措施。

（四）附录

（1）引用的有效检查记录表。

（2）平面布置图。

【思考与练习】

1. 在混凝土工程施工方案编制中，混凝土的施工方法包括哪几方面？

2. 在混凝土工程施工方案编制中，工程概况包括哪几方面？

第五部分

砌 筑 工 程

第十六章

砌筑砂浆配合比控制

模块1　砌筑砂浆搅拌（Z44I1001Ⅰ）

【模块描述】本模块介绍砌筑砂浆原材料的质量控制要求、各种材料的比例控制要求、投放顺序、搅拌时间等控制要求。通过对各控制要点的学习，了解砂浆原材料及配合比控制的重点内容，掌握砂浆搅拌的要点。

【模块内容】

砌筑砂浆按材料组成不同分为水泥砂浆（水泥、砂、水）和水泥混合砂浆（水泥、砂、石灰膏、水）。水泥砂浆的强度等级可分为M30、M25、M20、M15、M10、M7.5、M5；水泥混合砂浆的强度等级可分为M15、M10、M7.5、M5。

水泥砂浆可用于潮湿环境中的砌体，水泥混合砂浆宜用于干燥环境中的砌体。

为便于操作，砌筑砂浆应有较好的和易性，即良好的流动性（稠度）和保水性。和易性好的砂浆能保证砌体灰缝饱满、均匀、密实，并能提高砌体强度。

一、基本规定

（1）砌筑砂浆所采用的水泥、外加剂应有产品的合格证书、产品性能检测报告，还应有材料主要性能的进场复验报告。严禁使用国家或本地区明令淘汰的材料。

（2）水泥进场使用前，应分批对其强度、安定性进行复验。检验批次应以同一生产厂家、同一编号为一批次。当在使用中对水泥质量有怀疑或水泥出厂超过3个月（快硬硅酸盐水泥超过1个月）时，应复查试验，并按其结果使用。不同品种的水泥，不得混合使用。

（3）砂中不得含有有害杂物。砂的含泥量应满足下列要求：

1）对水泥砂浆和强度等级不小于M5的水泥混合砂浆，不应超过5%；

2）对强度等级小于M5的水泥混合砂浆，不应超过10%；

3）人工砂、山砂及特细砂，应经试配满足砌筑砂浆技术条件要求。

（4）消石灰粉是未充分熟化的石灰，颗粒太粗，起不到改善和易性的作用，还会大幅度降低砂浆强度，因此消石灰粉不得直接使用于砌筑砂浆中。磨细生石灰粉必须熟化成石灰膏才可使用。严寒地区，磨细生石灰直接加入砌筑砂浆中属冬期施工措施。

（5）生石灰熟化成石灰膏时，应用孔径不大于3mm×3mm的网过滤，熟化时间不得少于7d；磨细生石灰粉的熟化时间不得小于2d。沉淀池中储存的石灰膏，应采取防止干燥、冻结和污染的措施。脱水硬化的石灰膏不但起不到塑化作用，还会影响砂浆强度，故严禁使用。

（6）砌筑砂浆应通过试配确定配合比。当砌筑砂浆的组成材料有变更时，其配合比应重新确定。

（7）施工中当采用水泥砂浆代替水泥混合砂浆时，应重新由设计确定砂浆强度等级。

（8）凡在砂浆中掺入早强剂、缓凝剂、防冻剂等，应经检验和试配符合要求后，方可使用。

二、施工准备

1. 材料准备

（1）水泥：一般采用普通硅酸盐水泥、矿渣硅酸盐水泥、砌筑水泥等，水泥应有出厂合格证，并按品种、等级、出厂日期分别堆放，并保持干燥。

（2）砂子：宜采用粒径为0.35～0.5mm的中砂，应用5mm孔径的筛子过筛，筛好后保持洁净。

（3）水：拌制砂浆用水宜采用饮用水。当采用其他来源水时，水质应符合现行行业标准《混凝土用水标准》（JGJ 63）的规定。

2. 技术准备

（1）根据施工图纸设计要求确定砌筑砂浆的品种、强度等级等技术要求。

（2）完成砌筑砂浆的试配工作（由试验室试配），根据现场情况调整为施工配合比。

（3）编制施工方案，根据已批准的施工方案向操作工人进行技术交底。

（4）编制工程材料、机具、劳动力的需求计划。

3. 主要机具

（1）机械设备：砂浆搅拌机等。

（2）主要工具：铁锹、灰扒、手锤、筛子、手推车等。

（3）检测工具：砂浆稠度仪、砂浆试模等。

（4）计量器具：台秤、磅秤、温度计等。

4. 作业条件

（1）所用材料已检验合格。

（2）确认砂浆配合比，并根据现场材料调整好施工配合比。

（3）确认砂浆搅拌后台已对砂浆品种、强度等级、配合比、搅拌制度、操作规程等挂牌。

三、材料和施工质量控制

1. 材料要点

（1）水泥进场使用前，必须对其强度、安定性进行抽样复验，其中见证抽样数量应符合有关规定。

（2）砂应有检验报告，合格方可使用。

2. 技术要点

（1）施工中应按设计文件确定选用砂浆的品种、强度等级。

（2）砌筑砂浆的分层度不应大于 30mm，水泥砂浆的最少水泥用量不应小于 200kg/m^3。

3. 质量要点

（1）原材料计量符合以下规定：

1）现场拌制时，必须按配合比对其原材料进行重量计量。

2）水泥、各种外加剂和掺合料等配料精确度应控制在±2%以内。

3）砂、水等组分的配料精确度应控制在±5%以内。砂的含水量应计入对配料的影响。

4）计量器具应在其计量检定有效期内，保持其精度符合要求。

（2）砌筑砂浆的稠度应按表 16–1–1 规定选用。

表 16–1–1 砌筑砂浆稠度

砌体种类	砂浆稠度（mm）	砌体种类	砂浆稠度（mm）
烧结普通砖砌体 蒸压粉煤灰砖砌体	70～90	烧结多孔砖、空心砖砌体 轻骨料小型空心砌块砌体 蒸压加气混凝土砌块砌体	60～80
混凝土实心砖、混凝土多孔砖砌体 普通混凝土小型空心砌块砌体 蒸压灰砂砖砌体	50～70	石砌体	30～50

（3）砂浆应随拌随用，水泥砂浆和水泥混合砂浆应分别在 3h 和 4h 内使用完毕；当施工期间最高气温超过 30℃时，应分别在拌成后 2h 和 3h 内使用完毕。

对掺用缓凝剂的砂浆，其使用时间可根据具体情况延长。

四、施工工艺

1. 工艺流程

原材料计量→投料→搅拌→出料及试块制作。

2. 操作工艺

（1）原材料计量。根据现场材料进行配合比的调整，对所投材料过磅，并做计量记录。

（2）投料。

1）水泥砂浆投料顺序为：砂→水泥→水。应先将砂与水泥干拌均匀，再加水拌和。

2）水泥混合砂浆投料顺序为：砂→水泥→掺合料→水。应先将砂与水泥干拌均匀，再加掺合料（石灰膏）和水拌和。

3）水泥粉煤灰砂浆投料顺序为：砂→水泥→粉煤灰→水。应先将砂、水泥、粉煤灰干拌均匀，再加水拌和。

4）掺用外加剂时，应先将外加剂按规定浓度溶于水中，在拌和水投入时投入外加剂溶液，外加剂不得直接投入拌制的砂浆中。

（3）搅拌。砌筑砂浆应采用机械搅拌，搅拌时间应自开始加水算起，并应符合下列规定：

1）水泥砂浆和水泥混合砂浆不得少于120s。

2）对预拌砌筑砂浆和掺有粉煤灰、外加剂、保水增稠材料等的砂浆，不得少于180s。

五、安全环保措施

1. 安全措施

（1）施工前应对所有操作人员进行安全技术交底，制定安全管理措施。

（2）配备必要的安全防护用品安全帽、口罩等，防止吸入粉尘、腐蚀皮肤。

（3）施工前对所有机具进行安全和机械性能方面检查，砂浆搅拌机械必须符合《建筑机械使用安全技术规程》（JGJ 33），施工中加强对机械维护、保养，机械操作人员必须持证上岗。

（4）严格实施《施工现场临时用电安全技术规范》（JGJ 46）有关规定，确保各种用电机具的安全使用，严禁乱拉临时用电线路。

2. 环保措施

（1）加强宣传与教育，提高施工人员的环保意识，强化环保管理力度，落实环保措施。

（2）粉尘的排放控制：对砂、石、水泥、粉状外加剂等材料遮盖，搅拌机应搭设搅拌棚或四周围护，砌块搬运应清扫。

大风天气严禁筛制含有粉尘污染的材料。散装水泥应使用专用密封容器；袋装水泥应设专用库房，并采取防潮措施。

（3）现场搅拌时，应设置施工污水处理设施。施工污水未经处理不得随意排放，需要向施工区外排放时，必须经相关部门批准方可排放。

（4）洒落的原材料应及时回收利用，施工垃圾应集中堆放，及时清运。

（5）搅拌机应搭设搅拌棚，并进行隔声围护。施工期间禁止用铁锤、铁锹敲击料斗或滚筒。

（6）施工现场使用或维修机械时，应有防滴漏油措施，严禁将机油滴漏于地表，造成土壤污染。维修完毕后，应将废弃的棉丝（布）等集中回收，严禁随意丢弃或燃烧处理。

【思考与练习】

1. 砌筑砂浆有哪些种类？
2. 砂浆搅拌时间有何规定？
3. 砌筑砂浆应有较好的和易性，砌筑砂浆的稠度有何具体要求？
4. 砂浆搅拌时投料顺序有何要求？

模块 2 砂浆试块制作（Z44I1002 Ⅰ）

【模块描述】本模块介绍砌筑砂浆试块的稠度检查要求，试块数量、试块制作等控制要求。通过对各控制要点的学习，了解砂浆试块制作的重点内容，掌握砂浆试块制作的控制要求。

【模块内容】

砂浆试块制作的目的是检验砂浆的实际强度，确定砂浆是否达到设计要求的强度等级。

一、立方体抗压强度试块的制作和养护

1. 试块尺寸和数量

试块尺寸为70.7mm×70.7mm×70.7mm，形状为立方体，每组三个试块。

抽检数量：每一验收批且不超过250m³，砌体中各种类型及强度等级的砌筑砂浆，每台搅拌机应至少抽检一次。

检验方法：在砂浆搅拌机出料口随机取样制作砂浆试块（同盘砂浆只应制作一组试块），最后检查试块强度试验报告单。

2. 试模和捣棒

图 16–2–1 砂浆试模

试模内空尺寸为 70.7mm×70.7mm×70.7mm，由铸铁或钢制成的带底试模，应具有足够的刚度并拆装方便，如图 16–2–1 所示。试模的内表面应机械加工，其不平度为每 100mm 不超过 0.05mm。组装后各相邻面的不

垂直度不应超过±0.5°。

捣棒：直径 10mm，长 350mm 的钢棒，端部磨圆。

3. 立方体抗压强度试块的制作及养护的步骤

（1）用黄油等密封材料涂抹试模的外接缝，试模内涂刷薄层机油或隔离剂。

（2）将拌制好的砂浆一次性装满砂浆试模，成型方法应根据稠度确定。当稠度大于 50mm 宜采用人工插捣成型，当稠度不大于 50mm 宜采用振动台振实成型。

人工插捣：应采用捣棒均匀地由边缘向中心按螺旋方式插捣 25 次，插捣过程中当砂浆沉落低于试模口时，应随时添加砂浆，可用油灰刀插捣数次，应用手将试模一边抬高 5～10mm 各振动 5 次，砂浆应高出试模顶面 6～8mm。

机械振动：将砂浆一次装满试模，放置到振动台上，振动时试模不得跳动，振动 5～10s 或持续到表面泛浆为止，不得过振。

（3）应待表面水分稍干后，再将高出试模部分的砂浆沿试模顶面刮去并抹平。

（4）试块制作后应在温度为 20℃±5℃下静置 24h±2h，对试块编号、拆模。

当气温较低或凝结时间大于 24h 的砂浆可适当延长时间，但不应超过 2d。

试块拆模后应立即放入温度为 20℃±2℃，相对湿度为 90%以上的标准养护室中养护。养护期间，试块彼此间隔不小于 10mm，混合砂浆、湿拌砂浆试块上面应覆盖，防止有水滴在试块上。

（5）从搅拌加水开始计时，标准养护龄期应为 28d，也可根据相关标准要求增加 7d 或 14d。

二、立方体抗压强度试验

1. 抗压强度试验步骤

（1）试件从养护地点取出后应及时进行破型。破型前应将试件擦拭干净，测量尺寸，并检查其外观，并据此计算试件的承压面积。如实测尺寸与公称尺寸之差不超过 1mm 时，可按公称尺寸进行计算。

（2）将试件安放在试验机的下压板或下垫板上，试件的承压面应与成型时的顶面垂直，试件中心应与试验机下压板或下垫板中心对准。开动试验机，当上压板与试件或上垫板接近时，调整球座，使接触面均衡受压，并应连续而均匀地加荷。

加荷速度为 0.25～1.5kN/s，砂浆强度≤5MPa 时，宜取下限。当试件接近破坏而开始迅速变形时，停止调整试验机油门，直至试件破坏，然后记录破坏荷载。

2. 立方体抗压强度计算

立方体抗压强度按式（16–2–1）计算，即

$$f_{m,cu}=\frac{Nu}{A} \tag{16–2–1}$$

式中 $f_{m,cu}$——砂浆立方体抗压强度（MPa）；

Nu——试件的破坏荷载（N）；

A——试件承压面积（mm^2）。

以三个试件测值的算术平均值的 1.3 倍作为该组试件的砂浆立方体试件抗压强度平均值（精确至 0.1MPa）。

当三个测值的最大值或最小值中如有一个与中间值的差值超过中间值的 15%时，则把最大值及最小值一并舍除，取中间值作为该组试件的抗压强度值；如有两个测值与中间值的差值均超过中间值的 15%时，则该组试件的试验结果无效。

3. 砌筑砂浆试块强度合格标准

砌筑砂浆试块强度验收时其强度合格标准必须符合以下规定：

（1）同一验收批砂浆试块抗压强度平均值必须大于或等于设计强度等级所对应的立方体抗压强度；同一验收批砂浆试块抗压强度的最小一组平均值必须大于或等于设计强度等级所对应的立方体抗压强度的 0.75 倍。

（2）砌筑砂浆的验收批，同一类型、强度等级的砂浆试块应不少于 3 组（每组 3 块）。当同一验收批只有一组试块时，该组试块抗压强度的平均值必须大于或等于设计强度等级所对应的立方体抗压强度。

（3）砂浆强度应以标准养护，龄期 28d 试块抗压试验结果为准。

三、稠度试验

1. 试验仪器

（1）砂浆稠度仪：如图 16–2–2 所示，由试锥、容器和支座三部分组成。试锥由钢材或铜材制成，试锥高度为 145mm，锥底直径为 75mm，试锥连同滑杆的重量应为（300±2）g；盛载砂浆容器由钢板制成，筒高为 180mm，锥底内径为 150mm；支座分底座、支架及刻度显示三个部分，由铸铁、钢及其他金属制成。

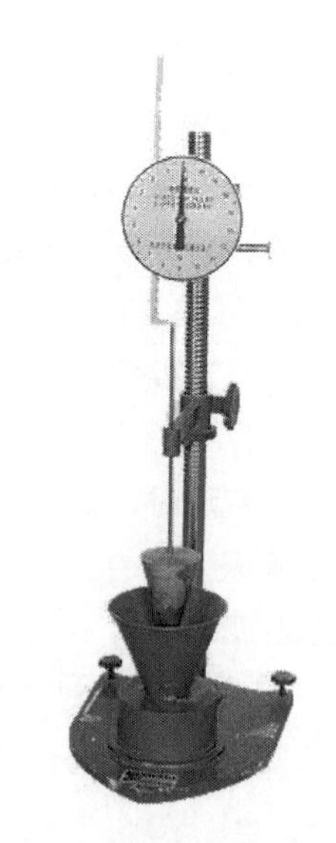

图 16–2–2 砂浆稠度仪

（2）捣棒：直径 10mm，长 350mm 的钢棒，端部应磨圆。

（3）秒表等。

2. 稠度试验步骤

稠度试验应按下列步骤进行：

（1）用少量润滑油轻擦滑杆，再将滑杆上多余的油用吸油纸擦净，使滑杆能自由滑动。

（2）用湿布擦净盛浆容器和试锥表面，将砂浆拌和物一次装入容器，使砂浆表面低于容器口 10mm 左右。用捣棒自容器中心向边缘均匀地抽捣 25 次，然后轻轻地将容器摇动或敲击 5～6 下，使砂浆表面平整，然后将容器置于稠度测定仪的底座上。

（3）拧松制动螺钉，向下移动滑杆，当试锥尖端与砂浆表而刚接触时，拧紧制动螺钉，使齿条侧杆下端刚接触滑杆上端，读出刻度盘上的读数（精确至 1mm）。

（4）拧松制动螺钉，同时计时间，10s 时立即拧紧螺钉，将齿条测杆下端接触滑杆上端，从刻度盘上读出下沉深度（精确至 1mm），二次读数的差值即为砂浆的稠度值。

（5）盛装容器内的砂浆，只允许测定一次稠度，重复测定时，应重新取样测定。

3. 稠度试验结果确定

稠度试验结果应拉下列要求确定：

（1）取两次试验结果的算术平均值，精确至 1mm。

（2）如两次试验值之差大于 10mm，应重新取样测定。

【思考与练习】

1. 砂浆试块的尺寸和数量是如何规定的？
2. 砌筑砂浆试块强度验收时其强度合格标准有何规定？
3. 砂浆稠度试验需要哪些仪器？

模块 3 砌筑砂浆配合比试配（Z44I1003Ⅲ）

【模块描述】本模块介绍砌筑砂浆应根据砂浆强度等级、砂浆稠度和保水率等要求进行配合比设计，通过概念描述、公式解析、要点归纳，掌握砌筑砂浆配合比的试配和调整。

【模块内容】

砌筑砂浆配合比设计的基本要求：砂浆的强度、耐久性满足设计要求；砂浆拌和物的和易性满足施工要求；经济合理，水泥及掺和料的用量应较少。

一、基本概念

砂浆配合比：指根据砂浆强度等级及其他性能要求而确定砂浆的各组成材料之间的比例。以重量比表示。

砂浆稠度：指在自重或施加外力下，新拌制砂浆的流动性能，以标准的圆锥体自由落入砂浆中的沉入深度表示。

砂浆保水性：指在存放、运输和使用过程中，新拌制砂浆保持各层砂浆中水分均匀一致的能力，以砂浆分层度来衡量。

二、技术条件

（1）砌筑砂浆拌和物的表观密度宜符合表 16–3–1 的规定。

表 16–3–1 砌筑砂浆拌和物的表观密度 （kg/m^3）

砂浆种类	表观密度
水泥砂浆	≥1900
水泥混合砂浆	≥1800
预拌砌筑砂浆	≥1800

（2）砌筑砂浆的稠度、保水率、试配抗压强度应同时满足要求。

（3）砌筑砂浆施工时的稠度宜按表 16–1–1 选用。

（4）砌筑砂浆的保水率应符合表 16–3–2 的规定。

表 16–3–2 砌筑砂浆的保水率 （%）

砂浆种类	保水率
水泥砂浆	≥80
水泥混合砂浆	≥84
预拌砌筑砂浆	≥88

（5）砌筑砂浆中的水泥和石灰膏、电石膏等材料的用量可按表 16–3–3 选用。

表 16–3–3 砌筑砂浆的材料用量 （kg/m^3）

砂浆种类	材料用量
水泥砂浆	≥200
水泥混合砂浆	≥350
预拌砌筑砂浆	≥200

注 1. 水泥砂浆中的材料用量是指水泥用量。

2. 水泥混合砂浆中的材料用量是指水泥和石灰膏、电石膏的材料总量。

3. 预拌砌筑砂浆中的材料用量是指胶凝材料用量，包括水泥和替代水泥的粉煤灰等活性矿物掺合料。

三、现场配制砌筑砂浆的试配要求

1. 配合比计算

配合比应按下列步骤进行计算：

（1）计算砂浆试配强度（$f_{m,0}$）；

（2）计算每立方米砂浆中的水泥用量（Q_C）；

（3）计算每立方米砂浆中的石灰膏用量（Q_D）；

（4）确定每立方米砂浆中的砂用量（Q_S）；

（5）按砂浆稠度选定每立方米砂浆用水量（Q_W）。

2. 砂浆的试配强度计算

砂浆的试配强度应按式（16–3–1）计算：

$$f_{m,0}=kf_2 \tag{16–3–1}$$

式中 $f_{m,0}$——砂浆的试配强度（MPa），应精确至0.1MPa；

f_2——砂浆的强度等级值（MPa），应精确至0.1MPa；

k——系数，施工水平优良时取1.15，一般时取1.25，较差时取1.50。

3. 水泥用量计算

（1）每立方米砂浆中的水泥用量，应按式（16–3–2）计算：

$$Q_C=1000(f_{m,0}-\beta)/(\alpha \cdot f_{ce}) \tag{16–3–2}$$

式中 Q_C——每立方米砂浆的水泥用量（kg），应精确至1kg；

f_{ce}——水泥的实测强度（MPa），应精确至0.1MPa；

α、β——砂浆的特征系数，其中α取3.03，β取–15.09。

（2）在无法取得水泥的实测强度值时，可按式（16–3–3）计算：

$$f_{ce}=\gamma_c \cdot f_{ce,\kappa} \tag{16–3–3}$$

式中 $f_{ce,\kappa}$——水泥强度等级值（MPa）；

γ_c——水泥强度等级值的富余系数，宜按实际统计资料确定；无统计资料时可取1.0。

4. 石灰膏用量计算

石灰膏用量应按式（16–3–4）计算：

$$Q_D=Q_A-Q_C \tag{16–3–4}$$

式中 Q_D——每立方米砂浆中的石灰膏用量，应精确至1kg；石灰膏使用时的稠度宜为120mm±5mm；

Q_C——每立方米砂浆中的水泥用量，应精确至1kg；

Q_A——每立方米砂浆中水泥和石灰膏总量，应精确至1kg，可为350kg。

5. 砂用量计算

每立方米砂浆中的砂用量，应按干燥状态下（含水率小于0.5%）的堆积密度值作为计算值（kg）。

6. 水用量计算

每立方米砂浆中的水用量，可根据砂浆稠度等要求选用 210～310kg。

7. 现场水泥砂浆的试配

现场配制水泥砂浆的试配应符合下列规定：

（1）水泥砂浆的材料用量可按表 16–3–4 选用。

表 16–3–4　　每立方米水泥砂浆材料用量　　（kg/m³）

强度等级	水泥	砂	用水量
M5	200～230	砂的堆积密度值	270～330
M7.5	230～260		
M10	260～290		
M15	290～330		
M20	340～400		
M25	360～410		
M30	430～480		

注 1. M15 及 M15 以下强度等级水泥砂浆，水泥强度等级为 32.5 级；M15 以上强度等级水泥砂浆，水泥强度等级为 42.5 级。
2. 当采用细砂或粗砂时，用水量分别取上限或下限。
3. 稠度小于 70mm 时，用水量可小于下限。
4. 施工现场气候炎热或干燥季节，可酌量增加用水量。
5. 试配强度应按式（16–3–1）计算。

（2）水泥粉煤灰砂浆的材料用量可按表 16–3–5 选用。

表 16–3–5　　每立方米水泥粉煤灰砂浆材料用量　　（kg/m³）

强度等级	水泥和粉煤灰总量	粉煤灰	砂	用水量
M5	210～240	粉煤灰掺量可占胶凝材料总量的 15%～25%	砂的堆积密度值	270～330
M7.5	240～270			
M10	270～300			
M15	300～330			

注 1. 表中水泥强度等级为 32.5 级。
2. 当采用细砂或粗砂时，用水量分别取上限或下限。
3. 稠度小于 70mm 时，用水量可小于下限。
4. 施工现场气候炎热或干燥季节，可酌量增加用水量。
5. 试配强度应按式（16–3–1）计算。

四、配合比调整与确定

（1）按计算或查表所得配合比进行试拌时，应按现行行业标准《建筑砂浆基本性能试验方法标准》（JGJ/T 70）测定砌筑砂浆拌和物的稠度和保水率。当稠度和保水率不能满足要求时，应调整材料用量，直到符合要求为止，然后确定为试配时的砂浆基准配合比。

（2）试配时至少应采用三个不同的配合比，其中一个配合比应为按本规程得出的基准配合比，其余两个配合比的水泥用量应按基准配合比分别增加及减少 10%。在保证稠度、保水率合格的条件下，可将用水量、石灰膏、保水增稠材料或粉煤灰等活性掺合料用量做相应调整。

（3）砌筑砂浆试配时稠度应满足施工要求，且应按现行行业标准《建筑砂浆基本性能试验方法标准》（JGJ/T 70）分别测定不同配合比砂浆的表观密度及强度，并应选定符合试配强度及和易性要求、水泥用量最低的配合比作为砂浆的试配配合比。

（4）砌筑砂浆试配配合比尚应按下列步骤进行校正：

1）应根据确定的砂浆配合比材料用量，按式（16–3–5）计算砂浆的理论表观密度值：

$$\rho_t = Q_C + Q_D + Q_S + Q_W \tag{16–3–5}$$

式中　ρ_t——砂浆的理论表观密度值（kg/m^3），应精确至 $10kg/m^3$。

2）按式（16–3–6）计算砂浆配合比校正系数 δ：

$$\delta = \rho_c / \rho_t \tag{16–3–6}$$

式中　ρ_c——砂浆的实测表观密度（kg/m^3），应精确至 $10kg/m^3$。

3）当砂浆的实测表观密度值与理论表观密度值之差的绝对值不超过理论值的 2% 时，可将试配配合比确定为砂浆设计配合比；当超过 2%时，应将试配配合比中每项材料用量均乘以校正系数（δ）后，确定为砂浆设计配合比。

【例 16–3–1】砌筑砂浆配合比设计计算书

设计强度：________　砂浆类别：________　【混合砂浆/水泥砂浆】现场配制

砌体种类：________

一、设计依据

《砌筑砂浆配合比设计规程》（JGJ/T 98—2010）

二、试验所用仪器设备及实验环境

实验过程中使用的仪器设备精度、规格、准确性等均符合规范要求，且均通过计量测试检定合格，试验室、标样室的温度、湿度符合规范要求。

三、材料的选用

（1）水泥：依据 GB 175—2007、GB/T 17671—1999、GB/T 1346—2011 试验，各项指标计见表 16–3–6。

表 16–3–6 水泥各项指标

厂牌名称等级	水泥批号	细度（%）	初凝时间	终凝时间	安定性	3 天抗折强度（MPa）	3 天抗压强度（MPa）	28 天抗折强度（MPa）	28 天抗压强度（MPa）	水泥强度等级值富余系数（γ_c）

（2）细骨料：依据 JGJ/T 52—2006 试验，各项指标见表 16–3–7。

表 16–3–7 细骨料各项指标

名称	产地	干燥状态堆积密度（kg/m^3）	含泥量（%）	筛分析	细度模数	砂规格
砂						

（3）水：饮用水，符合 JTG/T F50—2011 规范要求，外加剂其各项性能指标详见厂家产品说明书及外委试验报告。

四、配合比的设计与计算

依据 JGJ/T 98—2010，结合工地实际情况对 M________【混合/水泥】砂浆进行设计与计算，具体过程如下：

（1）计算试配强度。

$f_{m,0}=kf_2=$_____MPa【k 值根据 JGJ/T 98—2010 表 5.1.1 取_____】

（2）计算每立方米砂浆水泥用量。

$Q_C=1000(f_{m,0}-\beta)/(\alpha\cdot f_{ce})=$_____kg，取水泥用量 Q_C 为______kg。【① α、β 为砂浆特征系数，根据 JGJ/T 98—2010 5.1.4 条 α=3.03，β=–15.09，f_{ce} 为水泥的实测强度；② 每立方米砂浆水泥用量应符合 JGJ/T 98—2010 表 5.1–2–1 要求】。

（3）选用每立方米砂浆掺合料（石灰膏）用量：$Q_D=Q_A-Q_C$=350–Q_C=_____kg。【① Q_A 为每立方米砂浆中水泥和石灰膏总量，根据 JGJ/T 98—2010 5.1.5 条取值为 350kg。② Q_C 为每立方米砂浆中石灰膏（稠度 120mm±5mm）用量，实际稠度不在规定范围时，根据 JGJ/T 98—2010 3.0.5 条条文说明表 1 换算，经换算后石灰膏重量为______kg（石灰膏稠度为______mm）。】

（4）选用每立方米砂浆用水量：Q_W=______kg。【根据 JGJ/T 98—2010 5.1.7 条及

条文说明取值】

（5）每立方米砂浆中的砂用量：取砂干燥状态堆积密度 Q_S=______kg/m³。

（6）每立方米砂浆配料用量：Q_C=______kg，Q_S=______kg，Q_D=______kg，Q_W=______kg。

Q_C∶Q_S∶Q_D∶Q_W=1∶____∶____∶____

（7）该配合比砂浆实测指标，见表 16–3–8。

表 16–3–8　　该配合比砂浆实测指标

实测表观密度 ρ_c（kg/m³）	实测稠度（mm）	实测保水率（%）

【实测数据必须符合 JGJ/T 98—2010 4.0.2、4.0.4、4.0.5 条规定】

五、调整基础配合比

（1）通过上述四计算，该计算配合比为基础配合比，水泥用量增加 10%。

1）每立方米砂浆配料用量：Q_C=______kg，Q_S=______kg，Q_D=______kg，Q_W=______kg。

Q_C∶Q_S∶Q_D∶Q_W=1∶____∶____∶____

2）该配合比砂浆实测指标，见表 16–3–9。

表 16–3–9　　水泥用量增加 10%的砂浆实测指标

实测表观密度 ρ_c（kg/m³）	实测稠度（mm）	实测保水率（%）

【实测数据必须符合 JGJ/T 98—2010 4.0.2、4.0.4、4.0.5 条规定】

（2）通过上述（四）计算，该计算配合比为基础配合比，水泥用量减少 10%。

1）每立方米砂浆配料用量：Q_C=______kg，Q_S=______kg，Q_D=______kg【调整石膏量+0.1Q_C（Q_C基础配合比水泥用量）】，Q_W=______kg。

Q_C∶Q_S∶Q_D∶Q_W=1∶____∶____∶____

2）该配合比砂浆实测指标，见表 16–3–10。

表 16–3–10　　水泥用量减少 10%的砂浆实测指标

实测表观密度 ρ_c（kg/m³）	实测稠度（mm）	实测保水率（%）

【实测数据必须符合 JGJ/T 98—2010 中 4.0.2、4.0.4、4.0.5 条规定】

六、不同配合比的材料用量和性能指标

通过上述的计算，得出该三种不同砂浆配合比，并进行试拌，其拌和物稠度、表观密度、保水率均能满足 JGJ/T 98—2010 要求，并分别将拌和物制成试件，标准养护，进行 28d 的抗压强度检验，详见表 16–3–11。

表 16–3–11　　三种配合比的材料用量和性能指标

试验编号	设计强度	试配强度	各项材料用量（kg/m^3）					实测稠度（mm）	28d 抗压强度（MPa）
			水泥	砂子	掺和料	水	外加剂		
① 基础配合比									
② +10% 水泥用量配合比									
③ –10% 水泥用量配合比									

七、选择合适的配合比

根据经济合理、保证工程质量、方便施工的原则，拟选表中试验编号为____的配合比为 M_______砂浆的配合比。

八、配合比的校正

$\rho_t = Q_C + Q_D + Q_S + Q_W =$______kg，$\rho_c$=______kg，$\delta = \rho_c/\rho_t =$______。

$|\rho_t - \rho_c|/\rho_t =$______。① $|\rho_t - \rho_c|/\rho_t$ 小于 2%，配合比不进行校正。② $|\rho_t - \rho_c|/\rho_t$ 大于 2%，配合比进行 δ 校正：δQ_C=______kg，δQ_S=______kg，δQ_D=______kg，δQ_W=______kg。

$\delta Q_C : \delta Q_S : \delta Q_D : \delta Q_W$=1：____：____：____

九、配合比的确定

经（八）（九）确定 M________砂浆配合比如下。

每立方米砂浆配料用量：

Q_C=______kg，Q_S=______kg，Q_D=______kg，Q_W=______kg。

$Q_C : Q_S : Q_D : Q_W$=1：____：____：____

【思考与练习】

1. 合格的砌筑砂浆需满足什么要求？
2. 砌筑砂浆的表观密度是如何要求的？
3. 砌筑砂浆的保水率是如何规定的？

第十七章

砌 体 砌 筑

模块1 砖砌体砌筑（Z44I2001Ⅰ）

【模块描述】本模块介绍了砖砌体施工的一般要求、施工程序、质量要求及安全措施。通过知识讲解重点控制内容，掌握砌砌体组砌方法、质量要求、检查方法以及安全措施。

【模块内容】

砖砌体是用砖和砂浆砌筑成的整体材料，是目前使用最广泛的一种建筑材料。砖有实心砖、多孔砖和空心砖，按其生产方式不同可以分为烧结砖和蒸压（或蒸养）砖两大类。

一、砖砌体施工的一般要求

（1）砖的品种、规格、强度等级必须符合设计要求。用于清水墙、柱表面的砖，应边角整齐，色泽均匀。

（2）含水率控制：常温下砌砖，一般应提前ld对砖块浇水润湿，避免砌筑后砖块过多吸收砂浆中的水分而影响黏结力，并可除去砖面上的粉末。浇水不宜过多，否则会产生砌体走样或滑动。对普通砖、空心砖含水率宜控制在10%～15%为宜；灰砂砖、粉煤灰砖含水率控制在5%～8%为宜。

（3）宜采用“三一”砌筑法，即一铲灰、一块砖、一揉压的砌筑方法。当采用铺浆法砌筑时，铺浆长度不得超过750mm，施工期间气温超过30℃时，铺浆长度不得超过500mm。

（4）砖砌体施工质量控制等级分为3级，见表17–1–1。

（5）在墙上留置临时施工洞口，其侧边离交接处墙面不应小于500mm，洞口净宽度不应超过1m。临时施工洞口应及时做好补砌。

（6）下列墙体或部位不得设置脚手眼：半砖厚墙；过梁上与过梁成60°的三角形范围及过梁净跨度1/2的高度范围内；宽度小于1m的窗间墙；墙体门窗洞口两侧200mm和转角处250mm范围内；梁或梁垫下及其左右500mm范围内。施工脚手眼补砌时，灰缝应填满砂浆，不得用干砖填塞。

表 17-1-1 砖砌体施工质量控制等级

项目	砖砌体施工质量控制等级		
	A	B	C
现场质量管理	制度健全，并严格执行；非施工方质量监督人员经常到现场，或现场设有常驻代表；施工方有在岗专业技术管理人员，人员齐全，并持证上岗	制度基本健全，并能执行；非施工方质量监督人员间断地到现场进行质量控制；施工方有在岗专业技术管理人员，并持证上岗	有制度；非施工方质量监督人员很少做现场质量控制；施工方有在岗专业技术管理人员
砂浆、混凝土强度	试块按规定制作，强度满足验收规定，离散性小	试块按规定制作，强度满足验收规定，离散性较小	试块强度满足验收规定，离散性大
砂浆拌和方式	机械拌和；配合比计量控制严格	机械拌和；配合比计量控制一般	机械或人工拌和；配合比计量控制较差
砌筑工人	中级工以上，其中高级工不少于 20%	高、中级工不小于 70%	初级工以上

（7）设计要求的洞口、管道、沟槽应在砌筑时正确留出或预埋，未经设计同意，不得打凿墙体或在墙体上开凿水平沟槽。宽度超过 300mm 的洞口上部，应设置过梁。

（8）砖墙每日砌筑高度不得超过 1.8m。砖墙分段砌筑时，分段位置宜设在变形缝、构造柱或门窗洞口处；相邻工作段的砌筑高度不得超过一个楼层高度，也不宜大于 4m。

二、砖砌体施工程序

砌砖施工通常包括抄平、放线，摆砖样，立皮数杆，盘角、挂线以及砌砖等工序。

砌筑应按一定的施工顺序进行：当基底标高不同时，应从低处砌起，并由高出向低处搭接。当设计无要求时，搭接长度不应小于基础扩大部分的高度；墙体砌筑时，内外墙应同时砌筑，不能同时砌筑时，应留槎并做好接槎处理。

1. 抄平、放线

（1）底层抄平、放线。当基础砌筑到±0.000 时，依据施工现场±0.000 标准水准点在基础面上用水泥砂浆或 C15 细石混凝土找平，并在建筑物四角外墙面上引测±0.000 标高，画上符号并注明，作为楼层标高引测点。

依据施工现场龙门板上的轴线钉拉通线，并沿通线挂线锤，将墙轴线引测到基础面上，再以轴线为标准弹出墙边线，定出门窗洞口的平面位置。轴线放好并经复查无误后，将轴线引测到外墙面上，画上特定的符号，作为楼层轴线引测点。

（2）楼层轴线、标高引测。墙体砌筑到各楼层时，根据设在底层的轴线引测点，利用经纬仪或铅垂球，把控制轴线引测到各楼层外墙上；根据设在底层的标高引测点，利用钢尺向上直接丈量，把控制标高引测到各楼层外墙上。

（3）楼层抄平、放线。轴线和标高引测到各楼层后，就可进行各楼层的抄平、放线。

为了保证各楼层墙身轴线的重合，并与基础定位轴线一致，引测后，一定要用钢尺丈量各轴线间距，经校核无误后，再弹出各分间的轴线和墙边线，并按设计要求定出门窗洞口的平面位置。砖砌体的位置及垂直度允许偏差见表 17–1–2。

表 17–1–2　　砖砌体的位置及垂直度允许偏差

<table>
<tr><th>项次</th><th colspan="3">项目</th><th>允许偏差（mm）</th><th>检验方法</th></tr>
<tr><td>1</td><td colspan="3">轴线位置偏移</td><td>10</td><td>用经纬仪和尺检查或用其他测量仪器检查</td></tr>
<tr><td rowspan="2">2</td><td rowspan="2">垂直度</td><td colspan="2">每层</td><td>5</td><td>用 2m 托线板检查</td></tr>
<tr><td>全高</td><td>≤10m</td><td>10</td><td>用经纬仪、吊线和尺检查，或用其他测量仪器检查</td></tr>
</table>

2. 摆砖样

摆砖样是指在墙基面上，按墙身长度和组砌方式试摆砖样（生摆，即不铺灰），核对所弹的门洞位置线及窗口、附墙垛的墨线是否符合所选用砖型的模数，对灰缝进行调整，以使每层砖的砖块排列和灰缝均匀，并尽可能减少砍砖。

3. 立皮数杆

皮数杆是一种方木标志杆。立皮数杆的目的是用于控制每皮砖砌筑时的竖向尺寸，并使铺灰、砌砖的厚度均匀，保证砖缝水平。皮数杆上除画有每皮砖和灰缝的厚度外，还应标出门窗洞、过梁、楼板等的位置和标高，用于控制墙体各部位构件的标高，如图 17–1–1 所示。

皮数杆长度应有一层楼高（不小于 2m），一般立于墙的转角处，内外墙交接处立皮数杆时，应使皮数杆上的±0.000 线与房屋的标高起点线相吻合。

4. 盘角、挂线

砌墙前应先盘角，即对照皮数杆的砖层和标高，先砌墙角。每次盘角砌筑的砖墙高度不超过 5 皮，并应及时进行吊靠，如发现偏差及时修整。根据盘角将准线挂在墙侧，作为墙身砌筑的依据。每砌一皮，准线向上移动一次。砌筑一砖厚及以下

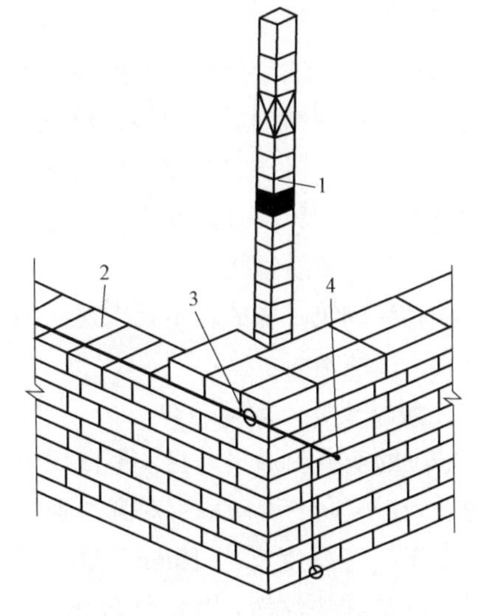

图 17–1–1　皮数杆示意图
1—皮数杆；2—准线；3—竹片；4—铁钉

者，可采用单面挂线；砌筑一砖半厚及以上者，必须双面挂线。每皮砖都要拉线看平，使水平缝均匀一致，平直通顺。

5. 砌砖

实心砖砌体一般采用一顺一丁、三顺一丁、梅花丁的砌筑形式，以提高墙体的整体性、稳定性和强度，满足上下错缝、内外搭砌的要求，如图 17–1–2 所示。

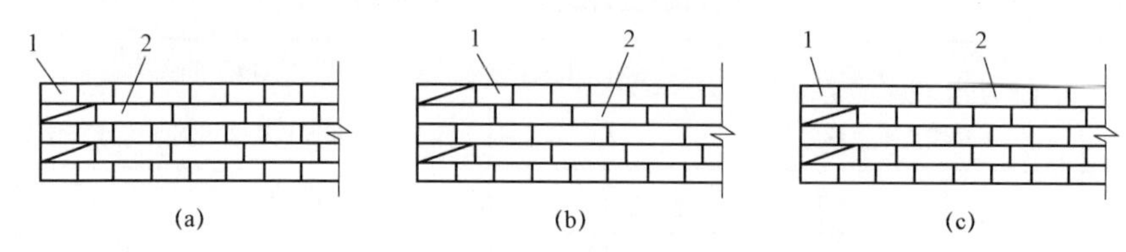

图 17–1–2 砖砌体的砌筑形式

（a）一顺一丁；（b）三顺一丁；（c）梅花丁

1—丁砖；2—顺砖

240mm 厚承重墙的最上一皮砖，应用丁砌层砌筑；梁及梁垫的下面，砖砌体的阶台水平面上以及砖砌体的挑檐，腰线的下面，应用丁砌层砌筑。

设置钢筋混凝土构造柱的砌体，构造柱与墙体的连接处应砌成马牙槎，从每层柱脚开始，先退后进，每一马牙槎沿高度方向的尺寸不宜超过 300mm。沿墙高每 500mm 设 2ϕ6 拉结钢筋。每边伸入墙内不宜小于 1m。预留伸出的拉结钢筋，不得在施工中任意弯折，如有歪斜、弯曲，在浇灌混凝土之前，应校正到正确位置并绑扎牢固。

填充墙、隔墙应分别采取措施与周边构件可靠连接。必须把预埋在柱中的拉结钢筋砌入墙内，拉结钢筋的规格、数量、间距、长度应符合设计要求。填充墙砌至接近梁、板底时，应留一定空隙，待填充墙砌筑完并间隔 15d 以后，再采用侧砖、或立砖斜砌挤紧，其倾斜度宜为 60° 左右。

三、砖砌体质量要求

砖砌体砌筑质量的基本要求是：横平竖直、厚薄均匀，砂浆饱满，上下错缝、内外搭砌，接槎牢固。

1. 横平竖直、厚薄均匀

砖砌的灰缝应横平竖直，厚薄均匀。这样既可保证砌体表面美观，也能保证砌体均匀受力。竖向灰缝应垂直对齐，否则会影响砌体外观质量。

水平灰缝厚度宜为 10mm，但不应小于 8mm，也不应大于 12mm。过厚的水平灰缝容易使砖块浮滑，且降低砌体抗压强度；过薄的水平灰缝会影响砌体之间的黏结力。

2. 砂浆饱满

砌体水平灰缝的砂浆饱满度不得小于 80%，砌体的受力主要通过砌体之间的水平灰缝传递到下面，水平灰缝不饱满影响砌体的抗压强度。竖向灰缝不得出现透明缝、瞎缝和假缝。竖向灰缝的饱满程度，影响砌体抗透风、抗渗和砌体的抗剪强度。

3. 上下错缝、内外搭砌

上下错缝是指砖砌体上下两皮砖的竖缝应当错开，以避免上下通缝。当上下二皮砖搭接长度小于 25mm 时，即为通缝。在垂直荷载作用下，砌体会由于“通缝”而丧失整体性，影响砌体强度。内外搭砌是指同皮的里外砌体通过相邻上下皮的砖块搭砌而组砌得更加牢固。

4. 接槎牢固

接槎是指相邻砌体不能同时砌筑而设置的临时间断，为便于先砌砌体与后砌砌体之间的接合而设置。为使接槎牢固，后面墙体施工前，必须将留设的接槎处表面清理干净，浇水湿润，并填实砂浆，保持灰缝平直。砌体接槎设置如图 17–1–3 所示。

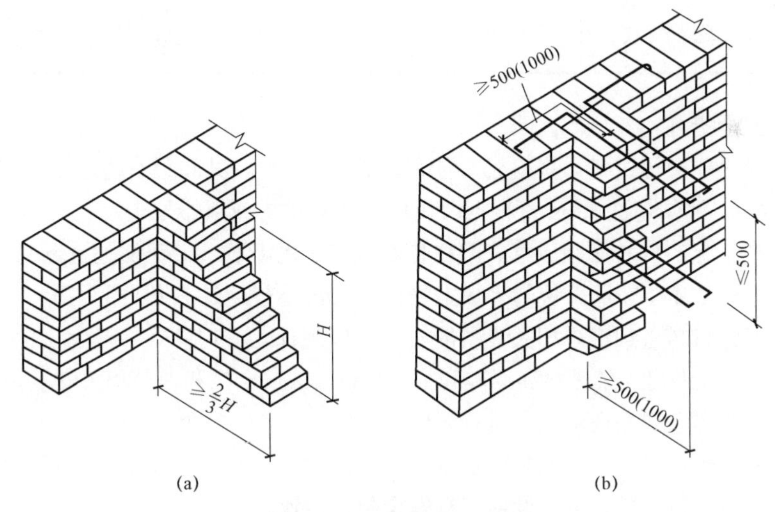

图 17–1–3　砌体接槎设置

（a）斜槎；（b）直槎

砖砌体的转角处和交接处应同时砌筑，严禁无可靠措施的内外墙分砌施工。对不能同时砌筑而又必须留置的临时间断处应砌成斜槎，斜槎水平投影长度不应小于高度的 2/3。

非抗震设防及抗震设防烈度为 6 度、7 度地区的临时间断处，当不能留斜槎时，除转角处外，可留直槎，但直槎必须做成凸槎。留直槎处应加设拉结钢筋，拉结钢筋的数量为每 120mm 墙厚放置 1 ϕ6 拉结钢筋（120mm 厚墙放置 2 ϕ6 拉结钢筋），间距沿墙高不应超过 500mm；埋入长度从留槎处算起每边均不应小于 500mm，对抗震设防烈度 6 度、7 度的地区，不应小于 1000mm；末端应有 90° 弯钩。

砖砌体的一般尺寸允许偏差见表 17–1–3 的规定。

表 17–1–3　　砖砌体的一般尺寸允许偏差

项次	项目	允许偏差（mm）	检验方法	抽检数量
1	基础顶面和楼面标高	±15	用水平仪和尺检查	不应小于 5 处
2	表面平整度	8	用 2m 靠尺和楔形塞尺检查	有代表性自然间 10%，但不应小于 3 间，每间不小于 2 处
3	门窗洞口高、宽（后塞口）	±5	用尺检查	检验批洞口的 10%，且不应少于 5 处
4	外墙上下窗口偏移	20	以底层窗口为准，用经纬仪或吊线检查	检验批的 10%，且不少于 5 处
5	水平灰缝平直度	10	拉 10m 线和尺检查	有代表性自然间 10%，但不应小于 3 间，每间不小于 2 处

四、安全措施

（1）对操作架子进行认真检查，内墙架子可用高凳，其间距不超过 2m，架板宽度不小于 0.6m，墙体超过 3.6m 时根据墙体用料搭设单排或双排架子。

（2）架子上的料具必须放稳。严格控制架子上的荷载，砖不能超过侧立三皮，其他砌块不超过 2 皮，在同一块脚手板上的操作人员不得超过 2 人。

（3）运输材料必须遵守相关设备的安全操作规程。

（4）架子上作业，禁止穿高跟鞋和拖鞋，必须戴安全帽和使用相关安全劳保护品。

（5）禁止攀登和站在墙体上进行工作。

（6）锯割砌块尽量在地面集中进行，并采取措施防止粉尘飞扬，可洒水并及时清理。操作人员应戴口罩，机械设备应有安全防护装置。

（7）清理建筑垃圾应及时，趁灰浆干燥前进行，防止粉尘飞扬。

【思考与练习】

1. 砖砌体的施工程序包括哪些内容？
2. 皮数杆的作用是什么？
3. 墙体接槎应如何设置？
4. 砖墙的砌筑质量要求是什么？

模块2　石砌体砌筑（Z44I2002 Ⅰ）

【模块描述】本模块介绍了石砌体组砌方法、灰缝饱满度、质量检查内容以及安全措施。通过知识讲解重点控制内容，掌握石砌体组砌方法、质量要求、检查方法以及安全措施。

【模块内容】

石砌体包括毛石砌体和料石砌体两种。所选石材应质地坚实，无风化剥落和裂纹。用于清水墙、柱表面的石材，还应色泽均匀。

一、毛石砌体

毛石砌体宜分皮卧砌，并应上下错缝、内外搭砌、不能采用外面侧立石块中间填心的砌筑方法。毛石基础的第一皮石块应坐浆，并将大面向下。毛石砌体的第一皮及转角处、交接处和洞口处，应用较大的平毛石砌筑。每个楼层（包括基础）砌体的最上一皮宜选用较大的毛石砌筑。

毛石墙必须设置拉结石，拉结石应均匀分布，相互错开，一般每 $0.7m^2$ 墙面至少应设置一块，且同皮内的中距不应大于2m。

毛石砌体每日的砌筑高度不应超过1.2m，毛石墙和砖墙相接的转角处和交接处应同时砌筑。

砌筑毛石挡土墙应符合下列规定：每砌3～4皮为一个分层高度，每个分层高度应找平一次；外露面的灰缝厚度不得大于 40mm，两个分层高度间分层处的错缝不得小于80mm；泄水孔应均匀设置，在每米高度上间隔2m左右设置一个泄水孔；泄水孔与土体间铺设长宽各为300mm、厚200mm的卵石或碎石作疏水层。

二、料石砌体

料石砌体砌筑时，应放置平稳。砂浆饱满度不应小于80%。

料石基础砌体的第一皮应用丁砌层坐浆砌筑，料石砌体也应上下错缝搭砌。砌体厚度大于或等于两块料石宽度时，如同皮内全部采用顺砌，每砌两皮后，应砌一皮丁砌层；如同皮内采用丁顺组砌，丁砌石应交错设置，丁砌石中距不应大于2m。

用料石和毛石或砖的组合墙中，料石砌体和毛石砌体或砖砌体应同时砌筑，并每隔2～3皮料石层用丁砌层与毛石砌体或砖砌体拉结砌合。丁砌料石的长度宜与组合墙厚度相同。

料石挡土墙，当中间部分用毛石砌时，丁砌料石伸入毛石部分的长度不应小于200mm。

毛料石和粗料石砌体灰缝厚度不宜大于 20mm；细料石砌体灰缝厚度不宜大于 5mm。

三、允许偏差

（1）石砌体的轴线位置及垂直度允许偏差见表 17–2–1。

表 17–2–1　　石砌体的轴线位置及垂直度允许偏差

项次	项　目		允许偏差（mm）							检验方法
			毛石砌体		料石砌体					
					毛料石		粗料石		细料石	
			基础	墙	基础	墙	基础	墙	墙、柱	
1	轴线位置		20	15	20	15	15	10	10	用经纬仪和尺检查，或用其他测量仪器检查
2	墙面垂直度	每层		20		20		10	7	用经纬仪、吊线和尺检查或用其他测量仪器检查
		全高		30		30		25	20	

（2）石砌体的一般尺寸允许偏差见表 17–2–2。

表 17–2–2　　石砌体的一般尺寸允许偏差

项次	项　目	允许偏差（mm）							检验方法
		毛石砌体		料石砌体					
				毛料石		粗料石		细料石	
		基础	墙	基础	墙	基础	墙	墙、柱	
1	基础和墙砌体项目标高	±25	±15	±25	±15	±25	±15	±10	用水准仪和尺检查
2	砌体厚度	±30	+20 −10	+30	+20 −10	+15	+10 −5	+10 −5	用尺检查
3	表面平整度		20		20		15		细料石用 2m 靠尺和楔形塞尺检查，其他用两直尺垂直于灰缝拉 2m 线和尺检查

四、安全措施

（1）操作人员应戴安全帽和帆布手套；搬运石块应检查搬运工具及绳索是否牢固，抬石应用双绳。

（2）墙身砌体高度超过地坪 1.2m 以上时，应搭脚手架。砌石用的脚手架和防护栏板要牢固可靠，需经检查验收方可使用，施工中严禁随意拆除或改动；砌筑时，脚手架上堆石不宜过多，应随砌随运。

（3）用锤敲打石料时，应先检查铁锤有无破裂、锤柄是否牢固；打锤或修改石材时要注意打凿方向，避免飞石伤人。严禁在墙顶或脚手架上修改石料，以免震动墙体影响质量或片石掉下伤人。

（4）不准徒手移动上墙的石块，以免压破手指或擦伤手指；不准勉强在超过胸部以上的墙体上砌筑毛石，以免将墙体碰撞倒或上石时失手掉下造成安全事故。

（5）石块不得往下投掷，运石上下时，脚手板要钉装牢固，并打防滑条及扶手栏杆。

【思考与练习】

1. 石砌体施工有哪些要求？
2. 毛石挡土墙砌筑有哪些规定？

模块 3　清水墙砌筑（Z44I2003Ⅱ）

【模块描述】本模块介绍了清水墙组砌方法、勾（嵌）缝、质量检查内容以及安全措施。通过知识讲解重点控制内容，掌握清水墙组砌方法、质量要求、检查方法以及安全措施。

【模块内容】

清水墙就是砖墙外墙面砌成后，只需要勾缝，即成为成品，不需要外墙面装饰，砌质量要求高，灰浆饱满，砖缝规范美观。

一、清水墙施工的一般要求

（1）砖的品种、规格、强度等级必须符合设计要求。采用 MU10 蒸压灰砂砖或粉煤灰砖，出釜时间最少 1 个月的优等品，砖块棱角分明、颜色均匀，规格尺寸误差≤1mm，砖块吸水率 15%。

（2）砌筑砂浆宜采用混合砂浆，强度等级≥M7.5，缝宽 10mm。清水砖勾缝采用 M15 的水泥砂浆。

（3）宜采用“三一”砌筑法，即一铲灰、一块砖、一揉压的砌筑方法，即满铺满挤操作法。竖缝宜采用挤浆或加浆方法，使其砂浆饱满，严禁用水冲浆灌缝。砌砖时砖要放平，里手高，墙面就要胀；里手低，墙面就要背。砌砖一定要中线，“上跟线、下跟棱、左右相邻要对平”。

二、清水墙施工程序

清水墙施工通常包括抄平、放线，摆砖样，立皮数杆，盘角、挂线，砌砖，勾缝等工序。其中抄平、放线，摆砖样，立皮数杆，盘角、挂线等工序与模块 1 砖砌体砌筑（Z44I200Ⅰ）基本相同，本节不再赘述。

1. 摆砖样

清水墙砌筑时如使用七分头、半砖，应用切割机在指定地点集中进行切割，严禁砍砖。

2. 挂线

砌筑时应采用双面挂线，挂线长度不得超过 20m。控制线要拉紧，每皮砖都要拉线看平，使水平缝保持均匀一致，平直通顺。

3. 砌砖

清水墙一般采用一顺一丁的砌筑形式，以提高墙体的整体性、稳定性和强度，满足上下错缝、内外搭砌的要求。

每层承重墙的最上一皮砖，在梁或梁垫的下面，以及檐、腰线等线，应用丁砖砌筑。

砖墙的转角处和交接处应同时砌起，对不能同时砌起而必须留搓时，应砌成斜槎，斜槎长度不应小于高度的 2/3。

隔墙与墙或柱不同时砌筑时，可留阳槎，加预埋拉结筋沿墙高每 500mm 预留 $\phi6$ 钢筋两根，其埋入长度从墙的留槎处算起，一般每边均不少于 500mm，末端应加弯钩，隔墙顶应用立砖斜砌挤梁。

凡设有构造柱的部位，在砌砖前，先根据设计图纸将构造柱位置进行放线，并把构造柱插筋处理顺直。

4. 勾缝

清水墙砌筑应随砌随勾缝，其深度控制在 8～10mm 之间，缝深浅应一致，清扫干净。勾缝时应采用专用工具，要注意保护砖的棱角。

勾缝是清水墙的装修工序，砂子要经过 3mm 筛孔的筛子过筛。勾缝前 1 天应将墙面浇水湿透，勾缝时应根据砖缝宽度加工专用勾缝工具，勾成凹圆弧形，凹缝深度为 4～5mm，勾缝水泥砂浆稠度宜为 40～50mm。勾缝顺序为：从上而下，自左向右，先横后竖。

清水墙砌体的一般尺寸允许偏差见表 17–3–1。

表 17–3–1　　清水墙砌体的一般尺寸允许偏差

项次	项　目	允许偏差（mm）	检验方法	抽检数量
1	基础顶面和楼面标高	±15	用水平仪和尺检查	不应小于 5 处

续表

项次	项　目	允许偏差（mm）	检验方法	抽检数量
2	表面平整度	5	用2m靠尺和楔形塞尺检查	有代表性自然间 10%，但不应小于3间，每间不小于2处
3	门窗洞口高、宽（后塞口）	±5	用尺检查	检验批洞口的 10%，且不应少于5处
4	外墙上下窗口偏移	20	以底层窗口为准，用经纬仪或吊线检查	检验批的 10%，且不少于5处
5	水平灰缝平直度	7	拉 10m 线和尺检查	有代表性自然间 10%，但不应小于3间，每间不小于2处
6	清水墙游丁走缝	20	吊线和尺检查，以每层第一皮砖为准	有代表性自然间 10%，但不应少于3间，每间不少于2处

【思考与练习】

1. 清水墙一般采用何种组砌形式？
2. 清水墙勾缝有哪些要求？
3. 清水墙砌筑时盘角、挂线是如何规定的？

第十八章

砌体工程施工方案编制

模块1　砌体工程施工方案编制（Z44I3001Ⅲ）

【模块描述】本模块包含砌体砌筑施工方案编制的内容、控制要求及相关安全注意事项。通过工序介绍、要点讲解、流程描述，熟练编制砌体砌筑施工方案。

【模块内容】

砌体工程施工方案是砌体工程施工的指导性文件，对确保工程的组织管理、工程质量和施工安全有重要意义。

一、编制依据

（1）工程设计施工图、设计交底会议纪要及设计变更文件等。

（2）国家现行有关技术标准、图集、施工验收规范，工程检验及评定标准。

（3）施工合同或协议。

（4）施工组织设计。

二、施工方案主要内容

施工方案主要包括工程概况、施工准备、施工方法、质量控制、成品保护和安全文明施工措施等六方面内容。

三、施工方案具体内容

1. 工程概况

（1）工程结构形式。

（2）墙体材料。

（3）质量目标。

（4）工期目标。

（5）文明管理目标。

（6）质量方针。

2. 施工准备

施工准备包括技术准备、材料进场、施工人员配备及施工机具清单等。

3. 施工方法

施工方法包括砌体工程的施工流程、施工要点与一般构造要求以及质量通病防治的施工措施等。

4. 质量控制

质量控制包括砂浆试块强度、砖砌体允许偏差以及质量记录清单等。

5. 成品保护

包括施工工程中的成品保护措施。

6. 安全文明施工措施

安全文明施工措施包括安全、职业健康以及文明施工措施。

【例 18–1–1】砌体工程施工方案

一、工程概况

（1）本工程建筑物主体为框架结构，砖砌体主要为室外围护结构，不承担除自重外的任何荷载。

（2）本工程砌体采用 MU15 蒸压灰砂砖，M10 水泥混合砂浆砌筑。

（3）质量目标：分项工程质量一次合格率 100%。

（4）工期目标：优化施工管理计划，力争提前完成施工任务。

（5）文明管理目标：精心组织，科学管理，严格按总平面图进行现场临建搭设，搞好文明施工，争创文明生产标化工地。

（6）安全目标：杜绝发生工亡事故，千人重伤率≤0.3，千人负伤率≤5.4，千人违章率≤9。

（7）质量方针：坚持“信守合同，保证质量，优质服务，为业主提供满意的建设工程产品”质量方针，弘扬企业精神，严格执行企业颁布的质量体系文件，全面履行工程承包合同，优质、高速、安全、文明地组织施工，确保工程质量。

二、施工准备

1. 技术准备

（1）图纸会审：核对砌筑砂浆的种类、强度等级、使用部位等设计要求；施工前必须认真熟悉图纸，掌握砌体做法及构造要求。

（2）明确所需搅拌机、计量器具的规格、型号、性能、使用精度及参数等，确保现场计量设备齐全、准确。

（3）施工前应向操作层进行书面技术、安全交底。

（4）砌筑砌体前，必须根据砌块尺寸和灰缝厚度计算皮数和排数，结合砌体和砌块的特点、设计图纸要求及现场具体条件，绘制砌体节点组砌排列图，并做好技术交底工作，以保证砌体尺寸符合设计要求。

（5）砂浆配合比必须经过具有试验资质的部门或单位进行设计。计量精度水泥控制在±2%以内。

2. 材料进场

（1）砌体材料进场时必须按照规范和设计要求，进行见证取样试验检测。

（2）水泥：应有出厂证明和复试报告。水泥进场使用前，应分批对其强度、安定性进行复验。检验批应以同一生产厂家、同一编号为一批。当在使用中对水泥质量有怀疑或水泥出厂日期超过三个月（快硬硅酸盐水泥超过一个月）时，应复查试验，并应按试验结果使用。不同品种的水泥，不得混合使用。水泥应按品种、强度等级、出厂日期分别堆放，并应保持干燥。

（3）砂：宜用中砂，过 5mm 孔径筛子。砂的含泥量，对水泥砂浆和强度等级不小于 M10 的水泥混合砂浆，不应超过 5%；人工砂、山砂及特细砂，应经试配满足砌筑砂浆技术条件要求。

（4）水：拌制砂浆用水宜采用饮用水，自来水或不含有害物质的洁净水。当采用其他来源水时，水质必须符合现行行业标准《混凝土用水标准》（JGJ 63）的规定。

3. 现场作业条件

（1）砖进场后，需按指定地点进行分类整齐堆放，堆放地必须平整，并有排水措施。砖的堆置高度不宜超过 1.6m，垛与垛之间应留有适当的通道。

（2）砌筑前，应先将建筑面抄平，用水冲洗干净工作面，然后按图纸放出轴线，并立好皮数杆。

（3）在砌筑前 1～2d 将砖浇水湿润。以水浸入砖四边 1.5cm 为宜，含水率应控制在 10%～15%以内，雨季不得使用含水率达到饱和状态的砖砌墙。

4. 施工人员准备

（1）岗位要求

1）试验员：须持证上岗，熟知材料及砂浆试块的取样规定，熟知砂浆试块的制作、养护规定，操作熟练。

2）材料员：须持证上岗，熟知材料进场的检验、验收、入库规定。

3）计量员：应熟知计量器具的校检周期、计量精度、使用方法等规定。

4）搅拌机操作人员：须持证上岗，要求熟知操作规程和搅拌制度，操作熟练。

5）砂浆操作人员：应经过培训，并掌握投料、搅拌、运输等技术与安全交底内容，操作熟练。

6）砌筑操作人员：混凝土砌块砌体的施工人员配备以瓦工为主，适当配备少量吊装工、钢筋工、水工、电工、架子工等混合班组完成。班组组成人员多少，根据工程的规模、工程量的大小以及劳动力等情况进行适当安排，并根据进度情况实时调整。

（2）项目人员及各工种用人安排计划见表 18–1–1。

表 18–1–1　　项目人员及各工种用人安排计划

序号	岗位	人数	管理职责
1	技术负责	1	解决图纸和现场存在的技术问题
2	生产经理	1	全面负责现场施工生产调度
3	砌筑工长	1	负责砌筑施工全过程，负责现场放线、墙体定位及复核
4	钢筋工长	1	负责钢筋翻样、制作、焊接、绑扎
5	试验员	1	负责砂浆配合比委托、材料取样送检、试块制作
6	质检员	1	负责质量检查和验收
7	材料员	1	负责现场各种材料的采购及供应
8	动力组长	1	负责现场水电布置及用电安全、机械设备安装、维修
9	安全员	1	负责现场安全、文明施工管理与监督，检查施工脚手架防护，兼任砌筑工长

砌体施工管理人员合计 9 人，同时根据现场进度情况配备充足技工及普工。

（3）主要机具。备有搅拌机、翻斗车、磅秤、吊斗、砖笼、手推车、胶皮管、筛子、铁锹、半截灰桶、喷水壶、托线板、线坠、水平尺、小白线、砖夹子、大铲、瓦刀、刨锛、工具袋等。主要机具规格数量见表 18–1–2。

表 18–1–2　　主要机具规格数量

序号	名称	规格	数量	备注
1	施工电梯	SC200/200	1 台	作为砌筑材料垂直运输工具
2	手推车	普通	10 辆	作为砌筑材料水平运输工具
3	砂浆搅拌机	0.3m^3	1 台	砂浆拌和，搅拌站另有 2 台
4	塔吊	QTZ5510	1 台	辅助材料垂直运输

三、施工方法

1. 砌体施工程序

测设水平线、轴线、墙边线→立皮数杆→排砖→架头角→挂墙线→砌墙体→做好各种预留管、预留孔洞→工完场清→自检→项目部检查验收。

2. 施工要点与一般构造要求

砌筑前，先量出框架的净跨和净高，在电脑上排列砖块布置图，计算出平均水平缝宽和竖向缝宽。然后根据砖块布置图，在框架梁和柱上弹出墙身轴线及边线，组砌方法采用一顺一丁的砌筑方法，并应事先规划好预埋的对拉丝杆位置，不得出现事后打洞，或预留对拉丝杆太少加固不牢。

砂浆饱满度。砌体水平灰缝的砂浆饱满度不得小于 80%；竖缝宜采用挤浆或加浆方法，不得出现透明缝，严禁用水冲浆灌缝。砌体的水平灰缝厚度和竖向灰缝宽度宜为 10mm，不应小于 8mm，也不应大于 12mm。

摆砖。开始砌筑时先要进行摆砖，排出灰缝宽度。防火墙柱两端头必须是七分头，各皮砖的竖缝相互错开。

立皮数杆。在砌墙前，先要立皮数杆，皮数杆上划有砖的厚度、灰缝厚度、预埋件等构件位置。

挂线。所有墙体采用双面挂线砌筑，第一皮砖要查对皮数杆的标高，砌砖时，水平灰缝必须用预制木托板控制，确保水平灰缝的均匀一致、平直通顺。

砌砖。宜采用一块砖、一铲灰、一挤揉的“三一”法砌砖法，即满铺满挤操作法。竖缝宜采用挤浆或加浆方法，使其砂浆饱满，严禁用水冲浆灌缝。砌砖时砖要放平，里手高，墙面就要胀；里手低，墙面就要背。砌砖一定要中线，“上跟线、下跟棱、左右相邻要对平。

砌筑砂浆应随搅拌随使用，水泥砂浆必须在 3h 内用完，水泥混合砂浆必须在 4h 内用完，不得使用过夜砂浆。墙应随砌随将舌头灰刮尽，并及时用原浆勾缝，凹进砖面 5mm。

砖墙与柱之间应沿墙高每 500mm 设置 2 根 $\phi 6$ 水平拉结筋连接。墙体抗震拉结筋的位置、钢筋规格、数量、间距长度、弯钩等应按设计要求留置，不应错放、漏放。梁最上一层或梁垫的下面应用丁砖砌筑。砖墙每天砌筑高度以不超过 1.8m 为宜。

3. 墙体质量通病防治的施工措施

砌筑砂浆应采用中砂，严禁使用山砂、石粉和混合粉。砌体工程所用的材料应有产品的合格证书、产品性能检测报告。不得使用国家明令淘汰的材料。

应严格控制砌筑时块体材料的含水率。砌筑时块体材料表面不应有浮水，不得在饱和水状态下施工。

砌筑砂浆的拌制、使用及强度应符合相关规范及设计的要求。

填充墙砌至接近梁底时，应留有一定的空隙，填充墙砌筑完并间隔 15d 以后，方可补砌挤紧，或采用微膨胀混凝土嵌填密实；补砌时，双侧竖缝用高强度水泥砂浆嵌填密实。

框架柱间填充墙拉结筋宜采用预埋法留置，应满足砖模数要求，不应折弯压入砖缝；梁底插筋应采用预埋留置。

严禁在墙体上埋设交叉管道和开凿槽。

四、质量控制

1. 砌筑砂浆试块强度验收

砂浆试块的制作应按现行行业标准《建筑砂浆基本性能试验方法》（JGJ/T 70）的规定执行。

（1）主控项目：① 水泥安定性应符合不同品种水泥的安定性要求；② 水泥强度、砂浆试块强度、砂浆配合比要符合设计要求。

（2）一般项目：搅拌时间；砂浆稠度；分层度。

（3）资料核查项目：水泥出厂合格证检验报告、砂检验报告。

（4）观感检查项目：砂浆稠度和砂的含泥量符合要求。

2. 砖砌体

砖砌体工程质量标准和检验方法见表18–1–3。

表18–1–3　　砖砌体工程质量标准和检验方法

序号	项目			允许偏差（mm）	检查方法
1	轴线位移			10	用经纬仪复查或检查施工测量记录
2	基础顶面或楼面标高			±15	用水平仪复查或检查施工测量记录，不少于5处
3	墙面垂直度	每层		5	用2m托线板检查
		全高	10m及以下	10	用经纬仪或吊线和尺检查
4	表面平整度	清水墙、柱		5	2m直尺和楔形塞尺检查，10%，≥3间，≥2处
		混水墙、柱		8	
5	水平灰缝平直度	清水墙10m以内		7	用拉10m线或尺检查，10%，≥3间，≥2处
		混水墙10m以内		10	
6	水平灰缝厚度（连续十皮砖累计数）			±2	与皮数杆比较，用尺检查

3. 质量记录

（1）水泥的出厂合格证及复试报告。

（2）砂的检验报告。

（3）砂浆配合比通知单。

（4）砂浆试块28d标准养护抗压强度试验报告。

（5）原材料计量记录。

（6）材料（标准砖、蒸压加气混凝土砌块、水泥、砂、钢筋等）的出厂合格证、试验报告。

（7）分项工程质量检验评定。

（8）隐检、预检记录。

（9）设计变更及洽商记录。

（10）其他技术文件。

4. 原材料计量

（1）砂浆搅拌时严格按配合比对其原料进行重量计量施工。

（2）水泥等配料精确度应控制在±2%以内。

（3）砂、水、塑化剂等组分的配料精确度应控制在±5%以内。

（4）砂应计入其含水量对配料的影响。

（5）计量器具应经校准取证并在其校准有效期内，保证其精度符合要求。

五、成品保护措施

（1）施工中应采取措施，防止砂浆污染墙、柱表面。在临时出入洞或料架周围，应用草垫、木板或塑料薄膜覆盖。

（2）落地砂浆及时清除干净，以免与地面黏结，影响地坪施工。

（3）墙体拉结钢筋、抗震组合柱钢筋、各种预埋件、暖卫管线、电气管线及预埋件，均应注意防护，不得随意碰撞、拆改或损坏。

（4）不得随意在墙体上剔凿打洞，应随砌筑进行预埋。需要时，应有可靠措施，不因剔凿而损坏砌体的完整性。在加气混凝土砌块墙上剔凿设备孔洞、槽时，应轻凿，保持砌块完整，如有松动或损坏，应进行补强处理。

（5）安装脚手架、吊放预制构件或安装大模板时，指挥人员和吊车司机应密切配合，认真操作，防止碰撞已砌好的砖墙。拆除脚手架时，应注意保护墙体及门窗口角，防止碰撞而造成墙体破坏或缺棱掉角等。在已砌筑完的砌体间内，车辆运输等应注意墙体边缘，防止被撞坏。

（6）加气混凝土砌块墙不得留脚手眼，搭拆脚手架时不得碰撞已砌墙体和门窗边角。

（7）后装门窗框时，应注意固定框的埋件牢固，不可损坏、不可使其松动。门框安装后，施工时应将门口框两侧300～600mm高度范围钉铁皮保护，防止手推车撞坏。

（8）砌块在装运过程中，轻装轻放，计算好每处用量，分别整齐码好。

（9）雨天施工下班时，应适当覆盖外围墙体表面，以防雨水冲刷。

（10）过梁底部的模板，应在过梁混凝土强度达到75%以上时，方可拆除。

（11）墙面预留脚手眼，应用与原墙相同规格、色泽的砖嵌砌或用细石混凝土填充。

六、安全及文明施工

1. 安全

砌筑工程应遵守一般建筑工程施工的安全规定和安全技术操作规程。

（1）砂浆搅拌机械必须符合《建筑机械使用安全技术规程》（JGJ 33）及《施工现场临时用电安全技术规范》（JGJ 46）的有关规定。工作中应定期对其进行检查、维修，保证机械使用安全。

（2）进入施工现场，必须戴好安全帽，严禁穿拖鞋、赤膊，严禁酒后作业，不准在施工现场嬉闹。

（3）正式施工操作前，应对临时脚手架、跳板等安全设施进行检查，杜绝一切安全隐患。脚手架应经检查后方能使用。

（4）脚手架上堆砖不得超过三层（侧放），堆放砌块为一层。采用砖笼吊砖时，砖在架子上或楼板上要均匀分布，不应集中堆放。灰筒、灰斗应放置有序，使架子上保持畅通。装砖时应先取高处后取低处，严禁砖堆置过高。

（5）砌体工程垂直运输采用施工电梯。用施工电梯转运材料时必须将斗车放平稳，电梯起动前必须将楼层里的安全门关好，严禁私自将安全门卸掉。起吊砖笼或砂浆料斗时，砖和砂浆不得装得过满，起吊范围内不得有人停留。在每层接料口处必须设活动门，非施工楼层应及时关闭。

（6）严禁在楼层上向下抛掷材料，扔东西。不准乱扔手上的碎块、灰桶等。

（7）砌体施工及检查墙面平整度和垂直度等操作时，不得在站在墙身上进行，更不得在墙身上行走。

（8）在架子上砍砖时，操作人员应面向里把碎砖打在架板上，严禁把砖头打向架外。挂线用的坠砖，应绑扎牢固，以免坠落伤人。

（9）严禁不经安全员和工长同意，私自拆除安全设施（安全牌、外架、护栏、安全网等）。砌筑时不准随意拆改或移动脚手架，楼层洞口处的盖板或防护栏不得随意挪动拆除。

（10）墙体砌筑超过地坪 1.2m 以上时，必须采用脚手架或铁凳，脚步手板上堆码砖高度不得超过两皮砖，同一脚手板上操作人员不得超过两个。

（11）不准用不稳定的工具或物体在脚手板面垫高操作。

（12）搭设施工架子要牢固可靠，施工人员上下要小心，在架上警惕移动。

（13）操作人员应戴好安全帽，高空作业时应挂好安全网。

（14）在楼面上从斗车上卸砌块时，应尽量避免冲击、撞击楼面。砌块在楼板上不可堆置过高。

（15）砌筑高度每天不宜大于 1.8m。

2. 职业健康

（1）水泥等含碱性，对操作人员的手有腐蚀作用，施工人员应佩戴防护手套。水泥、砂、塑化剂的投料人员应佩戴口罩、穿长袖衣服，防止吸入粉尘、腐蚀皮肤。砂浆的拌制过程中操作人员应戴口罩防尘。

（2）对工人宿舍、办公室、食堂、仓库等应进行全面检查，对危险建筑物应进行全面翻修加固和拆除。

（3）施工人员不得酒后作业，以防安全事故的发生。施工期间，必须按要求佩带劳动保护用品，同时戴好安全帽、系好安全带。作业层及操作面上，必须设置安全防护设施。

（4）砌块切割作业，应设置防护措施，防止砌块粉尘到处飞扬，同时作业人员应佩戴口罩，以防粉尘进入人体。

（5）施工前必须检查所有机械设备的性能，确保安全、可靠。

（6）工地食堂必须符合当地卫生检疫部门的有关规定。保持室内洁净、无污染，用具消毒，米、菜清洗干净，以防食物中毒。

3. 文明施工

（1）材料堆码整齐，水泥、砂子堆放集中、整齐。批量进场的砂堆放在现场搅拌站南侧的砂料堆场。水泥有专用库房存放，设在现场搅拌站附近，地面铺砖、垫木枋等防潮。

（2）砌块在搬运过程中，应轻装轻放。计算好各房间的用量，分别堆码整齐。

（3）在砂浆搅拌、运输、使用过程中，遗漏的砂浆应及时回收处理，不能污染楼地面。因砂浆搅拌而产生的污水应经沉淀后排入指定地点。落地砂浆应在初凝前及时清理，收集再用，以免与地面黏结，影响楼地面工程施工，并可减少砂浆用量。砌筑现场，砂浆搅拌加料有序，无水外溢，严禁满楼层是水。砂浆放在钢板上，现场有序无积水。砌筑现场，材料摆放集中整齐，水泥袋集中回收。楼层内用油桶储水。

（4）本工程要达到清水混凝土标准，砌筑施工中注意不弄脏混凝土面，并保持已砌墙面的整洁。砌筑操作后，墙脚的砂浆等杂物应及时清理，保持环境的干净、整齐。

（5）搭拆脚手架时不要破坏已砌好的墙体和门窗洞口阳角。

（6）门窗安装后，施工时宜将门框两侧300～600mm高度范围钉模板或铁皮保护。

（7）做到工完料清，工完场清。

【思考与练习】

1. 砌体工程施工方案包括哪些方面内容？

2. 工程概况应包括哪些内容？

3. 砌体工程质量记录有哪些？

第六部分

装饰装修工程

第十九章

抹　灰

模块1　基层处理（Z44J1001Ⅰ）

【模块描述】本模块介绍了墙体基层表面处理、不同材料交接处加强措施等。通过知识讲解重点控制内容，掌握基层处理要点、质量要求及检查方法。

【模块内容】

抹灰是以水泥、石灰膏为胶凝材料加入砂或石料，与水拌和成砂浆后，涂抹在建筑物的墙、顶等表面上的一种操作工艺。

一、抹灰工程的作用与组成

1. 抹灰工程的作用

抹灰工程分为内抹灰和外抹灰两种。通常把位于室内各部位的抹灰叫内抹灰，如内墙面、顶棚、墙裙、踢脚线、内楼梯等；把位于室外各部位的抹灰叫外抹灰，如外墙、雨篷、阳台、屋面等。

内抹灰主要是起到保护墙体和改善室内卫生条件，增强光线反射，美化环境等作用。在易受潮或易受酸碱腐蚀的房间里，主要起保护墙身、顶棚的作用。

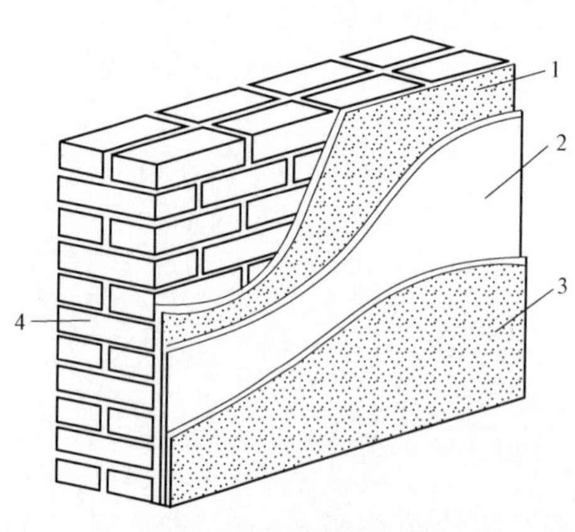

图19–1–1　抹灰层组成

1—底层；2—中层；3—面层；4—基体

外抹灰主要是保护墙身不受风、雨、雪侵蚀的作用，提高墙面防潮、防风化、隔热的能力。提高墙身的耐久性，也是对建筑物表面进行艺术处理的措施之一。

2. 抹灰工程的组成

为使抹灰层与基层黏结牢固，防止起鼓开裂并使之表面平整，一般应分层操作，即分底层、中层和面层，如图19–1–1所示。

（1）底层。底层主要起与基层的黏结和初步找平的作用。底层所使用的材料随基层的不同而不同，室内砖墙面常用水泥石灰混合砂浆；室外砖墙面和有防潮防水要求的内墙面常用水泥砂浆或混合砂浆；对混凝土基层宜先刷素水泥浆一道，再采用混合砂浆、水泥砂浆或聚合物水泥抹灰砂浆打底，更易于黏结牢固。

（2）中层。中层主要起找平作用。根据基层材料的不同，其做法基本上与底层的做法相同。按照施工质量要求可一次抹成，也可分遍进行。

（3）面层。面层主要起装饰作用，所用材料根据设计要求的装饰效果而定。面层为装饰层，即通过不同的操作工艺使抹灰表面达到预期的装饰效果。

二、基层处理

为使抹灰砂浆与基层表面黏结牢固，防止抹灰层产生空鼓现象，抹灰前应对基层进行必要的处理。

（一）施工准备

1. 材料准备

（1）水泥宜采用普通硅酸盐水泥，强度等级不低于42.5级。不同品种、不同强度等级的水泥严禁混用。

（2）砂采用0.35～0.5mm的中砂，含泥量不大于1%。砂在使用前应根据使用要求过筛，筛好后保持洁净。

（3）石灰膏：细腻洁白、不含未熟化的颗粒。不能使用已冻结风化的石灰膏，磨细生石灰粉应过筛，使用前充分熟化（熟化时间不小于3d）。

（4）石膏：磨细、无杂质，初凝时间不小于3～5min，终凝时间不大于30min。

（5）水宜采用饮用水，当采用其他水源时水质应达到《混凝土用水标准》（JGJ 63）的规定。

（6）胶黏剂：提高砂浆的黏结性、柔韧性、稠度和保水性，减少面层的开裂和脱落。常用的有甲基硅醇钠、木质素磺酸钙、聚醋酸乙烯乳液、工业硫酸铝等。

（7）钢丝网或耐碱玻纤网布。

（8）混凝土界面剂等。

2. 技术准备

（1）材料的产品合格证、性能检验报告、进场验收记录和复验报告。

（2）施工方案已完成，并通过审核、批准。

（3）施工技术交底已完成。

（二）基层处理前的检查项目

抹灰工程施工，必须在主体结构质量均已验收合格后进行。对其他配合工种项目也必须进行检查，这是确保抹灰质量和进度的关键。抹灰前应对以下主要项目进行检查。

（1）门窗框安装是否正确并齐全，是否预留抹灰层厚度，门窗口高度是否符合室内水平线标高。

（2）墙面预埋件有没有遗漏，位置是否正确，埋置是否牢固。

（3）墙面预留洞口和配电箱、槽、盒的位置是否正确，是否安装完毕，有无遗漏。

（4）水、电预埋管线，是否全部埋设完成。

（5）栏杆、泄水管、水落管管夹、电缆线的托架、消防检修梯等安装是否正确、齐全，连接是否牢固等。

（6）对已安装好的门窗框，采用木挡、塑料贴膜或其他物件进行保护。

（7）抹灰时使用的脚手架是否搭设完毕，架体横竖杆要离开墙面及墙角 200～250mm，以利操作。

（8）组织班组进行技术交底等。

（三）基层表面处理

（1）应清除干净附在基层表面的尘土、污垢、油渍、残留灰、舌头灰等，并洒水湿润，使抹灰砂浆与基层表面黏结牢固，以防止抹灰产生空鼓、裂缝和脱落等。

（2）墙上的脚手孔洞应堵塞严密，外墙脚手孔应使用微膨胀细石混凝土分次塞实成活，并在洞口外侧先加刷一道防水增强层。

（3）凡水暖、通风管道通过的墙洞和凿剔墙后安装的管道周边，应用 M20 水泥砂浆填补密实、平整。

（4）应将混凝土墙、过梁、梁垫、梁头、圈梁及组合柱表面凹凸明显部分混凝土剔平或用 M20 水泥砂浆分层补平，固定模板的铁线等要剪掉。

（5）门窗周边的缝隙应用水泥砂浆分层嵌填密实，以防因振动而引起抹灰层剥落、开裂。

（6）混凝土基层表面应进行毛化处理，其方法：可凿成麻面或划凹槽处理；或采用机械喷涂 M15 水泥砂浆（内掺适量胶黏剂）和涂抹界面砂浆。

（7）墙面凹度较大时应分层衬平，每层厚度不应大于 7～9mm。

（8）光滑、平整的混凝土表面如设计无要求时，可不必抹灰，进行刮腻子处理。

（9）烧结砖砌体的基层，应在抹灰前一天浇水湿润，由于烧结砖吸水率较大，每天宜浇两次水，水应渗入墙面内 10～20mm；对于蒸压灰砂砖、蒸压粉煤灰砖、轻骨料混凝土、轻骨料混凝土空心砌块的砌体，因这几种块体材料的吸水率较小，为避免抹灰时墙面过湿或有明水，可在抹灰前浇水润湿墙面；对于加气混凝土砌块基层墙面，应提前两天浇水，每天两遍以上；对于混凝土小型空心砌块砌体和混凝土多孔砖砌体的基层，不需要浇水润湿。

（四）不同材料交接处加强措施

不同材料基体交接处由于吸水和收缩性不一致，接缝处表面的抹灰层容易开裂，需要采取铺设钢丝网或耐碱玻纤网布等加强措施，以切实保证抹灰工程的质量，加强网铺设后要检查合格方可抹灰。

（1）墙体与混凝土柱、梁的交接处，采用铺钉钢丝网加强措施，钢丝网与各基体的搭接宽度不应小于 150mm。钢丝网宜选用 12.7mm×12.7mm，丝径 0.9mm，搭接时应错缝，用带尾孔射钉双向间距 300mm、呈梅花形错位锚固，如图 19–1–2（a）所示。

（2）当墙体为空心砖、加气混凝土砌块时，采用钢丝网或耐碱玻纤网布满布，由上至下，搭接宽度每边不应小于 150mm；并采用机械喷涂 M15 水泥砂浆（内掺适量胶黏剂）和涂抹界面砂浆进行粘贴，要求牢固、紧贴墙面、平整、无空鼓，如图 19–1–2（b）所示。

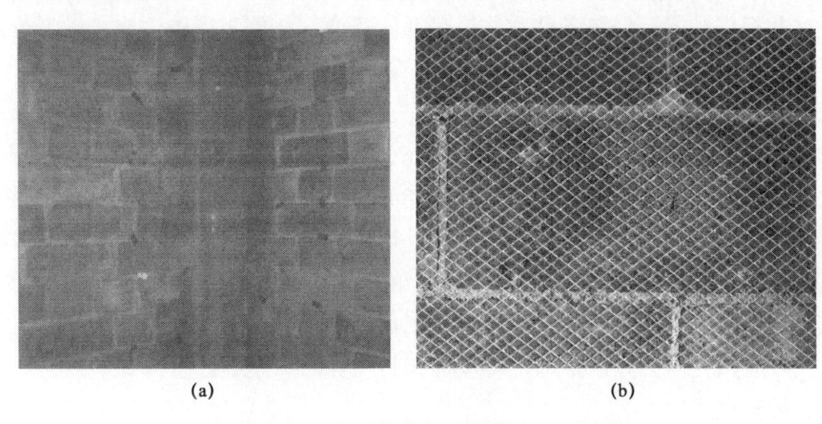

(a) (b)

图 19–1–2 不同基体加强措施处理示意图

（a）墙面粘贴耐碱玻纤网；（b）墙面铺钉钢丝网加强

（五）质量要求与检验

（1）抹灰前基层表面的尘土、污垢、油渍等应清除干净，并应洒水润湿或界面处理。

检验方法：检查施工记录。

（2）抹灰工程应分层进行。当抹灰总厚度大于或等于 30mm 时，应采取加强措施。不同材料基体交接处表面的抹灰，应采取防止开裂的加强措施。当采用加强网时，加强网与各基体的搭接宽度不应小于 150mm；当墙体为空心砖、加气混凝土砌块时，采用加强网满布，由上至下，搭接宽度每边不应小于 150mm。

检验方法：观察、钢尺检查，检查隐蔽工程验收记录和施工记录。

【思考与练习】

1. 一般抹灰层的组成以及各层的作用是什么？

2. 抹灰前为什么要进行基层处理？怎样处理？

3. 基层处理质量要求有哪些？

模块2 普通抹灰（Z44J1002Ⅰ）

【模块描述】本模块介绍了普通抹灰的质量要求、检查内容以及细部处理。通过要点讲解、工艺介绍、图形举例，掌握普通抹灰施工工艺、质量要求和检查方法。

【模块内容】

一般抹灰划分为两个等级，即普通抹灰和高级抹灰。抹灰等级的划分不是按建筑物的标准，而是按依据质量要求和主要工序划分的。抹灰等级由设计单位按照国家有关规定，并根据技术、经济条件和装饰美观的需要，在施工图中注明，施工单位按照设计要求进行施工。

墙面普通抹灰由一层底层、一层中层抹灰和一层面层，三遍抹灰成活组成。高级抹灰由一层底层、数层中层抹灰和一层面层抹灰成活组成。底层抹灰主要起与基层黏结和初步找平的作用，中层抹灰主要起找平和结合的作用，面层抹灰主要起装饰和保护作用。

为了保护好成品，施工顺序通常是先外墙后内墙、先上面后下面。外墙由屋檐开始自上而下，先抹阳角线（包括门窗角、墙角）、台口线，后抹窗台和墙面，再做勒脚、散水和明沟。内墙抹灰，应待屋面防水完工后，顶棚抹灰完成，不被后续工程损坏和污染，一般应按先房间、后走廊、再楼梯和门厅等的顺序进行。

一、砂浆选用

普通抹灰包括水泥抹灰砂浆、水泥粉煤灰抹灰砂浆、水泥石灰抹灰砂浆、掺塑化剂水泥砂浆、聚合物水泥抹灰砂浆、石膏灰抹灰砂浆及预拌抹灰砂浆等抹灰。抹灰砂浆的品种宜根据使用部位或基体种类按表19–2–1选用。

表19–2–1　　抹灰砂浆的品种选用

使用部位或基体种类	抹灰砂浆品种
内墙	水泥抹灰砂浆、水泥石灰抹灰砂浆、水泥粉煤灰抹灰砂浆、掺塑化剂水泥抹灰砂浆、聚合物水泥抹灰砂浆、石膏抹灰砂浆
外墙、门窗洞口外侧壁	水泥抹灰砂浆、水泥粉煤灰抹灰砂浆
温（湿）度较高的车间和房屋、地下室、屋檐、勒脚等	水泥抹灰砂浆、水泥粉煤灰抹灰砂浆
混凝土板和墙	水泥抹灰砂浆、水泥石灰抹灰砂浆、聚合物水泥砂浆、石膏抹灰砂浆
加气混凝土砌块（板）	水泥石灰抹灰砂浆、水泥粉煤灰抹灰砂浆、掺塑化剂水泥抹灰砂浆、聚合物水泥抹灰砂浆、石膏抹灰砂浆

二、一般要求

（1）抹灰前必须先找好规矩，即四角规方、横线找平、立线吊直、弹出准线和墙裙、踢脚板线。

（2）抹灰层平均总厚度。

1）内墙：平均厚度不宜大于 20mm。

2）外墙：墙面抹灰的平均厚度不宜大于 20mm，勒脚抹灰的平均厚度不宜大于 25mm。

3）蒸压加气混凝土砌块基层抹灰平均厚度宜控制在 15mm 以内，当采用聚合物水泥砂浆抹灰时平均厚度宜控制在 5mm 以内，采用有石膏砂浆抹灰时，平均厚度宜控制在 10mm 以内。

（3）当抹灰层厚度大于 30mm 时，应采取与基体黏结的加强措施。当抹灰层总厚度超过 50mm 时，加强措施应由设计单位确认。

（4）抹灰时墙面不得有明水，抹灰应分层进行，应待前一层达到六七成干后（即用手指按压砂浆层，有轻微印痕但不得沾手）再涂抹后一层。涂抹水泥抹灰砂浆，每层厚度宜为 5～7mm；涂抹水泥石灰抹灰砂浆，每层宜为 7～9mm。

（5）强度高的水泥抹灰砂浆不应涂抹在强度低的水泥抹灰砂浆基层上，以免砂浆在凝结过程中产生较大的收缩应力，破坏强度较低的抹灰底层或基体，导致抹灰层产生裂缝、空鼓或脱落。

（6）各层抹灰砂浆在凝结硬化前，应防止暴晒、快干、淋雨、水冲、撞击、振动和受冻。

（7）在抹灰 24h 以后进行保湿养护，养护时间不得少于 7d，冬季施工要有保温措施。

三、施工准备

（一）材料准备

（1）水泥宜采用普通硅酸盐水泥，强度等级不低于 42.5 级，颜色一致，同一批号、同一品种、同一强度等级、同一个厂家的产品。

（2）砂宜采用粒径 0.35～0.5mm 的中砂，含泥量不应大于 1%。在使用前应根据使用要求过筛，筛好后保持洁净。

（3）磨细石灰粉其细度为过 0.125mm 的方孔筛，累计筛余量不大于 13%。使用前用水浸泡，使其充分熟化，熟化时间不小于 3d。

（4）石灰膏用块状石灰淋刷后，用筛网过滤，贮存在沉淀池中，使其充分熟化。熟化时间，常温下一般不少于 15d；用于罩面灰时不少于 30d，使用时石灰膏内不得含有未熟化的颗粒和其他杂质。在沉淀池中的石灰膏应加以保护，防止其干燥、冻结和污染。

（5）水宜采用饮用水，当采用其他水源时水质应达到《混凝土用水标准》（JGJ 63）的规定。

（6）抗裂纤维材料。

（7）胶黏剂等。

（二）技术准备

（1）材料的产品合格证书、性能检验报告、进场验收记录和复验报告已齐全。

（2）施工方案已完成，并通过审核、批准。

（3）施工技术交底已完成。

（4）基层处理经验收合格，并应填写隐蔽工程验收记录。

四、内墙面抹灰

（一）工艺流程

基体表面处理→吊垂直、套方、找规矩、做灰饼→抹冲筋（标筋）→抹护角线→抹窗台板→抹底层中层灰→抹面灰→抹踢脚（墙裙）。

（二）施工要点

1. 吊垂直、套方、找规矩、做灰饼

先用托线板检查墙面的平整垂直程度，根据检查的实际情况并兼顾抹灰总的平均厚度规定，用一面墙做基准吊垂直、套方、找规矩，确定墙面抹灰厚度（最薄处不宜小于 5mm），以此确定灰饼厚度。墙面凹度较大时应分层衬平，每层厚度不应大于 7～9mm。操作时应先抹上灰饼，再抹下灰饼。抹灰饼时应根据室内抹灰要求，确定灰饼的正确位置，再用靠尺板找好垂直与平整。

房间面积较大时应先在在地上弹出十字中心线，然后按基层面平整度弹出墙角线，随后在距墙阴角 100mm 处吊垂直并弹出铅垂线，再按地上弹出的墙角线往墙上翻引弹出阴角两面墙上的墙面抹灰层厚度控制线，以此做灰饼。

做灰饼方法：在离地 1.5m 左右的高度，距墙面两边阴角 100～200mm 处，各做一个用 M15 水泥砂浆抹成的 50mm×50mm，厚度以墙面平整垂直决定的灰饼；然后根据这两个灰饼，用托线板或线锤吊挂垂直，做墙面下角的两个灰饼，高低位置一般在踢脚线上口，厚度以垂直为准；再用铁钉钉在左右灰饼附近墙缝里，拴上小线挂好通线，并根据小线位置每隔 1.2～1.5m 上下加做若干灰饼，如图 19–2–1 所示。

2. 抹冲筋（标筋）

待灰饼砂浆硬化后，用与抹灰底层相同的砂浆在上下灰饼之间抹上一条冲筋，其宽度和厚度均与灰饼相平，作为抹底层及中层的厚度控制和赶平的标准。冲筋的两边用刮尺修成斜面，以便与抹灰层结合牢固。

冲筋根数应根据房间的宽度和高度确定。当墙面高度小于 3.5m 时，宜做立筋，两筋间距不宜大于 1.5m；墙面高度大于 3.5m 时，宜做横筋，两筋间距不宜大于 2m，如图 19–2–1（b）所示。

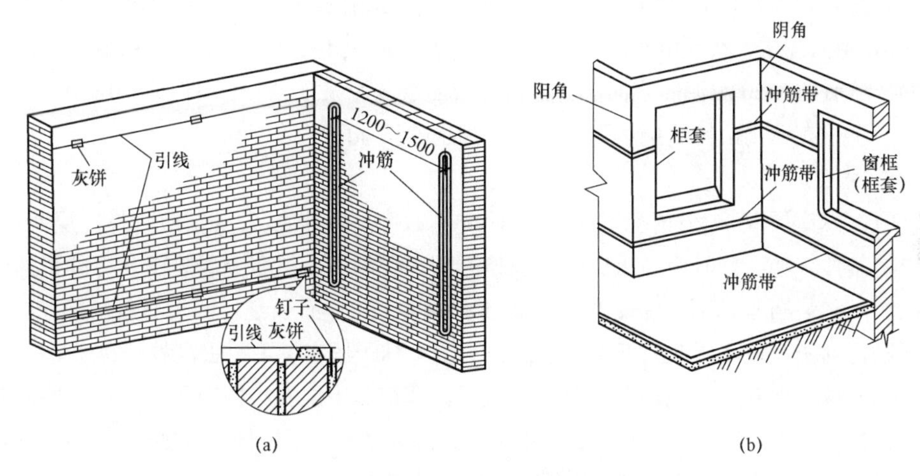

图 19–2–1 灰饼和标筋

（a）灰饼和纵向标筋示意图；（b）水平横向标筋示意图

3. 抹护角线

室内墙面、柱面、门窗洞口的阳角处抹灰要求线条清晰、挺直，并不易碰坏，故该处应用水泥砂浆做护角。

室内墙面、柱面的阳角和门窗洞口的阳角，如设计对护角线无具体要求时，一般可用不低于 M20 水泥砂浆抹出护角，护角高度不应低于 2m，每侧宽度不小于 50mm。

护角线做法：根据灰饼厚度抹灰，然后粘好八字靠尺，并找方吊直，用不低于 M20 砂浆分层抹平，待砂浆稍干后，再用捋角器抹成小圆角，如图 19–2–2 所示。过梁底部抹灰要方正。

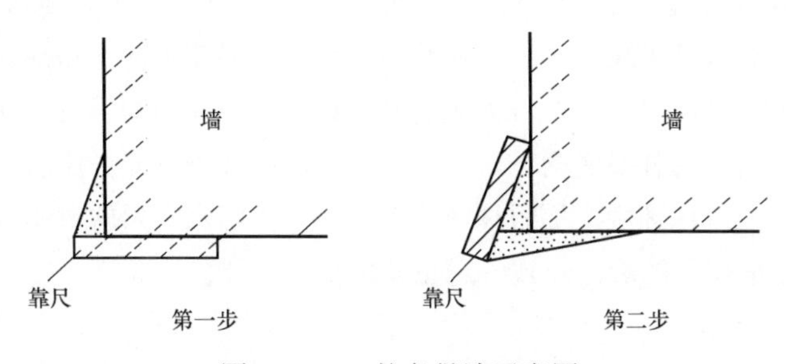

图 19–2–2 护角做法示意图

4. 抹窗台板

室内窗台的施工，一般与抹窗口护角时同时进行，也可在做窗口护角时只打底，随后单独进行窗台面板和出檐的罩面抹灰。

先将窗口基层清理干净，松动的砖或砌块重新补砌好，再将砖或砌块灰缝划深10mm，用水浇透，然后用C15混凝土铺实，厚度应大于25mm，隔一天后刷界面砂浆一遍，随后抹M20水泥砂浆面层。窗台抹灰面层要原浆压光，上口做成小圆角，下口平直，不得有毛刺，待面层达到初凝后，浇水养护4d。

5. 抹底层中层灰

（1）抹底层灰。一般情况下冲筋完成2h左右可开始抹底灰。抹前应先抹一层薄灰，要求将基体抹严，抹时用力压实使砂浆挤入细小缝隙内，接着分层装档（将砂浆抹于两筋之间称装档）。在两冲筋之间的墙面上抹满砂浆后，有长刮尺两头靠着冲筋，从上而下进行刮灰，使底层灰略低于冲筋面；再用木抹子压实搓毛，去高补低搓平。

（2）抹中层灰。待底层灰干至六七成后，即可抹中层灰，抹灰厚度以垫平冲筋并使其稍高于冲筋为准。抹上砂浆后，用木杠按冲筋刮平，不平处补抹砂浆，然后再刮，直至平直为止。紧接着用木抹子搓压，使表面平整密实。

墙的阴角处，先用方尺上下核对方正，然后用阴角器上下抹动搓平，使室内四角方正。

然后进行全面检查，检查墙面是否平整、阴阳角是否方正、各面交接处是否光滑平整、管道后抹灰是否抹齐，用靠尺检查墙面的垂直度与平整度，抹灰后应及时清理散落的砂浆。

6. 洞口部位修整

抹面层砂浆完成前，应对预留洞口、电气箱、槽、盒等边缘进行修补，将洞口周边修理整齐、光滑，残余砂浆清理干净。

7. 抹面灰

当中层灰有六七成干时，即可开始抹面层灰（如底灰过干应浇水湿润），面层表面必须保证平整、光滑和无裂缝。罩面应两遍成活，面层厚度以5～8mm为宜，罩面与灰饼抹平，最好两人同时操作，一人先薄刮一遍，另一人随即抹灰。抹灰时一般应从上而下、自左向右，用杠横竖刮平，木抹子搓毛，铁抹子溜光、压实，墙面上部与下部面层灰接槎处应压抹理顺，不留抹印。待其表面无明水时用软毛刷蘸水垂直方向轻刷一遍，以保证面层灰的颜色一致，避免和减少收缩裂缝。

8. 抹踢脚（墙裙）

抹踢脚线（或墙裙）时，应按给定的踢脚线或墙裙上口位置，先弹出一周封闭的上口水平线，用M20水泥砂浆分层抹灰，面层应原浆压光，比墙面的抹灰层突出3～5mm，把八字靠尺靠在线上用铁抹子将上口切齐，修边清理。

五、外墙面抹灰

（一）工艺流程

基体表面处理→吊垂直、套方、找规矩、做灰饼、冲筋→抹底层中层灰→弹分格线、粘分格条→做滴水线（槽）→抹面灰→养护。

（二）施工要点

1. 吊垂直、套方、找规矩、做灰饼、冲筋

找规矩时应先根据建筑物高度确定放线方法，即先在建筑物外墙的四大角挂好由上而下的垂直通线，用目测决定其大致的抹灰厚度，每步架的大角两侧最好弹上控制线，再拉水平通线，以此为准线做灰饼，竖向每步加都做一个灰饼，然后以灰饼再做冲筋。尽量做到同一墙面不接槎，必须接槎时，可留在阴阳角或水落管处。其灰饼、冲筋的做法与内墙抹灰相同。

2. 抹底层中层灰

用于外墙的抹灰砂浆宜掺和纤维等抗裂材料；当抹灰层需具有防水、防潮功能时，应采用防水砂浆。底层中层灰两层间的间隔时间不应小于2～7d。

其操作方法与内墙抹灰相似。

3. 弹分格线、粘分格条

为增加墙面美观，防止产生裂缝，在底层抹灰完后，应按设计图纸和构造要求，将外墙面弹线分格，粘贴分格条。

弹线、分格时，按设计图纸和构造要求的尺寸进行排列分格，弹出竖向和横向分格线。弹线时要按顺序进行，先弹竖向，后弹横向。

粘贴分格条时两侧用抹成八字形的水泥砂浆固定，分格条两侧八字斜角抹成60°，如图19–2–3所示。其周边要交接严密，横平竖直，不得有错缝或扭曲现象。分格条的宽度和深度应均匀，表面光滑，棱角整齐。

4. 做滴水线（槽）

檐口、窗台、窗楣、雨篷、阳台、压顶和突出墙面的腰线以及装饰凸线等部位，应先抹立面，再抹顶面，最后抹底面，并应保证其流水坡度方向正确。顶面应做流水坡度，底面应做滴水线或滴水槽，不得出现倒坡。滴水线和滴水槽的深度和宽度均不应小于10mm，且整齐一致，如图19–2–4～图19–2–6所示。

窗台抹灰用M20水泥砂浆两遍成活。抹灰时，各棱角做成钝角或小圆角，抹灰层应伸入窗框周边的缝隙内，并填满嵌实，以防窗口渗水，窗台表抹灰应平整光滑。

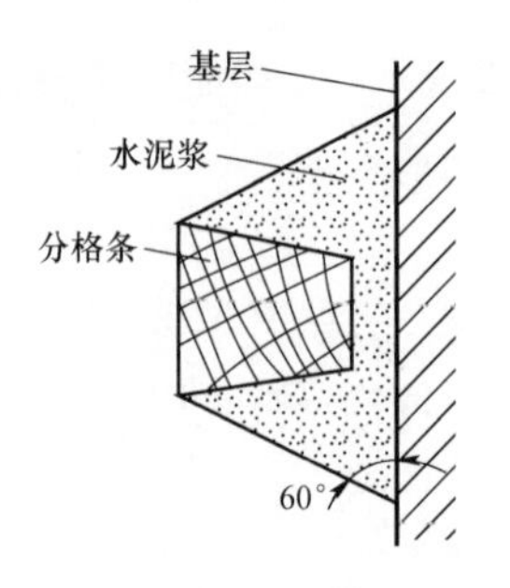

图 19–2–3 粘贴分格条示意图

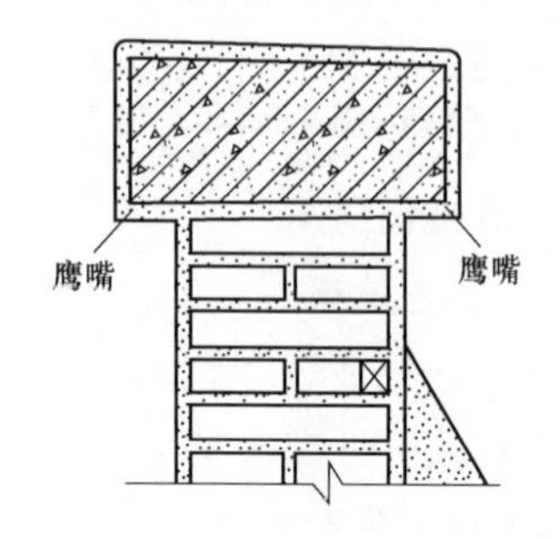

图 19–2–4 女儿墙、压顶滴水线示意图

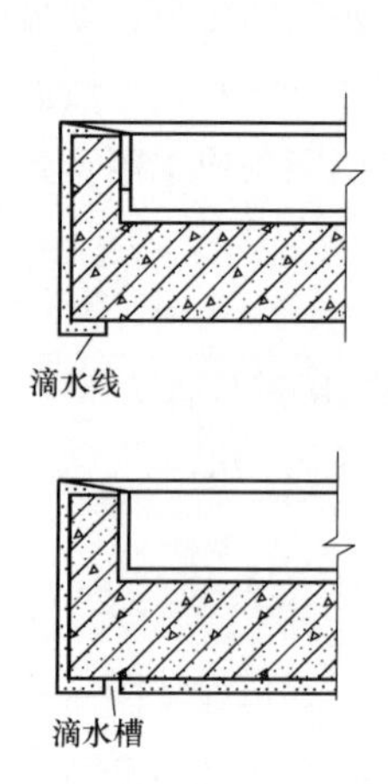

图 19–2–5 檐口、雨篷滴水线（槽）示意图

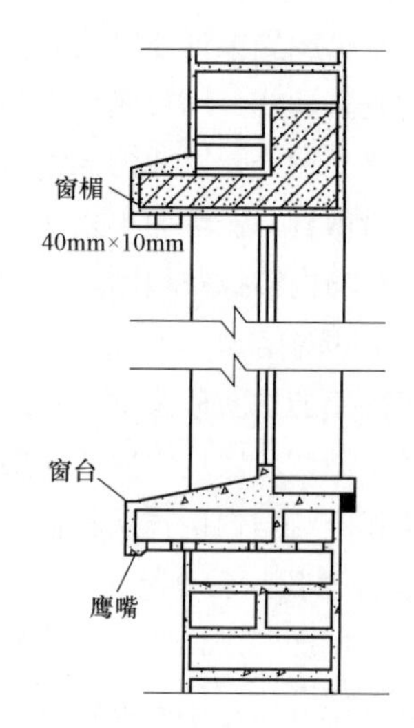

图 19–2–6 窗台、窗楣滴水线（槽）示意图

5. 抹面层灰

外墙抹灰层要求有一定的防水性能。中层抹平后应搓毛，以便与面层黏结牢固。抹面层灰应待中层灰七八成干后，由屋檐自上而下进行，先薄抹一遍，紧接着抹第二遍，与分格条平。用木杠刮平后，待水分略干时用木抹子搓平，最后用铁抹子揉实压光，抹压遍数不宜太多，避免水泥浆过多挤出。刮杠时要用力适当，防止因压力过大而损伤底层。如面层较干，抹最后一遍时，要有次序地上下挤压且轻重相同，使墙面平整、纹路一致。罩面压光后，用刷子蘸水，按同一方向轻刷一遍，使墙面色泽、纹路均匀，无明显凹坑、抹痕等。

应注意：在抹面层灰以前，先检查底层砂浆有无空鼓、开裂现象，如有空鼓开裂，应剔凿返修后再抹面层灰；另外应注意底层砂浆上尘土、污垢等应先清净，浇水湿润后，方可进行面层抹灰。

6. 养护

抹灰完成24h以后注意养护，宜洒水养护7d以上，冬季施工要有保温措施。

六、季节性施工要求

（1）砂浆抹灰层硬化初期不得受冻，否则会影响抹灰层质量。抹灰时环境温度不宜低于5℃。

（2）冬期室内抹灰施工时，室内应通风换气，为保证水泥能正常凝结，应观测室内温度，保证不低于 0℃。抹灰层施工完后，不宜浇水养护。寒冷地区不宜进行冬期施工。

（3）湿拌抹灰砂浆冬期施工时，应适当缩短砂浆凝结时间，但应经试配确定。湿拌砂浆的储存容器应采取保温措施。

（4）雨天不宜进行外墙抹灰，当确需施工时，应采取防雨措施，抹灰砂浆凝结前不应受雨淋。

（5）在高温、多风、空气干燥的季节进行室内抹灰时，宜对门窗进行封闭。

（6）夏季施工时，抹灰砂浆应随伴随用，抹灰时应控制好各层抹灰的间隔时间。当前一层过于干燥时，应先洒水润湿，再抹第二层灰。夏季气温高于30℃时，外墙抹灰应采取遮阳措施，并应加强养护。

七、质量要求与检验

（一）主控项目

（1）所用材料的品种和性能应符合设计要求及国家现行标准的有关规定。

检验方法：检查产品合格证书、进场验收记录、性能检验报告和复验报告。

（2）抹灰前基层表面的尘土、污垢、油渍等应清除干净，并应洒水润湿或进行界面处理。

检验方法：检查施工记录。

（3）抹灰工程应分层进行。当抹灰总厚度大于或等于30mm时，应采取加强措施。

检验方法：检查隐蔽工程验收记录和施工记录。

（4）抹灰层与基层之间及各抹灰层之间应黏结牢固，抹灰层应无脱层和空鼓，面层应无爆灰和裂缝。

检验方法：观察；用小锤轻击检查；检查施工记录。

（二）一般项目

（1）表面应光滑、洁净、接槎平整，分格缝应清晰。

检验方法：观察、手摸检查。

（2）护角、孔洞、槽、盒周围的抹灰表面应整齐、光滑；管道后面的抹灰表面应平整。

检验方法：观察。

（3）抹灰层的总厚度应符合设计要求；水泥砂浆不得抹在石灰砂浆层上；罩面石膏灰不得抹在水泥砂浆层上。

检验方法：检查施工记录。

（4）抹灰分格缝的设置应符合设计要求，宽度和深度应均匀，表面应光滑，棱角应整齐。

检验方法：观察、尺量检查。

（5）有排水要求的部位应做滴水线（槽）。滴水线（槽）应整齐顺直，滴水线应内高外低，滴水槽的宽度和深度应满足设计要求，且均不应小于10mm。

检验方法：观察、尺量检查。

（6）普通抹灰立面垂直度、表面平整度、阴阳角方正、分格条（缝）直线度、墙裙及勒脚上口直线度，允许偏差≤4mm。

检验方法：立面垂直度、墙面表面平整度，用2m垂直检测尺检查；阴阳角方正，用直角检测尺检查；分格条(缝)直线度、墙裙及勒脚上口直线度，用拉5m线，不足5m拉通线，用钢直尺检查。

【思考与练习】

1. 墙体抹灰的一般要求是什么？
2. 简述墙面抹灰一般施工顺序。
3. 试述墙体普通抹灰施工的分层做法及施工要点。
4. 灰饼和标筋的作用是什么？

模块3 防水、保温等特种砂浆抹灰（Z44J1003Ⅰ）

【模块描述】本模块介绍了特种砂浆抹灰的质量要求和检查内容。通过知识讲解、重点控制内容、工艺介绍、图形举例，掌握特种砂浆抹灰施工工艺、质量要求及检查方法。

【模块内容】

水泥砂浆抹灰防水使用历史悠久，由于其使用方便，价格低廉，在建筑领域广泛采用。砂浆防水一般称其为抹面防水，是一种刚性防水层，目前砂浆防水常使用的方法为人工抹压方法，抹面的平整度和密实度与操作人员的操作技巧有关。

在建筑工程中应用膨胀珍珠岩、膨胀蛭石、膨胀玻化微珠等作为骨料的保温隔热砂浆抹灰，不但具有保温隔热吸声性能，还具有无毒、不燃烧、质量密度轻等特点。

一、施工准备

（一）材料准备

（1）水泥应采用普通硅酸盐水泥，强度等级不低于42.5级的颜色一致，同一批号、同一品种、同一强度等级、同一个厂家的产品。

（2）砂宜采用粒径0.35～0.5mm的中砂，含泥量不应大于1%，硫化物和硫酸盐含量不得大于1%。在使用前应根据使用要求过筛，筛好后保持洁净。

（3）防水剂。小分子防水剂、掺塑化膨胀防水剂、聚合物防水材料等，应符合设计要求。

（4）保温隔热材料。膨胀珍珠岩、膨胀蛭石、膨胀玻化微珠等，应符合设计要求。

（5）水宜采用饮用水，当采用其他水源时水质应达到《混凝土用水标准》（JGJ 63）的规定。

（6）发泡聚氨酯。

（7）耐酸玻璃纤维网格布。

（8）界面聚合树脂、助剂等。

（二）技术准备

（1）材料的产品合格证书、性能检验报告、进场验收记录和复验报告已齐全。

（2）施工方案已完成，并通过审核、批准。

（3）施工技术交底已完成。

（4）基层处理经验收合格，并填写隐蔽工程验收记录。

二、防水砂浆抹灰

有些砌体需要做防水层，如建筑外墙、地下室、水池等。整体防水砂浆抹面构造一般由结构墙体、防水素水泥浆界面处理、防水层、装饰面层组成，如图19–3–1所示。

防水砂浆一般抹5层，具体做法是：先抹水泥砂浆，应均匀密实，再刷素水泥浆，交替抹压操作。由于5层是分别抹压，各层的裂缝和毛细孔互不贯通，因而构成了抗渗能力较强的整体防水层。

外墙防水工程严禁在雨天、雪天和五级风及其以上时施工，施工的环境气温室为5～35℃。

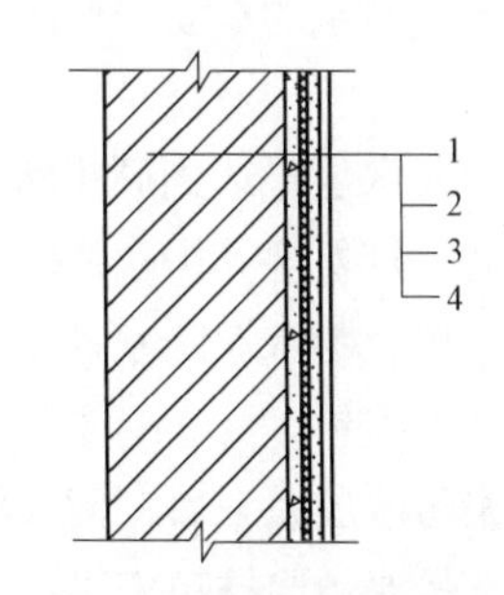

图19–3–1 外墙整体防水构造示意

1—结构墙体；2—防水素水泥浆界面处理；3—防水层；4—装饰面层

（一）工艺流程

基体表面处理→刷防水素水泥浆→抹底层防水砂浆→刷第二道防水素水泥浆→抹面层防

水砂浆→刷最后一道防水素水泥浆→养护。

（二）施工要点

1. 刷防水素水泥浆

在基层处理符合要求的基础上刷第一道防水素水泥浆时，其配合比是水泥∶防水油（质量比）=1∶0.03，适量加水拌成粥状，或用水泥∶防水剂∶水（质量比）=12.5∶0.31∶10 的素水泥浆，拌和好的素水泥浆摊铺在基层上，再用刷子或扫帚均匀地扫一遍，应随刷随抹防水砂浆。

2. 抹底层防水砂浆

用 M15 的水泥砂浆，掺 3%～5%的防水粉或用水泥∶砂∶防水剂=1∶2.5∶0.03 的防水砂浆拌和均匀，用抹子搓平搓实，厚度控制在 5mm 以下，尽可能封闭毛细孔通道，最后用铁抹子压实、压平，养护一天。

配制好的防水砂浆宜在 1h 内用完，施工中不得加水。每层宜连续施工，留槎时应采用阶梯坡形槎，接槎部位离阴阳角不得小于 200mm。

3. 刷第二道防水素水泥浆

在上层表面指触不粘硬化后，再用防水素水泥浆按上述方法再刷一遍，要求涂刷均匀，不得漏刷。

4. 抹面层防水砂浆

待第二素水泥浆收水发白后，就可抹面层防水砂浆，配合比同底层防水砂浆，厚度为 5mm 左右，用木抹子搓平压实外，还要用铁抹子压光。

上下层接槎应错开 300mm 以上，接槎应依层次顺序操作、层层搭接紧密。

5. 刷最后一道防水素水泥浆

待面层防水砂浆初凝后，就可刷最后一道防水素水泥浆，并压实、压光，使其面层防水砂浆紧密结合。其配合比水泥∶防水油=1∶0.01，另适量水。当用防水粉时，其量为水泥质量的 3%～5%，防水素水泥浆要随拌随用，时间不得超过 45min。

6. 养护

砂浆防水层未达到硬化状态时，不得浇水养护或直接受雨水冲刷。防水砂浆终凝后应及时进行保湿养护，养护时间不得少于 14d，养护温度不宜低于 5℃，养护期间不得受冻。聚合物水泥防水砂浆硬化后应采用干湿交替的养护方法；潮湿环境中，可在自然条件下养护。

砂浆防水层完工后，应采取保护措施，不得损坏防水层。

三、保温砂浆抹灰施工

保温砂浆抹面构造一般由结构墙体、保温层、耐酸玻璃纤维网格布、装饰面层组成，如图 19–3–2 所示。

施工期间以及完工后24h内，基层及环境空气温度不应低于5℃。夏季应避免阳光曝晒，在5级以上大风天气和降雨天气不得进行外墙外保温系统的施工。

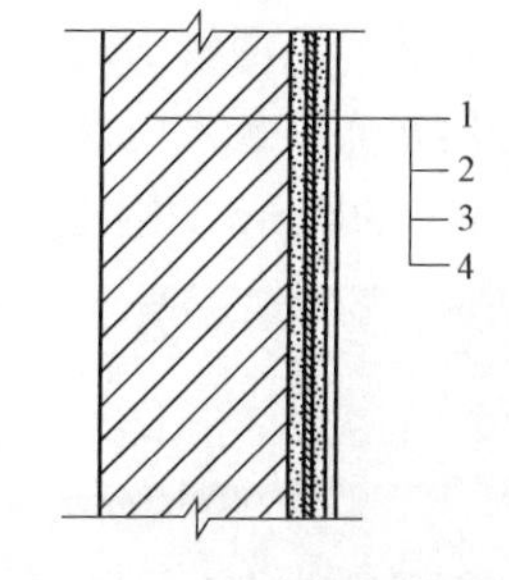

图 19–3–2 墙体保温构造示意

1—结构墙体；2—保温层；3—耐酸玻璃纤维网格布；4—装饰面层

（一）工艺流程

基体表面处理→吊垂直、套方、找规矩→做灰饼、抹冲筋（标筋）→分层抹保温砂浆→粘贴耐酸玻璃纤维网格布→养护。

（二）施工要点

1. 基层处理

在基层验收合格的前提下，基层清理干净洒水适量。如果是膨胀珍珠岩砂浆可不洒水，因其本身具有良好的保水性。基层界面应采用喷涂或滚涂方式均匀涂满界面砂浆。

2. 吊垂直、套方、找规矩，做灰饼、抹冲筋（标筋）

与墙面普通抹灰相同。

3. 分层抹保温灰浆

如同普通抹灰砂浆，一般分两层和三层操作。保温砂浆应在界面砂浆干燥固化后施工，且应分层施工，大致分为底、中、面层，每层厚度不超过 15mm，两遍施工间隔时间不应少于 24h。抹完底层灰后隔夜再抹中层，待中层稍干时再用木抹子搓平压实。最后一遍应达到冲筋厚度，并用刮杠压实、搓平。保温层与界面层之间、保温层各层之间黏结必须牢固，不应脱层、空鼓、开裂。

抹灰时，一道横抹，一道竖抹，互相垂直，抹灰厚度应符合设计要求。抹灰或刮杠、搓平时，用力不要过大，否则压实后孔隙变小，导热系数增大，影响抹灰层隔热保温效果。

4. 粘贴耐酸玻璃纤维网格布

粘贴耐酸玻璃纤维网格布的施工必须在保温砂浆施工完毕后方可进行。一般做法是根据耐酸玻璃纤维网格布的厚度做成“一布二胶”（一层加强网，二层聚合物胶泥）。

在保温砂浆面层上抹第一层粘贴胶泥，应按先上后下、先左后右顺序施抹，厚度在2～3mm，施抹宽度一般为1.5倍耐酸玻璃纤维网格布的幅宽。将网格布展开拉紧后，用抹子将网格布压入粘贴胶泥层，网格布左右之间必须有100mm的重叠搭界，上下接宽不小于80mm。待贴网胶泥稍干硬至可以碰触时，再立即用抹子涂抹外层粘贴胶泥找平，厚度在1.5～2mm，仅以覆盖网格布、微见网格布轮廓为宜，表面应平整，如图19–3–3所示。

在外墙阳角两侧 150mm 范围内应做加强网布，如图 19–3–4 所示。门窗洞口处粘贴耐酸网格布应卷入门窗口四周，并贴至门窗框；在门窗洞口四角处 45° 方向补贴一块 200mm×300mm 的网格布，以防开裂，如图 19–3–5 所示。

图 19–3–3 耐酸网格布示意

图 19–3–4 阳角两侧加强网布示意

(a)

(b)

图 19–3–5 窗周围粘贴耐酸网格布示意

（a）窗口四周；（b）窗口四角

5. 养护

施工后 24h 内应做好保温层的防护，养护时间不少于 7d。严禁水冲、撞击和振动，墙体保温砂浆施工完工后应做好成品保护。

四、质量要求与检验

（一）墙面防水砂浆抹灰

1. 主控项目

（1）砂浆防水层所用砂浆品种及性能应符合设计要求及国家现行标准的有关规定。

检验方法：检查产品合格证书、性能检验报告、进场验收记录、复验报告。

（2）砂浆防水层在变形缝、门窗洞口、穿外墙管道和预埋件等部位的做法应符合设计要求。

检验方法：观察、检查隐蔽工程验收记录。

（3）砂浆防水层砂浆防水层不得有渗漏现象。

检验方法：检查雨后或现场淋水检验记录。

（4）砂浆防水层与基层及各抹灰层之间必须黏结牢固，不得有空鼓。

检验方法：观察、用小锤轻击检查。

2. 一般项目

（1）砂浆防水层表面应密实、平整，不得有裂纹、起砂和麻面等缺陷。

检验方法：观察检查。

（2）砂浆防水层施工缝位置及施工方法应符合设计及施工方案要求。

检验方法：观察。

（3）砂浆防水层厚度应符合设计要求。

检验方法：尺量检查；检查施工记录。

（二）墙面保温砂浆抹灰

1. 主控项目

（1）工程使用的材料、构件应进行进场验收，验收结果应经监理工程师检查认可，且应形成相应的验收记录。各种材料和构件的质量证明文件与相关技术资料应齐全，并应符合设计要求和国家现行有关标准的规定。

检验方法：观察、尺量检查；核查质量证明文件。

（2）工程使用的材料、产品进场时，应对其下列性能进行复验，复验应为见证取样检验：保温隔热材料的导热系数或热阻、密度、压缩强度或抗压强度、垂直于板面方向的抗拉强度、吸水率、燃烧性能（不燃材料除外）；黏结材料的拉伸黏结强度；抹面材料的拉伸黏结强度、压折比；增强网的力学性能、抗腐蚀性能。

检验方法：核查质量证明文件；随机抽样检验，核查复验报告（其中，导热系数、热阻、密度或单位面积质量、燃烧性能必须在同一个报告中）。

（3）严寒和寒冷地区外保温使用的抹面材料，其冻融试验结果应符合该地区段低气温环境的使用要求。

检验方法：核查质量证明文件。

（4）墙体节能工程施工前应按照设计和专项施工方案的要求对基层进行处理，处理后的基层应符合要求。

检验方法：对照设计和专项施工方案观察检查，核查隐蔽工程验收记录。

（5）各层构造做法应符合设计要求，并应按照经过审批的施工方案施工。

检验方法：对照设计和施工方案观察检查。

（6）保温隔热材料的厚度不得低于设计要求。当采用保温浆料做外保温时，厚度大于 20mm 的保温浆料应分层施工。保温浆料与基层之间及各层之间的黏结必须牢固，不应脱层、空鼓和开裂。

检验方法：观察、手扳检查；核查隐蔽工程验收记录和检验报告。保温材料厚度采用现场钢针插入或剖开后尺量检查。

（7）外墙采用保温浆料做保温层时，应在施工中制作同条件试件，检测其导热系数、干密度和抗压强度。保温浆料的试件应见证取样检验。

检验方法：按 GB 50411—2019 附录 D 的检验方法进行。

2. 一般项目

（1）保温材料包装应完整无破损。

检验方法：观察检查。

（2）当采用增强网作为防止开裂的措施时，增强网的铺贴和搭接应符合设计和专项施工方案的要求。砂浆抹压应密实，不得空鼓，增强网应铺贴平整，不得皱褶、外露。

检验方法：观察检查；核查隐蔽工程验收记录。

（3）设置集中供暖和空调的房间，其外墙热桥部位应按设计要求采取隔断热桥措施。

检验方法：对照专项施工方案观察检查，核查隐敝工程验收记录。

（4）施工产生的墙体缺陷，如穿墙套管、脚手架眼、孔洞、外门窗框或附框与洞口之间的间隙等，应按照专项施工方案采取隔断热桥措施，不得影响墙体热工性能。

检验方法：对照专项施工方案检查施工记录。

（5）墙体采用保温浆料时，保温浆料厚度应均匀、接槎应平顺密实。

检验方法：观察、尺量检查。

（6）墙体上的阳角、门窗洞口及不同材料基体的交接处等部位，其保温层应采取防止开裂和破损的加强措施。

检验方法：观察检查；核查隐蔽工程验收记录。

【思考与练习】

1. 防水砂浆抹灰施工要点有哪些？
2. 简述保温砂浆抹灰施工工艺流程。
3. 试述保温砂浆抹灰施工粘贴耐酸玻璃纤维网格布有什么要求？

第二十章

饰 面 砖

模块 1 饰面砖排版（Z44J1004Ⅱ）

【模块描述】本模块介绍了饰面砖排版的要求。通过要点讲解、工艺介绍、图形举例，掌握饰面砖排版的要点、工艺要求。

【模块内容】

饰面砖是现代装饰材料之一，它具有色彩柔和优雅、图案美丽、经久耐用、便于清理等优点。饰面砖镶贴之前的排版工序，对于整个镶贴效果起着重要的作用。

一、饰面砖排版要点

（一）内墙面饰面砖

（1）同一墙面的横竖排列，均不得有一行以上的非整砖。

（2）墙面砖应与地面砖对缝，如图 20–1–1 所示。墙面砖与地面砖衔接应为墙砖压地砖。

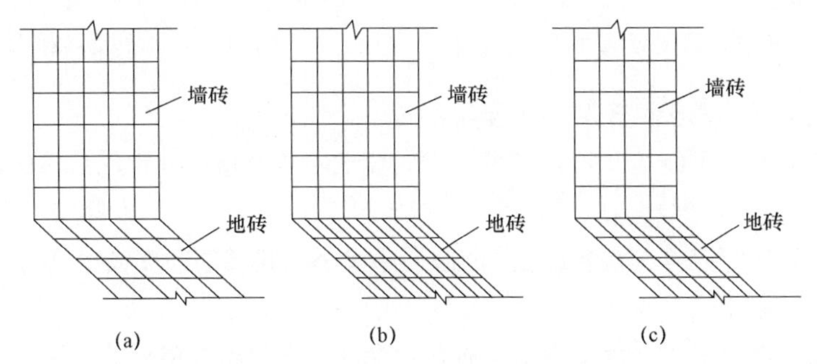

图 20–1–1 墙砖与地面砖对缝示意

（a）一块与一块对缝；（b）一块与二块对缝；（c）一块与三块对缝

（3）大墙面和垛子要排整砖，如遇有突出的卡件，应用整砖套割吻合，不得用非整砖随意拼凑镶贴。

（4）顺视线方向墙面的墙面砖压正视方向墙面上的墙面砖，以使进出房间看不到相邻墙面的衔接拼缝。

（5）墙面砖最上一排砖要超出吊顶高度。最好吊顶边线正好压墙砖平缝，显示墙面整砖。

（6）遇到门窗洞口要由门窗洞口的上口向下口开始排砖，使洞口上边与砖缝在同一水平线上。在门旁位置应保持整砖；墙面砖不得吃门窗框。

（7）非整砖行应排在次要部位，如窗间墙或阴角处等。非整砖不宜小于整砖的高度或宽度的 1/2，但亦要注意一致和对称。

（8）在管线、灯具、卫生设备支承等部位，应用整砖套割吻合，不得用非整砖拼凑镶贴，以保证饰面的美观。

（9）墙面上饰物、线盒、开关、插座、卫生洁具等要尽量位于在墙面砖居中位置，如图 20–1–2 所示。

（二）外墙饰面砖

（1）根据大样图及墙面尺寸进行横竖向排墙面砖，以保证面砖缝隙均匀，符合设计图纸要求，如图 20–1–3 所示。

图 20–1–2 开关盒、管道处墙面砖排版示意

图 20–1–3 外墙砖排版示意

（2）大墙面、通天柱子和垛子要排整砖。

（3）墙面砖水平缝应与窗台齐平。竖向要求阳角及窗口处都应是整砖，分格应按整块分均。

（4）非整砖行应排在次要部位。非整砖不宜小于整砖的高度或宽度的 1/2，但亦要注意一致和对称。

（5）如遇有突出的卡件，应用整砖套割吻合，不得用非整砖随意拼凑镶贴。

（6）女儿墙压顶、窗台、腰线等部位平面也要镶贴面砖时，除流水坡度符合设计要求外，顶面面砖应压立面面砖。

二、饰面砖排版方法

（1）图纸设计阶段，建筑物外立面尺寸、雨篷、阳台、洞口等部位设计尺寸应符合饰面砖模数，并进行预排版。

（2）墙面横竖向墙面砖排列，应保证墙面砖缝隙均匀，符合设计图纸要求。内墙饰面砖的排列一般有通缝密缝排列和错缝密缝排列等，如图 20–1–4 所示。外墙饰面砖的排列常用有墙面砖水平、竖直通缝疏缝排列和错缝疏缝排列等，如图 20–1–5 所示。

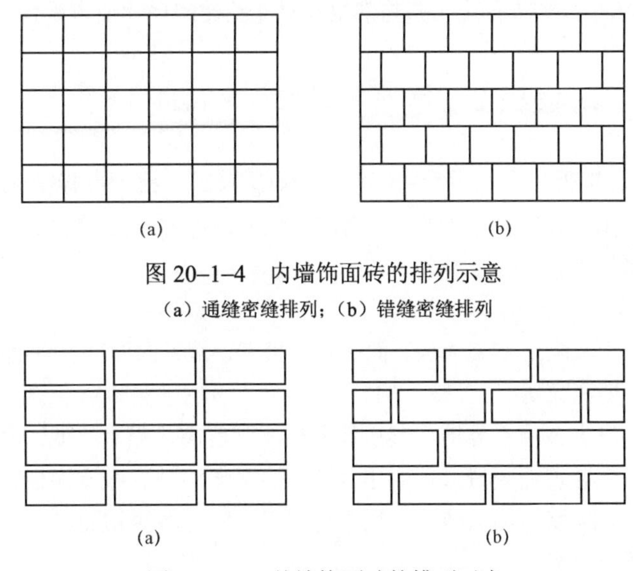

(a) (b)

图 20–1–4 内墙饰面砖的排列示意

（a）通缝密缝排列；（b）错缝密缝排列

(a) (b)

图 20–1–5 外墙饰面砖的排列示意

（a）通缝疏缝排列；（b）错缝疏缝排列

（3）根据墙面抹灰后尺寸，对整个建筑物进行分区，并对面砖的品种、规格、颜色、图案、排列方式、分格、墙面凹凸部位等先进行电脑预排设计，应将排版图中尺寸详细的表示出来便于现场排版。应该注意的是，排版时要考虑打底灰的厚度及面砖本身厚度，考虑这两个厚度的排版尺寸可减少与现场的偏差。同时，应将图中的细节部位以及非整砖尺寸标示清楚。

（4）电脑排版与现场排版相结合，根据电脑预排版图进行的现场排版。

（5）遇到门窗洞口要由门窗洞口的上口向下口开始排砖，使洞口上边与砖缝在同一水平线上。

（6）外墙饰面砖间的缝宽应控制在 6～10mm 范围内，且外墙饰面砖需要设置伸缩缝。在进行外墙墙面砖排版时，可运用调整墙面砖间缝宽以及伸缩缝的缝宽来调整墙面砖的排版。

（7）根据现场实际，经设计书面确认，对门窗洞口位置略做调整，以使符合饰面砖模数。防震缝、伸缩缝、沉降缝等部位的处理应保证缝的使用功能和饰面的完整性。

【思考与练习】

1. 内墙墙面砖与地面砖的排砖关系有哪些？
2. 简述外墙饰面砖排版要点。
3. 排版时应将非整砖布置在哪些部位？对非整砖的尺寸要求是什么？

模块 2 饰面砖镶贴（Z44J1005Ⅱ）

【模块描述】本模块介绍了饰面砖镶贴的质量要求、检查内容以及成品保护措施。通过要点讲解、工艺介绍、图形举例，掌握饰面砖镶贴的施工要点、质量要求、检查方法以及成品保护措施。

【模块内容】

面砖多由瓷土或陶土焙烧而成，面砖种类繁多，常见的面砖有釉面砖、无釉面砖、仿花岗岩瓷砖、劈离砖等。

无釉面砖一般大多用于外墙，其质地坚硬、强度高、吸水率低，是建筑外墙装饰的常用材料。釉面砖表面光滑、色彩丰富美观、易于清洗、吸水率低，大多用于室内卫生条件要求较高环境的墙面装饰，如厨房、卫生间的墙裙贴面。

一、材料质量要求

（1）面砖：面砖的表面应光洁、方正、平整，质地坚固，其品种、规格、尺寸、色泽、图案应均匀一致，符合设计要求。不得有缺棱、掉角、暗痕和裂纹等缺陷。其性能指标均应符合现行国家标准的规定，饰面砖的吸水率不得大于 10%。

（2）水泥宜采用硅酸盐水泥、普通硅酸盐水泥，强度等级不低于 42.5 级。不同品种、不同强度等级的水泥严禁混用。

（3）砂采用中粗砂，用前过筛。含泥量不应大于 3%。

（4）石灰膏应用块状生石灰淋制，淋制时必须用孔径不大于 3mm×3mm 的筛过滤，并贮存在沉淀池中。熟化时间，常温下一般不少于 15d。使用时，石灰膏内不得含有未熟化的颗粒和其他杂质。

（5）水宜采用饮用水，当采用其他水源时水质应达到《混凝土用水标准》（JGJ 63）的规定。

（6）界面处理剂其质量应符合规范标准。

二、作业条件

（1）饰面砖镶贴前，室内应完成墙、顶抹灰工作；室外应完成雨水管的安装。

（2）室内外门窗框均已安装完毕。阳台栏杆、预留孔洞等应处理完毕。水电管线已安装完毕。

（3）有防水层的房间、平台、阳台等，已做好防水层，并打好垫层。

（4）按面砖的尺寸、颜色进行选砖，并分类存放备用。

（5）室内墙面已弹好标准水平线；室外水平线，应使整个外墙饰面能够交圈。

（6）施工前应先放样并做出样板墙，确定施工工艺及操作要点，并向施工人员做好交底工作，经各方认可后，按样板组织施工。

（7）外架子应支搭和安装好，多层房屋最好选用双排架子或桥架；室内一般采用双排架子或高马凳。横竖杆及拉杆和马凳端头应离开墙面和门窗角 150～200mm。架子的步高和马凳长度要符合施工要求和相关安全规程要求。

（8）季节施工。一般只在冬期初期施工，严寒阶段室内可采用暖棚施工方法，室外在严寒阶段不得施工。砂浆的使用温度不得低于 5℃，镶贴砂浆硬化初期不得受冻，应采取防冻措施。夏季镶贴室外饰面砖，应有防止暴晒的可靠措施。

（9）施工方案已审核、批准，并对操作人员进行全面技术交底。

三、室内贴面砖饰面

主要是建筑物内厨房、浴室、卫生间等墙面陶瓷釉面砖的镶贴。

（一）工艺流程

基层处理→吊垂直、套方、找规矩→贴灰饼→抹底层砂浆→弹线分格→排砖→浸砖→镶贴面砖→面砖勾缝与擦缝。

（二）施工要点

1. 基层为混凝土墙面贴砖施工

（1）基层处理。首先将突出墙面的混凝土剔平，对用大钢模施工的混凝土墙面应凿毛，并用钢丝刷满刷一遍，再浇水湿润。如果基层混凝土表面很光滑，亦可采取如下的“毛化处理”办法：即先将表面尘土、污垢清扫干净，再用 10%火碱水将板面的油污刷掉，随之用净水将碱液冲净、晾干；在填充墙与混凝土接槎处，应采取防止开裂的加强措施，当采用加强网时，加强网与各基体的搭接宽度不应小于 150mm；后用 1∶1 水泥细砂浆内掺适量胶合剂，喷或用笤帚将砂浆甩到墙上，其甩点要均匀，终凝后浇水养护，直至水泥砂浆疙瘩全部粘到混凝土光面上，并有较高的强度（用于掰不动）为止。

（2）吊垂直、套方、找规矩、贴灰饼。大墙面、门窗口边弹线找规矩，必须由板底到楼层地面一次进行，弹出垂直线，并决定面砖出墙尺寸，分层设点做灰饼，横线以+50cm 标高线为水平基准线交圈控制，竖向线则以四个阴角两边的垂直线为基准线进行控制。每层打底时则以此灰饼为基准点进行冲筋，使基底层灰平整垂直。

（3）抹底层砂浆。先刷一道掺适量胶黏剂的水泥素浆，紧跟着分层分遍抹底层砂浆（常温时采用配合比为 1∶3 水泥砂浆）。第一遍厚度宜为 5mm，抹后用木抹子搓平，隔天浇水养护；待第一遍六七成干时，即可抹第二遍，厚度约 7mm，随即用木杠刮平、木抹子搓毛，隔天烧水养护，若需要抹第三遍时，其操作方法同第二遍，直至把底层砂浆抹平为止。当抹灰层厚度超过 30mm 应采取加强措施。

（4）弹线分格。待基层灰六七成干时，即可按图纸要求进行分段分格弹线，同时亦可进行面层贴标准点的工作，以控制面层出墙尺寸及垂直、平整。

（5）排版。根据大样图及墙面尺寸进行横竖向排砖，以保证面砖缝隙均匀，符合设计图纸要求。注意大墙面和垛子要排整砖，以及在同一墙面上的横竖排列，均不得有一行以上的非整砖。非整砖行应排在次要部位，如窗间墙或阴角处等，但要注意一致和对称。非整砖不宜小于整砖的高度或宽度的 1/2。如遇有突出的卡件，应用整砖套割吻合，不得用非整砖随意拼凑镶贴。内墙砖与地面砖衔接为墙砖压地砖，并内墙砖与地面砖对缝施工，如图 20–2–1 所示。

图 20–2–1 墙砖压地砖、墙砖与地面砖对缝施工示意

（6）浸砖。饰面砖镶贴前，首先要将面砖清扫干净，放入净水中浸泡 3h 以上，取出待表面晾干或擦干净后方可使用。

（7）镶贴面砖。混凝土墙面要提前 3～4h 湿润好。镶贴一般由阳角开始，自下而上进行，将不成整块的饰面砖留在阴角部位。垫底尺，计算准确最下一皮砖下口标高（底尺上皮一般比地面低 1cm 左右），底尺要水平放稳。在面砖外皮上口拉水平通线，作为镶贴的标准。在面砖背面宜采用 1∶2 水泥砂浆（可掺入不大于水泥用量 15%的石灰膏，砂浆内加入 20%的建筑胶水）镶贴，砂浆厚度为 6～10mm，贴上后用灰铲柄轻轻敲打，使之附线，再用钢片开刀调整竖缝，并用靠尺通过标准点调整平面和垂直度。另外一种做法是，用 1∶1 水泥砂浆掺加适量胶黏剂，在砖背面抹 3～4mm 厚粘贴即可，但此种做法其基层灰必须抹得平整，而且砂子必须用窗纱筛后使用。另外也可用胶粉来粘贴面砖，其厚度为 2～3mm，用此种做法其基层灰必须更平整。

（8）面砖勾缝与擦缝。内墙面砖镶贴完 3～4h 后，进行面砖勾缝与擦缝。横竖缝为干挤缝的，应用白水泥配颜料进行擦缝处理。大于 3mm 者面砖缝用镏子勾缝，勾缝完后用布或棉丝蘸稀盐酸擦洗干净。然后要浇水养护。

2. 基层为砖墙面贴砖施工

（1）基层处理。抹灰前，墙面必须清扫干净，并提前一天浇水湿润。

（2）吊垂直、套方、找规矩、贴灰饼。大墙面门窗口边弹线找规矩，必须一次进行，弹出垂直线，并决定面砖出墙尺寸，分层设点、做灰饼。横线则以+50cm 标高为水平基线交圈控制，竖向线则以四个阳角两边的垂直线为基准线控制。每层打底时则以此灰饼作为基准点进行冲筋，使基底层灰做到横平竖直。

（3）抹底层砂浆。先把墙面浇水湿润，然后用 1∶3 水泥砂浆刮一道约 6mm 厚底层砂浆，紧跟着用同强度等级的砂浆与所冲的筋抹平，随即用木杠刮平，木抹子搓毛，隔天浇水养护。

（4）～（8）的操作同基层为混凝土墙面。

3. 基层为加气混凝土墙面施工

基层为加气混凝土墙面时，可酌情选用下述两种方法中的一种。

（1）用水湿润加气混凝土表面，修补缺棱掉角处。修补前，先刷一道聚合物水泥浆，然后用 M15 混合砂浆分层补平，随后刷聚合物水泥浆并抹 M15 混合砂浆打底，木抹子搓平，隔天浇水养护。

（2）用水湿润加气混凝土表面，在缺棱掉角处刷聚合物水泥浆一道，用 M15 混合砂浆分层补平，待干燥后，钉金属网一层并绷紧。在金属网上分层抹 M15 混合砂浆打底（最好采取机械喷射工艺），砂浆与金属网应结合牢固，最后用木抹子轻轻搓平，隔天浇水养护。

其他做法同混凝土墙面。

四、室外贴面砖饰面

（一）工艺流程

基层处理→吊垂直、套方、找规矩→贴灰饼→抹底层砂浆→弹线分格→排砖→浸砖→镶贴面砖→面砖勾缝与擦缝。

（二）施工要点

1. 基层为混凝土墙面贴砖施工

（1）基层处理。首先将突出墙面的混凝土剔平，对大钢模施工的混凝土墙面应凿毛，并用钢丝刷满刷一遍，再浇水湿润。或可采取如下的“毛化处理”办法：即先将表面尘土、污垢清扫干净，用 10%火碱水将板面的油污刷掉，随之用清水将碱液冲净、晾干；在填充墙与混凝土接槎处时，应采取防止开裂的加强措施，当采用加强网时，加强网与各基体的搭接宽度不应小于 150mm；然后 1∶1 水泥细砂浆内掺适量胶黏剂，用笤帚将砂浆甩到墙面上，其甩点要均匀，终凝后浇水养护，直至水泥砂浆疙瘩有较高的强度（用手掰不动）为止。

（2）吊垂直、套方、找规矩、贴灰。若建筑物为高层时，应在四大角和门窗口边用经纬仪打垂直线找直；如果建筑物为多层时，可从顶层开始用特制的大线坠绷铁丝吊垂直，然后根据面砖的规格尺寸分层设点、做灰饼。横线则以楼层为水平基准线交圈控制，竖向线则以四周大角和通天柱或垛子为基准线控制。每层打底时则以此灰饼作为基准点进行冲筋，使其底层灰做到横平竖直。同时要注意找好突出檐口、腰线、窗台、雨篷等饰面的流水坡度和滴水线（槽）。

（3）抹底层砂浆。先刷一道掺加胶黏剂的水泥素浆，紧跟着分层分遍抹底层砂浆（常温时采用配合比为 1∶3 的水泥砂浆），第一遍厚度宜为 5mm，抹后用木抹子搓平、扫毛，隔天浇水养护；待第一遍六七成干时，即可抹第二遍，厚度 7mm，随即用木杠刮平、木抹子搓毛，隔天浇水养护，若需要抹第三遍时，其操作方法同第二遍，直至把底层砂浆抹平为止。

（4）弹线分格。待基层灰六七成干时，即可按图纸要求进行分段分格弹线，同时亦可进行面层贴标准点的工作，以控制面层出墙尺寸及垂直、平整。

（5）排砖。根据大样图及墙面尺寸进行横竖向排砖，以保证面砖缝隙均匀，符合设计图纸要求。注意大墙面、通天柱子和垛子要排整砖，以及在同一墙面上的横竖排列，均不得有一行以上的非整砖。非整砖行应排在次要部位，如窗间墙或阴角处等。非整砖不宜小于整砖的高度或宽度的 1/2，但亦要注意一致和对称。阳角部位应整砖，并切 45° 角对称粘贴。如遇有突出的卡件，应用整砖套割吻合，不得用非整砖随意拼凑镶贴。

（6）浸砖。外墙面砖镶贴前，首先要将面砖清扫干净，放入净水中浸泡 2h 以上，取出待表面晾干或擦干净后方可使用。

（7）镶贴面砖。镶贴应自上而下进行。高层建筑采取措施后，可分段进行。在每一分段或分块内的面砖，均为自下而上镶贴。在最下一层砖下皮的位置线口稳好靠尺，以此托住第一皮面砖。在面砖外皮上口拉水平通钱，作为镶贴的标准。在面砖背面宜采用 1∶2 水泥砂浆（可掺入不大于水泥用量 15%的石灰膏，砂浆内加入 20%的建筑胶水）镶贴，砂浆厚度为 6～10mm，贴上后用灰铲柄轻轻敲打，使之附线，再用钢片开刀调整竖缝，并用靠尺通过标准点调整平面和垂直度。另外一种做法是，用 1∶1 水泥砂浆掺加胶黏剂，在砖背面抹 3～4mm 厚粘贴即可，但此种做法其基层灰必须抹得平整，而且砂子必须用窗纱筛后使用。

另外也可用胶粉来粘贴面砖，其厚度为 2～3mm，用此种做法其基层灰必须更平整。如要求轴面砖拉缝镶贴时，面砖之间的水平缝宽度用米厘条控制，米厘条可将贴砖用砂浆与中层灰临时镶贴，米厘条贴在已镶贴好的面砖上口，为保证其平整，可临时加垫小木楔。女儿墙压顶、窗台、腰线等部位平面也要镶贴面砖时，除流水坡度符合设计要求外，应采取顶面面砖压立面面砖的做法，预防向内渗水，引起空裂，如图 20–2–2 所示；同时还应采取立面中最低一排面砖必须压底平面面砖，并低于底平面面砖 3～5mm 的做法，让其起滴水线（槽）的作用，防止尿檐而引起空裂。

（8）面砖勾缝与擦缝。面砖铺贴拉缝时，用 1∶1 水泥砂浆勾缝，先勾水平缝再勾竖缝，勾好后要求凹进面砖外表面 2～3mm，在横竖缝交接处形成“八字角”，面砖缝用镏子勾完后，用布或棉丝蘸稀盐酸擦洗干净。若横竖缝为干挤缝，或小于 3mm 者，应用白水泥配颜料进行擦缝处理，然后要浇水养护。

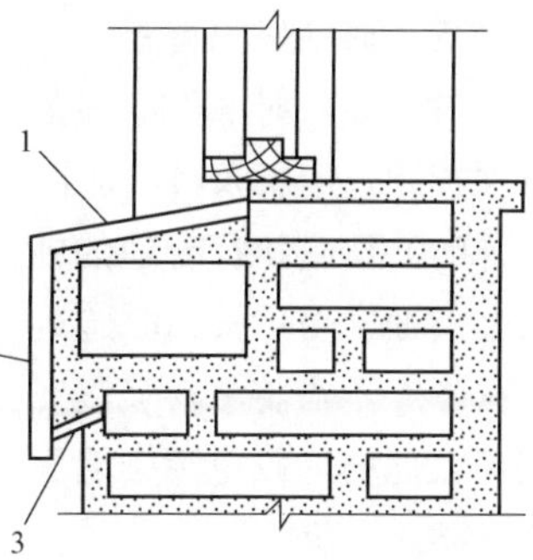

图 20–2–2　窗台镶贴面砖示意

1—压盖砖；2—正面面砖；3—底面面砖

2. 基层为砖墙面贴砖施工

（1）基层处理。抹灰前，墙面必须清扫干净，并提前一天浇水湿润。

（2）吊垂直、套方、找规矩、贴灰饼。大墙面和四角、门窗口边弹线找规矩，必须由顶层到底一次进行，弹出垂直线，并决定面砖出墙尺寸，分层设点、做灰饼。横线则以楼层为水平基线交圈控制，竖向线则以四周大角和通天垛、柱子为基准线控制。每层打底时则以此灰饼作为基准点进行冲筋，使基底层灰做到横平竖直。同时要注意找好突出檐口、腰线、窗台、雨篷等饰面的流水坡度。

（3）抹底层砂浆。先把墙面浇水湿润，然后用 1∶3 水泥砂浆刮一道约 6mm 厚底层砂浆，紧跟着用同强度等级的砂浆与所冲的筋抹平，随即用木杠刮平，木抹子搓毛，隔天浇水养护。

（4）～（8）的操作同基层为混凝土墙面。

3. 基层为加气混凝土墙面施工

基层为加气混凝土墙面时，可酌情选用下述方法中的一种。

（1）用水湿润加气混凝土表面，修补缺棱掉角处。修补前，先刷一道聚合物水泥浆，然后用 M15 混合砂浆分层补平，随后刷聚合物水泥浆并抹 M15 混合砂浆打底，木抹子搓平，隔天浇水养护。

（2）用水湿润加气混凝土表面，在缺棱掉角处刷聚合物水泥浆一道，用 M15 混合砂浆分层补平，待干燥后，钉金属网一层并绷紧。在金属网上分层抹 M15 混合砂浆打底（最好采取机械喷射工艺），砂浆与金属网应结合牢固，最后用木抹子轻轻搓平，隔天浇水养护。

找平层应分层施工，严禁空鼓，每层厚度应不大于 7mm，且应在前一层终凝后再抹后一层；找平层厚度不应大于 20mm，若超过此值必须采取加固措施。

其他做法同混凝土墙面。

五、成品保护措施

（1）要及时擦干净残留在门窗框上的砂浆。特别是铝合金门窗、塑钢门窗宜粘贴有保护膜，施工人员应加以保护，不得碰坏。

（2）认真执行合理的施工工序，少数工种（水、电、通风、设备安装等）的活应做在前面，防止损坏面砖。

（3）不得将涂料喷滴在已做好的饰面砖上，如果面砖上部为涂料，宜先做涂料，然后贴面砖，以免污染墙面。若需先做面砖时，完工后必须采取贴纸或塑料薄膜等措施，防止污染。

（4）各抹灰层在凝结前应防止风干、暴晒、水冲和振动，以保证各层有足够的强度。

（5）搬、拆架子时注意不要碰撞墙面。

（6）装饰材料和饰件以及饰面的构件，在运输、保管和施工过程中，必须采取措施防止损坏。

六、质量要求与检验

1. 主控项目

（1）饰面砖的品种、规格、图案、颜色和性能应符合设计要求及国家现行标准的有关规定。

检验方法：观察；检查产品合格证书、进场验收记录、性能检验报告和复验报告。

（2）饰面砖粘贴的找平、防水、黏结和填缝材料及施工方法应符合设计要求，以及国家现行标准和现行行业标准的有关规定。

检验方法：检查产品合格证书、复验报告和隐蔽工程验收记录。

（3）饰面砖粘贴应牢固。

检验方法：手拍检查，检查施工记录；检查外墙饰面砖黏结强度检验报告。

（4）满粘法施工的内墙饰面砖应无裂缝，大面和阳角应无空鼓。外墙饰面砖应无空鼓、裂缝。

检验方法：观察；用小锤轻击检查。

（5）外墙饰面砖伸缩缝设置应符合设计要求。

检验方法：观察；尺量检查。

2. 一般项目

（1）饰面砖表面应平整、洁净、色泽一致，应无裂痕和缺损。

检验方法：观察检查。

（2）墙面突出物周围的饰面砖应整砖套割吻合，边缘应整齐。墙裙、贴脸突出墙面的厚度应一致。

检验方法：观察、钢尺检查。

（3）饰面砖接缝应平直、光滑，填嵌应连续、密实；宽度和深度应符合设计要求。

检验方法：观察、钢尺检查。

（4）外墙饰面砖有排水要求的部位应做滴水线（槽）。滴水线（槽）应顺直，流水坡向应正确，坡度应符合设计要求。

检验方法：观察、用水平尺检查。

（5）内墙饰面砖粘贴允许偏差。立面垂直度及接缝直线度≤2mm，表面平整度及阴阳角方正≤3mm，接缝高低差及接缝宽度≤1mm。

外墙饰面砖粘贴允许偏差。立面垂直度、阴阳角方正及接缝直线度≤3mm，表面平整度≤4mm，接缝高低差及接缝宽度≤1mm。

检验方法：立面垂直度用2m垂直检测尺检查。表面平整度用2m靠尺和塞尺检查。阴阳角方正用200mm直角检测尺检查。接缝直线度拉5m线，不足5m拉通线，用钢直尺检查。接缝高低差用钢直尺和塞尺检查。

【思考与练习】

1. 简述室外贴面砖饰面工艺流程。
2. 简述室内砖饰面镶贴面砖工艺。
3. 外墙饰面砖勾缝施工工艺要求有哪些？

第二十一章

地　面　施　工

模块 1　整体地面（Z44J2001 Ⅰ）

【模块描述】本模块介绍了水泥砂浆、细石混凝土等地面构造和质量要求、检查内容以及成品保护措施。通过要点讲解、工艺介绍、图形举例，掌握整体地面的施工要点、质量要求、检查方法以及成品保护措施。

【模块内容】

整体面层有水泥混凝土面层、水泥砂浆面层、水磨石面层、不发火（防爆）面层、防油渗面层、硬化耐磨面层、自流平面层、涂料面层、塑胶面层、地面辐射供暖的整体面层等。本模块主要介绍水泥砂浆面层和细石混凝土面层。

水泥砂浆面层是用细骨料（砂），以水泥作胶结料加水按一定的配合比拌制的水泥砂浆拌和料在水泥混凝土垫层、水泥混凝土找平层或钢筋混凝土板等基层上铺设而成。

细石混凝土面层是采用强度等级不低于 C20 的细石混凝土压实赶光而成，具有平整、耐磨、光滑、强度高、造价低、施工简便等优点。

一、水泥砂浆面层

（一）地面构造

水泥砂浆地面一般由面层、结合层、垫层、基土或结构层构成，如图 21-1-1 所示。面层采用 20mm 厚 M15～M20 水泥砂浆；结合层采用素水泥浆（内掺建筑胶）；垫层采用 60mm 厚 C15 混凝土及 100mm 厚灰土；基土为素土夯实或结构层（钢筋混凝土楼板）。

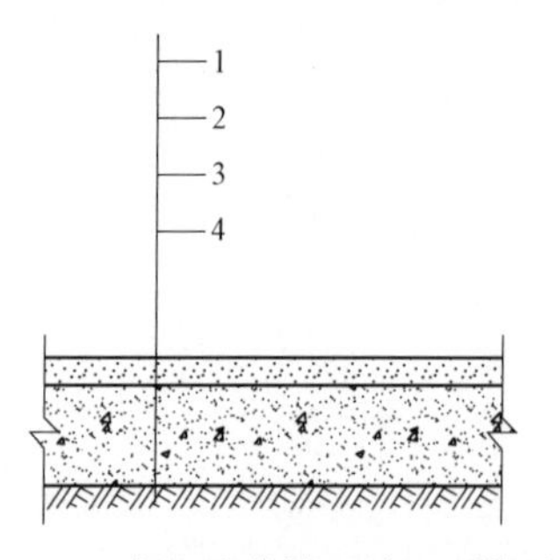

图 21-1-1　水泥砂浆楼（地）面构造示意

1—面层；2—结合层；3—垫层；4—基土或结构层

（二）施工准备

1. 材料准备

（1）水泥宜采用硅酸盐水泥、普通硅酸盐水泥，强度等级不低于 42.5 级。不同品种、不同强度等级的水泥严禁混用。

（2）砂采用中粗砂，含泥量不应大于 3%。当采用石屑时，其粒径宜为 1～5mm，含泥量不大于 3%；防水水泥砂浆采用的砂或石屑，其泥量不大于 1%。

（3）水宜采用饮用水，当采用其他水源时水质应达到《混凝土用水标准》JGJ 63 的规定。

2. 技术准备

（1）水泥砂浆面层下的各层做法已按设计要求施工并验收合格。

（2）铺设前应根据设计要求通过试验确定配合比。

（3）门框及预埋件已安装并验收。

（4）作业时环境（如天气、温度、湿度等）状况应满足施工质量可达到标准的要求。

（5）如有泛水和坡度，垫层的泛水和坡度应符合设计要求。

（6）对所有作业人员已进行技术交底。

（三）工艺流程

施工应在楼（地）面垫层、墙面和顶棚抹灰、屋面防水做完后进行。其工艺流程为：基层处理→弹线、做标筋→水泥砂浆面层铺设→养护。

（四）施工要点

1. 基层处理

水泥砂浆面层多是铺抹在楼面、地面的混凝土、灰土等垫层上，垫层处理是防止水泥砂浆面层空鼓、裂纹、起砂等质量通病的关键工序。

（1）垫层上的一切浮灰、油渍、杂质必须仔细清除，否则形成一层隔离层，会使面层结合不牢。

（2）表面较滑的基层，应进行凿毛，并用清水冲洗干净，冲洗后的基层，最好不要上人。

（3）应在垫层或找平层的砂浆或混凝土的抗压强度达到 1.2MPa 后，再铺设面层砂浆，这样才不致破坏其内部结构。

（4）铺设地面前，还要再一次将门框校核找正，方法是先将门框锯口线找平校正，并注意当地面面层铺设后，门扇与地面的间隙应符合规定，然后将门框固定，防止框位移。

2. 弹线、做标筋

（1）地面抹灰前，应先在四周墙上弹出一道水平基准线，作为确定水泥砂浆面层标高的依据。水平基准线是以地面±0.000 及楼层砌墙前的找平点为依据，一般可根据情况弹线标高 500mm 的墙上。

（2）根据水平基准线再把楼地面面层上皮的水平辅助基准线弹出。面积不大的房间，可根据水平基准线直接用长木杠抹标筋，施工中进行几次复尺即可。面积较大的房间，应根据水平基准线在四周墙角处每隔 1.5～2m 用 M20 水泥砂浆抹标志块，标志块大小一般是 80～100mm 见方。待标志块结硬后，再以标志块的高度做出纵横方向通长的标筋以控制面层的厚度。地面标筋用 M20 水泥砂浆，宽度一般为 80～100mm，如图 21–1–2 所示。做标筋时，要注意控制面层厚度，面层的厚度应与门框的锯口线吻合。

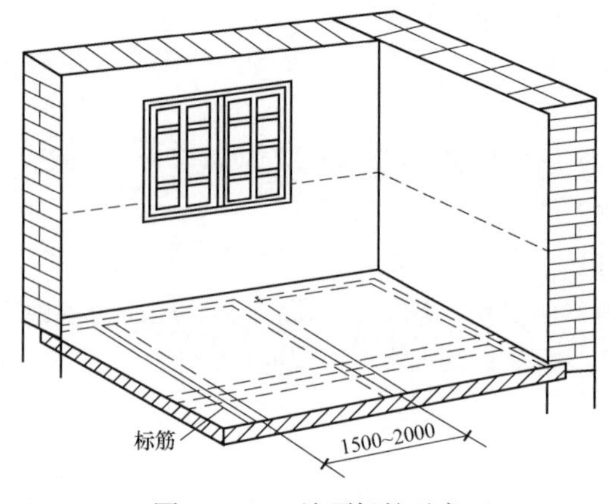

图 21–1–2　地面标筋示意

（3）对于厨房、浴室、卫生间等房间的地面，须将流水坡度找好。有地漏的房间，要在地漏四周找出不小于 5%的泛水。找平时要注意各室内地面与走廊高度的关系。

3. 水泥砂浆面层铺设

（1）水泥砂浆应采用机械搅拌，拌和要均匀，颜色一致，搅拌时间不应小于 2min。水泥砂浆的稠度（以标准圆锥体沉入度计，以下同），当在炉渣垫层上铺设时，宜为 25～35mm；当在水泥混凝土垫层上铺设时，应采用干硬性水泥砂浆，以手捏成团稍出浆为准。

（2）面层砂浆铺设施工前，应先刷一道素水泥浆（内掺建筑胶）结合层，涂刷面积不要过大，随刷随铺面层砂浆随拍实，并应在水泥初凝前用木抹搓平压实。

（3）在标筋之间将砂浆铺均匀，用木杠依标筋顶平面刮平，用木抹子搓平，并用

2m 靠尺检查平整度。

（4）面层压光要用钢皮抹子分三遍完成，并逐遍加大力道用力压光，面层压光工作应在水泥终凝前完成。当采用地面抹光机压光时，在压第二、第三遍时，水泥砂浆的干硬度应比手工压光时稍干一些。

（5）当水泥砂浆面层干湿度不适宜时，可采取淋水或撒布少许干拌的 1∶1 水泥和砂（体积比，砂须过 3mm 筛）进行抹平压光工作。不得撒干水泥、刮素浆。

（6）当面层需分格时，应在墙上和踢脚板上划好分格线，如垫层留有伸缩缝时，其面层一部分分格应调到与垫层伸缩缝相应对齐。应在水泥初凝后进行弹线分格。先用木抹搓一条约一抹子宽的面层，用钢皮抹子压光，并用分格器压缝。分格应平直，深浅要一致。

（7）当水泥砂浆面层内因埋设管线等原因出现了局部厚度减薄在 10mm 及以下时，应按设计要求做防止面层开裂处理后方可继续施工。

（8）水泥砂浆面层完成后，应注意成品保护工作，防止面层碰撞和表面沾污，影响美观和使用。对地漏、出水口等部位安放的临时堵口要保护好，以免灌入杂物，造成堵塞。

4. 养护

（1）水泥砂浆面层抹压后，应在常温湿润条件下养护。

（2）养护要适时，如浇水过早易起皮，如浇水过晚则会使面层强度降低而加剧其干缩和开裂倾向。一般在 12h 后养护，铺覆盖材料洒水养护，养护时间不应少于 7d。在养护期内严禁在饰面上放重物品及随意践踏，或进行其他作业。

（五）成品保护

（1）施工中推手推车时不许碰撞门立边和栏杆及墙柱饰面，门框要有保护措施，以防手推车轴头碰撞门框。

（2）施工时不得碰撞水电安装用的水暖立管等，保护好地漏、出水口等部位的临时堵头，以防灌入浆液杂物造成堵塞。

（3）在水泥砂浆面层抗压强度达不到 5MPa 之前，不准在上面行走或进行其他作业，以免损伤地面。

（4）水泥砂浆面层抗压强度达到设计要求后方可正常使用。

（5）施工过程中被沾污的墙柱面、门窗框、设备立管线要及时清理干净。

（六）质量要求与检验

1. 主控项目

（1）原材料必须符合设计要求。水泥宜采用硅酸盐水泥、普通硅酸盐水泥，不同品种、不同强度等级的水泥不应混用；砂应为中粗砂，当采用石屑时，其粒径应为 1～

5mm，且含泥量不应大于3%；防水水泥砂浆采用的砂或石屑，其含泥量不应大于1%。

检验方法：观察检查和检查质量合格证明文件。

（2）外加剂技术性能应符合国家现行有关标准的规定，品种和掺量应经试确定。

检验方法：观察检查和检查质量合格证明文件、配合比试验报告。

（3）水泥砂浆体积比（强度等级）应符合设计要求，且水泥砂浆体积比为1∶2，强度等级不应小于M15。

检验方法：检查强度等级检测报告。

（4）有排水要求的水泥砂浆地面，坡向应正确、排水畅通；防水水泥砂浆面层不应渗漏。

检验方法：观察检查和蓄水、泼水检验或坡度尺检查及检查检验记录。

（5）面层与下层应结合牢固、无空鼓和开裂。当出现空鼓时，空鼓面积不应大于400cm²，且每自然或标准间不应多于2处。

检验方法：观察和用小锤轻击检查。

2. 一般项目

（1）面层表面的坡度应符合设计要求，不应有倒泛水和积水现象。

检验方法：观察和泼水检查。

（2）面层表面应洁净，无裂纹、脱皮、麻面、起砂等缺陷。

检验方法：观察检查。

（3）踢脚线与柱、墙面应紧密结合，踢脚线高度及出柱、墙厚度应符合设计要求，且均匀一致。当出现空鼓时，局部空鼓长度不应大于300mm，且每自然或标准间不应多于2处。

检验方法：用小锤轻击、钢尺和观察检查。

（4）楼梯踏步和台阶宽度、高度应符合设计要求。楼层梯段相邻踏步高度差不应大于10mm，每踏步两端宽度差不大于10mm；旋转楼梯段的每踏步两端宽度的允许偏差不应大于5mm。踏步面层应做防滑处理，齿角应整齐，防滑条应顺直、牢固。

检验方法：观察和钢尺检查。

（5）表面平整度≤4mm；踢脚线上口平直度≤4mm；缝格顺直偏差≤3mm。

检验方法：表面平整度用2m靠尺和楔形塞尺检查；踢脚线上口平直度、缝格顺直偏差用拉5m线和用钢尺检查。

二、细石混凝土面层

（一）地面构造

细石混凝土地面一般由面层、结合层、垫层、基土或结构层构成，如图21–1–3所示。细石混凝土面层其强度等级不应小于C20，厚度为30～40mm；面层兼垫层的厚度按设计的垫层确定，但不应小于60mm；结合层采用素水泥浆（内掺建筑胶）；基土为素土夯实或结构层（钢筋混凝土楼板）。如果是现浇混凝土楼板或混凝土垫层，则随捣随抹面层。

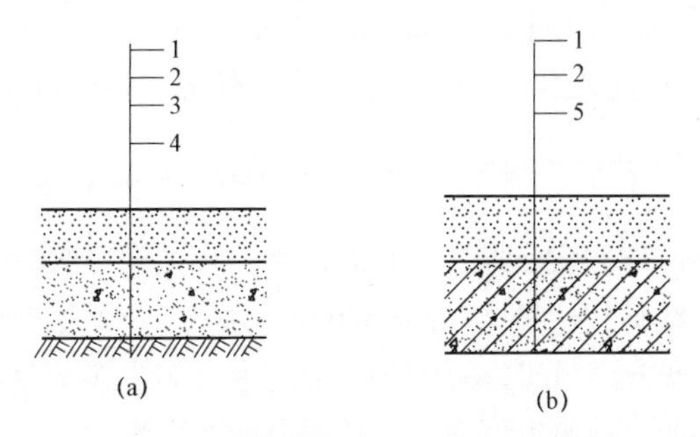

图 21–1–3　细石混凝土楼（地）面构造示意

（a）地面；（b）楼面

1—面层；2—结合层；3—垫层；4—基土；5—结构层

（二）施工准备

1. 使用材料

（1）水泥宜采用硅酸盐水泥、普通硅酸盐水泥，强度等级不低于42.5级。不同品种、不同强度等级的水泥严禁混用。

（2）砂采用中砂或粗砂，含泥量不应大于3%。

（3）粗骨料采用碎石或卵石，其最大粒径不应大于面层厚度的2/3；细石混凝土面层采用的石子粒径不应大于16mm；含泥量不应大于2%。

（4）水宜采用饮用水；当采用其他水源时水质应达到《混凝土用水标准》(JGJ 63）的规定。

2. 技术准备

（1）细石混凝土面层下的各层做法已按设计要求施工并验收合格。

（2）铺设前应根据设计要求通过试验确定配合比。

（3）门框及预埋件已安装并验收。

（4）作业时环境（如天气、温度、湿度等）状况应满足施工质量可达到标准的要求。

（5）如有泛水和坡度，垫层的泛水和坡度应符合设计要求。

（6）对所有作业人员已进行技术交底。

（三）工艺流程

基层处理→弹线、做标筋→浇铺细石混凝土→表面压光→养护。

（四）施工要点

1. 基层处理

把沾在基层上的浮浆、落地灰等用錾子或钢丝刷清理掉，再用扫帚将浮土清扫干净；如有油污，应用5%～10%浓度火碱水溶液清洗；在施工前1～2d浇水湿润。湿润后，刷素水泥浆（内掺建筑胶），随刷随铺设混凝土，避免间隔时间过长风干后形成空鼓。

2. 弹线、做标筋

（1）根据水平标准线和设计厚度，在四周墙、柱上弹出面层的上平标高控制线。

（2）按线拉水平线抹找平墩（60mm×60mm 见方，与面层完成面同高，用同种混凝土），纵横间距1.5～2m。有地漏或排水口的坡度地向，应以地漏或排水口为中心，应按设计坡度要求拉线，抹出坡度墩，向四周做坡度标筋。

（3）面积较大的房间为保证房间地面平整度，还要做冲筋，以做好的灰饼为标准抹条形冲筋，高度与灰饼同高，形成控制标高的“田”字格，用刮尺刮平，作为混凝土面层厚度控制的标准。当天抹灰墩、冲筋并应当天完成，不应当隔夜。

3. 浇铺细石混凝土

（1）混凝土搅拌：混凝土的配合比应根据设计要求通过试验确定。投料前必须严格过磅，精确控制配合比。每盘投料顺序为石子→水泥→砂→水。应严格控制用水量，搅拌要均匀，搅拌时间不少于90s，坍落度一般不应大于30mm。

（2）混凝土铺设时，先在已润湿的基层上刷一道素水泥浆（内掺建筑胶）结合层，随结合层边刷边铺混凝土，以保证面层与基层的黏结性。用2m刮杠依标筋或灰饼刮平，然后用铁滚筒反复滚压，如有凹凸处用同配合比的细石混凝土补平，直到面层出浆。注意过口和边角高度要符合要求，应用木抹子拍打搓平，不得有坑洼现象。

（3）待抹完一个房间后，在细石混凝土表面均匀撒一层 1∶1 干拌水泥砂（体积比），待干粉吸水后，用2m水平刮杠刮平，随后用抹子用力槎打、抹平，将干水泥砂子拌和面与细石混凝土浆混合，使面层达到结合紧密。

（4）细石混凝土面层不得留置施工缝。当施工间歇超过规定的允许时间后，再继续浇筑混凝土时，应对已凝结的混凝土接槎处进行处理，用钢丝刷刷到石子外露，表面用水冲搅，并涂以水泥浆，再浇筑混凝土，并应捣实压平，使新旧混凝土接缝紧密，不显接头槎。

（5）细石混凝土面层应在水泥初凝前完成抹平工作，水泥终凝前完成压光工作。

4. 表面压光

（1）第一遍抹压，在细石混凝土初凝前进行。用铁抹子轻轻抹压，使表面密实、平整、不露石子，注意抹压边角和水暖立管处，防止漏压。

（2）第二遍抹压。当面层砂浆初凝后，面层上人有脚印但陷不下去时进行。用铁抹子认真仔细地抹压，把凹坑、砂眼和脚印填实抹平，注意抹压均匀不得漏压。

（3）第三遍抹压。当面层砂浆终凝前，即人踩上人去稍有脚印，但用铁抹子压光无抹痕时，可用铁抹子进行第三遍压光。此时抹压用力要稍大，把所有抹纹压平压光，达到面层表面密实光洁。

5. 养护

细石混凝土面层应在施工完成后 12h 覆盖和洒水养护，每天不少于 2 次，严禁上人，养护期不得少于 7d。在养护期内严禁在饰面上放重物品及随意践踏，或进行其他作业。

依据设计图纸、有关规范要求结合现场实际情况需设置分格缝。

（五）成品保护

（1）施工中推手推车时不许碰撞门立边和栏杆及墙柱饰面，门框要有保护措施，以防手推车轴头碰撞门框。

（2）施工时不得碰撞水电安装用的水暖立管等，保护好地漏、出水口等部位的临时堵头，以防灌入浆液杂物造成堵塞。

（3）在细石混凝土面层抗压强度未达到 5MPa 之前，不准在上面行走或进行其他作业，以免损伤地面。

（4）当细石混凝土面层的抗压强度达到设计要求后方可正常使用。

（5）施工过程中被沾污的墙柱面、门窗框、设备立管线要及时清理干净。

（六）质量要求与检验

1. 主控项目

（1）原材料质量必须符合设计要求。水泥混凝土采用的粗骨料，最大粒径不应大于面层厚度的 2/3，细石混凝土面层采用的石子粒径不应大于 16mm。

检验方法：观察检查和检查质量合格证明文件。

（2）外加剂技术性能应符合国家现行有关标准的规定，品种和掺量应经试验确定。

检验方法：检查外加剂合格证明文件和配合比试验报告。

（3）面层的强度等级应符合设计要求，且强度等级不应小于 C20。

检验方法：检查配合比试验报告及强度等级检测报告。

（4）面层与下一层应结合牢固、无空鼓、裂纹，空鼓面积不应大于 $400cm^2$，且每自然间或标准间不应多于 2 处。

检验方法：观察和用小锤轻击检查。

（5）混凝土运输、浇筑及间歇应符合国家现行有关标准的规定。

检验方法：观察、检查施工记录。

2. 一般项目

（1）施工配合比应符合国家现行有关标准的规定，首次使用的混凝土配合比应进行开盘鉴定。

检验方法：检查开盘鉴定资料和试件强度试验报告。

（2）伸缩缝的位置应符合设计和施工方案的要求，伸缩缝的处理应按技术方案执行。

检验方法：观察、检查施工记录。

（3）养护应符合施工技术方案和现行有关标准的规定。

检验方法：观察、检查施工记录。

（4）表面洁净，不应有裂纹、脱皮、麻面、起砂等缺陷。

检验方法：观察检查。

（5）坡度应符合设计要求，不得有倒泛水和积水现象。

检验方法：观察和采用泼水或用坡度尺检查。

（6）踢脚线与柱、墙面应紧密结合，踢脚线高度及出柱、墙厚度应符合设计要求且均匀一致，当出现空鼓时，局部空鼓长度不应大300mm，且每自然间或标准间不应多于2处。

检验方法：用小锤轻击、钢尺和观察检查。

（7）楼梯踏步和台阶宽度、高度应符合设计要求。楼层梯段相邻踏步高度差不应大于10mm，每踏步两端宽度差不大10mm；旋转楼梯段的每踏步两端宽度的允许偏差不应大于5mm。踏步面层应做防滑处理，齿角应整齐，防滑条应顺直、牢固。

检验方法：观察检查和钢尺检查。

（8）表面平整度≤3mm；踢脚线上口平直度≤4mm；缝格顺直偏差≤2mm。

检验方法：表面平整度用2m靠尺和楔形塞尺检查；踢脚线上口平直度、缝格顺直偏差用拉5m线和用钢尺检查。

【思考与练习】

1. 试述水泥砂浆面层施工要点。

2. 细石混凝土面层表面压光及养护要求有哪些？

3. 水泥砂浆面层和细石混凝土面层成品保护措施有哪些？

4. 水泥砂浆面层与细石混凝土面层在质量检验中的主控项目分别是哪些检查项目？

模块 2　板块地面（Z44J2002 Ⅰ）

【模块描述】本模块介绍了板块地面构造和质量要求、检查内容以及成品保护措施。通过要点讲解、工艺介绍、图形举例，掌握板块地面的施工要点、质量要求、检查方法以及成品保护措施。

【模块内容】

板块地面包括砖面层、大理石与花岗石面层、预制板块面层、料石面层、塑料板面层、活动地板面层、金属板面层等板块做面层组成的楼地面工程。这类地面的特点是：耐磨损、易清洗、刚性大，属中高档地面装饰，适用于人流量较大和比较潮湿的场合。

本模块主要介绍砖面层。砖面层属于建筑地面工程板块类面层，砖面层应是采用陶瓷锦砖、陶瓷地砖、水泥花砖、缸砖等板块在水泥砂浆、沥青胶结料或胶黏剂结合层上铺设而成。其表面分为无釉和带釉两种，一般常用为无釉产品。

一、构造做法

板块地面一般由面层、结合层、找平层、垫层、基土或结构层构成，如图 21-2-1 所示。

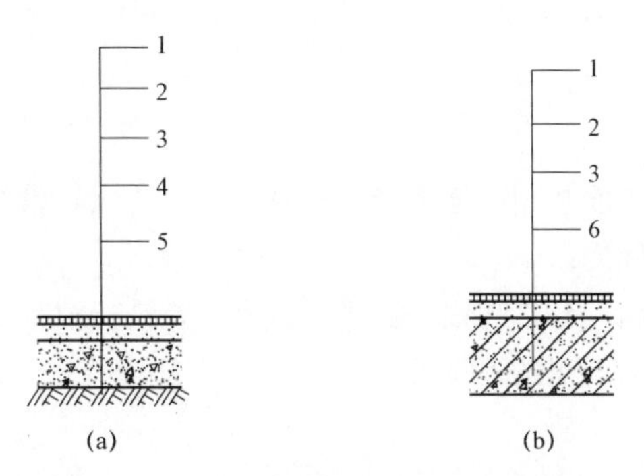

图 21-2-1　砖面层楼（地）面构造示意

1—砖面层；2—结合层；3—找平层；4—垫层；5—基土；6—结构层

（a）地面；（b）楼面

二、施工准备

（一）材料准备

（1）面板砖。

1）外观质量表面应平整洁净、边缘整齐、周边顺直、大小一致、厚度均匀、图案清晰、色泽一致、不得有裂纹等缺陷。

2）应具有出厂合格证及性能检测报告，抗压、抗折及规格品种均应符合设计要求。

3）有防腐蚀要求的砖面层采用的耐酸陶砖材质和铺设要求以及施工质量验收应符合现行的国家标准《建筑防腐蚀工程施工规范》GB 50212 的规定。

（2）水泥宜采用硅酸盐水泥、普通硅酸盐水泥，强度等级不低于 42.5 级。不同品种、不同强度等级的水泥严禁混用。

（3）砂：水泥砂浆采用中粗砂，含泥量不应大于 3%。

（4）水宜采用饮用水，当采用其他水源时水质应达到《混凝土用水标准》JGJ 63 的规定。

（5）如采用沥青胶结料或胶黏剂其技术指标应符合设计要求，有出厂合格证和进场复试报告，并通过试验确定其适用性和使用要求。

（二）技术准备

（1）砖面层下的各层已按设计要求施工并验收合格。

（2）竖向穿过地面的管道已安装完成。如有防水层，管根已做好防水处理。

（3）施工方案已审核、批准。

（4）样板块已经得到认可。

（5）作业时环境（如天气、温度、湿度等）状况应满足施工质量可达到标准的要求。

（6）对所有作业人员已进行技术交底。

三、工艺流程

施工应在楼（地）面垫层、墙面和顶棚抹灰、有防水要求的房间隐蔽工程验收合格后进行。其工艺流程为：

基层处理→找标高、分格弹线→试排、试拼、弹铺砖控制线→铺结合层砂浆→铺贴→勾缝、擦缝→养护→镶贴踢脚板。

四、施工要点

1. 基层处理

铺设砖面层时，其水泥类基层的抗压强度不得小于 1.2MPa。

基层上的一切浮灰、油污、杂质，必须仔细清除，否则形成一层隔离层，会使面层结合不牢。用錾子剔掉楼地面超高、墙面超平部分和砂浆落地灰，用钢丝刷刷净浮浆层。如基层有油污时，应用 10%浓度火碱水溶液刷净，并用清水及时将其上的碱液冲净。低凹处用水泥砂浆找平，并提前一天洒水润湿。

2. 找标高、分格弹线

根据水平标准线和设计厚度，确定地面的标高位置，在四周墙柱上弹好+50cm 水平线，作为面层的上平标高控制线，以此为准在墙上弹出面层水平标高线。然后根据砖材的分块情况，挂线找中，拉十字线进行分格弹线。如室内外砖材的颜色不同时，分界线应在门口门扇中间处。

3. 试排、试拼、弹铺砖控制线

根据房间实际尺寸、设计要求、砖块规格、纹理图案以及相连通房间、走廊砖材拼接等要求，在电脑上进行模拟排块设计，绘制“排块设计图”。

根据标准线确定砖材的铺贴顺序和标准块的位置，在预定的位置上进行试拼，检查图案、颜色及纹理的装饰效果。试拼后按两个方向编号，并按号堆成整齐。在房间相互垂直的方向，按弹好的标准线铺两条宽度大于砖材的干砂，按设计图纸试排，以检查板缝，核对砖块与墙面、柱、管线洞口的相对位置，确定找平层的厚度，根据试排结果在房间的关键部位弹上相垂直的控制线，用以控制砖材铺贴时的位置，如图 21–2–2 所示。

在房间分中，从纵横两个方向排尺寸，当尺寸不足整砖倍数时，将非整砖用于边角处。横向平行于门口的第一排应为整砖，将非整砖排在靠墙位置；纵向（垂直门口）应在房间内分中，非整砖对称排放在两墙边处，尺寸不小于整砖边长的 1/2。根据已确定的砖数和缝宽，在地面上弹出纵横向铺砖控制线，每隔四块砖弹一根铺砖控制线。

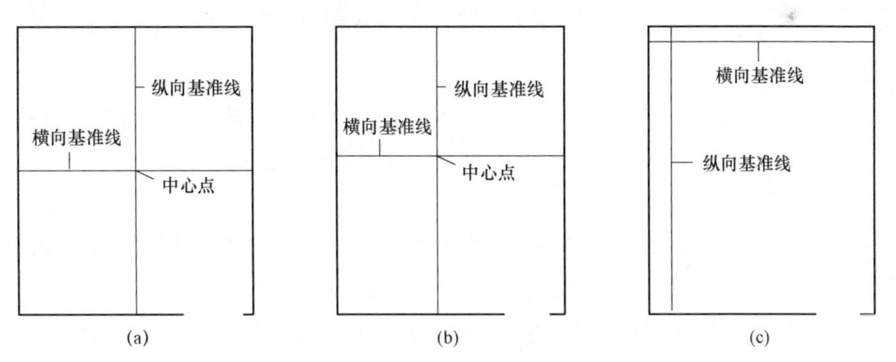

图 21–2–2　房间地面铺砖控制线示意

（a）地砖为偶数；（b）地砖为奇数；（c）有非整砖

4. 铺结合层砂浆

砖面层铺设前应将基底湿润，并在基底上刷一道素水泥浆或界面结合剂，随刷随铺搅拌均匀的干硬性水泥砂浆（宜采用 M10 干硬性水泥砂浆，干硬程度以手握成团落地开花为最好）结合层。

干硬性水泥砂浆结合层，按照从里到外、从大面往小面的原则铺设，厚度控制在放上砖板块时宜高出面层水平 3～4mm，铺好后用大杠尺刮平，再用抹子拍实找平。

5. 铺贴

砖材应先试贴，将砖材按通线平稳铺下，用橡皮锤垫木块轻击，使砂浆密实，缝隙、平整度满足要求后，揭开板块，如结合层不密实有空隙时，应填砂浆搓平。正式铺贴时，在砖材背面涂 8~10mm 素水泥浆，砖材对缝铺好后，用橡皮锤均匀轻轻敲击表面，并用水平尺找平，压平敲实，如图 21–2–3 所示。注意对好纵横缝并调整好与相邻板面的标高，砖拼缝处用手触摸检查平整度。

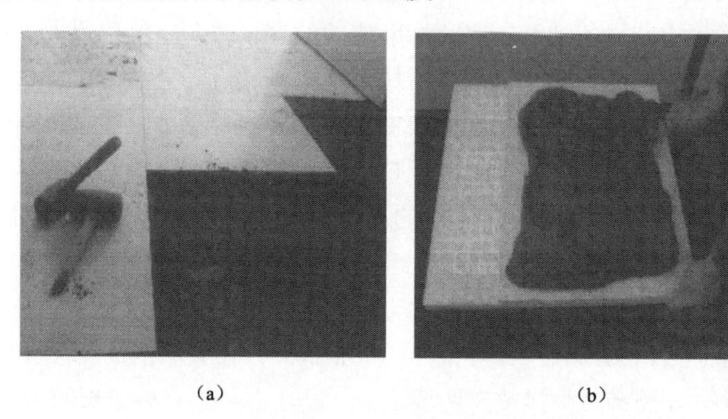

（a） （b）

图 21–2–3 砖面层铺贴示意

（a）砖材铺贴；（b）在砖材背面涂素水泥浆

6. 勾缝、擦缝

一般在砖块铺完两天之后，经检查砖无断裂及空鼓现象时，将缝口和地面清理干净，用水泥浆勾（嵌）缝，然后应将附着在砖面上水泥浆液擦干净。

7. 镶贴踢脚板

踢脚板施工前要认真清理墙面，提前一天浇水湿润，根据墙面标筋和标准水平线，用水泥砂浆底层并刮平划纹。踢脚板用砖块，一般采用与地面块材同品牌、同规格、同颜色的材料，踢脚板浸湿晾干，按需要数量将阳角处的踢脚板的一端切成 45° 角，并将踢脚板用水刷净以备用。

踢脚板的缝要与地面缝对齐形成通缝。铺设时应在房间墙面两端阴角各全镶贴一块砖，出墙厚度 5～6mm，高度应符合设计要求，以此砖上楞为标准挂线，开始铺贴。在踢脚板背面抹 M20 水泥砂浆黏结砂浆，使砂浆粘满整块砖，及时粘贴在墙上，板上楞要跟线，用木槌轻击密实，靠尺找直、找平，随之将挤出的砂浆刮掉。将面层清擦干净。次日，用同色水泥擦缝。

8. 养护

砖面层铺完后 24h 要覆盖、湿润养护，养护时间不得少于 7d。

五、成品保护措施

（1）合理安排施工顺序，水电、通风、设备安装等应提前完成，防止损坏面砖。

（2）切割板块时应用垫板，不得在已铺贴好的砖面层上操作。

（3）砖面层铺贴后，如果其他工序插入较多，应铺覆盖物对面层加以保护。

（4）做油漆、浆活时，应铺覆盖物对面层加以保护，不得污染地面。

（5）钢管等硬器不得放置在砖面层上，不得碰坏砖面层。

六、质量要求与检验

1. 主控项目

（1）板块应有产品质量合格证明文件，并应符合设计要求和国家现行有关标准的规定。

检验方法：观察检查和检查型式检验报告、出厂检验报告、出厂合格证。

（2）板块产品进入施工现场时，应有放射性限量合格的检测报告。

检验方法：检查检测报告。

（3）面层与下一层结合应牢固，无空鼓（单块砖边角允许有局部空鼓，但每自然间或标准间的空鼓砖不应超过总数的 5%）。

检验方法：用小锤轻击检查。

2. 一般项目

（1）面层表面应洁净，图案清晰，色泽一致，接缝平整，深浅一致，周边顺直。板块无裂纹、掉角和缺楞等缺陷；非整砖块材不得小于 1/2。

检验方法：观测检查。

（2）邻接处的镶边用料及尺寸应符合设计要求，边角整齐、光滑。

检验方法：观察和用钢尺检查。

（3）踢脚线表面应清净，与柱、墙面结合应牢固，踢脚线高度及出柱、墙厚度应符合设计要求，且均匀一致，当无设计要求时，应为 5～6mm。

检验方法：用小锤轻击、钢尺和观察检查。

（4）楼梯踏步和台阶宽度、高度应符合设计要求。楼层梯段相邻踏步高度差不应大于 10mm，每踏步两端宽度差不大于 10mm；旋转楼梯段的每踏步两端宽度的允许偏差不应大于 5mm。踏步面层应做防滑处理，齿角应整齐，防滑条应顺直、牢固。

检验方法：观察和用钢尺检查。

（5）面层表面坡度应符合设计要求，不倒泛水、无积水；与地漏、管道结合处应严密牢固，无渗漏。

检验方法：观察、泼水或坡度尺及蓄水检查。

（6）表面平整度：陶瓷锦砖、陶瓷地砖≤2mm；水泥花砖≤3mm；缸砖≤4mm。

检验方法：用 2m 靠尺和楔形塞尺检查。

（7）缝格平直度≤3mm。

检验方法：拉 5m 线和用钢尺检查。

（8）接缝高低差：陶瓷锦砖、陶瓷地砖、水泥花砖≤0.5mm；缸砖≤1.5mm。

检验方法：用钢尺和楔形塞尺检查。

（9）踢脚线上口平直度：陶瓷锦砖、陶瓷地砖≤3mm；缸砖≤4mm。

检验方法：拉 5m 线和用钢尺检查。

（10）板块间隙宽度：设计有要求时，则按设计要求检查。如设计无具体要求的小于或等于 2mm。

检验方法：钢尺检查。

【思考与练习】

1. 砖面层施工中铺贴砖时施工要点有哪些？
2. 砖面层铺贴施工完成后，对砖面层养护有什么要求？
3. 试述砖面层成品保护措施要求。

模块 3　地面分仓（Z44J2003Ⅲ）

【模块描述】本模块介绍了地面分仓缝的设置间距、嵌缝和质量要求。通过要点讲解、工艺介绍、图形举例，掌握地面分仓缝的施工要点、质量要求。

【模块内容】

变形缝是为了防止因气温变化、不均匀沉降以及地震等因素对建筑物的使用和安全造成影响，设计时预先在变形敏感部位将建筑物断开，分成若干个相对独立的单元，且预留的缝隙能保证建筑物有足够的变形空间而设置的一种构造缝。

下面介绍一下地面变形缝设置及建筑地面镶边设置两个方面内容。

一、地面变形缝设置

1. 地面变形缝设置技术要求

（1）建筑地面的伸缩缝、沉降缝、防震缝等变形缝，应按设计要求设置，并应与结构相应的缝位置一致。除假缝外，均应贯通各构造层，缝的宽度不宜小于 20mm。

（2）水泥混凝土垫层应铺设在基土上，当气温长期处于 0℃以下，且设计无要求时，其房间地面应设置伸缩缝。

（3）沉降缝和防震缝的宽度应符合设计要求。在缝内清洗干净后，应先用沥青麻丝填实，再以沥青胶结料填嵌后用盖板封盖，并应与面层齐平，如图 21–3–1 所示。

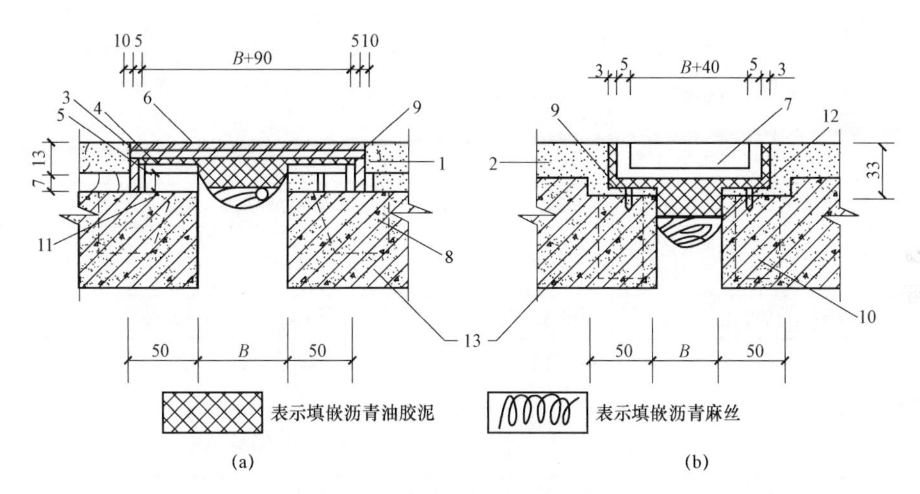

图 21–3–1　建筑地面变形缝构造示意

1—整体面层按设计；2—板块面层按设计；3—5mm 厚钢板焊牢；4—5mm 厚钢板（或铝合金、塑料硬板）；5—5mm 厚钢板；6—5mm 厚钢板或铝合金型材硬板；7—铜板或块材、铝板；8—40×60×60（mm）木楔 500mm 中距；9—24 号镀锌钢板；10—40×40×60（mm）木楔 500mm 中距；11—木螺钉固定 500mm 中距；12—30×30（mm）木螺钉固定 500mm 中距；13—楼层结构层；*B*—缝宽按设计要求

（4）室外水泥混凝土地面工程应设置伸缩缝；室内水泥混凝土楼面与地面工程应设置纵、横向缩缝，不宜设置伸缝。

（5）整体面层的变形缝在施工时，先在变形缝位置安放与缝宽相同的木板条，木板条应刨光后涂沥青煤焦油，待面层施工并达到一定强度后，将木板条取出。

2. 缩缝设置

缩缝是为防止水泥混凝土垫层在气温降低时生产不规则裂缝而设置的收缩缝。室内纵、横向缩缝的间距，宜为 3～4m，施工气温较高时宜采用 3m，缝宽 3～5mm。室外横向缩缝的间距，宜为 4～5m，缝宽 5～6mm。缩缝选用硅酮耐候胶填缝封闭。室内水泥混凝土地面工程分区段浇筑时，应与设置的纵、横向缩缝的间距相一致。

缩缝的构造形式和间距与水泥混凝土垫层的使用条件和施工环境温度有关，水泥混凝土垫层缩缝的技术要求，见表 21–3–1。

表 21–3–1　　混凝土垫层缩缝的技术要求

<table>
<tr><th colspan="2" rowspan="2">使用条件</th><th colspan="2">技术要求</th><th rowspan="2">备　注</th></tr>
<tr><th>型式</th><th>间距（m）</th></tr>
<tr><td rowspan="3">一般要求</td><td rowspan="2">纵向缩缝</td><td>平头缝</td><td>3～4</td><td rowspan="2">企口缝的板厚宜大于 150mm。其拆模强度不低于 3MPa</td></tr>
<tr><td>企口缝</td><td>3～4</td></tr>
<tr><td>横向缩缝</td><td>假缝</td><td>6～12</td><td>室外或高温季节施工宜取 6m</td></tr>
<tr><td colspan="2">大面积密集堆料</td><td>平头缝</td><td>6</td><td>周边均为平头缝</td></tr>
<tr><td colspan="2">湿陷性黄土、膨胀土地区和防冻胀层上</td><td>平头缝</td><td>4</td><td>周边均为平头缝</td></tr>
<tr><td colspan="2">混凝土垫层周边加肋时</td><td>平头缝</td><td>6～12</td><td>宜用于室内，正方形分仓为佳</td></tr>
<tr><td colspan="2" rowspan="2">不同垫层厚度交界处</td><td>连续式变截面</td><td>—</td><td>用于厚度差异不大时</td></tr>
<tr><td>间断式变截面</td><td>—</td><td>用于厚度差异较大时</td></tr>
</table>

（1）纵向缩缝应做成平头缝，如图 21–3–2 所示；当垫层板边加肋时，应做成加肋板平头缝，如图 21–3–3 所示；当垫层厚度大于 150mm 时，也可采用企口缝，如图 21–3–4 所示；横向缩缝应做成假缝，如图 21–3–5 所示。

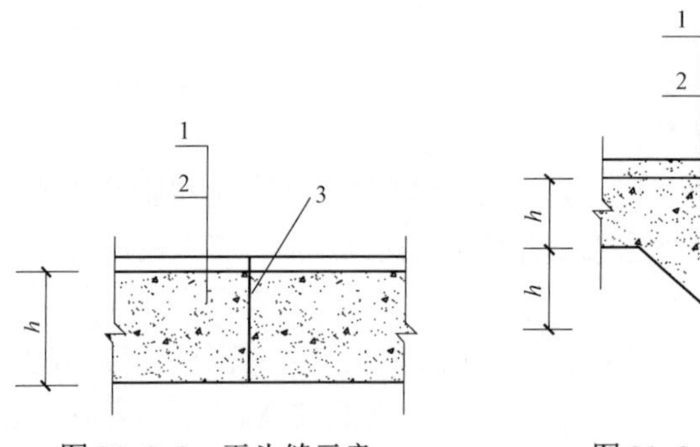

图 21–3–2　平头缝示意　　图 21–3–3　加肋板平头缝示意

1—面层；2—混凝土垫层；3—互相紧贴，不放隔离材料

（2）平头缝和企口缝的缝间不得放置任何隔离材料，在浇筑时应互相紧贴。企口缝的尺寸应符合设计要求，拆模时的混凝土抗压强度不宜小于 $3N/mm^2$。

（3）假缝应按规定的间距设置吊装模板，或在浇筑混凝土时，将预制的木条埋设在混凝土中，并在混凝土终凝前取出；也可采用在混凝土达到一定强度后用锯割缝。

假缝的宽度宜为 5～20mm，其深度宜为垫层厚度的 1/3，选用硅酮耐候胶封闭。

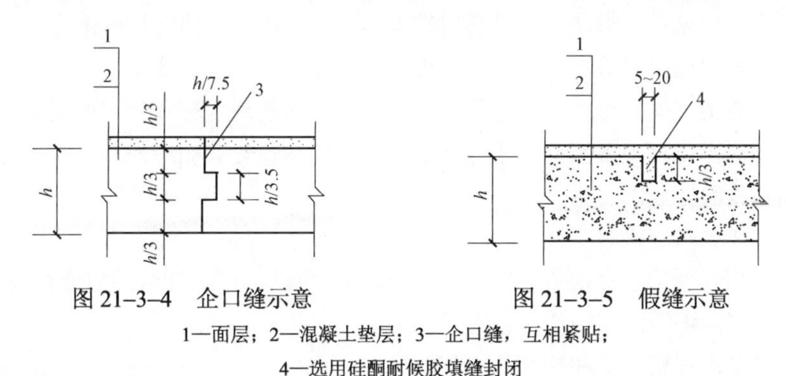

图 21–3–4　企口缝示意　　图 21–3–5　假缝示意

1—面层；2—混凝土垫层；3—企口缝，互相紧贴；

4—选用硅酮耐候胶填缝封闭

3. 伸缝设置

伸缝是为防止水泥混凝土垫层在气温升高时在缩缝边缘产生挤碎或拱起而设置的伸胀缝。在设置建筑地面镶边且设计无要求时，应符合下列规定：

室外伸缝的间距宜为 30m，伸缝的宽度宜为 20～30mm，上下贯通。缝内应填嵌沥青类材料，如图 21–3–6 所示。当沿缝两侧垫层板边加肋时，应做加肋板伸缝，如图 21–3–7 所示。

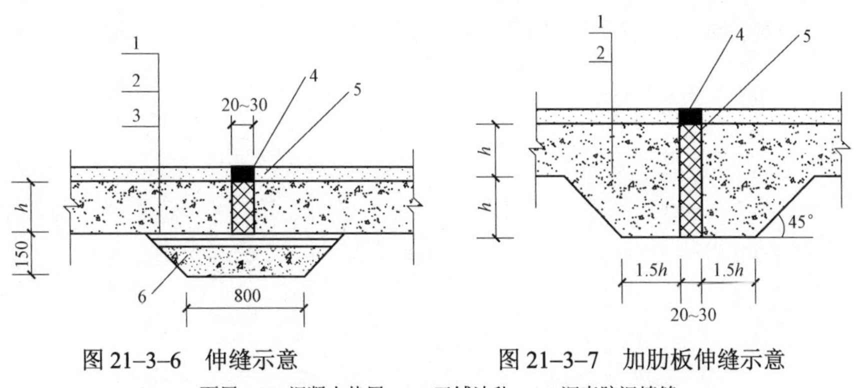

图 21–3–6　伸缝示意　　图 21–3–7　加肋板伸缝示意

1—面层；2—混凝土垫层；3—干铺油毡；4—沥青胶泥填缝；

5—沥青胶泥或沥青木丝板；6—C15 混凝土

二、建筑地面镶边设置

在设置建筑地面镶边时应按照设计要求。当设计无要求时，应符合下列规定。

（1）在有强烈机械作用下的水泥类整体面层与其他类型的面层邻接处，应设置镶边角钢。

（2）当采用水磨石整体面层时，应采用同类材料以分格条设置镶边。

（3）在条石面层和砖面层与其他面层邻接处，应采用顶铺的同类材料镶边。

（4）当采用木板、拼花地板、塑料地板面层时，应采用同类材料镶边。

（5）在地面面层与管沟、孔洞、检查井等邻接处，应设置镶边。

（6）在管沟、变形缝等处的建筑地面面层的镶边构件，应在铺设面层前装设。建筑地面工程施工质量中各类面层子分部工程的面层铺设与其相应的基层铺设的分项工程施工质量检验应全部合格。

三、质量要求与检验

（1）室内地面的水泥混凝土垫层和陶粒混凝土垫层，应设置纵向缩缝和横向缩缝；纵向缩缝、横向缩缝的间距均不得大于4m。

检验方法：观察检查和拉5m线检查。

（2）水泥混凝土整体面层伸缩缝的位置应符合设计和施工方案的要求，伸缩缝的处理应按技术方案执行。

检验方法：观察、检查施工记录。

【思考与练习】

1. 什么叫变形缝？
2. 地面缩缝设置有哪些规定要求？地面缩缝有哪几种形式？
3. 地面伸缝设置有哪些规定要求？
4. 建筑地面镶边设置有哪些要求？

第二十二章

涂　料　涂　饰

模块1　水性涂料涂饰（Z44J3001Ⅱ）

【模块描述】本模块介绍了基层处理、水性涂料的特点、施工工序、质量要求以及成品保护措施。通过要点讲解、工艺介绍、图形举例，掌握水性涂料涂饰要点、质量要求、检查方法以及成品保护措施。

【模块内容】

用水作溶剂或者作分散介质的涂料，可称为水性涂料。水性涂料加水稀释作用不会溶解成膜物质，是高分子成膜的涂料，具有绿色、安全、作用方便的特点。水性涂料包括乳液型涂料、无机涂料、水溶性涂料。生产单位生产涂料通常按使用部位来提供相应的产品，市场上的涂料选购时则以内墙涂料、外墙涂料和地面涂料来划分的。由于使用部位的不同，在施工工艺上，也会从基层处理开始有一系列不同的要求与方法。

一、施工准备

1. 材料准备

（1）应优先采用绿色环保产品。材料选用必须符合室内环境污染控制规范要求。室外带颜色的涂料，应采用耐碱和耐光的颜色。

（2）工程所用涂料、胶水等材料应按设计要求进场，并应有材料的产品合格证、性能检测报告、有害物质限量检验报告和进场验证记录。

（3）民用建筑工程室内用水性涂料中总挥发性有机化合物（TVOC）其限量应小于等于200g/L，游离甲醛限量应小于等于0.1g/kg。

（4）民用建筑工程室内用水性胶黏剂中总挥发性有机化合物（TVOC）其限量应小于等于50g/L，游离甲醛限量应小于等于1g/kg。

（5）腻子。内墙刮墙腻子：白乳胶：滑石粉或大白粉：2%羧甲基纤维素溶液=1：5：3：5（重量比）；多彩花纹内墙涂料一般用SG821石膏腻子；外墙薄质类涂料：水液：108胶：2%浓度羧甲基纤维素溶液=1：0.2：适量；外墙覆层涂料：聚醋酸乙烯乳液∶水泥∶水=1∶5∶1。

2. 技术准备

施工技术人员必须对操作人员进行施工技术安全交底。

二、作业条件

（1）外墙面涂饰时，脚手架或吊篮搭设应完整；抹灰全部完成，墙面基本干透；墙面孔洞已修补；门窗设备管线已安装，洞口已堵严抹平；涂饰样板已经鉴定合格；不涂饰的部位（采用喷、弹涂时）已遮挡等。

（2）内墙面涂饰时，室内各项抹灰均已完成，墙面基本干透；穿墙孔洞已填堵完毕；门窗玻璃已安装，木装修已完，油漆工程已完二道油；不喷刷部位已做好遮挡；样板间已经鉴定合格。

（3）施工的环境温度应在 5～35℃。外墙涂料不能冒雨进行施工。风力 4 级以上不能进行喷涂施工。

三、涂饰程序

（1）外墙面涂饰时，不论采用什么工艺，一般均应由上而下，分段分步进行涂饰，分段分片的部位应选择在门、窗、拐角、水落管等处，因为这些部位易于掩盖。

（2）内墙面涂饰应在顶棚涂饰完毕后进行，且由上而下分段涂饰；涂饰分段的宽度要根据刷具的宽度以及涂料稠度决定；快干涂料慢涂宽度为 15～25cm，慢干涂料快涂宽度为 45cm 左右。

四、刷涂、喷涂、滚涂、弹涂施工要点

1. 刷涂施工

刷涂施工宜用细料状或云母片状涂料。涂刷时，其涂刷方向和行程长短均应一致。如涂料干燥快，应勤沾短刷，接槎最好在分格缝处。涂刷层次，一般不少于两度，在前一度涂层表干后才能进行后一度涂刷。前后两次涂刷的相隔时间与施工现场的温度、湿度有密切关系，通常不少于 4～6h。

2. 喷涂施工

喷涂施工宜用含粗填料或云母片的涂料。在喷涂施工中，对涂料稠度、空气压力、喷射距离、喷枪运行中的角度和速度等均有一定的要求。涂料稠度必须适中，太稠，不便施工；太稀，影响涂层厚度，且容易流淌。空气压力为 0.4～0.8N/mm^2，压力选得过低或过高，涂层质感差，涂料损耗多。喷射距离一般为 40～60cm，喷嘴离被涂墙面过近，涂层厚薄难控制，易出现过厚或挂流等现象；喷嘴距离过远，则涂料损耗多。喷枪运行中喷嘴中心线必须与墙面垂直，如图 22–1–1 所示，喷枪应与被涂墙面平行移动，如图 22–1–2 所示，运行速度要保持一致，运行过快，涂层较薄，色泽不均；运行过慢，涂料黏附太多，容易流淌。喷涂施工，希望连续作业，一气呵成，争取到分格缝处再停歇。

室内喷涂一般先喷顶后喷墙，两遍成活，间隔时间约 6h；外墙喷涂一般为两遍，较好的饰面为三遍。喷涂时要注意三个基本要素：喷涂阴角与表面时一面一面分开进行；喷枪移动方法应与被涂墙面平行移动；喷涂顶棚时尽量使喷枪与顶棚成一直角。罩面喷涂时，喷枪离脚手架 10～20cm 处，往下另行再喷。作业段分割线应设在水落管、接缝、雨罩等处。喷枪移动路线如图 22–1–3 所示。

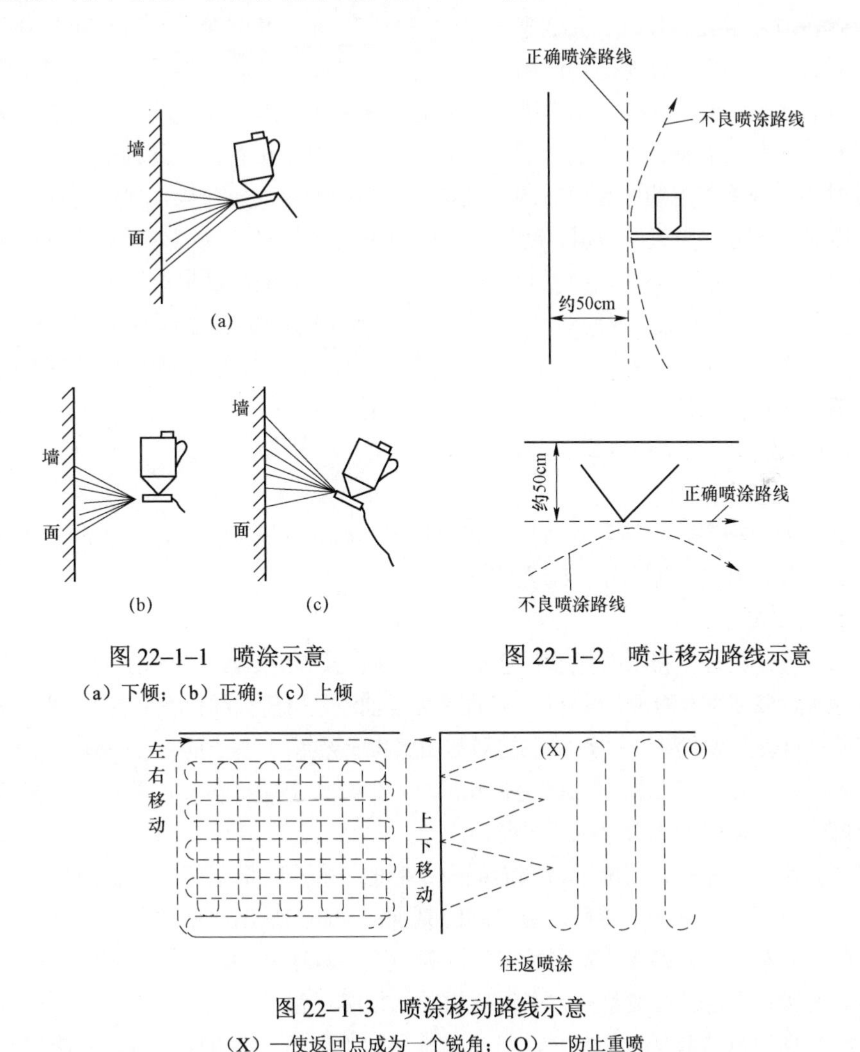

图 22–1–1　喷涂示意

（a）下倾；（b）正确；（c）上倾

图 22–1–2　喷斗移动路线示意

图 22–1–3　喷涂移动路线示意

（X）—使返回点成为一个锐角；（O）—防止重喷

3. 滚涂施工

滚涂施工宜用细料状或云母片状涂料。滚涂操作应根据涂料的品种、要求的花饰确定辊子的种类。施工时在碾子上蘸少量涂料后再在被滚墙面上轻缓平稳地来回滚动，直上直下，避免歪扭蛇行，以保证涂层厚度一致、色泽一致、质感一致。

4. 弹涂施工

弹涂施工宜用云母片状或细料状涂料。彩弹饰面施工的全过程都必须根据事先所设计的样板上的色泽和涂层表面形状的要求进行。

弹涂时，手提彩弹机，先调整和控制好浆门、浆量和弹棒，然后开动发电机，使机口垂直对正墙面，保持适当距离（一般为 30～50cm），按一定手势和速度，自上而下、自右（左）至左（右），循序渐进。要注意弹点密度均匀适当，上下左右接头不明显。对于压花型彩弹，在弹涂以后，应有一人进行批刮压花，弹涂到批刮压花之间的间歇时间，视施工现场的温度、湿度及花型等不同而定。压花操作要用力均匀，运动速度要适当，方向竖直不偏斜，刮板和墙面的角度宜在 15°～30°，要单方向批刮，不能往复操作，每批刮一次，刮板须用棉纱擦抹，不得间隔，以防花纹模糊。

大面积弹涂后，如出现局部弹点不匀或压花不合要求影响装饰效果时，应进行修补，修补方法有补弹和笔绘两种。修补所用的涂料，应该用与刷底或弹涂同一颜色的涂料。

五、内墙涂料涂饰

（一）内墙乳胶涂料施工

1. 工艺流程

基层处理→刮腻子补孔→磨平→满刮腻子、磨光→满刮第二遍腻子、磨光→涂刷第一遍乳胶、磨光→涂刷第二遍乳胶→清扫。

2. 施工要点

（1）基层处理：将墙面基层上起皮、松动及空鼓等清除凿平；基层的缺棱掉角处用 M15 水泥砂浆或聚合物砂浆修补；对墙面污垢及油渍采用清洗剂和清水洗净表面，干燥后再用棕刷将表面灰尘清扫干净；涂刷抗碱封闭底漆或界面剂。基层的含水率应不大于 10%。

石膏板连接处可做成 V 形接缝。施工时，在 V 形缝中嵌填专用的掺合成树脂乳液石膏腻子，并贴玻璃接缝带抹压平整。

（2）刮腻子补孔：用腻子将墙面缝隙、麻面、蜂窝、洞眼等缺残处刮平补好。

（3）磨平：等腻子干透后，将凸起的腻子铲平，然后用粗砂纸磨平。

（4）满刮腻子并磨光：先用胶皮刮板满刮第一遍腻子，要求横向刮抹平整、均匀、光滑、密实、线角及边棱整齐。干透后粗砂纸打磨平整。

（5）满刮第二遍腻子并磨光：第二遍满刮腻子与第一遍方向垂直，方法相同，干透后用细砂纸打磨平整、光滑。

（6）涂刷第一遍乳胶并磨光：涂刷前用手提电动搅拌枪将涂料搅拌均匀，并倒入托盘，用滚子蘸乳胶进行滚涂，滚子先作横向滚涂，再作纵向滚压，将乳胶赶开，涂平，涂匀。滚涂顺序一般从上而下，从左到右，先远后近，先顶棚后墙柱，先小面后大面，防止涂料局部过多而发生流坠，滚子涂不到的阴角处，需用毛刷补齐，不得漏涂。要随时剔除墙上的滚子毛。一面墙面要一气呵成，避免出现接槎刷迹重叠。第一遍滚涂乳液胶结束4h后，用细砂纸磨光；若天气潮湿，4h后未干，应延长间隔时间，待干后再磨。

（7）涂刷第二遍乳胶：涂刷乳胶一般为两遍，也可根据要求适当增加遍数。每遍涂刷应厚薄一致，充分盖底，表面均匀。

（8）清扫：清扫飞溅乳胶，清除施工准备时预先覆盖的踢脚板，水、暖、电、卫设备及门窗等部位的遮挡物。

（二）内墙涂高档乳胶漆施工

1. 工艺流程

基层处理→刮腻子补孔并磨平→满刮腻子、磨光→满刮第二遍腻子、磨光→涂底漆→涂乳胶漆、磨光→涂第二遍乳胶漆→清扫。

2. 施工要点

（1）其中从基层处理到封底漆前所有施工要求与内墙刷乳胶涂料相同。

（2）涂底漆：底漆可采用滚涂或喷涂方法施工。施工时，基面必须干燥、清洁牢固；施涂时，涂层要均匀，不可漏涂，若封底漆渗入基层较多时须重涂。

滚涂第一遍乳胶漆时应稍稀，加水量根据产品要求而定，涂时滚子应少蘸、勤蘸，避免流挂，滚涂方法与内墙涂乳胶漆料相同。滚涂结束后，一般需干燥6h以上，才能进行下一工序磨光。

（3）滚涂第二遍乳胶漆：第二遍乳胶漆应比第一遍稠，具体掺入量按产品要求定。施工方法同一遍，若遮盖差，需打磨后再涂一遍。

（4）清扫：要求与内墙刷乳胶涂料相同。

（三）多彩花纹内墙涂料施工

多彩花纹内墙涂料，属于水包油型涂料，饰面由底、中、面层涂料复合组成，是一种色泽优雅、立体感强的高档内墙涂料，可适用于混凝土、抹灰面、石膏板面的内墙与顶棚。

1. 工艺流程

基层处理→满刮两遍腻子、磨光→涂底层涂料→施涂中层（主层）涂料→滚压→喷涂多彩面层→清理。

2. 施工要点

（1）基层处理：将装饰表面上的灰块、浮渣等杂物铲除，如表面有油污，应用清洗剂和清水洗净，干燥后再用棕刷将表面灰尘清扫干净。石膏板面应做板缝处理。表面清扫后，用水与醋酸乙烯乳胶（配合比为 10∶1）的稀释乳液将 SG 281 腻子调至合适稠度，用它将墙面麻面、蜂窝、洞眼、残缺处填补好。腻子干透后，将多余腻子铲平整，然后粗砂纸打磨平整。

（2）满刮两遍腻子并磨光：第一遍应用胶皮刮板满刮，要求横向刮抹平整、均匀、光滑、密实平整，线角及边棱整齐为度。尽量刮薄，不得漏刮，接头不得留槎。待第一遍腻子干透后用粗砂纸打磨平整。

第二遍满刮腻子方法同第一遍，但刮抹方向与前遍腻子相垂直，然后用细砂纸打磨平整、光滑为止。

（3）涂底层涂料：底层涂料施工应在干燥、清洁、牢固的基层表面上进行。喷涂或滚涂一遍底层涂料，涂层需均匀，不得漏涂。

（4）施涂中层（主层）涂料。

涂刷第一遍主层涂料：涂料在使用前应用手提电动搅拌枪充分搅拌均匀，如稠度较大，可适当加清水稀释，但每次加水量需一致，不得稀稠不一。然后将涂料倒入托盘，用涂料滚子蘸料涂刷第一遍。滚子应横向涂刷，纵向滚压，将涂料赶开、涂平。滚涂顺序一般从上到下，从左到右，先远后近，先边角、棱角、小面后大面。要求厚薄均匀，防止涂料过多流坠。滚子涂不到的阴角处，需用毛刷补齐，不得漏涂。要随时剔除沾在墙上的滚子毛，一面墙要一气呵成，避免接槎刷迹重叠现象。第一遍主层涂料施工后，一般需干燥 4h，才能进行下一道磨光工序。若天气潮湿，应适当延长间隔时间。然后用细砂纸进行打磨，打磨时，用力要轻而匀，不得磨穿涂层。磨后要清扫干净。

第二遍主层涂料涂刷与第一遍相同，但不再磨光。涂刷后，应达到一般乳胶漆高级刷浆的要求。

（5）滚压：如需半球面点状造型的，可不进行滚压工序。

（6）喷涂多彩面层：根据基层材质、龄期、碱性、干燥程度不同，应预先在局部墙面上进行试喷，以确定基层与涂料的相容情况，并同时确定合适的涂布量。

多彩涂料在使用前要充分摇动容器，使其充分混合均匀，然后打开容器，用木棍充分搅拌。注意不可使用电动搅拌枪，以免破坏多彩颗粒。

温度较低时，可在搅拌情况下，用温水加热涂料容器外部。但任何情况下都不可用水或有机溶剂稀释多彩涂料。

为提高喷涂效率和质量，喷涂顺序应为：墙面→柱面→顶面→门窗，该顺序应灵活掌握，以不增加重复遮挡和不影响已完成的饰面为准。

（7）清理：飞溅到其他部位上的涂料应用擦布随时清理。

六、外墙涂料涂饰

外墙装饰直接暴露在大自然中，受到风、雨、日晒的侵袭，故要求涂料具有耐水、保色、耐污染、耐老化以及良好的耐着力。

外墙涂料按装饰质感分为以下几类：

（1）薄质涂料：质感细腻，用料较省，也可用于内墙装饰，包括平面涂料，砂壁状、云母状涂料。

（2）厚质涂料：可喷、可涂，也能作出不同质感的花纹。

（3）覆层花纹涂料：花纹呈凹凸装，富有立体感。

（一）外墙薄质类涂料施工

大部分彩色丙烯酸有光乳胶漆，均系薄质涂料，它是以有机高分子材料—苯乙烯、丙烯酸酯乳为主要成膜物，加上不同的颜料、填料和骨料而制成的薄涂料。目前市场上常用产品众多，使用哪一种薄质涂料，按设计要求选定。涂料使用前，应将涂料搅匀，以获得一致的色彩。

涂料所含水分应按比例调整，一般不宜加水稀释。如稠度过大不易施工确需稀释时，可采用自来水调至合适黏度，一般加水量为10%。涂料中不能掺加其他填料、颜料，也不能与其他品种涂料混合，否则会引起涂料变质。

1. 工艺流程

基层处理→施涂→清理。

2. 施工要点

（1）基层处理。施工前，将基层表面的灰浆、浮灰、附着物等清除干净，将油污、铁锈、隔离剂等用洗涤剂洗净，并用水冲洗干净。基层的空鼓必须剔除，连同蜂窝、孔洞等提前2～3d用聚合物水泥腻子修补完整。配合比为水泥∶108胶∶纤维素（2%浓度）∶水=1∶0.2∶适量∶适量（重量比）。

修补抹灰面要用铁抹子压平，再用毛刷带出小麻面，其养护时间一般3d即可。新抹水泥砂浆湿度、碱度均高，对涂膜质量有影响，因此抹灰后需间隔3d以上再行涂饰。

基层表面应平整，纹理质感应均匀一致，否则由于光影作用，会造成颜色深浅不一的错觉，影响装饰效果。

（2）施涂要点。

喷涂：空气压缩机压力需保持在0.4～0.7MPa，排气量0.63m³/s以上，以将涂料喷成雾状为准，其喷口直径为喷涂砂粒状，保持在4.0～4.5mm；喷云母片状，保持在5～6mm；喷涂细粉状，保持在2～3mm。喷涂厚度以盖底后最薄为佳，不宜过厚。

刷涂：先清洁墙面，一般涂刷两次。本涂料干燥很快，注意涂刷摆幅放小，求得均匀一致。

滚涂：先将涂料按刷涂作法的要求刷在基层上，随机滚除，滚刷上必须沾少量涂料，滚压方向要一致，操作应迅速。

（3）清理：施涂前应清理周围环境，再进行涂饰，防止尘土飞扬污染涂料而影响涂饰质量。施工中应随时清理飞溅到其他部位上的涂料。施涂后应清除施工准备时预先覆盖门窗等部位的遮挡物。

（二）外墙厚质类涂料施工

外墙厚质涂料耐水、耐碱性好，适用于混凝土、水泥砂浆、混合砂浆面层、石棉水泥及清水砖墙等基层。

外墙厚质类涂料是指丙烯酸凹凸乳胶底漆，它是以有机高分子材料—苯乙烯、丙烯酸酯乳为主要成膜物，加上不同的颜料、填料和骨料而制成的厚涂料。涂料分细料状、粗砂状、大颗粒状及云母状数种，按需要选用。

1. 工艺流程

基层处理→施涂→清理。

外墙厚质涂料按不同种类可采用刷涂、喷涂、滚涂与弹涂施工。

2. 施工要点

（1）基层处理：将基层上的灰尘、污垢、溅沫和砂浆流痕等清理干净，基层缺损部位用腻子补好，务必使基层平整、干净、坚实。按设计要求分分格缝。基层要干燥，新抹砂浆要养护 10d 以上才能施工。

（2）施涂要点。

刷涂施工：适用于细粒状或云母片状涂料。刷涂时保持刷涂方向、行程一致。干燥快的涂料，要勤蘸短刷，接槎最好在分格缝处。一般涂刷不少于两遍。前一遍干后才能刷后一遍。

喷涂施工：适用于粗填料或云母片状涂料。调好涂料稠度、空压机压力、喷涂距离、喷涂速度，以保证质量。空气压力一般为 0.4～0.6MPa，喷涂距离为 40～60cm，喷嘴中心线垂直于墙面，喷枪平行于墙面匀速移动。涂层要均布于墙面，且以覆盖底面为佳。施工时要连续作业，到分格缝处停歇。

滚涂施工：适用于细粒状和云母片状涂料。滚子蘸适量涂料，轻缓平稳地自上而下滚动，切勿歪扭蛇行。

弹涂施工：适用于云母片状涂料或细粒状涂料。弹涂前现在基层面上刷 1～2 遍苯类涂料，作为底色涂层，在其干后才能继续弹涂。弹涂时机口与墙面保持 30～50cm 距离，垂直弹涂，速度要均匀。外墙压花型的弹涂后，要批刮压花，刮板和墙面间的角度宜在 15°～30°，批刮要单向勿间隔，以防花纹模糊。

（3）清理：要求与外墙薄质类涂料施工相同。

（三）外墙覆层涂料施工

覆层涂料包括在混凝土及抹灰面外墙施涂的合成树脂乳液复层涂料、硅溶胶类覆层涂料、水泥系覆层涂料以及反应固化型覆层涂料。

1. 工艺流程

基层处理→做分格缝→施涂底层涂料→施涂主层涂料→液压→喷涂二遍罩面涂料→修整。

2. 施工要点

（1）基层处理：将混凝土或水泥混合砂浆抹灰面表面上的灰尘、污垢、溅沫和砂浆流痕等清除干净。同时将基层缺棱掉角处，用M15水泥砂浆修不好；表面麻面及缝隙应用聚醋酸乙烯乳液、水泥、水（1∶5∶1）调合成的腻子填补齐平，并用同样配合比的腻子进行局部刮腻子，待腻子干后，用砂纸磨平。

（2）做分格缝：根据设计要求进行吊垂直、套方、找规矩、弹分格缝。施工时必须严格按标高控制好，保证建筑物四周要交圈，还要考虑外墙涂料工程分段施工时，应以分格缝、墙的阴角处或水落管等为分界线和施工缝。垂直分格缝则必须进行吊直，不能用尺量，因为差3mm亦会很明显，缝格必须是平直、光滑、粗细一致等。

（3）施涂底层涂料：采用喷涂或刷涂方法进行。

（4）喷涂主层涂料：喷涂施工应根据所用涂料的品种、黏度、稠度、最大粒径等，确定喷涂机具的种类、喷嘴口径、喷涂压力、与基层之间的距离等。一般要求喷枪运行时，喷嘴中心线必须与墙面垂直，喷枪与墙面有规则地平行移动，运行速度应保持一致。涂料点状大小和疏密程度应均匀一致，涂层的接槎应留在分格缝处。喷涂操作一般应连续进行，一次成活。

（5）滚压：如需半球形点状造型时，可不进行滚压工序。如需压平，则在喷后适时用塑料或橡胶辊蘸汽油或二甲苯压平。

（6）喷涂二遍罩面涂料：主层涂料干后，即可涂饰面层涂料，水泥系主层涂料喷涂后，应先干燥12h，然后洒水养护24h，再干燥12h，才能施涂罩面涂料。施涂罩面涂料时，采用喷涂的方法进行，不得有漏涂和流坠现象。待第一遍罩面涂料干燥后，再喷涂第二遍罩面涂料。

（7）修整：修整工作可以随施工随修整，它贯穿于班前班后和每完成一分格块或一步架子。也可以在整个分部分项工程完成后，组织进行全面检查，发现有“漏涂”“透底”“流坠”等弊病，立即修整和处理，以保证工程质量。

七、成品保护措施

（1）施工前应将不进行施涂的门窗及墙面遮挡保护好，以防沾污。

（2）施涂完成后，应及时用木板将门窗洞口等保护好，防止碰撞损坏。

（3）拆、翻架子时，要严防碰撞墙面和污染涂层。

（4）施工操作时严禁蹬踩已施工完毕的部位，不准从内往外清倒垃圾，严防污染外墙涂料饰面层。

（5）阳台、雨罩等出水口宜采用硬质塑料管作排水管，防止因用铁管造成对涂料面层的锈蚀。

八、质量要求与检验

（一）主控项目

（1）所用涂料的品种、型号和性能应符合设计要求和国家现行标准的有关规定。

检验方法：检查产品合格证书、性能检测报告、有害物质限量检验报告和进场验收记录。

（2）涂料涂饰工程的颜色、光泽图案应符合设计要求。

检验方法：观察检查。

（3）涂料应涂饰均匀、黏结牢固，不得漏涂、透底、起皮和掉粉。

检验方法：观察、手摸检查。

（4）基层处理应符合国家现行有关标准的规定。

检验方法：观察、手摸检查、检查施工记录。

（二）一般项目

（1）涂层与其他装修材料和设备衔接处应吻合，界面应清晰。

检验方法：观察检查。

（2）薄涂料的涂饰质量。颜色应均匀一致。普通涂饰光泽基本均匀，光滑无挡手感；高级涂饰光泽均匀一致，光滑。普通涂饰允许少量轻微泛碱、咬色；高级涂饰不允许泛碱、咬色。普通涂饰允许少量轻微流坠、疙瘩；高级涂饰不允许流坠、疙瘩。普通涂饰允许少量轻微砂眼，刷纹通顺；高级涂饰无砂眼、无刷纹。

检验方法：观察检查。

（3）厚涂料的涂饰质量。颜色应均匀一致。普通涂饰光泽基本均匀；高级涂饰光泽均匀一致。普通涂饰允许少量轻微泛碱、咬色；高级涂饰不允许泛碱、咬色。高级涂饰点状分布疏密均匀。

检验方法：观察检查。

（4）复合涂料的涂饰质量。颜色应均匀一致。光泽基本均匀。不允许泛碱、咬色。喷点疏密均匀，不允许连片。

检验方法：观察检查。

（5）涂料涂饰允许偏差。

立面垂直度、表面平整度：薄涂料普通涂饰≤3mm，高级涂饰≤2mm。厚涂料普通涂饰≤4mm，高级涂饰≤3mm。复合涂料≤5mm。

阴阳角方正：薄涂料普通涂饰≤3mm，高级涂饰≤2mm。厚涂料普通涂饰≤4mm，高级涂饰≤3mm。复合涂料≤4mm。

装饰线及分色线直线度、墙裙及勒脚上口直线度：薄涂料普通涂饰≤2mm，高级涂饰≤1mm。厚涂料普通涂饰≤2mm，高级涂饰≤1mm。复合涂料≤3mm。

检验方法：立面垂直度用 2m 垂直检测尺检查。表面平整度用 2m 靠尺和塞尺检查。阴阳角方正用 200mm 直角检测尺检查。装饰线及分色线直线度、墙裙及勒脚上口直线度拉 5m 线，不足 5m 拉通线，用钢直尺检查。

【思考与练习】

1. 试述水性涂料涂饰程序。
2. 喷涂时要注意哪三个基本要素？
3. 刷涂施工要点有哪些？
4. 试述满刮腻子施工要点。

模块 2　溶剂型涂料涂饰（Z44J3002Ⅱ）

【模块描述】本模块介绍了基层处理、溶剂型涂料的特点、施工工序、质量要求以及成品保护措施。通过要点讲解、工艺介绍、图形举例，掌握溶剂型涂料涂饰要点、质量要求、检查方法以及成品保护措施。

【模块内容】

溶剂型涂料是以有机溶剂为分散介质而制得的建筑涂料。溶剂型涂料可随地点、气候的变化进行溶剂比例的控制，以获得优质涂膜。

溶剂型涂料包括丙烯酸酯涂料、聚氨酯丙烯酸涂料、有机硅丙烯酸涂料等。其施工方法与要求不但与溶剂型涂料的种类有关，而且与施涂涂料的基层有关。下面着重按溶剂型涂料基层分类的方法介绍溶剂型涂料施工工艺。

一、木基层色漆涂饰

（一）施工准备

1. 材料准备

（1）涂料：光油、清油、铅油、调和漆（磁性调和漆、油性调和漆）、漆片等。涂料品种、型号和性能应符合设计要求，涂料中有害物质限量应符合现行有关标准的规定。

（2）填充料：石膏粉、大白粉、地板黄、红土子、黑烟子、纤维素等。

（3）稀释剂：汽油、煤油、醇酸稀料、松香水、酒精等。

（4）催干剂：钴催干剂等液体料。

2. 技术准备

施工技术人员必须对操作人员进行木制家具、扶手、门窗、板壁表面色漆涂饰施工工艺书面技术交底。

（二）作业条件

（1）施工区域应有良好的通风设施，且在抹灰工程、地面工程、木装修工程、水暖电气工程等全部完工后，环境比较干燥，相对湿度不大于 60%。需要装饰木饰面的结构表面含水率不大于 8%～12%。室内温度不低于 10℃。

（2）先做样板间，经建设及监理单位检查鉴定合格后，方可进行到面积施工。

（3）施工前应对木门窗等材质及木饰面外形进行检查，不合格者应更换。木材制品含水率不大于 8%～12%。

（4）操作前应认真进行工序交接检查，不符合规范要求的不准进行油漆施工。

（5）施工前各种材料必须先报验后使用。

（三）施工要点

1. 工艺流程

基层处理→刷底子油→刮腻子→磨砂纸→刷第一遍油漆→刮腻子→磨砂纸→刷第二遍油漆→刷最后一遍油漆。

2. 施工要点

（1）基层处理。清扫、起钉子、除油污、刮灰土；铲去脂囊、将脂迹刮净，流松香的节疤挖掉，较大的脂囊应用木纹相同的材料用胶镶嵌；磨砂纸，先磨线角后磨四口平面，顺木纹打磨，有小活翘皮用小刀撕掉，有起皮的地方用小钉子钉牢固；点漆片，在木节疤和油迹处，用酒精漆片点漆。

（2）刷底子油。操清油一遍：清油用汽油、光油配制，略加一些红土子（避免漏刷不好区分），先从框上部左边开始顺木纹涂刷，厚薄均匀。

涂刷顺序：从外至内，从左至右，从上至下，顺木纹涂刷。

刷窗扇时，如为两扇窗，应先刷左扇后刷右扇；三扇窗应最后刷中间一扇。窗扇外面全部刷完后，用梃钩勾住，不可关闭，然后再刷里面。

刷门时，先刷亮子，再刷门框，门扇的背面刷完后，用木楔将门扇固定，最后刷门扇的正面。油刷拿法如图 22–2–1 所示。

（3）刮腻子。腻子的重量配合比为石膏粉∶熟桐油∶水=20∶7∶50。待底子油下干透后，将钉孔、裂缝、节疤以及边棱残缺处，用石膏油腻子刮抹平整，腻子要横抹竖起，将腻子刮入钉孔或裂纹内；如接缝或裂纹较宽，孔洞较大时，可用开刀将腻子挤入缝洞内，使腻子嵌入后刮平、收净，表面上的腻子要刮光，无野腻子、残渣、上下冒头、榫头等处均应抹到。牛角翘及其拿法如图 22–2–2 所示。

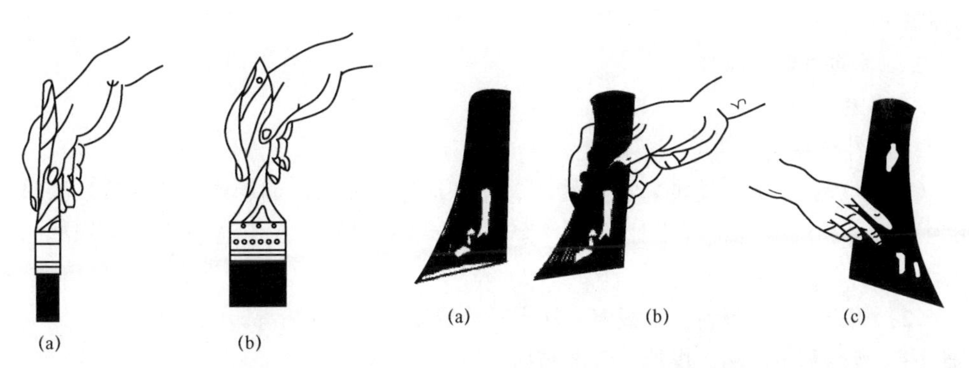

图 22–2–1　油刷拿法示意
（a）侧面刷油；（b）大面刷油

图 22–2–2　牛角翘及其拿法示意
（a）牛角翘；（b）嵌腻子时的拿法；（c）批刮腻子时的拿法

（4）磨砂纸。腻子干透后，用 1 号砂纸打磨，磨砂纸时不要将涂膜磨穿，保护好棱角，注意不要留松散腻子痕迹。磨完后应打扫干净，并用潮布将磨下粉末擦净。

（5）刷第一遍油漆。刷铅油，先将色铅油、光油、清油、汽油、煤油等混合在一起搅拌过箩，其重量配合比为铅油 50%、光油 10%、清油 8%、汽油 20%、煤油 10%；可使用红、黄、蓝、白、黑铅油调配成各种所需颜色的铅油涂料。其稠度以达到盖底、不流淌、不显刷痕为准。厚薄要均匀，一樘门或窗刷完后，应上下左右观察检查一下，有无漏刷、流坠、裹楞及透底，最后窗扇打开钩上梃钩；木门窗下口要用木楔固定。

（6）刮腻子。待铅油干透后，对干底腻子收缩或残缺处，再用石膏腻子刮抹一次，要求与做法同前刮腻子。

（7）磨砂纸。等腻子干透后，用 1 号以下的砂纸打磨，其操作方法与要求同前，磨好后用潮布将粉末擦净。然后安装门窗玻璃。

（8）刷第二遍油漆。刷铅油，同前。擦门窗玻璃，用潮布将玻璃内外擦干净，应注意不得损伤油灰表面和八字角（如打玻璃胶应待胶干透）。然后磨砂纸，用 1 号砂纸或旧细砂纸轻磨一遍，方法同前。不要把底油磨穿，要保护好棱角，再用潮布将磨下的粉末擦净。

（9）刷最后一遍油漆。刷油方法同前。由于调和漆黏度较大，涂刷时，要多刷多理，要注意刷油饱满，刷油动作要敏捷，不流不坠，光亮均匀，色泽一致。在玻璃油灰上刷油，应等油灰达到一定强度后方可进行。刷完油漆后，要立即仔细检查一遍，如发现有毛病，应及时修整。最后用梃钩或木楔子将门窗固定好。

如果是普通涂饰工程，上述施工工艺过程中除少刷一遍油漆外，只找补腻子，不满刮腻子。

二、木基层清漆涂饰

（一）施工准备

1. 材料准备

（1）涂料：光油、清油、脂胶清漆、酚醛清漆、铅油、调和漆、漆片等。涂料品种、型号和性能应符合设计要求，涂料中有害物质限量应符合现行有关标准的规定。

（2）填充料：石膏粉、地板黄、红土子、黑烟子、大白粉等。

（3）稀释剂：汽油、煤油、醇酸稀料、松香水、酒精等。

（4）催干剂：钴催干剂等液体料。

2. 技术准备

施工技术人员必须对操作人员进行木制家具、扶手、门窗、板壁表面清色油漆施工工艺书面技术交底。

（二）作业条件

（1）施工区域应有良好的通风设施，且在抹灰工程、地面工程、木装修工程、水暖电气工程等全部完工后，环境比较干燥，相对湿度不大于 60%。需要装饰木饰面的结构表面含水率不大于 8%～12%。室内温度不低于 10℃。

（2）先做样板间，经建设及监理单位检查鉴定合格后，方可进行到面积施工。

（3）施工前应对木门窗等材质及木饰面外形进行检查，不合格者应更换。木材制品含水率不大于 8%～12%。

（4）操作前应认真进行工序交接检查，不符合规范要求的不准进行油漆施工。

（5）施工前各种材料必须先报验后使用。

（三）施工要点

1. 工艺流程

基层处理→润色油粉→满刮油腻子→刷油色→刷第一遍清漆→修补腻子→修色→磨砂纸→刷第二道清漆→刷第三遍清漆。

2. 施工要点

（1）基层处理。首先将木门窗和木料表面基层面上的灰尘、污、斑点、胶迹等用刮刀或碎玻璃片刮除干净。然后用 1 号以上砂纸顺木纹打磨，先磨线角，后磨四口平面，直到光滑为止。

木门窗基层有小块活翘皮时，可用小刀撕掉。重皮的地方应用小钉子钉牢固，如重皮较大或有烤煳印疤，应由木工修补。

（2）润色油粉。用大白粉∶松香水∶熟桐油=24∶16∶2（重量比）等混合搅拌成色油粉（颜色同样板颜色），盛在小油桶内。用棉线蘸油粉反复擦涂于木料表面，擦进木料鬃眼内，而后用麻布或棉丝擦净，线角应用竹片除去粉。待油粉干后，用 1 号砂纸轻轻顺木纹打磨，先磨线角、裁口，后磨四口平面，直到光滑为止。磨完后用潮布将磨下的粉末、灰尘擦净。

（3）满刮油腻子。抹腻子的重量配合比为石膏粉∶熟桐油∶水=20∶7∶50（重量比），并加颜料调成油色腻子（颜色浅于样板 1～2 成），用开刀或牛角板将腻子刮入钉孔、裂纹内。刮抹时要横抹竖起，如遇接缝或节疤较大时，应用开刀、牛角板将腻子挤入缝内，然后抹平。待腻子干透后，用 1 号砂纸轻轻顺木纹打磨，先磨线角、裁口，后磨四口平面，注意保护棱角，来回打磨至光滑为止，磨完后用潮布将磨下的粉末擦净。

（4）刷油色。先将铅油（或调和漆）、汽油、光油、清油等混合在一起过箩（颜色同样板颜色），然后倒在小油桶内，使用时经常搅拌，以免沉淀而造成颜色不一致。

刷油色时，应从外至内、从左至右、从上至下进行，顺着木纹涂刷，因油色干燥较快，刷油色时动作应敏捷，要求无缕无节，横平竖直，刷油时刷子要轻飘，避免出刷绺。

刷木窗时，刷好框子上部后再刷亮子；亮子全部刷完后，将梃钩钩住，再刷窗扇；如为双扇窗，应先刷左扇后刷右扇；三扇窗最后刷中间扇；纱窗扇先刷外面后刷里面。

刷木门时，先刷亮子后刷门框、门扇背面，刷完后用木楔将门扇固定，最后刷门扇正面。

油色涂刷后，要求木材色泽一致，而又不盖住木纹，所以一个刷面一定要一次刷好，不留接头，达到颜色一致。

（5）刷第一遍清漆。刷法与刷油色相同，但刷第一遍用的清漆应略加一些稀料便于快干。因清漆黏性较大，最好使用已用出刷口的旧刷子，刷时要注意不流、不坠，涂刷均匀。待清漆完全干透后，用 1 号或旧砂纸彻底打磨一遍，将头遍清漆面上的光亮基本打磨掉，再用潮布将粉尘擦净。

（6）修补腻子。一般要求刷油色后不抹腻子，特殊情况下，可以使用油性略大的带色石膏腻子，修补残缺不全之处，操作时，必须使用牛角板刮抹，不得损伤漆膜，腻子要刮干净、光滑，无腻子疤（有腻子疤，必须点漆片处理）。

（7）修色。木料表面上的黑斑、节疤、腻子疤和材色不一致处，应用漆片、酒精加色调配（颜色同样板颜色），或用由浅到深清漆调和漆和稀释剂调配，进行修色；材色深的应修浅，浅的提深，将深浅色的木料拼成一色，并绘出木纹。

（8）磨砂纸。使用细砂纸轻轻往返打磨，然后用潮布擦净粉末，安装门窗玻璃。

（9）刷第二道清漆。应使用原桶清漆不加稀释剂，刷油操作同前，刷油动作要敏捷，多刷多理，清漆涂刷得饱满一致，不流不坠，光亮均匀，刷完后再仔细检查一遍，有毛病要及时纠正。刷此遍清漆时，周围环境要整洁，宜暂时禁止通行，最后将木门窗用梃钩勾住或用木楔固定牢固。

（10）刷第三遍清漆。待第二遍清漆干透后，首先要进行磨光，然后过水布，最后刷第三遍清漆，刷法同前。

三、金属基层色漆涂饰

（一）施工准备

1. 材料准备

（1）涂料：光油、清油、铅油、调和漆（磁性调和漆、油性调和漆）、清漆、醇酸清漆、醇酸磁漆、防锈漆（红丹防锈漆、防红防锈漆）等。涂料品种、型号和性能应符合设计要求，涂料中有害物质限量应符合现行有关标准的规定。

（2）填充料：石膏粉、大白粉、地板黄、红土子、黑烟子、纤维素等。

（3）稀释剂：汽油、煤油、醇酸稀料、松香水、酒精等。

（4）催干剂：钴催干剂等液体料。

2. 技术准备

施工技术人员必须对操作人员进行金属面混色油漆涂料施工工艺书面技术交底。

（二）作业条件

（1）施工环境应有良好的通风设施，抹灰工程、地面工程、木装修工程、水暖电气工程等全部完工后，环境比较干燥，相对湿度不大于 60%。

（2）先做样板间，经建设及监理单位检查鉴定合格后，方可进行到面积施工。

（3）操作前应认真进行工序交接检查，不符合规范要求的不准进行油漆施工。

（4）施工前各种材料必须先报验后使用。

（三）施工要点

1. 工艺流程

基层处理→刮腻子→刷第一遍油漆（刷铅油）→刮腻子→磨砂纸→刷第二遍油漆→刷最后一遍调和漆。

2. 施工要点

（1）基层处理。清扫、除锈、磨砂纸。首先将钢门窗和金属表面浮土、灰浆等打扫干净。已刷防锈漆但出现锈斑的钢门窗或金属表面，须用铲刀铲除底层防锈漆后，再用钢丝刷和砂布彻底打磨干净，补刷一道防锈漆，待防锈漆干透后，将钢门窗或金属表面的砂眼、凹坑、缺棱、拼缝等处，用石膏腻子刮抹平整（金属表面腻子的重量配合比为石膏粉 20，熟桐油 5，油性腻子或醇酸腻子 10，底漆 7，水适量。腻子要调成不软、不硬、不出蜂窝、挑丝不倒为宜）。待腻子干透后，用 1 号砂纸打磨，磨完砂纸后用潮布将表面上的粉末擦干净。

（2）刮腻子。用开刀或橡皮刮板在钢门窗或金属表面上满刮一遍石膏腻子（配合比同上），要求刮得薄，收得干净，均匀平整无飞刺。等腻子干透后，用 1 号砂纸打磨，要求达到表面光滑，线角平直、整齐一致。

（3）刷第一遍油漆（刷铅油、抹腻子、磨砂纸、装玻璃）。刷铅油（或醇酸无光调合漆）：铅油用色铅油、光油、清油和汽油配制而成，配合比同前，经过搅拌后过箩，冬季宜加适量催干剂。油的稠度以达到盖底、不流沿、不显刷痕为宜，铅油的颜色要符合样板的色泽。刷铅油时先从框上部左边开始涂刷，要注意内外分色，厚薄要均匀一致，再刷框子下部。刷窗扇时，如两扇窗，应先刷左扇后刷右扇；三扇窗者，最后刷中间一扇。窗扇外面全部刷完后，用梃钩勾住再刷里面。

刷门时，先刷亮子，再刷门框及门扇背面。刷完后，用木楔将门扇下口固定，全部刷完后，应立即检查一下有无遗漏，分色是否正确，要重点检查线角和阴、阳角处有无流坠、漏刷、裹棱、透底等毛病，应及时修整达到色泽一致。

（4）刮腻子：待油漆干透后，对于底腻子收缩或残缺处，再用石膏腻子补抹一次，要求与做法同前。

（5）磨砂纸：待腻子干透后，用 1 号砂纸打磨，要求同前。磨好后用潮布将磨下的粉末擦净。安装门窗玻璃。

（6）刷第二遍油漆。方法同刷第一道油漆，但要增加油的总厚度。

（7）刷最后一遍调和漆。用 1 号或旧砂纸打磨，注意保护棱角，达到表面平整光滑，线角平直，整齐一致。由于是最后一道，砂纸要轻磨，磨好后用潮布将磨下的粉末擦净。

刷油方法同前。但由于调和漆黏度较大，涂刷时要多刷多理，刷油要饱满，不流坠，光亮均匀，色泽一致。在玻璃油灰上刷油，应等油灰达到一定强度后方可进行。刷油动作要敏捷，刷子轻、油要均匀，不损伤油灰表面光滑，八字见线。刷完油漆后，要立即仔细检查一遍，如发现有毛病，应及时修整。最后用梃钩或木楔子将门窗扇打开固定好。

四、混凝土与抹灰面涂料涂饰

（一）施工准备

1. 材料准备

（1）涂料：光油、清油、铅油、各色油性调和漆（酯胶调和漆、酚醛调和漆、醇酸调和漆等）或各色无油调和漆等。涂料品种、型号和性能应符合设计要求，涂料中有害物质限量应符合现行有关标准的规定。

（2）填充料：大白粉、滑石粉、石膏粉、地板黄、红土子、黑子、立德粉、羧甲基纤维素、聚醋酸乙烯乳液等。

（3）稀释剂：汽油、煤油、松香水、酒精、醇酸稀料等与油漆相应配套的稀料。

2. 技术准备

施工技术人员必须对操作人员进行混凝土与抹灰面油漆涂料施工工艺书面技术交底。

（二）作业条件

（1）施工环境应有良好的通风设施，抹灰工程、地面工程、木装修工程、水暖电气工程等全部完工后，环境比较干燥。需要装饰的混凝土与抹灰面表面干燥，含水率不得大于8%。

（2）先做样板间，经建设、监理检查鉴定合格后，方可进行到面积施工。

（3）操作前应认真进行工序交接检查，不符合规范要求的不准进行油漆施工。

（4）施工前各种材料必须先报验后使用。

（三）施工要点

1. 工艺流程

基层处理→修补腻子→第一遍满刮腻子→第二遍满刮腻子→弹分色线→施涂第一道溶剂型薄涂料→施涂第二遍溶剂型薄涂料→施涂第三道溶剂型薄涂料→施涂第四道溶剂型薄涂料。

2. 施工要点

（1）基层处理。应将墙面上的灰渣等杂物清理干净，将笤帚将墙面浮土等扫净。

（2）修补腻子。用石膏腻子将墙面、门窗口角等磕碰破损处、麻面、裂纹、擦槎缝隙等分别找补好，干燥后用砂纸将凸出处磨平。

（3）第一遍满刮腻子。墙面满刮一遍腻子，腻子配合比为聚醋酸乙烯乳液（即白胶）：滑石粉或大白粉：2%羧甲基纤维素溶液=1：5：35（重量比），以上为适用于室内的腻子。如厨房、厕所、浴室等应采用室外工程的乳胶腻子，这种腻子耐水性能较好，其配合比为聚醋酸乙烯乳液（即白乳液）：水泥：水=1：5：1（重量比）。待满刮腻子干燥后，用砂纸将墙面的腻子残渣、斑迹等磨平、磨光，然后将墙面清扫干净。

（4）第二遍满刮腻子(施涂高级涂料)。腻子配合比和操作方法与第一遍腻子相同。待腻子干燥后个别地方再修补腻子，个别大的孔洞可覆补石膏腻子，彻底干燥后用 1 号砂纸打磨平整，清扫干净。

（5）弹分色线。如墙面有分色线，应油漆前弹线，先涂刷浅色油漆，后涂刷深色油漆。

（6）施涂第一道溶剂型薄涂料。施涂铅油，它是一种遮盖力较强的涂料，是罩面涂料基层的底漆。铅油的稠度以盖底、不流淌、不显刷痕为宜，施涂每面墙的顺序应从上到下、从左到右。漏刮腻子处要覆补腻子，待腻子干透后磨砂纸，把小疙瘩、野腻子渣、斑迹等磨平、磨光，并清扫干净。

（7）施涂第二遍溶剂型薄涂料。施涂方法同第一道涂漆（如墙面为普通涂饰，此道可施铅油；如墙面为高级涂饰，此道施涂调合漆），待涂料干燥后，可用较细的砂纸把墙面打磨光滑；清扫干净，同时潮布将墙面擦抹一遍。

（8）施涂第三道溶剂型薄涂料。用调和漆施涂，如墙面为普通涂饰，此道工序可作罩面涂料，即最后一道涂料，其施涂顺序同上。由于调和漆黏度较大，施涂时应多刷多理，已达到漆饱满、厚薄均匀一致、不流不坠。

（9）施涂第四道溶剂型薄涂料。用醇酸漆涂料，如墙面为高级涂饰。此道工序称为罩面涂料，即最后一道涂料。如最后一道涂料改用无光调和漆时，可将第二道铅油改为有光调和漆，其余做法相同。

五、成品保护措施

（1）施涂前应当清理完施工现场的垃圾及灰尘，以免影响油漆质量。

（2）每遍施涂完后，所有能活动的门（窗）扇及涂饰面成品都应临时固定，防止涂料相互黏结影响质量。必要时设置警告牌。

（3）施涂后立即将滴在地面或窗台上的涂料擦干净，五金、玻璃等应事先用纸等隔离材料进行保护，到工程交工前拆除。

（4）施涂完成后应专人负责看管，严禁摸碰。

六、质量要求与检验

（一）主控项目

（1）所用涂料的品种、型号和性能应符合设计要求和国家现行标准的有关规定。

检验方法：检查产品合格证书、性能检测报告、有害物质限量检验报告和进场验收记录。

（2）涂料涂饰工程的颜色、光泽、图案应符合设计要求。

检验方法：观察检查。

（3）涂料涂饰应涂饰均匀、黏结牢固，不得漏涂、透底、开裂、起皮和反锈。

检验方法：观察、手摸检查。

（4）基层处理应符合国家现行标准的有关规定。

检验方法：观察、手摸检查、检查施工记录。

（二）一般项目

（1）涂层与其他装修材料和设备衔接处应吻合，界面应清晰。

检验方法：观察检查。

（2）色漆的涂饰质量。颜色应均匀一致。普通涂饰光泽基本均匀，光滑无挡手感；

高级涂饰光泽均匀一致，光滑。普通涂饰刷纹通顺；高级涂饰无刷纹。普通涂饰明显处不允许裹棱、流坠、皱皮；高级涂饰不允许裹棱、流坠、皱皮。

检验方法：观察检查；手摸检查。

（3）清漆的涂饰质量。普通涂饰颜色基本一致；高级涂饰颜色应均匀一致。棕眼刮平、木纹清楚。普通涂饰光泽基本均匀，光滑无挡手感；高级涂饰光泽均匀一致，光滑。无刷纹。普通涂饰明显处不允许裹棱、流坠、皱皮；高级涂饰不允许裹棱、流坠、皱皮。

检验方法：观察检查；手摸检查。

（4）涂料涂饰允许偏差。

立面垂直度、表面平整度、阴阳角方正：色漆普通涂饰≤4mm，高级涂饰≤3mm。

清漆普通涂饰≤3mm，高级涂饰≤2mm。

装饰线及分色线直线度、墙裙及勒脚上口直线度：色漆普通涂饰≤2mm，高级涂饰≤1mm。清漆普通涂饰≤2mm，高级涂饰≤1mm。

检验方法：立面垂直度用 2m 垂直检测尺检查。表面平整度用 2m 靠尺和塞尺检查。阴阳角方正用 200mm 直角检测尺检查。装饰线及分色线直线度、墙裙及勒脚上口直线度拉 5m 线，不足 5m 拉通线，用钢直尺检查。

【思考与练习】

1. 简述木基层色漆涂饰施工工艺流程。

2. 木基层清漆涂饰施工中满刮油腻子的工艺要点有哪些？

3. 金属基层色漆涂饰施工中基层处理工艺要点有哪些？

4. 简述混凝土与抹灰面涂料涂饰施工工艺流程。

第二十三章

门 窗 安 装

模块 1　铝合金门窗（Z44J4001Ⅱ）

【模块描述】本模块介绍了铝合金门窗安装的质量要求、检查内容以及成品保护措施。通过要点讲解、工艺介绍、图形举例，掌握铝合金门窗的安装要点、质量要求、检查方法以及成品保护措施。

【模块内容】

铝合金材料是由纯铝加入锰、镁合金元素而成，质地细腻，在建筑中使用铝合金门窗，具有质量轻、刚性好、美观大方、清洁明亮、经久耐用等优点。

铝合金门窗是将经过表面处理的型材，通过下料、打孔、镜槽、攻丝、制窗等加工工艺而制成的门窗框料构件，然后再与连接件、密封件、开闭五金件一起组合装配而成。

铝合金门窗按其结构与开启方式可分为推拉窗（门）、平开窗（门）、固定窗、悬挂窗、回转窗（门）、百叶窗、纱窗等。铝合金门窗在安装方法上有些方面不太一样，不同类型的窗在安装的具体构造上也略有差别，因而对铝合金门窗的安装，只能就一般程序提出基本步骤和方法。

一、施工准备

（一）技术与材料准备

（1）已做好施工图纸、施工技术交底等方面的准备。

（2）铝合金门窗：根据设计要求选择不同的产品系列。规格、型号、开启形式应符合设计要求，门窗五金配件配套齐全，并具有产品检验报告和出厂合格证。产品表面不允许有沾污和碰伤的痕迹，当有变形、松动时应进行整修。

（3）橡胶条、密封材料、防腐材料、填缝材料、连接件、玻璃胶等应符合设计要求和有关标准的规定。

（4）其他：塑料胶纸、木楔等。

（5）施工工具：24 英寸铝质水平尺、钢尺、电钻、榔锤、螺钉旋具、打胶筒、玻璃吸手等。

（6）门窗进场成品需做抗风压性能、水密性能、气密性能、隔声性能、保温性能的检测，应满足设计图纸要求。

（二）检查门窗洞口和预埋件

（1）铝合金门窗安装必须采用后塞口的方法，严禁采用边安装边砌口或是先安装后砌口。

（2）复核门窗预留洞口尺寸，如与设计不符应予以纠正。门窗洞口的允许偏差：高度和宽度为±10mm；对角线长度差为±10mm；洞下口面水平标高为5mm，垂直度偏差不超过1.5/1000；洞口的中心线与建筑物基准轴线偏差不大于5mm。

（3）复查门窗框安装预埋件的埋设位置，如与设计不符合应予以纠正。洞口预埋件的间距必须与门窗框上连接件的位置配套，门窗框的连接件间距不应大于500mm，但转角部位的连接件位置距转角边缘应为100～150mm。

二、工艺流程

划线定位→防腐处理→门窗框就位→门窗框固定→填缝→门窗扇安装→玻璃安装→清理。

三、施工要点

1. 划线定位

（1）根据设计图纸中门窗的安装位置、尺寸和标高，依据门窗中线向两边量出门窗边线。若为多层建筑时，以顶层门窗边线为准，用线坠或经纬仪将门窗边线下引，并在各层门窗处划线标记，对个别不直的口边应剔凿处理。

（2）门窗的水平位置应以室内50cm的水平线为准向上反量出窗下皮标高，弹线找直。每层窗下皮（若标高相同）则应在同一水平线上。

（3）门的安装，须注意室内地面的标高。地弹簧的表面，应该与室内地面饰面的标高相一致。

2. 防腐处理

（1）门窗框四周外表面的防腐处理设计无要求时，可涂刷防腐涂料。与水泥砂浆接触的铝合金框应进行防腐处理。

（2）安装铝合金门窗时，如果采用连接铁件固定，连接铁件、固定件等安装用金属件应进行防腐处理，以免产生电化反应，腐蚀铝合金门窗。连接件宜采用不锈钢或铝制连接件。

3. 门窗框就位

根据划好的门窗定位线，安装铝合金门窗框。应及时调整好门窗水平、垂直及对角线长度，使之达到质量标准，然后用对拔木楔临时固定。木楔应垫在边、横框能够受力部位，以防止铝合金框由于被挤压而变形。

对于面积较大的铝合金门窗框，应事先按设计要求进行预拼装。先安装通长的拼樘料，然后安装分段拼樘料，最后安装基本单元窗框，如图 23–1–1 所示。门窗框横向及竖向组合应采用套插；如采用搭接应安装曲面组合，搭接量一般不少于 8mm，以避免因门窗冷热伸缩及建筑物变形而引起裂缝；框间拼接缝隙用密封条密封。组合门窗拼樘料如需要加强措施时，其加固型材应经防腐处理，连接部位应采用镀锌螺钉，如图 23–1–2 所示。

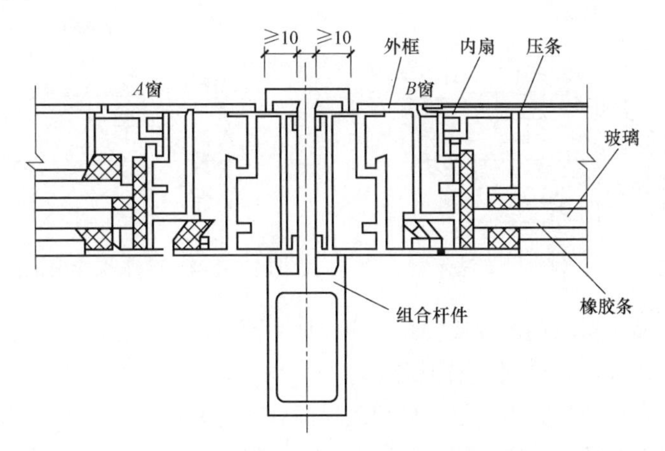

图 23–1–1　铝合金门窗组合方法示意

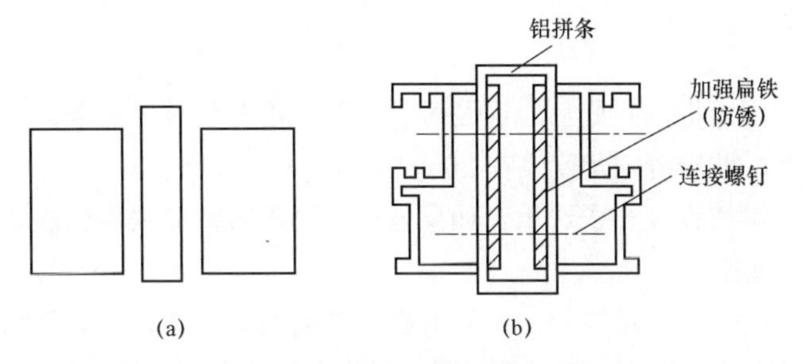

图 23–1–2　铝合金组合门窗拼樘料加强示意

（a）组合简图；（b）组合门窗拼樘料加强

4. 门窗框固定

（1）当设计要求为采用预埋铁件进行安装时，可直接将铝合金门窗框上连接件（铁脚），用电焊与洞口墙体上预埋铁件焊接。采用电焊操作时，严禁在铝合金框上接地打火，并应有保护措施。

（2）当墙体洞口为混凝土，没有预埋铁件或预留槽口时，连接铁件应事先镀锌螺钉铆固在铝框上，并在墙体上钻孔，用膨胀螺栓将连接件锚固，亦可用射钉枪射入 ϕ5mm 射钉紧固，如图 23-1-3 所示。

在墙体预埋混凝土块上应采用电锤钻孔，其紧固点位置距离墙体边缘不应小于 50mm，钻入ϕ8～ϕ10mm 的深孔，用膨胀螺栓紧固连接件。

（3）当门窗洞口墙体为砖砌结构，在墙体预埋混凝土块上应采用电锤钻孔，其紧固点位置距离墙体边缘不应小于 50mm，钻入ϕ8～ϕ10mm 的深孔，用膨胀螺栓紧固连接件，不得使用射钉直接固定门窗，如图 23-1-4 所示。

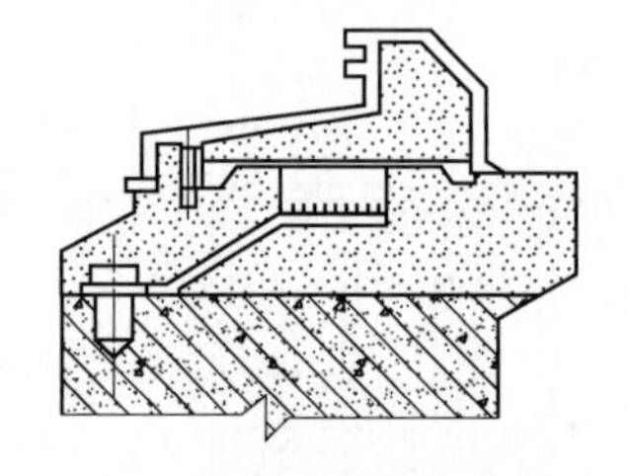

图 23-1-3 射钉固定法示意

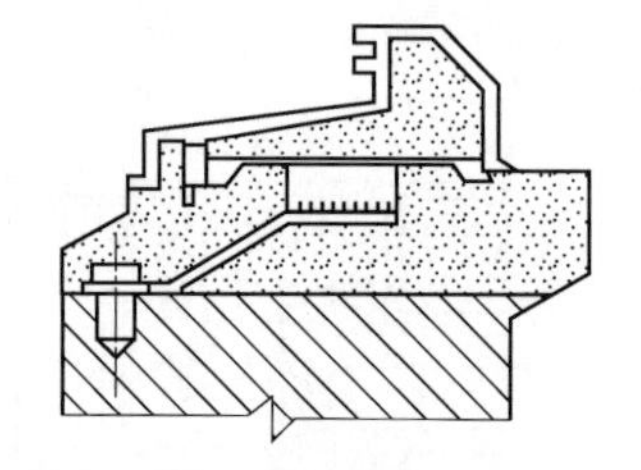

图 23-1-4 膨胀螺栓固定法示意

（4）如果属于自由门的弹簧安装，应在地面预留洞口，在门扇与地弹簧安装尺寸调整准确后，要浇筑 C25 级细石混凝土。

（5）铝合金门边框和中竖框，应埋入地面以下 20～50mm；组合窗框间立柱上、下端，应各嵌入框顶和框底墙体（梁）内 25mm 以上；转角处的主要立柱嵌固长度应在 35mm 以上。

5. 填缝

（1）铝合金门窗框固定好后，应及时处理门窗框与墙体间缝隙。门窗框与墙体间应采用弹性连接，框周缝隙宽度宜在 20mm 以上。

（2）填缝材料按设计要求选用。如果设计未要求时，应采用保温、防潮且无腐蚀性的软质材料填塞密实。

（3）使用聚氨酯泡沫填缝胶，施工前应清除黏结面的灰尘，墙体黏结面应进行淋水处理，干燥后连续施打，一次成型，溢出门窗框外的发泡剂应在结膜前塞入缝隙内，防止外膜破坏。

（4）框边外表面须留 5～8mm 深的槽口，待洞口饰面完成并干燥后，清理槽口内浮灰、油污，嵌填防水密封胶。

6. 门窗扇安装

（1）门窗扇的安装，须在土建施工基本完成的条件下方准进行，以免遭损伤。

（2）框装扇必须保证扇立面在同一平面内，就位准确，启闭灵活。

（3）平开窗的窗扇安装前，先固定窗铰，然后再将窗铰与窗扇固定。

（4）推拉门窗应在门窗扇拼装时于其下横底槽中装好滑轮，调整好与扇的缝隙即可，注意使滑轮框上有调节螺钉的一面向外，该面与下横端头边平齐。

（5）对于规格较大的铝合金门扇，当其单扇框宽度超过 900mm 时，在门扇框下横料中需采取加固措施，通常的做法是穿入一条两端带螺纹的钢条。

（6）地弹簧门应在门框及弹簧主件入地安装固定后再安门扇。门扇安装时，需将地弹簧的转轴拧至门的开启位置上，然后就门扇下横内的地弹簧连杆套在地弹簧转轴上，再把上横内的转动定位销用调节螺钉略做调出，待定位销孔与定位销相对以后再将定位销完全调出并插入销孔之中，如图 23–1–5 所示。

（7）安装铝合金平开门、地弹簧门的关键是要保持上下两个振动部分在同一个轴线上。

（8）门窗扇安装完成后，应安装锁、拉手等附件。五金配件与门窗连接用镀锌螺钉，安装的五金配件应结实牢固，使用灵活。铝合金推拉窗还应特别注意安装防脱落装置和限位装置。

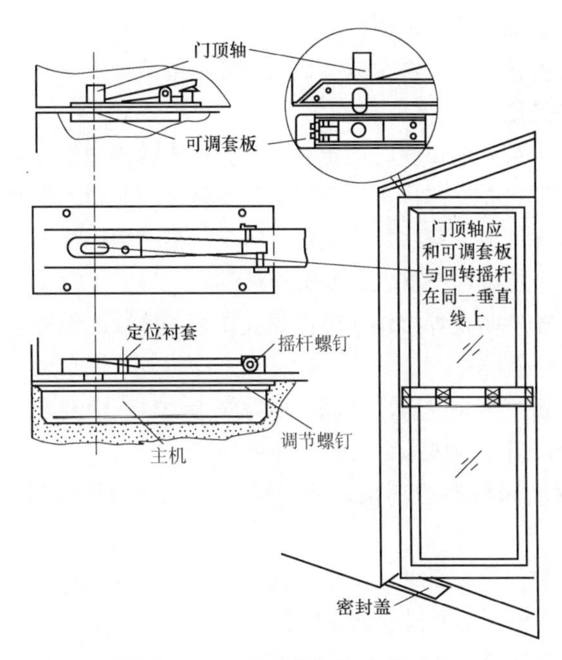

图 23–1–5　地弹簧门扇安装示意

7. 玻璃安装

玻璃安装是门窗安装的最后一道工序，其中包括玻璃裁割、玻璃就位、玻璃密封与固定。

（1）当玻璃单块尺寸较小时，可用双手夹住就位，如一般平开窗多用此办法。如果单块玻璃尺寸较大，为便于操作，往往用玻璃吸盘。

（2）玻璃就位后，应及时用胶条固定。玻璃应该摆在凹槽内的中间，内、外两侧的间隙应不少于2mm，否则会造成密封困难。但也不宜大于5mm，否则胶条起不到挤紧、固定的目的。玻璃采用密封胶条密封时，密封胶条宜使用连续条，接口不应设置在转角处，装配后的胶条应整齐均匀，无凸起。

（3）玻璃的下部不能直接坐落在金属面上，而应用氯丁橡胶条垫块将玻璃垫起，氯丁橡胶条垫块厚3mm左右。玻璃的侧边及上部，都应脱开金属面一小段距离，避免玻璃胀缩发生变形。

（4）玻璃采用密封胶密封时，注胶厚度不应小于3mm，黏结面应无灰尘、无油污、干燥，注胶应密实、不间断、表面光滑整洁。

8. 清理

（1）铝合金门窗交工前，应将型材表面的保护胶纸撕掉。如果发现胶纸在型材表面留有胶痕，宜用香蕉水清理干净。

（2）玻璃应进行擦洗，对浮灰或其他杂物应全部清理干净。

四、成品保护措施

（1）铝合金门窗装入洞口临时固定后，应先检查四周边框和中间框架是否用保护胶纸或塑料薄膜封贴包扎好，再进行门窗框与墙体之间缝隙的填嵌和洞口墙体表面装饰施工，以防止水泥砂浆、灰水、喷涂材料等，污染损坏铝合金门窗表面。在室内外湿作业未完成前，不能破坏门窗表面的保护材料。

（2）应采取措施，防止焊接作业时电焊火花损坏周围的铝合金门窗型材、玻璃等材料。

（3）铝合金门窗安装完成后，其洞口不得作为物料运输及人员进出的通道。严禁在安装好的铝合金门窗上安放脚手架，悬挂重物。

（4）易发生踩踏和碰擦的部位，应及时加设木板或围挡等有效措施，保护好门框。

（5）交工前撕去保护胶纸时，要轻轻剥离，不得划破、剥花铝合金表面氧化膜。不得使用尖锐工具，刨刮铝型材与玻璃表面。

五、质量要求与检验

1. 主控项目

（1）门窗的品种、类型、规格、尺寸、性能、开启方向、安装位置、连接方式及门窗的型材壁厚应符合设计要求及国家现行标准的有关规定。门窗的防雷、防腐处理及填嵌、密封处理应符合设计要求。

检验方法：观察；尺量检查；检查产品合格证书、性能检测报告、进场验收记录和复验报告；检查隐蔽工程验收记录。

（2）门窗框和附框的安装应牢固，在砌体上严禁采用射钉固定。预埋件及锚固件的数量、位置、埋设方式、与框的连接方式应符合设计要求。

检验方法：手扳检查、检查隐蔽工程验收记录。

（3）门窗扇应安装牢固，开关灵活、关闭严密，无倒翘。推拉门窗应安装防扇脱落措施。

检验方法：观察；开启和关闭检查；手扳检查。

（4）门窗配件的型号、规格、数量应符合设计要求，安装应牢固，位置应正确，功能应满足使用要求。

检验方法：观察；开启和关闭检查；手扳检查。

2. 一般项目

（1）门窗表面应洁净、平整、光滑、色泽一致，应无锈蚀、擦伤、划痕和碰伤。漆膜或保护层应连续。型材的表面处理应符合设计要求及国家现行标准的有关规定。

检验方法：观察检查。

（2）推拉铝合金门窗开关力应不大于 50N。

检验方法：用测力计检查。

（3）门窗框与墙体之间缝隙应填嵌饱满，并采用密封胶密封。密封胶表面应光滑、顺直，无裂纹。

检验方法：观察；轻敲门窗框检查；检查隐蔽工程验收记录。

（4）门窗扇密封胶条或密封毛条应平整、完好，不得脱槽，交角处应平顺。

检验方法：观察；开启和关闭检查。

（5）排水孔应畅通，位置和数量应符合设计要求。

检验方法：观察检查。

（6）门窗安装允许偏差。

门窗槽口宽度、高度：≤2000mm 的允许偏差 2mm，＞2000mm 的允许偏差 3mm。

门窗槽口对角线长度差：≤2500mm 的允许偏差 4mm，＞2500mm 的允许偏差 5mm。

门窗框的正和侧面垂直度、门窗横框的水平度：允许偏差 2mm。

门窗横框标高、门窗竖向偏离中心：允许偏差 5mm。

双层门窗内外框间距：允许偏差 4mm。

推拉门窗扇与框搭接宽度：门允许偏差2mm，窗允许偏差1mm。

检验方法：门窗槽口宽度及高度、门窗槽口对角线长度差、门窗横框标高、门窗竖向偏离中心、双层门窗内外框间距用钢卷尺检查。门窗框的正和侧面垂直度用1m垂直检测尺检查。门窗横框的水平度用1m水平尺和塞尺检查。推拉门窗扇与框搭接宽度用钢直尺检查。

【思考与练习】

1. 简述铝合金门窗安装工艺流程。
2. 铝合金门窗框固定施工工艺要点有哪些？
3. 铝合金门窗框与墙体间缝隙填缝施工工艺要点有哪些？

模块2 塑钢门窗（Z44J4002Ⅱ）

【模块描述】本模块介绍了塑钢门窗安装的质量要求、检查内容以及成品保护措施。通过要点讲解、工艺介绍、图形举例，掌握塑钢门窗的安装要点、质量要求、检查方法以及成品保护措施。

【模块内容】

塑钢门窗是以聚氯乙烯、改性聚氯乙烯或其他树脂为主要原料，轻质碳酸钙为填料，添加适量助剂和改性剂，经双螺杆挤压机挤出成型成各种截面的空腹门窗异型材。在型材的空腔内加入型钢加强，以提高门窗框的刚度，再根据不同的品种规定选用不同截面异型材组装而成。

一、施工准备

（一）技术与作业条件

（1）安装门窗时的环境温度不宜低于5℃。

（2）在环境温度为0℃的环境中存放门窗时，安装前应在室温下放24h。

（3）固定片的位置应距门窗角、中竖框、中横框100～150mm，固定片之间的距离应不大于600mm。

（4）门窗安装应在墙体湿作业完工且硬化后进行。门的安装应在建筑地面工程施工前进行。

（5）当门窗采用预埋木砖与墙体连接时。墙体中应按设计要求埋置防腐木砖。

（6）同一类型的门窗及其相邻的上下、左右洞口应横平竖直。洞口宽度和高度尺寸的允许偏差应符合标准要求。

（7）按图纸要求的尺寸弹好门窗中线，并弹好室内+500mm水平线。

（8）组合窗的洞口，应在拼樘料的对应位置设预埋件或预留洞。

（9）塑钢门窗安装应当采用后塞口式安装方法，不得采用边安装边砌口或先安装后砌口的方法。

（二）材料准备

（1）异型材表面无色斑、无弯曲、变形。门窗及边框平直，无弯曲、变形。

（2）用于平开门的滑插铰链不能使用铝合金材料，因其材质脆软、易断裂、变形，使门窗不易关严，不能安全使用。应采用不锈钢材。

（3）门窗的规格、型号应符合设计要求，五金配件配套齐全，并具有出厂合格证。

（4）玻璃、嵌缝材料、防腐材料等应符合设计要求和有关标准的规定。

（5）进场前应先对塑钢门窗进行检查验收，不合格者不准进场。运到现场的塑钢门窗应分型号、规格以不小于 70° 的角度立放于整洁的仓库内，需先放置垫木。仓库内的环境温度应低于 50℃；门窗与热源的距离不应小于 1m，并不得与有腐蚀性的物质接触。

二、工艺流程

检查门窗洞口→安装固定片→确定安装位置→框与墙体连接固定→框墙间隙处理→玻璃五金配件安装→清理。

三、施工要点

1. 检查门窗洞口

塑钢窗在窗洞口的位置，要求窗框与之间需留 10～20mm 的间隙。塑钢窗组装后的门窗框应符合规定尺寸，一方面要符合门窗扇的安装，另一方面要符合门窗洞口尺寸的要求，但如门窗洞口有差距时应进行门窗洞口修整，待其合格后才可安装门窗框。

将不同型号、规格的塑钢门窗竖放到相应的洞口旁。当保护膜脱落时，应补贴保护膜；并在框上下边划中线。如果玻璃已安装在门窗上，应卸下玻璃，并做好标记。

2. 安装固定片

在门窗框的上框及边框上安装固定片，其安装应符合：

（1）检查门窗框上下边的位置及其内外朝向无误后，再安装固定片。安装时应先用直径为ϕ3.2 的钻头钻孔，然后将十字槽盘，端头自攻 M4×20 拧入，严禁直接锤击钉入。

（2）固定片的位置应距门窗角、中竖框、中横框 100～150mm，固定片之间的间距应不大于 600mm。不得将固定片直接装在中竖框、中横框的挡头上，如图 23–2–1 所示。

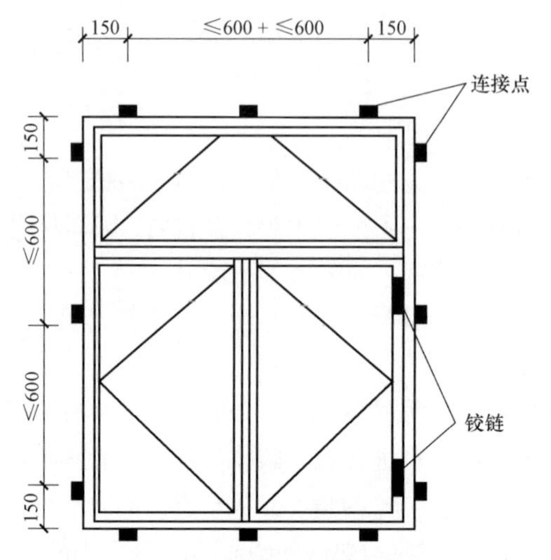

图 23–2–1 塑钢门窗安装框、墙连接固定点布置示意

3. 确定安装位置

根据设计图纸及门窗的开启方向，确定门窗框的安装位置，把门窗框装入洞口，并使其上下框中线于洞口中线对齐。安装应采用防止门窗变形的措施。无下框平开门应使两边下框低于地面标高线 30mm。带下框的平开门或推拉门应使下框低于地面标高线 10mm。然后将上框的有的固定片固定在墙体，并应调整门框的水平度、垂直度和直角度。用木楔临时固定。下框长度大于 0.9m 时，其中间也用木楔塞紧。然后调整垂直度、水平度及直角度。

4. 框与墙体连接固定

（1）门窗与墙体固定时，应先固定上框，后固定边框。在门窗框靠墙一侧的凹槽内或凸出部位，事先安装之字形铁件做连接件，将连接件的伸出端用膨胀螺栓固定于门窗洞壁的安装门窗框预埋块上。

（2）拼樘料与墙体连接时，其两端必须与洞口固定牢固。应将门窗框或两窗框与拼樘料卡接，用坚固件双向扣紧，其间距不大于 600mm；坚固件端头几拼樘料与窗框之间缝隙用嵌缝油膏密封处理。

5. 框墙间隙处理

（1）门窗框与洞口之间的伸缩缝内腔填缝材料按设计要求选用。如果设计未要求时，应采用保温、防潮且无腐蚀性的软质材料填塞密实。

（2）使用聚氨酯泡沫填缝胶，施工前应清除黏结面的灰尘，墙体黏结面应进行淋水处理，干燥后连续施打，一次成型，溢出门窗框外的发泡剂应在结膜前塞入缝隙内，防止外膜破坏。

（3）框边外表面须留 5～8mm 深的槽口，待洞口饰面完成并干燥后，清理槽口内浮灰、油污，嵌填防水密封胶，如图 23–2–2 所示。

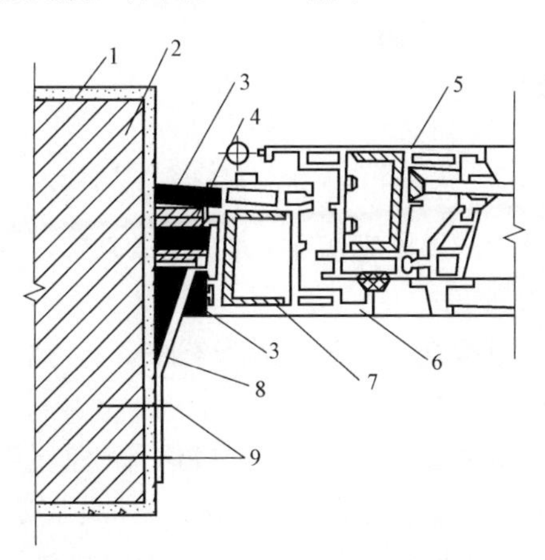

图 23–2–2　塑钢门窗框墙间隙处理示意

1—底层刮糙；2—墙体；3—密封胶；4—软质填充料；5—塑扇；6—塑框；7—衬筋；8—连接件；9—膨胀螺栓

6. 玻璃、五金配件安装

（1）玻璃的安装。玻璃不得与玻璃槽直接接触，应在玻璃四边垫上不同厚度的玻璃垫块。边框上的垫块应用聚氯乙烯加以固定。再将玻璃装进框扇内，然后用玻璃压条将其固定。安装双层玻璃时，玻璃夹层四周应嵌入隔条，中隔条应保证密封，不变形、不脱落；玻璃槽及玻璃内表面应干燥、清洁。镀膜玻璃应装在玻璃的最外层；断面镀膜层应朝向室内。

（2）门锁、执手、纱窗铰链及锁扣等五金配件应安装牢固，位置正确，开关灵活。安装完后应整理纱网，压实压条。

（3）推拉窗还应特别注意安装防脱落装置和限位装置。

7. 清理

（1）门窗交工前，应将型材表面的保护胶纸撕掉。如果发现胶纸在型材表面留有胶痕，宜用香蕉水清理干净。

（2）玻璃应进行擦洗，对浮灰或其他杂物应全部清理干净。

四、成品保护措施

（1）门窗在安装过程中，应及时清除其表面的水泥砂浆。

（2）塑钢门窗在安装过程中及工程验收前，应采取防护措施，不得污损。

（3）已装门窗框、扇的洞口，不得再作运料通道。应防止利器划伤门窗表面，并应防止电、气焊火花烧伤或烫伤面层。

（4）严禁在门窗框、扇上安装脚手架、悬挂物；外脚手架不得顶压在门窗框、扇或窗撑上，并严禁蹬踩窗框、窗扇或窗撑。

五、质量要求与检验

1. 主控项目

（1）门窗的品种、类型、规格、尺寸、性能、开启方向、安装位置、连接方式及填嵌密封处理应符合设计要求及国家现行标准的有关规定，内衬增强型钢的壁厚及设置应符合现行国家标准的规定。

检验方法：观察；尺量检查；检查产品合格证书、性能检验报告、进场验收记录和复验报告；隐蔽工程验收记录。

（2）门窗框、附框和扇的安装应牢固，在砌体上严禁采用射钉固定。固定片或膨胀螺栓的数量与位置应正确，连接方式应符合设计要求。固定点应距离窗角、中横框、中竖框 150～200mm，固定点间距不应大于 600mm。

检验方法：观察；手扳检查；尺量检查；检查隐蔽工程验收记录。

（3）塑料组合门窗使用的拼樘料截面尺寸及内衬增强型钢的形状和壁厚应符合设计要求。承受风荷载的拼樘料应采用与其内腔紧密吻合的增强型钢作为内衬，其两端应与洞口固定牢固。窗框应与拼樘料连接紧密，固定点间距应不大于 600mm。

检验方法：观察；手扳检查；尺量检查；吸铁石检查；检查进场验收记录。

（4）窗框与洞口之间的伸缩缝内应采用聚氨酯发泡胶填充，发泡胶填充应均匀、密实。发泡胶成型后不宜切割。表面应采用密封胶密封。密封胶应黏结牢固，表面应光滑、顺直、无裂纹。

检验方法：观察、检查隐蔽工程验收记录。

（5）滑撑铰链的安装应牢固，紧固螺钉应使用不锈钢材质。螺钉与框扇连接处应进行防水密封处。

检验方法：观察；手扳检查；检查隐蔽工程验收记录。

（6）推拉门窗扇应安装防止扇脱落的装置。

检验方法：观察。

（7）门窗扇开关应灵活、关闭应严密。

检验方法：观察；尺量检查；开启和关闭检查。

（8）门窗配件的型号、规格和数量应符合设计要求，安装应牢固，位置应正确，使用应灵活，功能应满足各自使用要求。平开窗扇高度大于 900mm 时，窗扇锁闭点不应少于 2 个。

检验方法：观察；手扳检查；尺量检查。

2. 一般项目

（1）安装后的门窗关闭时，密封面上的密封条应处于压缩状态，密封层数应符合设计要求。密封条应连续完整，装配后应均匀、牢固，应无脱槽、收缩和虚压等现象；密封条接口应严密，且应位于窗的上方。

检验方法：观察检查。

（2）平开门窗扇平铰链的开关力不应大于 80N。滑撑铰链的开关力不应大于 80N，并不应小于 30N。推拉门窗扇的开关力应≤100N。

检验方法：观察；用测力计检查。

（3）门窗表面应洁净、平整、光滑，颜色应均匀一致。可视面应无划痕、碰伤等缺陷，门窗不得有焊角开裂和型材断裂等现象。

检验方法：观察检查。

（4）旋转窗间隙应均匀。

检验方法：观察检查。

（5）排水孔应畅通，位置和数量应符合设计要求。

检验方法：观察检查。

（6）门窗安装允许偏差。

门窗框外形（高、宽）尺寸长度差：≤1500mm 的允许偏差 2mm，＞1500mm 的允许偏差 3mm。

门窗框两对角线长度差：≤2000mm 的允许偏差 3mm，＞2000mm 的允许偏差 5mm。

门窗框（含拼樘料）正和侧面垂直度、门窗框（含拼樘料）水平度：允许偏差 3mm。

门窗横框的标高、门窗竖向偏离中心：允许偏差 5mm。

双层门窗内外框间距：允许偏差 4mm。

平开门窗及上悬、下悬、中悬窗的门窗扇与框搭接宽度、同樘门窗相邻扇的水平高度差：允许偏差 2mm。

平开门窗及上悬、下悬、中悬窗的门窗框扇四周的配合间隙：允许偏差 1mm。

推拉门窗的门窗扇与框搭接宽度、门窗扇与框或相邻扇立边平行度：允许偏差 2mm。

组合门窗的平整度、缝直线度：允许偏差 3mm。

检验方法：门窗框外形（高、宽）尺寸长度差、门窗框两对角线长度差、门窗竖向偏离中心、双层门窗内外框间距用钢卷尺检查。门窗框（含拼樘料）正和侧面垂直度用 1m 垂直检测尺检查。门窗框（含拼樘料）水平度用 1m 水平尺和塞尺检查。门窗横框的标高用钢卷尺检查、与基准线比较。门窗扇与框搭接宽度用深度尺或钢直尺检查。同樘门窗相邻扇的水平高度差用靠尺和钢直尺检查。门窗框扇四周的配合间隙用楔形塞尺检查。门窗扇与框或相邻扇立边平行度用钢直尺检查。组合门窗的平整度、缝直线度用 2m 靠尺和钢直尺检查。

【思考与练习】

1. 简述塑钢门窗安装工艺流程。
2. 塑钢门窗框安装固定片的施工工艺要点有哪些？
3. 塑钢门窗框墙间隙处理的施工工艺要点有哪些？

模块 3　特种门窗（Z44J4003Ⅱ）

【模块描述】本模块介绍了特种门窗安装的质量要求、检查内容以及成品保护措施。通过要点讲解、工艺介绍、图形举例，掌握特种门窗的安装要点、质量要求、检查方法以及成品保护措施。

【模块内容】

特种门包括防火门、防盗门、金属卷帘门、全玻门、自动门、旋转门等，在本模块中主要介绍防火门、金属卷帘门、全玻门等特种门安装。

一、防火门安装

防火门是指在建筑物中能阻止火灾蔓延或延缓火灾蔓延的门。按耐火性能分有隔热防火门（A 类）、部分隔热防火门（B 类）、非隔热防火门（C 类）；按材质分有木质防火门、钢质防火门、钢木质防火门、其他材质防火门；按门扇数量分有单扇防火门、双扇防火门、多扇防火门（含有两个以上门扇的防火门）；按结构形式分有门扇上带防火玻璃的防火门、门框双槽口和单槽口的防火门、带亮窗防火门、带玻璃带亮窗防火门、无玻璃防火门。

（一）施工准备

（1）熟悉防火门的施工图纸，已做好施工图纸、施工技术交底等方面的准备。

（2）防火门的规格、型号应符合设计要求，经消防部门鉴定和批准的，门窗五金配件配套齐全，并具有生产许可证、产品性能检测报告和产品出厂合格证。

（3）防腐材料、填缝材料、密封材料、水泥、砂、连接板等应符合设计要求和有关标准的规定。

（4）防火门应贮存在通风、干燥处，要避免和有腐蚀的物质及气体接触，并要采取防潮、防雨、防晒、防腐等措施。产品平放时底部须垫平，门框堆码高度不得超过 1.5m，门扇堆放高度不超过 1.2m，产品竖放时，其倾斜角度不得大于 20°。

（5）检查门洞口尺寸及标高、开启方向是否符合设计要求。有预埋件的门口区应检查预埋件数量、位置及埋设方法是否符合设计要求。

（二）工艺流程

划线定位→立门框→安装门扇附件。

（三）施工要点

1. 划线定位

按设计要求尺寸、标高和方向，画出门框框口位置线。

2. 立门框

先拆掉门框下部的固定板，凡框内高度比门扇的高度大于30mm者，洞口两侧地面需设留凹槽。门框一般埋入±0.00标高以下20mm，须保证框口上下尺寸相同，允许误差小于1.5mm，对角线允许误差小于2mm。

防火门的开启方向必须为疏散方向，在确定开启方向后将门框用木楔临时固定洞口内，经校正合格后，固定木楔。门框固定分为两种：一种是利用连接板与木门框用自攻螺钉连接后与墙（柱）面膨胀螺栓连接或焊接；二是钢质门框用门框铁脚与预埋件铁板焊牢，然后在框上角墙上开洞，向框内灌注M15水泥砂浆，待其凝固后方可装配门扇，冬季施工应注意防冻，水泥素浆浇筑后养护期为21d。门框与预埋件焊接处注意焊接后必须将焊渣清理干净，并涂刷防腐材料。

3. 安装门扇附件

门框周边缝隙，用M20的水泥砂浆或C15的细石混凝土嵌缝牢固，应保证与墙体结合整齐；经养护凝固后，再粉刷洞口及墙体。

粉刷完毕后，安装门扇、闭门器等五金配件及有关防火装置，常闭式防火门应设置顺序器，门扇关闭后，门缝应均匀平整，开启自由轻便，不得有过紧、过松及反弹现象。木质防火门闭门器等五金配件，以及门框密封条等有关防火装置，应待门油漆完成后安装，以防被油漆污染。

二、金属卷帘门安装

普通卷帘门，门体为帘板结构形式的，具有防风沙、防盗等功能，结构各连接点都是活动节，可以卷伸启闭。

防火卷帘门，一般采用冷轧带钢制成，帘板为1.5mm的钢扣片，重叠连锁，其刚度好、密封性能优异，这种门可配温感、烟感、光感报警系统、水幕喷淋系统，遇有火情会自动报警、自动喷淋、门体自控下降、定点延时关闭，使人员能及时疏散。这种门的耐火极限一般为1.5～4h。升降速度平均为3～9m/min，电源电压380V，频率50Hz，如图23–3–1所示。

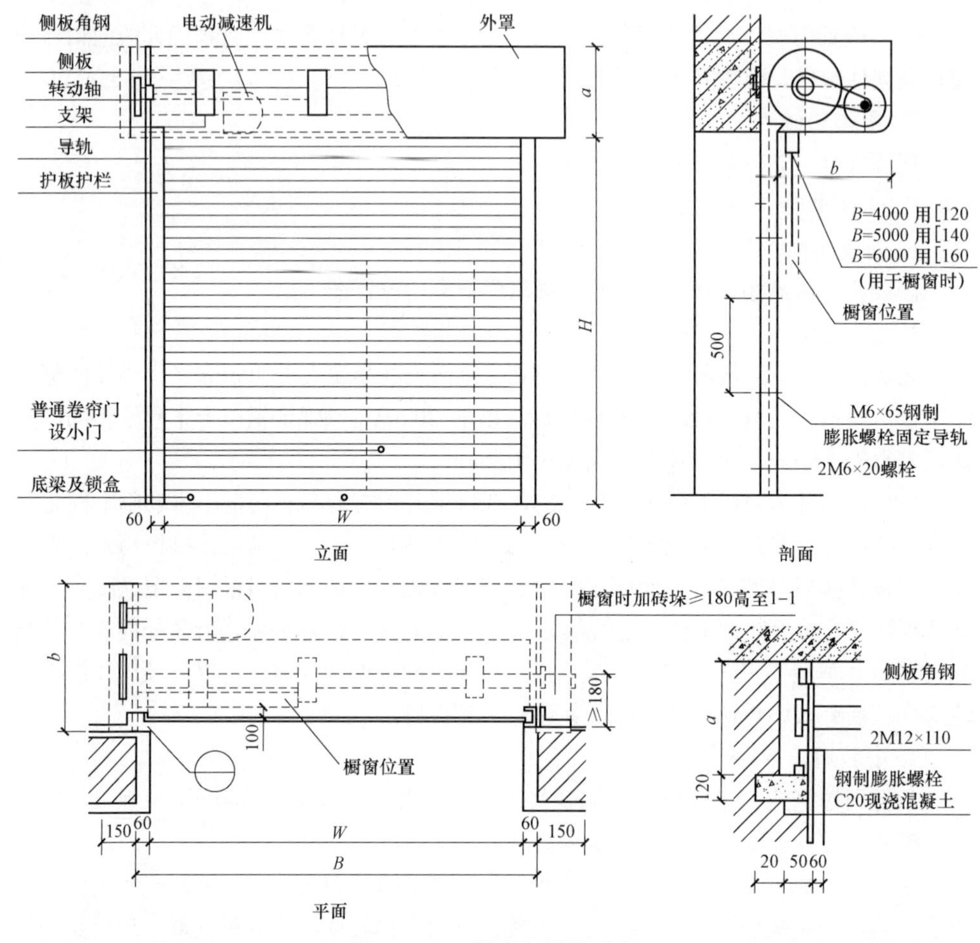

图 23–3–1 卷帘门做法示意

卷帘门按其传达方式分有电动、遥控电动、手动、电动及手动；按外形分有鱼鳞网状、直管横格、帘板、压花帘板等；按性能分有普通型、防火型和抗风型；按材质分有合金铝、电化合金铝、镀锌铁板、钢管及钢筋等；按其安装方式不同分有内口（内装）卷帘门和外口（外装）卷帘门，如图 23–3–2 所示。

普通卷帘门的安装方式与防火卷帘门相同，但防火卷帘门的安装要求高于普通卷帘门，因为防火卷帘门配有报警、喷淋、自控等系统。

（一）施工准备

（1）熟悉卷帘门的安装图纸，检查卷帘门的预埋线路是否到位，依据施工技术交底和安全交底等做好施工准备。

（2）符合设计要求的卷帘门产品，由帘板、卷筒体、导轨、电动机传达部分组成。

（3）卷帘门系由工厂制作的成品，必须检查产品的基本尺寸与门口的尺寸是否相符，导轨、支架的数量是否正确。

（4）结构表面的找平层必须完成，达到强度、平整度符合要求。

（5）预埋件、支架埋件位置正确。

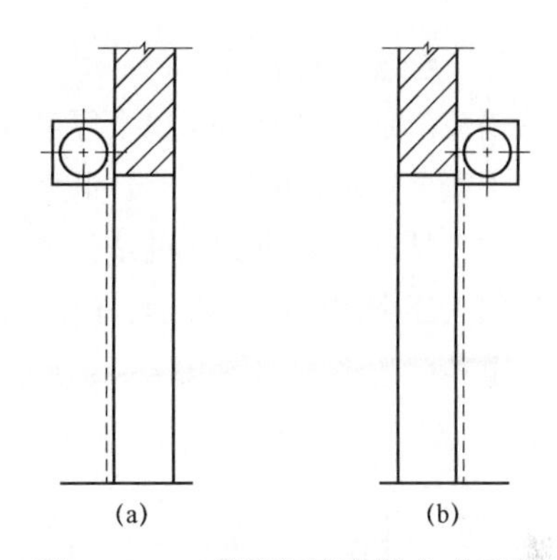

图 23–3–2 卷帘门窗安装方式示意

（a）外口；（b）内口

（二）工艺流程

洞口处理→弹线→固定卷筒传达装置→空载试车→装帘板→安装导轨→试车→清理。

（三）施工要点

1. 洞口处理

复核洞口与产生尺寸是否相符。卷帘门的洞口尺寸，可根据 3mm 模制选定。一般洞口宽度不宜大于 5m，洞口高度也不宜大于 5m，并复核预埋件位置及数量。

2. 弹线

测量洞口标高，弹出两导轨垂线及卷筒中心线。

3. 固定卷筒、传达装置

将垫板电焊在预埋铁板上，用螺钉固定卷筒的左右支架，安装卷筒。卷筒安装后应转动灵活。安装减速器和传动系统。安装电气控制系统。

4. 空载试车

通电后检验电机、减速器工作情况是否正常，卷筒振动方向是否正确。

5. 装帘板

将帘板拼装起来，然后安装在卷筒上。

6. 安装导轨

按图纸规定位置，将两侧及上方导轨焊牢于墙体预埋件上，并焊成一体，各导轨应在同一垂直平面上。安装水幕系统，并与总控制系统连接。

7. 试车

先手动试运行，再用电动机启闭几次，调整至无卡住、阻滞及异常噪声等现象为止，启闭的速度符合要求。全部调试完毕，安装防护罩。

8. 清理

粉刷或镶砌导轨墙体装饰面层，清理施工作业现场。

三、全玻门安装

全玻门是指用 12mm 以上厚度的玻璃板直接做门扇的门，也称玻璃门。玻璃一般用厚平板白玻璃、雕花玻璃、钢化玻璃及影印图案玻璃等，具有透明度高、内部质量好、加工精细、耐冲击、机械强度高等特点。在全玻门扇的上下边一般设金属门夹。金属门夹通常用镜面不锈钢、镜面黄铜或铝合金等材料。

全玻门的形式如图 23–3–3 所示。全玻门一般由活动门扇和固定玻璃两部分组合而成。

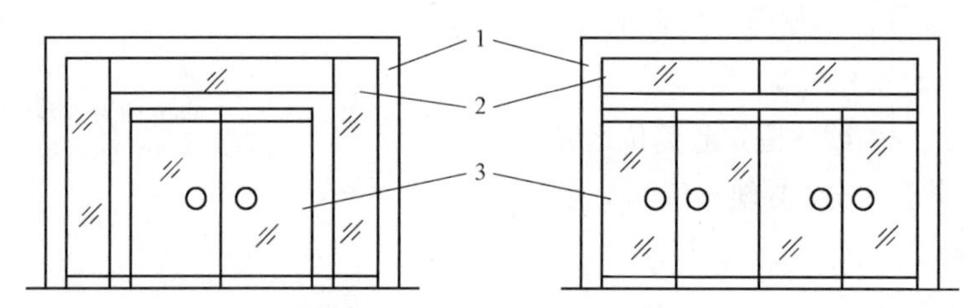

图 23–3–3　全玻门形式示意

1—金属包框；2—固定部分；3—活动开启扇

（一）施工准备

（1）熟悉全玻门的安装工艺流程和施工图的内容。检查预埋件的安装是否齐全、准确。依据施工技术交底和安全交底等做好施工的各项准备。

（2）材料。全玻门应选用 12mm 以上厚度的玻璃，根据设计要求选好，并安放在安装位置附近。不锈钢或其他有色金属型材的门框、限位槽及板，都应加工好，准备安装。辅助材料，如木方、地弹簧、木螺钉、自攻螺钉等，根据设计要求准备。

（3）墙、地面的饰面已施工完毕，现场已清理干净，并经验收合格。

（4）门框的不锈钢或其他饰面已经完成。门框顶部用来安装固定玻璃板的限位槽已预留好。

（5）活动玻璃门扇安装前应将地面上的地弹簧和门扇顶面横梁上的定位销安装固定完毕，两者必须同一轴线，安装时应吊垂线检查，做到准确无误，地弹簧转轴与定位销为同一中心线。

（二）技术要点

（1）门框横梁上的固定玻璃的限位槽应宽窄一致，纵向顺直。一般限位槽宽度大于玻璃厚度 2～4mm，槽深 10～20mm，以便安装玻璃板时顺利插入，在玻璃两边注入密封胶，把玻璃安装牢固。

（2）木底托上钉固定玻璃板的木条板时，应在距玻璃 4mm 的地方，以便饰面板能包住木板条的内侧，便于注入密封胶，确保外观大方，内在牢固。

（3）活动门扇设有门扇框，门扇的开闭是由地弹簧和门框上的定位销实现的，地弹簧和定位销是与门扇的上下横档铰接。因此地弹簧与定位销和门扇档一定要铰接好，并确保地弹簧转轴与定位销中心线在同一垂线上，以便玻璃门扇开关自如。

（4）玻璃门倒角时，裁割玻璃时应在加工厂内磨角与打孔。

（三）工艺流程

1. 固定部分安装

裁割玻璃→固定底托、安装竖向门框→安装玻璃→注胶封口。

2. 活动玻璃门扇安装

划线→确定门窗高度→固定门窗上下横档→门窗固定→安装拉手。

（四）施工要点

1. 固定部分安装

（1）裁割玻璃。厚玻璃的安装尺寸，应从安装位置的底部、中部和顶部进行测量，选择最小尺寸为玻璃板宽度的切割尺寸。如果在上、中、下测得的尺寸一致，其玻璃宽度的裁割应比实测尺寸小 2～3mm。玻璃板的高度方向裁割，应小于实测尺寸 3～5mm。

玻璃裁口处理。玻璃板裁割后，应将其周边作倒角处理，倒角宽度为 2mm。如果在现场自行倒角，应手握细砂轮块做缓慢细磨操作，防止崩边崩角。磨后的玻璃边角手感光滑，目测如玻璃平面，边的两侧角部倒棱要一致。

（2）固定底托、安装竖向门框。

固定底托。不锈钢（铜、铝）饰面的木底托，可用木楔加钉的方法固定于地面，然后再用万能胶将不锈钢饰面粘卡在木方上，如图 23–3–4 所示。如果是采用铝合金方管，可用铝角将其固定在框柱上，或用楔钉固定于地面埋入的木楔上。

安装竖向门框。按所弹中心线钉立门框方木，然后用胶合板确定门框柱的外形和位置。最后外包金属装饰面，包饰面时要把饰面对头接缝位置放在安装玻璃的两侧中间位置。接缝位置必须准确并保证垂直。

（3）安装玻璃板。

用玻璃吸盘将玻璃吸紧，然后进行玻璃就位。先把玻璃板上边插入门框顶部的限位槽内，然后将其下边安放于木底托上的不锈钢包面对口缝内。玻璃下部对准中心线，两侧边部正好封住门框处的金属饰面对缝口，要求做到内外都看不见饰面接缝口，如图 23–3–5 所示。

在底托上固定玻璃板的方法为：在底托木方上钉木条板，距玻璃板面 4mm 左右；然后在木板条涂刷万能胶，将饰面不锈钢板片粘卡在木方上。

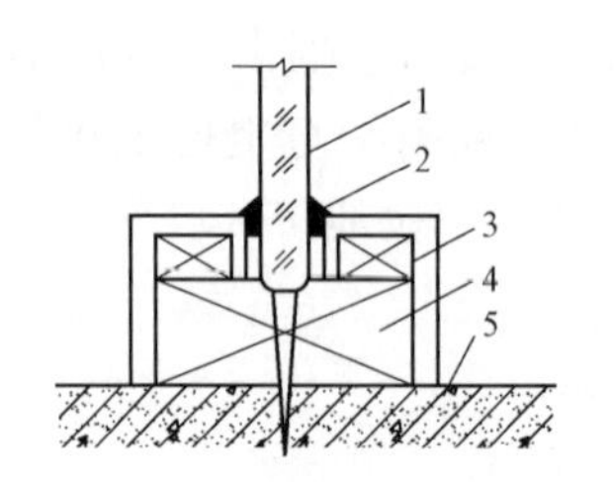

图 23–3–4　饰面木底托构造示意

1—厚玻璃；2—注玻璃胶；3—饰面板；4—方木；5—地坪

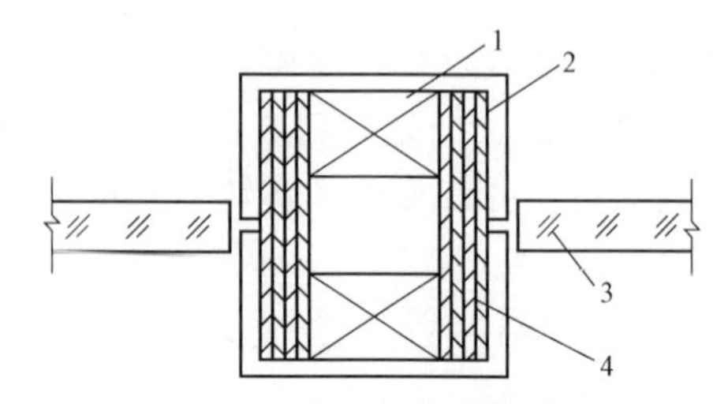

图 23–3–5　玻璃板与框柱间安装示意

1—方木；2—胶合板；3—厚玻璃；4—包框饰面板

（4）注胶封口。玻璃门固定部分的玻璃板就位以后，立即在顶部限位槽处和底部的底托固定处，以及玻璃板与框柱的对缝处注入胶密封，玻璃板竖直方向各部位的安装构造，如图 23–3–6 所示。打胶枪将玻璃胶注于需要封口的缝隙端，由需要注胶的缝隙端头开始，顺缝隙匀速移动，使玻璃胶在缝隙处成条均匀的直线。最后用塑料片刮去多余的玻璃胶，用刀片擦净胶迹。

门上固定部分的玻璃板需要对接时，其对缝应有 3～5mm 的宽度，玻璃板边都要进行倒角处理。当玻璃块留缝定位并安装稳固后，即将玻璃胶注入其对缝的缝隙，用塑料片在玻璃板对缝的两面把胶刮平，用刀片擦净胶料残迹。

2. 活动玻璃门扇安装

全玻璃活动门扇的结构没有门扇框，只有上下金属门夹，或只在角部为安装轴套而装极少一部分金属件。活动门扇的启闭靠与门扇上下金属门夹或部分金属件铰接的地弹簧来实现。

（1）划线。在玻璃门扇的上下金属横档内划线，按线固定转动销的销孔板和地弹簧的转动轴连接板。具体操作可参照地弹簧产品安装说明。

（2）确定门扇高度。玻璃门扇的高度尺寸，在裁割玻璃板时应注意包括插入上下横档的安装部分。一般情况下，玻璃高度尺寸应小于测量尺寸 5mm 左右，以便安装时进行定位调节。

把上下横档分别装在玻璃门扇上下两端，并进行门扇高度的测量。如果门扇高度不足，即其上下边距门横档及地面的缝隙超过规定值，可在上下横档内加垫胶合板进行调节。如果门扇高度超过安装尺寸，只能由专业玻璃工将门扇多余部分裁去。

（3）固定上下横档。门扇高度确定后，即可固定上下横档，在玻璃板于金属横档的两侧空隙处，由两边同时插入小木条，轻敲稳定，然后在小木条、门扇玻璃及横档之间形成的缝隙中注入玻璃胶，如图 23–3–7 所示。

（4）门扇固定。进行门扇定位安装。先将门框横梁上的定位销本身调节螺钉调出横梁平面 1～2mm，再将玻璃门扇竖起来，把门扇下横档内的转动销连接件的孔位对准地弹簧的转动销轴，并转动门扇将孔位套入销轴上。然后把门扇转动 90°使之与门框横梁成直角，门扇上横档中转动连接件的孔对准门框横梁上的定位销插入孔内 15mm 左右（调动定位销上的调节螺钉）。

（5）安装拉手。全玻璃门扇上的拉手孔洞，一般是事先订购时就加工好的，拉手连接部分插入孔洞时不能很紧，应有松动。安装前在拉手插入玻璃的部分涂少许玻璃胶；如若插入过松，可在插入部分裹上软质胶带。拉手组装时，其根部与玻璃贴紧后再拧紧固定螺钉。

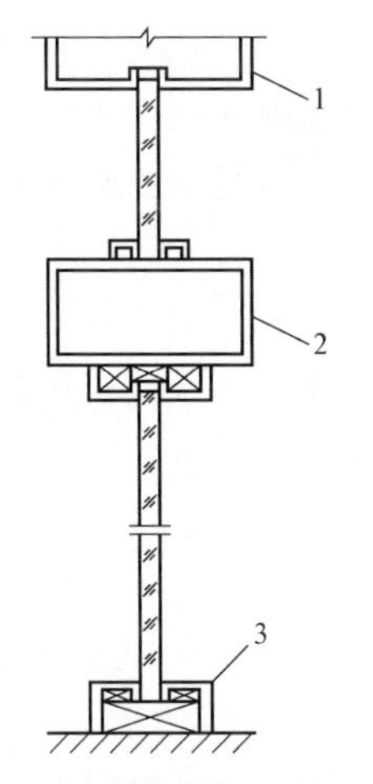

图 23–3–6　玻璃门竖向安装示意

1—大门框；2—横框或小门；3—底托

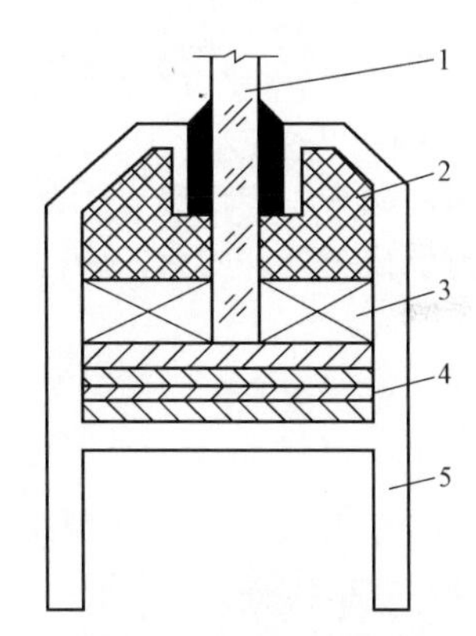

图 23–3–7　上下门夹安装构造示意

1—门扇厚玻璃；2—玻璃胶；3—方木条；4—胶合板或胶垫；5—上下门夹

四、成品保护措施

（1）产品运输至现场后，按要求整齐的堆放在相应位置，并派专人看管。

（2）安装后，用保护胶纸或塑料薄膜封贴包扎好，以防止水泥砂浆、灰砂、喷涂材料等污染损坏门窗表面。

（3）应采取措施，防止焊接作业时电焊火花损坏周围的门窗型材、玻璃等材料。

（4）全玻璃安装后应有警示标志，易发生踩踏和碰擦的部位，应及时加设木板或围挡等有效措施。

（5）交工前撕去保护胶纸时，要轻轻剥离，不得使用尖锐工具，刨刮门框与玻璃表面。

五、质量要求与检验

（一）防火门

1. 主控项目

（1）防火门应具有出厂合格证和符合市场准入制度规定的有效证明文件，其型号、规格、数量、安装位置及耐火性能等应符合设计要求。

检验方法：核查产品的名称、型号、规格及耐火性能等是否与符合市场准入制度规定的有效证明文件和设计要求相符。

（2）每樘防火门均应在其明显部位设置永久性标牌，并应标明产品名称、型号、规格、耐火性能及商标、生产单位（制造商）名称和厂址、出厂日期及产品生产批号、执行标准等。

检验方法：观察检查。

（3）防火门安装必须牢固。在砌体上安装防火门严禁采用射钉固定。钢质防火门门框内应充填水泥砂浆。门框与墙体应用预埋钢件或膨胀螺栓等连接牢固，其固定点间距不宜大于600mm。

检验方法：观察；手扳检查；检查隐蔽工程验收记录。

（4）除特殊情况外，防火门应向疏散方向开启，防火门在关闭后应从任何一侧手动开启。

检验方法：外观检查。

2. 一般项目

（1）防火门的门框、门扇及各配件表面应平整、光洁，并应无明显凹痕或机械损伤。

检验方法：观察检查。

（2）常闭防火门应安装闭门器等，双扇和多扇防火门应安装顺序器。从门的任意一侧手动开启，应自动关闭。当装有信号反馈装置时，开、关状态信号应反馈到消防控制室。

检验方法：观察检查。

（3）常闭防火门应安装火灾时能自动关闭门扇的控制、信号反馈装置和现场于动控制装置，且应符合产品说明书要求。其任意一侧的火灾探测器报警后，应自动关闭，并应将关闭信号反馈至消防控制室。接到消防控制室于动发出的关闭指令后，应自动关闭，并应将关闭信号反馈至消防控制室。接到现场手动发出的关闭指令后，应自动关闭，并应将关闭信号反馈至消防控制室。

检验方法：观察、检查产品说明书、观察防火门动作情况及消防控制室信号显示情况。

（4）电动控制装置的安装应符合设计和产品说明书要求。

检验方法：观察、检查产品说明书。

（5）防火插销应安装在双扇门或多扇门相对固定一侧的门扇。

检验方法：观察检查。

（6）防火门门框与门扇、门扇与门扇的缝隙处嵌装的防火密封件应牢固、完好。

检验方法：观察检查。

（7）设置在变形缝附近的防火门应安装在楼层数较多的一侧，且门扇开启后不应跨越变形缝。

检验方法：观察检查。

（8）防火门安装完成后，其门扇应启闭灵活，并应无反弹、翘角、卡阻和关闭不严现象。

检验方法：观察检查、手动试验。

（9）门扇的开启力≤80N。

检验方法：拉力机检查。

（10）门扇与门框的搭接尺寸允许偏差≥12mm。

检验方法：钢尺检查。

（11）门扇与门框的配合活动间隙允许偏差。

门扇与门框有合页一侧的配合活动间隙、门扇与门框有锁一侧的配合活动间隙：不大于设计要求。

门扇与上框的配合活动间隙、双扇、多扇门的门扇之间缝隙：≤3mm。

门扇与门框贴合面间隙、门扇与门框有合页一侧、有锁一侧及上框的贴合面间隙：≤3mm。

检验方法：塞尺检查。

（二）金属卷帘门

1. 主控项目

（1）门质量和性能应符合设计要求和有关标准的规定。

检验方法：检查生产许可证、产品合格证书和性能检测报告。

（2）门品种、类型、规格、防腐处理应符合设计要求和有关标准的规定。

检验方法：观察、钢尺检查、检查进场验收记录和隐蔽工程验收记录。

（3）机械装置应符合设计要求和有关标准的规定。

检验方法：启动机械装置、观察。

（4）门安装必须牢固。预埋件的数量、位置、埋设方式、与框的连接方式必须符合设计要求。

检验方法：观察、手扳检查、检查隐蔽工程验收记录。

（5）门的配件应齐全，位置应正确，安装应牢固。功能应满足使用要求和特种门的各项性能要求。

检验方法：观察、手扳检查、检查产品合格证书、性能检测报告和进场验收记录。

2. 一般项目

（1）表面装饰应符合设计要求。

检验方法：观察检查。

（2）表面应洁净，无划痕、碰伤等现象。

检验方法：观察检查。

（3）卷帘在导轨内运行应平稳、顺畅，不允许有碰撞、冲击现象。

检验方法：启动、观察检查。

（4）焊接处应牢固，外观平整，不允许有夹渣、漏焊等现象。

检验方法：观察检查。

（5）防烟装置与门楣密封面和卷帘表面应均匀接触，接触面不应小于门洞口宽度的 80%，非接触部位缝隙不得大于 2mm。

检验方法：观察检查、钢尺检查。

（6）座板与地面的接触应均匀、平行，运行时不允许有倾斜，应当平行升降。

检验方法：观察检查。

（7）导轨：滑动面应光滑平直，导轨顶部应成圆弧形，其长度应超过洞口至少75mm。直线度每米不得大于 1.5mm，全长不得超过 0.12%。垂直度每米不得大于 5mm，全长不得超过 20mm。

检验方法：观察检查、钢尺检查。

（8）帘板嵌入导轨的最小长度：洞口宽度不大于 3m，最小长度为 45mm；洞口宽度大于 3m，且不大于 5m，最小长度为 50mm；洞口宽度大于 5m，且小于 9m，最小长度为 60mm。

检验方法：用钢尺检查。

（9）卷帘启闭的平均速度：洞口高度小于 2m 时，自动启闭和自重下降均匀 2～6m/min；洞口高度为 2～5m 时，自动启闭为 2.5～6.5m/min，自重下降为 3～7m/min；洞口高度大于 5m 时，自动启闭和自重下降均为 3～9m/min。

检验方法：秒表测试、钢尺检查。

（10）卷门机。

电动式：应设置限位开关，卷帘启闭至上下限时，能自动停止，其重复定位误差应小于 20mm；应设置手动启闭装置，以备断电时使用；应具有依靠卷帘自重下降的性能，并具有恒速性能；能使卷帘在任何位置停止；可以附设以下控制保险装置：联动装置、手动速放关闭装置、烟感装置、温度金属熔断装置等，其位置不允许安装在可燃材料上；控制箱应安全并便于检修；所装配的操纵装置都应有明显操纵标志；用于疏散走道、出口的防火卷帘下降至1.5m应有延时装置；使用手动速放装置时，臂力不得大于50N；制动装置的制动矩的安全系数应为1.5。

手动式：手动式卷门机单独使用时，卷帘的洞口高度不应小于3.5m；具有依靠卷帘自重下降的性能；能使卷帘在任何位置停止；手动式防火卷帘不允许采用螺旋扭转弹簧或发条弹簧为卷动卷帘的机构；手动牵引力应在150N以下；操纵装置处应有明显的操作标志。

检验方法：观察、手动、钢尺等检查。

（三）全玻门

1. 主控项目

（1）门的质量和性能应符合设计要求。

检验方法：检查生产许可证、产品合格证书和性能检验报告。

（2）门的品种、类型、规格、尺寸、开启方向、安装位置和防腐处理应符合设计要求及国家现行标准的有关规定。

检验方法：观察；尺量检查；检查进场验收记录和隐蔽工程验收记录。

（3）带有机械装置、自动装置或智能化装置的特种门，其机械装置、自动装置或智能化装置的功能应符合设计要求。

检验方法：启动机械装置、自动装置或智能化装置，观察。

（4）门的安装应牢固。预埋件及锚固件的数量、位置、埋设方式、与框的连接方式应符合设计要求。

检验方法：观察；手扳检查；检查隐蔽工程验收记录。

（5）门的配件应齐全，位置应正确，安装应牢固，功能应满足使用要求和特种门的性能要求。

检验方法：观察；手扳检查；检查产品合格证书、性能检验报告和进场验收记录。

2. 一般项目

（1）门的表面装饰应符合设计要求。

检验方法：观察检查。

（2）门的表面质量应洁净，无划痕、碰伤等现象。

检验方法：观察检查。

【思考与练习】

1. 简述防火门安装质量检验中的主控项目。
2. 简述金属卷帘门安装施工工艺流程。
3. 全玻门活动玻璃门扇安装施工中门扇固定工艺要点有哪些？

第二十四章

装饰装修工程施工方案编制

模块1　装饰装修工程施工方案编制（Z44J5001Ⅲ）

【模块描述】本模块包含建筑装饰装修工程施工方案编制的内容、控制要求及相关安全注意事项。通过工序介绍、要点讲解、流程描述，熟练编制建筑装饰装修工程施工方案。

【模块内容】

建筑装饰装修工程施工之前，需要根据具体施工项目的要求，在人力、资金、材料、机具、施工方法和施工作业环境等主要因素上进行科学合理的安排，在一定的时间和空间内实现有组织、有计划、有秩序的施工，以期在整个工程的施工过程中达到相对的理想效果。即耗工少、工期短、质量高、成本低、业主满意，就是建筑装饰装修工程施工方案编制的根本任务。

一、施工方案的基本内容

施工方案包括的内容很多，主要包括施工方法的确定，施工机具、设备的选择，施工顺序的安排，科学的施工组织，合理的施工进度，现场的平面布置及各种技术措施。施工方案内容既有施工技术问题，也有科学施工组织和管理问题。施工技术是施工方案的基础，同时又要满足科学施工组织与管理方面的要求，科学施工组织与管理又必须保证施工技术的实现，两方面是相互联系、相互制约的关系。为了把各种关系更好地协调起来，互相创造条件，施工技术组织措施成为施工方案各项内容必不可少的延续和补充。

（一）工程概况

装饰装修工程的工程概况可根据工程的具体情况来编写，主要包括以下内容：

1. 建设项目

主要包括装饰装修工程名称、地点、建筑装饰装修标准；施工总期限及分期分批投入使用的项目和规模，建筑装饰装修施工标准；建筑面积、层数；主要建筑装饰装修材料及设备、管线种类；投资、工作量、生产流程、工艺特点；主要房间名称及材料做法、建筑装饰装修风格及特征；新技术、新材料应用及复杂程度；建筑总平面图和各项单位工程（或厅、堂）设计交图日期及已完的建筑装饰装修设计方案；主要工种工程量、工程的特点等。

2. 建筑装饰装修工程所在地区的特征

主要包括气象，交通运输，地方材料供应、劳动力供应及生活设施情况，可作为施工用的建筑，水、暖、电、卫现有设施情况。

（二）施工部署和施工方案

内容包括施工任务的组织分工和安排；重点单位工程施工方案；主要工程项目的施工方案和施工现场规划。

1. 施工任务的组织分工和安排

建立并明确机构体制，建立统一的工程指挥系统；确定综合的或专业施工组织；划分各施工队的任务项目和施工区域；明确穿插施工的项目及其施工期限。

2. 明确重点工程的施工方案

根据设计方案或施工图，明确各单位工程中采用的新材料、新工艺、新技术及拟采用的施工方法，并研究装饰装修施工工艺和质量标准。

（三）施工准备工作计划

其主要内容包括：

（1）了解和掌握施工图设计的出图计划、设计意图和拟采用的新材料、新技术，并组织进行样板间（墙、顶）施工鉴定及确定鉴定时间。

（2）编制施工方案和研究施工方案中有关主要项目或关键项目的施工技术措施。

（3）有关临时设施工程，施工用水、用电管线的敷设及敷设时间安排。

（4）进行技术培训工作。

（5）建筑装饰装修材料、构配件加工、成品半成品加工和施工机具的进场准备工作。

（四）施工总体进度计划

根据施工部署和施工方案，合理确定各主要单位工程的控制工期及相互搭接关系和时间。其编制要点包括：

（1）计算所有项目的工程量，填入工程量汇总表。项目的划分不宜过多，应突出主要项目，注明材料供应方（发包人或承包人供应），一些附属、辅助工程可以合并。

（2）确定总工期和各分包项目（部位）的工期。

（3）根据使用要求和施工能力，结合物资供应情况及施工准备工作条件，分期分批地组织施工。并明确每个施工阶段的主要施工项目和开始结束时间。

（4）同一时间开始施工的项目不宜过多，以免人力、物力分散。同时，对于在生产（或使用）上特殊要求、工程规模较大、施工难度较大、施工周期较长的项目及需要先期配套使用或可供施工使用的项目应尽先安排施工。

（5）对于开始施工的项目力求做到均衡施工。

（五）各项需用量计划

1. 劳动力需用量计划

按照施工准备工作计划、施工总进度计划和主要分部分项工程进度计划，结合实物工程量套用概算定额或经验资料计算所需的劳动力人数，并编制主要劳动力需用计划并列表，装饰装修工程分工较细，工种复杂，工人技术水平要求高，应根据工程的具体项目选择合适的施工队伍。同时提出劳动力不足时的有关筹措措施，如加强技术培训，加强调度管理等。

2. 主要材料和成品、半成品需用量进度计划

根据工程项目，结合工程概算或经验资料，算出工程主要装饰装修材料的用量及施工技术措施用料，并据此编制主要材料需用量计划。根据成品、半成品和主要材料需用量计划及施工进度编制主要材料、成品、半成品进场计划，以便组织运输和筹建、安排仓库。

3. 主要材料、成品、半成品运输量计划

主要装饰装修材料、成品、半成品在建筑装饰装修工程中，有的要以吨计算，有的要以件、块计算，有的以立方米计算，在考虑运输时可能采用不同车辆运输。还应考虑在建筑中的垂直运输问题，以及垃圾清运工作等。

4. 主要施工机具需用量计划

根据施工部署，施工方案，施工总（综合）进度计划，主要工种工程量和主要材料，成品、半成品运输量计划，选定垂直运输、水平运输设备并计算其需用量，编制主要施工机具设备需用量计划，提出解决的办法和进场日期。至于单位工程中装饰装修施工所用的中小型机具、手持电动机具应在单位工程施工方案编制中考虑。计划中所用的机具、设备应注明电动机功率，以便考虑和决定供电的容量。

5. 临时设施计划

应本着尽量利用已有工程为施工服务的原则，按照施工布置、施工方案和各种材料、设备需用量计划考虑所需的一切生产和生活临时设施（包括生产、生活用房、临时道路、临时用水、用电和供热系统等）。当建筑装饰装修工程与主体结构工程同时施工时，尽量考虑利用主体结构工程施工中的大型临时设施，如卷扬机、搅拌机、水泥库、各类材料仓库，以节省临时设施费用。

（六）施工总体平面图

施工总平面图可以解决建筑群施工所需的各项设施和永久建筑（拟建的和已有的）

相互间的合理布局，按照施工布置、施工方案和施工总（综合）进度计划，将各项生产、生活设施在现场平面上进行周密规划和布置。

施工总平面图的主要内容：

（1）所有拟施工和在施的永久性建筑物、地上地下管线。

（2）施工用的所有临时设施，包括各类加工厂，建筑装饰装修材料，成品、半成品，水、暖、电、卫材料，设备等的仓库和堆场，行政管理和文化生活用房，临时给水、排水管线，供电线路，蒸汽、压缩空气管道以及安全防火设施等。临时设施的布置要不影响待建工程的施工，在改建、扩建工程中，还应考虑生产（经营）与工程施工互不妨碍，符合劳动保护、技术安全和防火要求。

（七）技术经济指标

技术经济指标要根据各单位工程当前各项指标执行情况，工程的特点对各项指标的影响和采取技术组织措施后的效果进行编制，作为考核的参考。其主要指标有施工周期、劳动生产率等。

二、单位工程施工方案编制要点

（一）工程概况

施工方案编制中的工程概况是总说明部分，是对拟装饰装修工程所作的一个简明扼要、突出重点的文字介绍。有时为了弥补文字介绍的不足，还可以附图或采用辅助表格加以说明。在装饰装修工程施工方案编制中，应重点介绍本工程的特点以及与项目总体工程的联系。

1. 工程装饰装修概况

主要介绍以下内容：拟进行装饰装修工程的建设单位、工程名称、性质、用途；建筑物的高度、层数，拟装修装饰的建筑面积，装饰装修工程的范围，装饰装修标准，主要装饰装修工作量，主要房间的饰面材料；设计单位及设计装饰装修风格；与之配套的水、电等主要项目的开竣工时间等。

2. 建筑地点的特征

应介绍装饰装修工程的位置、地形、环境、气温、冬雨期施工时间、主导风向、风力大小等。如本项目只是承接了该建筑的一部分装饰装修工程，则应注明装饰装修工程所在的层和所在段。

（二）主要施工方法

施工方法的拟定要根据装饰装修的作业内容、工期要求，材料、设备、机具和劳动力的供应情况，以及协作单位配合条件和其他现场条件进行周密的考虑。

1. 施工方法的选定

（1）确定总的施工程序。施工顺序是指在建筑装饰装修工程施工中，不同施工阶段的不同工作内容按照其固有的、在一般情况下不可违背的先后次序。建筑装饰装修工程的施工程序一般有先室外后室内、先室内后室外及室内外同时进行三种情况。应根据工期要求、劳动配备情况、气候条件、脚手架类型等因素综合考虑。室内装饰装修的工序较多，一般是先做墙面及顶面，后做地面和踢脚。室内外的墙面抹灰应在装完门窗及预埋管线后进行；吊顶工程应在通风、水电管线完成安装后进行；卫生间装饰装修应在做完地面防水层之后进行。首层地面一般都留在最后施工。

（2）确定施工流向。单层建筑要定出分段施工在平面上的施工流向，多层及高层建筑除了要定出每一层楼在平面上的流向外还要定出分层施工的施工流向。确定施工流向时，要考虑以下几个因素：

1）生产工艺过程，往往是确定施工流向的关键因素。建筑装饰装修工程施工工艺的总规律是先预埋、后封闭、再调试、最后装饰装修。在预埋阶段，先通风管道、后水暖管道、再电气线路。在封闭阶段，先顶面、后墙面、再地面；在调试阶段，先电气、后水暖、再空调；在装饰装修阶段，先油漆、后裱糊、再面板。建筑装饰装修工程的施工流向必须按各种工种之间的先后顺序组织平行流水，颠倒工序就会影响工程质量及工期。

2）对技术复杂、工期较长的部位应先施工。涉及水、暖、电、卫的建筑装饰装修工程，必须先进行设备管线的安装，再进行建筑装饰装修工程施工。

3）必须考虑满足用户对生产和使用的需要，对要求急的应先施工。上下水、暖、电、卫、风的布置系统，应根据水、暖、电、卫、风的系统布置，考虑流水分段。如下上水系统，要根据干管的布置方法来考虑流水分段，以便于分层安装支管及试水。根据装饰装修工程的工期、质量、安全和使用要求及施工条件，其施工起点流向有自上而下、自下而上、自中而下再自上而中等三种。

（3）确定施工顺序。施工顺序是指分部分项工程施工的先后次序。合理确定施工顺序是编制施工进度计划，组织分部、分项工程施工的需要，同时，也是为了解决各工种之间的搭接，减少工种之间交叉破坏，以期达到预定质量目标，充分利用工作面，实现缩短工期的目的。

确定施工顺序时应考虑的因素：遵循施工总程序；符合施工工艺要求；按照施工组织要求；符合施工安全和质量要求；充分考虑气候条件的影响。

装饰装修工程分为室外装饰装修工程和室内装饰装修工程。室外和室内装饰装修工程的施工顺序通常有先内后外、先外后内和内外同时进行三种顺序。具体选择哪种顺序可根据现场施工条件和气候条件以及合同工期要求来定。通常室外装饰装修湿作业、涂料等项施工应尽可能避开冬雨期进行。外墙湿作业施工一般是自上而下，干作业施工一般自下而上进行。

2. 主要施工要点说明

在编制主要施工方法中应对施工要点进行说明，如：

（1）楼地面工程：说明各部位采用的材料，确定总体施工程序，特殊材料地面的施工流程，板块地面分格缝划分要点，不同材料地面在交界处的处理方法，特殊部位（如变形缝、沉降缝、门窗口部位、地漏、管道穿楼板部位等）地面施工要点，大面积楼地面防空鼓、开裂的措施，新材料地面施工要点。

（2）抹灰工程：确定总体施工程序，说明各抹灰部位的墙体材料以及提出相应的抹灰要点，特殊部位处理方法（如门窗洞口处理方法、阳角护角方法、踢脚部位处理方法、散热器和密集管道等背面施工要点，外墙窗台、窗楣、雨篷、阳台、压顶等抹灰要点），不同材料基层接缝部位防开裂措施，装饰抹灰以及采用新材料抹灰的操作要点。

（3）门窗工程：说明门窗采用的材料，确定总体施工程序，门窗安装方法及相应措施，特种门窗工艺要点。

（4）吊顶工程：确定总体施工程序，吊顶分格缝划分要点（包括灯具、灯槽、排气口、新风口、烟感器、自动喷淋等的布置要点），不同材料吊顶在交界处的处理方法。特殊部位（如变形缝、管道穿越部位、灯具、排气口、新风口等部位）吊顶施工要点，新材料吊顶工艺要点等。

（5）轻质隔墙施工：说明采用的隔墙材料，确定总体施工程序，不同材料隔墙施工或安装方法，特殊部位隔墙处理要点（如底部、顶部、侧边、门窗洞口和其他预留洞口处、电线槽部位等），新材料隔墙工艺要点等。

（三）施工进度计划

编制施工进度计划时，应在满足工期要求的情况下，对选定的施工方案和施工方法、材料、构件和加工订货，成品、半成品的供应情况，能够投入的劳动力、机械数量及其效率、协作单位配合施工的能力和时间等因素进行综合考虑。根据下述步骤确定各项因素，最后编制进度计划表，并检查与调整施工进度计划。编制施工进度计划要用网络图来进行，以达到用最少的劳动力、材料和资金的消耗来取得最大的经济效益。编制施工进度计划主要有以下步骤：

（1）确定施工顺序。

（2）划分施工项目。

（3）流水段划分。

（4）计算工程量。

（5）计算劳动力需用量和机械数量。

（6）确定各项目（或工序）施工作业时间。

（7）计算有关参数并绘制施工进度计划表。

（四）施工准备工作计划

施工准备是完成单位工程施工任务的重要环节，也是单位工程施工方案编制中的一项重要内容。施工人员必须在工程开工之前，根据施工任务、开工日期和施工进度的需要等做好各方面的准备工作。施工准备工作不但在单位工程正式开工前需要，而且在开工后，随着工程施工的进展，在各阶段施工之前仍要为各阶段的施工做好准备。因此，施工准备工作是贯穿整个工程施工始终的，施工准备工作的计划包括以下内容：

1. 组织准备

（1）按部位确定项目部人员职责分工的安排。

（2）对分包单位落实与组织的安排。如确定分包项目后，要落实分包单位及进场日期，组织综合施工；将总的形象进度及技术要求进行交底，提出工序安排和工期要求；并帮助分包单位解决困难，以便相互配合施工。

（3）质量、安全生产、文明施工的监督检查组织的安排等。

2. 技术准备

（1）对结构施工等前道工序的交接验收及处理工作的安排。

（2）组织会审图纸，编制详细的装修核定表，做好技术交底。对不清楚和有争议的地方，提前与建设单位、设计单位洽商解决。

在熟悉图纸时，必须注意：各个专业图纸相互之间有无矛盾（包括平面位置、几何尺寸、标高、材料及构造做法、要求标准等）；工程结构及建筑装饰装修在强度、刚度和稳定性等方面有无问题；设计是否符合当地施工条件和施工能力；如采用新技术、新工艺、新材料，施工单位有无困难，需用的某些高级建筑装饰装修材料设备等资源能否解决；哪些部位施工工艺比较复杂；哪些分项工程对工期的影响较大，建筑装饰装修施工与水、电、暖、风等的安装在配合上有哪些困难；对设计有哪些合理化建议等。

（3）对按项目编制工艺卡等的安排。

（4）新技术、新工艺、新材料的试制试验。在建筑装饰装修工程中，对新技术、新材料、新工艺往往要通过培训学习及做样板间来总结经验。有些建筑装饰装修材料需要通过试验来了解材料性能，以满足设计和施工需要。

（5）各种加工品、成品、半成品技术资料的准备。

3. 现场准备

施工现场准备包括测量放线（轴线、标高），障碍物拆除，场地清理，道路及交通运输，临时用水、电、暖等管线敷设，生产、生活用临时设施安装，水平及垂直运输设备的安装等。

4. 劳动力、材料、机具和加工半成品的准备

（1）调整劳动组织，进行计划及技术交底。

（2）组织施工机具、材料、构件、成品及半成品的进场（时间及场地）。

5. 其他工作

与分包协作单位配合工作的联系和落实。

（五）各项资源需用量计划

各种资源需用量计划包括材料、设备需用量计划，劳动力需用量计划，构件和加工成品、半成品需用量计划，施工机具设备需用量计划及运输计划。每项计划必须要有数量及供应时间。材料、设备需用量计划作为备料、供应数量、供应时间及确定仓库、堆场和组织运输的依据，可根据工程预算、预算定额和施工进度计划来编制；劳动力需用量计划作为劳动力平衡、调配和衡量劳动力耗用指标的依据；构件和加工成品、半成品需用量计划用于组织落实加工单位和货源进场，可根据施工图及施工计划来编制。

（六）施工平面图

施工平面图表明单位工程施工所需机械，加工场地，材料，成品、半成品堆场，临时道路，临时供水、供电、供热管网和其他临时设施的合理布置场地位置。绘制施工平面图一般用 1∶500～1∶200 的比例。

（七）主要技术组织措施

1. 保证质量措施

装饰装修工程保证质量措施必须以国家现行的施工及验收规范、以及合同约定的行业、企业标准，针对工程特点来编制，在审查工程图纸和编制施工方案时应考虑保证工程质量的措施。一般来说，保证质量措施的内容主要包括：

（1）确保放线、定位正确无误的措施。

（2）确保关键部位施工质量的技术措施。如选择与装饰装修等级相匹配的施工队及班组；合理安排工序搭接；新材料、新工艺、新技术应行试验，明确载重量标准后再大面积施工等。

（3）保证质量的组织措施，如建立健全质量保证体系、明确责任分工、人员培训、样板引路、编制操作工艺及行之有效的“三检制”“材料和工程报验制”等。

（4）保证质量的经济措施，如建立奖罚制度等。

2. 保证进度措施

保证进度措施主要有以下几个方面：

（1）组织措施。在项目班子中设置施工进度控制专门人员，具体调度、控制安排施工；确定进度协调工作制度；对影响进度目标实现的风险因素进行分析被加以排除。

（2）技术措施。利用现代施工手段、工艺、技术加快施工进度。

（3）合同措施。需外包的项目提前分段发包、提前施工，并使各合同的合同期与进度计划协调。

（4）经济措施。对参加施工的各协作单位及人员提出进度要求，制订奖罚措施并及时兑现。

3. 季节性施工措施

建筑装饰装修工程和建筑结构工程一样，也须考虑冬期施工及雨期施工，针对工程实际提出相应的季节性施工措施。

4. 成品保护措施

装饰装修工程成品保护工作十分重要，在编制技术组织措施时应考虑如何对成品进行保护。建筑装饰装修工程对成品保护一般采取防护、包裹、覆盖、封闭等保护措施，以及采取合理安排施工顺序等措施。

5. 保证安全措施

安全措施要具有针对性，要针对不同的装饰装修施工现场和不同的施工方案，提出相应的安全措施。安全措施主要内容有防火灾措施、防触电措施、防物体打击措施、防机械伤害措施以及防高处坠落措施。

6. 文明施工措施

（1）施工现场应遵照建筑施工场界噪声规定的要求，制定降噪声制度和措施。

（2）凡进行现场搅拌作业的，搅拌机前台应设置沉淀池，以防止污水遍地。

（3）清理施工垃圾时，严禁随意凌空抛撒，施工垃圾应集中堆放，及时清运。

（4）应有减少扬尘污染措施，如随时洒水等。

【例 23–1–1】某综合楼工程装饰装修施工方案目录

一、工程概况

1. 工程装饰装修概况

2. 建筑地点的特征

3. 管理目标

二、施工进度计划

1. 施工顺序

2. 流水段划分

3. 施工进度计划图表

三、施工准备

1. 组织准备

2. 技术准备

3. 现场准备

4. 劳动力准备

5. 物资供应准备

四、各项资源需用量计划

1. 主要施工机械需用计划

2. 劳动力需用计划

3. 材料物资需用计划

五、施工平面布置图

六、主要施工方法

1. 施工程序与顺序

2. 主要分项工程施工方法、工艺及质量要求

七、主要技术组织措施

1. 质量保证措施

2. 进度保证措施

3. 季节性施工措施

4. 成品保护措施

5. 安全、文明施工及环境保护措施

【思考与练习】

1. 施工方案主要包括哪些内容？

2. 单位工程施工方案中工程概况应包括哪些内容？

3. 单位工程施工方案中主要技术组织措施包括哪些内容？

4. 施工方案中保证质量措施一般应包括哪些内容？

第七部分

工程建设标准规范

第二十五章

电力土建工程相关标准规范

模块1　Q/GDW 1183—2012 变电（换流）站土建工程施工质量验收规范（Z44B4001Ⅲ）

【模块描述】 本模块包含110kV及以上变电（换流）站土建工程施工质量验收内容；通过系统介绍，举例说明，掌握变电（换流）站土建工程施工质量验收规范。

一、编制背景及原因

本规范依据《关于下达2011年度国家电网公司技术标准制（修）订计划的通知》（国家电网科〔2011〕190号）文的要求编写，对《110kV～1000kV变电（换流）站土建工程施工质量验收及评定规程》（Q/GDW 183—2008）进行了修订，进一步体现“验评分离、强化验收、完善手段、过程控制”的指导思想，执行最新发布的国家工程建设标准相关要求。国家电网公司于2014年6月5日发布，规范自2014年5月1日起实施。

二、规范适用范围

规范适用于国家电网公司110kV～1000kV变电（换流）站土建工程（包括新建、扩建、改建）施工质量检查和验收。相应电压等级的开关站、串补站土建工程遵照执行。110kV以下变电（换流）站等土建工程的施工质量检查和验收，可参照执行。

三、规范结构及内容

（1）本规范共分9章，主要技术内容包括：范围，规范性引用文件，总则，质量验收范围，通用建筑工程，屋外配电装置土建工程，水工建（构）筑物工程，屋外附属工程，消防设备安装工程。

（2）本规范共设4个规范性附录：分部（子分部）、单位（子单位）工程观感质量检查方法及要求，预埋件制作、安装质量标准，钢筋接头质量标准，本标准用词说明。

四、规范主要管理性规定

（1）工程施工质量检查和验收均应在施工单位自行检查和验收的基础上进行；隐

蔽工程在隐蔽前应由施工单位通知有关单位进行验收，并应形成验收文件，勘察、设计单位必须参加地基验槽隐蔽工程验收；涉及结构安全的试块、试件以及有关材料，应按规定进行见证取样检测；对于涉及结构安全和使用功能的重要分部工程应进行抽样检测；工程的观感质量应由验收人员通过现场检查，并应共同确认。

（2）参加工程施工质量验收的各方人员及见证取样人员应具备规定的资格；承担土建工程试验、检测的试验室及承担有关结构安全和功能试验、检测的单位应具有相应资质。

（3）变电（换流）站土建工程质量验收划分为单位（子单位）工程、分部（子分部）工程、分项工程和检验批。

（4）检验批是按同一的生产条件或按规定的方式汇总起来供检验用的，由一定数量样本组成的检验体；可根据施工及质量控制和专业验收需要按楼层、施工段、变形缝等进行划分。检验批质量验收合格应符合下列规定：

1）主控项目的质量经抽样检验合格。

2）一般项目的质量经抽样检验合格；其中允许有偏差的项目，除有特殊要求外，每项均应有 80%及以上的检查点符合要求，其余的检查点不能有严重缺陷。

3）具有完整的施工操作依据、质量检查记录。

（5）分项工程应按主要工种、材料、施工工艺、设备类别等进行划分，可由一个或若干检验批组成。分项工程质量验收合格应符合下列规定：

1）分项工程所含的检验批均应验收合格。

2）分项工程所含检验批的质量验收记录应完整。

（6）分部工程的划分应按专业性质、建筑部位确定；当分部工程较大或较复杂时，可按材料种类、施工特点、施工程序、专业系统及类别等划分为若干子分部工程。分部（子分部）工程质量验收合格应符合下列规定：

1）分部（子分部）工程所含分项工程的质量均应验收合格。

2）质量控制资料应完整。

3）有关安全及功能的检验和抽样检测结果应符合有关规定。

4）观感质量验收应符合要求；观感质量评价为“差”的项目，应进行返修。

（7）单位工程的划分原则可按下列规定确定：

1）具有独立生产（使用）功能或独立施工条件的建筑物或构筑物为一个单位工程。

2）工程规模较小的建（构）筑物可设置子单位工程，由功能、性质基本相近的子单位工程构成一个单位工程。

（8）单位（子单位）工程质量验收合格应符合下列规定：

1）单位（子单位）工程所含分部（子分部）工程的质量均应验收合格。

2）质量控制资料应完整。

3）单位（子单位）工程所含分部（子分部）工程有关安全及功能的检测资料应完整。

4）主要功能项目的抽查结果应符合相关质量验收标准的规定。

5）观感质量得分率应达到80%及以上。

（9）当工程质量不符合要求时，应按下列规定进行处理：

1）经返工重做或更换器具、设备的检验批，应重新进行验收，在验收表中予以记录。

2）经有资质的检测单位检测鉴定能够达到设计要求的检验批，应予以验收。

3）经有资质的检测单位检测鉴定达不到设计要求、但经原设计单位核算认可能够满足结构安全和使用功能的检验批，可予以验收。

4）经返修或加固处理的分项、分部工程，虽然改变外形尺寸但仍能满足安全使用要求，可按技术处理方案和协商文件进行验收。

（10）通过返修或经过加固处理仍不能满足安全使用要求的分部工程、单位（子单位）工程，严禁验收。

（11）工程质量验收应符合下列规定：

1）施工单位应严格执行三级（班组自检、项目部复检、公司专检）自检制度。施工单位应做好三级自检记录。

2）检验批质量验收应在施工单位自检合格后，报送专业监理工程师验收。检验批质量验收记录由施工单位项目专业质量检查员填写，由专业监理工程师（建设单位项目专业技术负责人）组织施工单位有关人员进行验收，并按相应表格记录。施工单位在相应表格的自检记录中应填写自检结果的具体数据和内容，监理单位在相应表格的验收记录中应填写平行检验的具体数据和内容，填写的数据应准确，内容应完整、齐全。依据相关资料、记录、报告等得出自检结果的，应将相关资料、记录、报告等证明文件的名称和编号等在检验批验收表的施工单位自检记录中进行记录，或在检验批验收附件相应表格中进行记录。

3）分项工程质量验收应在所含检验批全部验收合格的基础上，由专业监理工程师（建设单位项目专业技术负责人）组织施工单位项目专业技术、质量负责人等有关人员复查技术资料后进行验收，并按相应表格记录。

4）分部（子分部）工程质量验收应在所含分项工程全部验收合格的基础上，由总监理工程师（建设单位项目负责人）组织施工单位项目负责人和技术、质量负责人等有关人员复查技术资料后进行验收；地基与基础、主体结构分部工程的勘察、设计单位工程项目负责人和施工单位公司的质量或技术部门负责人也应参加相关分部工程验收。

5）单位（子单位）工程完工后，施工单位应自行组织有关人员进行检查，验收合格后填写工程竣工报验单，并将全部竣工资料报送项目监理单位，申请竣工验收，总监理工程师组织各专业监理工程师对竣工资料及各专业工程的质量情况进行全面检查，对检查出的问题，督促施工单位及时整改，经项目监理单位对竣工资料及实物全面检查和验收合格后，由总监理工程师签署工程竣工报验单，并向建设单位提出质量评估报告。建设单位收到工程验收申请报告后，应由建设单位（项目）负责人组织施工（含分包单位）、设计、监理等单位进行单位（子单位）工程验收。

6）单位（子单位）工程竣工验收记录由施工单位填写，验收结论由监理（建设）单位进行填写。综合验收结论由参加验收各方共同商定，建设单位填写。综合验收结论应对工程质量是否符合设计和有关标准要求及总体质量水平做出评价。

（12）现场质量管理检查记录应由施工单位按相应表格填写，总监理工程师（建设单位项目负责人）进行检查，并做出检查结论。

五、规范应用要求

（1）本规范为国家电网公司企业标准，公司建设管理的110kV及以上变电（换流）站土建工程的施工质量检查和验收应遵循本规范的要求。

（2）规范在编制过程中充分考虑了变电（换流）站土建工程的特点，提出了和变电（换流）站相适应的验收内容，在实施过程中需和国家标准《建筑工程施工质量验收统一标准》（GB 50300—2013）及其配套的各专业施工质量验收规范配合使用，对于特殊项目内容，可参照电力行业标准 DL/T 5210.1《电力建设施工质量验收及评价规程　第1部分　土建工程》等相关标准实施。

（3）本规范编制完成日期为 2012 年，如其后发布的国家相关土建专业验收规范中验收标准要求高于本规范的，验收时应符合其规定，并将验收表式中条款作相应修改。如《混凝土结构工程施工质量验收规范》（GB 50204—2015）中完善了预制构件进场验收规定、增加了结构位置与尺寸偏差的实体检验规定等，在验收时应遵照执行。

（4）目前国家电网有限公司正在组织对本规范进行修订，并在规范中增加质量通病防治及标准工艺应用等相关内容，新规范计划于 2020 年发布。

（5）本规范适用于变电（换流）站土建工程的施工质量检查和验收，土建工程的施工尚应执行现行国家相关专业施工规范。

【思考与练习】

1. 在工程验收中国家标准、行业标准和企业标准的采用原则是什么？

2. 当企业标准的验收标准低于国家和行业强制性标准时如何处理？

3. 国家标准更新后，本规范的验收表式如何调整？

模块 2 GB 50300—2013 建筑工程施工质量验收统一标准（Z44B4002Ⅲ）

【模块描述】本模块包含建筑工程验收规范体系，统一建筑工程验收方法、质量标准和程序；通过分类介绍，举例说明，掌握土建工程系列验收要求。

【模块内容】

一、编制背景及原因

本标准是根据原建设部《关于印发〈2007 年工程建设标准制定、修订计划（第一批）〉的通知》（建标〔2007〕125 号）的要求，由中国建筑科学研究院会同有关单位在原《建筑工程施工质量验收统一标准》（GB 50300—2001）的基础上修订而成。在标准修订过程中，编制组经广泛的调查研究，认真总结实践经验，根据建筑工程领域的发展需要，对原标准进行补充和完善，并在广泛征求意见的基础上，最终经审查定稿。

二、标准适用范围

标准适用于建筑工程施工质量的验收，并作为建筑工程各专业工程施工质量验收规范编制的统一准则，建筑工程各专业施工质量验收的验收规范应与本标准配合使用，设计和使用中的质量问题不属于本标准的范畴。

三、标准的主要内容

标准共分 6 章和 8 个附录，主要包括两部分内容，第一部分规定了建筑工程各专业验收规范编制的统一准则，对检验批、分项工程、分部工程、单位工程的划分、质量指标的设置和要求、验收的程序与组织都提出了原则的要求；第二部分规定了单位工程的验收，从单位工程的划分和组成，质量指标的设置到验收程序都做了具体规定。

四、标准主要管理性规定

（1）施工现场应具有健全的质量管理体系、相应的施工技术标准、施工质量检验制度和综合施工质量水平评定考核制度。施工现场质量管理可按本标准附录 A 的要求进行检查记录。

（2）建筑工程应按下列规定进行施工质量控制：

1）建筑工程采用的主要材料、半成品、成品、建筑构配件、器具和设备应进行现场验收。凡涉及安全、节能、环境保护和主要使用功能的重要材料、产品，应按各专业工程施工规范、验收规范和设计文件等规定进行复验，并应经监理工程师检查认可。

2）各施工工序应按施工技术标准进行质量控制，每道工序完成后，经施工单位自检符合规定后，才能进行下道工序施工。各专业工种之间的相关工序应进行交接检验，并应记录。

3）对于监理单位提出检查要求的重要工序，应经监理工程师检查认可，才能进行下道工序施工。

（3）建筑工程施工质量应按下列要求进行验收:

1）工程验收均应在施工单位自检合格的基础上进行。

2）参加工程施工质量验收的各方人员应具备相应的资格。

3）检验批的质量应按主控项目和一般项目验收。

4）对涉及结构安全、节能、环境保护和主要使用功能的试块、试件及材料，应在进场时或施工中按规定进行见证检验。

5）隐蔽工程在隐蔽前应由施工单位通知监理单位进行验收，并应形成验收文件，验收合格后方可继续施工。

6）对涉及结构安全、节能、环境保护和使用功能的重要分部工程，应在验收前按规定进行抽样检验。

7）工程的观感质量应由验收人员现场检查，并应共同确认。

（4）检验批的质量检验，可根据检验项目的特点在下列抽样方案中进行选择:

1）计量、计数或计量—计数等抽样方案。

2）一次、二次或多次抽样方案。

3）对重要的检验项目，当有简易快速的检验方法时，选用全数检验方案。

4）根据生产连续性和生产控制稳定性情况，采用调整型抽样方案。

5）经实践证明有效的抽样方案。

（5）检验批抽样样本应随机抽取，满足分布均匀、具有代表性的要求，抽样数量应符合有关专业验收规范的规定。当采用计数抽样时，最小抽样数量应符合本标准规定的要求。明显不符合的个体可不纳入检验批，但应进行处理，使其满足有关专业验收规范的规定，对处理的情况应予以记录并重新验收。

（6）建筑工程质量验收的划分

1）建筑工程质量验收应划分为单位工程、分部工程、分项工程和检验批。

2）单位工程的划分应按下列原则确定：

① 具备独立施工条件并能形成独立使用功能的建筑物或构筑物为一个单位工程。

② 对于规模较大的单位工程，可将其能形成独立使用功能的部分划分为一个子单位工程。

3）分部工程的划分应按下列原则确定：

① 可按专业性质、工程部位确定。

② 当分部工程较大或较复杂时，可按材料种类、施工特点、施工程序、专业系统及类别等划分为若干子分部工程。

4）分项工程可按主要工种、材料、施工工艺、设备类别等进行划分。

5）检验批可根据施工、质量控制和专业验收的需要，按工程量、楼层、施工段、变形缝等进行划分。

6）室外工程可根据专业类别和工程规模按本标准规定划分子单位工程、分部工程和分项工程。

（7）建筑工程质量验收。

1）检验批质量验收合格应符合下列规定：

① 主控项目的质量经抽样检验均应合格。

② 一般项目的质量经抽样检验合格。当采用计数抽样时，合格点率应符合有关专业验收规范的规定，且不得存在严重缺陷。

③ 具有完整的施工操作依据、质量验收记录。

2）分项工程质量验收合格应符合下列规定：

① 所含检验批的质量均应验收合格；

② 所含检验批的质量验收记录应完整。

3）分部工程质量验收合格应符合下列规定：

① 所含分项工程的质量均应验收合格；

② 质量控制资料应完整；

③ 有关安全、节能、环境保护和主要使用功能的抽样检验结果应符合相应规定；

④ 观感质量应符合要求。

4）单位工程质量验收合格应符合下列规定：

① 所含分部工程的质量均应验收合格；

② 质量控制资料应完整；

③ 所含分部工程中有关安全、节能、环节保护和主要使用功能的检验资料应完整；

④ 主要使用功能的抽查结果应符合相关专业质量验收规范的规定；

⑤ 观感质量应符合要求。

5）当建筑工程施工质量不符合要求时，应按下列规定进行处理：

① 经返工或返修的检验批，应重新进行验收；

② 经有资质的检测机构检测鉴定能够达到设计要求的检验批，应予以验收；

③ 经有资质的检测机构检测鉴定达不到设计要求、但经原设计单位核算认可能

够满足结构安全和使用功能的检验批，可予以验收；

④ 经返修或加固处理的分项、分部工程，满足安全及使用功能要求时，可按技术处理方案和协商文件进行验收。

6）工程质量控制资料应齐全完整。当部分资料缺失时，应委托有资质的检测机构按有关标准进行相应的实体检验或抽样试验。

7）经返修或加固处理仍不能满足安全或重要使用要求的分部工程及单位工程，严禁验收。

（8）建筑工程质量验收程序和组织。

1）检验批应由专业监理工程师组织施工单位项目专业质量检查员、专业工长进行验收。

2）分项工程应由专业监理工程师组织施工单位项目专业技术负责人等进行验收。

3）分部工程应由总监理工程师组织施工单位项目负责人和技术负责人等进行验收；勘察、设计单位项目负责人和施工单位技术、质量部门负责人应参加地基与基础分部工程的验收；设计单位项目负责人和施工单位技术、质量部门负责人应参加主体结构、节能分部工程的验收。

4）单位工程的分包工程完工后，分包单位应对所承包的工程项目进行自检，并按本标准规定的程序进行验收。验收时，总包单位应派人参加。分包单位应将所分包工程的质量控制资料整理完整，并移交总包单位。

5）单位工程完工后，施工单位应组织有关人员进行自检。总监理工程师应组织各专业监理工程师对工程质量进行竣工预验收。存在施工质量问题时，应由施工单位整改。整改完毕后，由施工单位向建设单位提交工程竣工报告，申请工程竣工验收。

6）建设单位收到工程竣工报告后，应由建设单位项目负责人组织监理、施工、设计、勘察等单位项目负责人进行单位工程验收。

五、标准应用

（1）标准规定验收人员应具备相应的资格，主要包括两方面的要求，首先是岗位资格，因为对于不同的验收环节，需要不同岗位的人员组织或参加，例如检验批验收时施工单位由项目专业质检员参加，分部工程验收时需要项目负责人参加，验收时必须按照要去执行；其次，还要突出专业方面的要求，体现专业对口，专业人员验收专业项目，保证验收的结果。

（2）标准规定对涉及结构安全、节能、环境保护和主要使用功能的试块、试件和材料，应在进场时或施工中按规定进行见证检验，是对见证检验的要求，见证检验的项目、内容、程序、抽样数量等应符合国家、行业和国家电网公司有关规定。见证取样的管理要求、取样内容和数量应满足建设部建建〔2000〕211 号《关于印发<房屋建

筑工程和市政基础设施工程实行见证取样和送检制度的规定>的通知》的要求，并应执行国家电网公司的相关质量管理制度。

（3）隐蔽工程在隐蔽后难以检验，标准要求隐蔽工程在隐蔽前应进行验收，验收合格后方可继续施工，具体项目主要包括基坑、基槽验收，基础回填隐蔽验收，混凝土工程的钢筋隐蔽验收，混凝土结构上的预埋管、预埋铁件及水电管线的隐蔽验收，混凝土结构及砌体工程装饰前的隐蔽验收等。《国家电网有限公司输变电工程验收管理办法》列出了主要隐蔽工程项目清单，在施工过程中应遵照执行。

（4）标准对计数抽样的检验批提出了最小抽样数量的要求，一般项目的验收抽样基本上为计数抽样，大部分采用一次抽样判断，个别项目采用二次抽样判定。标准中表 D.0.1–1、表 D.0.1–2 的使用方法举例如下：

1）一次抽样：假设验收的样本容量为 20，在 20 个样本中如果有 5 个或 5 个以下不合格时，该检测批判定为合格；当有 6 个或 6 个以上不合格时，则该检测批判定为不合格。

2）二次抽样：假设验收的样本容量为 20，当 20 个样本中有 3 个或 3 个以下不合格时，该检测批判定为合格；当有 6 个或 6 个以上不合格时，该检测批一次性判定为不合格；当有 4 或 5 个试样不合格时，需要进行第二次抽样，增加的样本容量也为 20，两次抽样的样本容量为 40，当两次不合格样本数量之和为 9 或小于 9，该检测批判定为合格，当两次不合格样本数量之和为 10 或大于 10 时，该检测批判定为不合格。

（5）标准要求检验批质量验收记录填写时应具有现场验收检查原始记录，该原始记录应由专业监理工程师和施工单位质量检查员等共同签署，必须手填，禁止机打，并在单位工程竣工验收前存档备查，以便于建设、施工、监理等单位及监督部门对验收结果进行追溯、复核，单位工程竣工验收后可以继续保留或销毁。现场验收检查原始记录的格式可以由施工、监理单位自行确定（或按行业、企业标准），但必须包括检查项目、检查位置、检查结果等内容。

（6）变电站项目的验收在本标准的基础上做了进一步要求，《国家电网有限公司输变电工程验收管理办法》对于完工后的验收流程如下：

1）输变电工程所属全部单位工程完工后，施工单位组织进行施工质量自检。总监理工程师组织各专业监理工程师对工程质量进行监理验收，出具工程质量评估报告。施工单位负责整改，监理复查确认。质量问题整改完毕后，施工单位向建设管理单位提交工程竣工报告，申请工程竣工预验收。

2）建设管理单位按照竣工预验收方案组织运检、设计、监理、施工、调试、技术监督及物资供应管理等单位开展竣工预验收。竣工预验收完成所有的缺陷闭环整改后，建设管理单位出具竣工预验收报告，向启委会申请启动验收。

3）启委会收到竣工预验收报告后，组织工程验收组开展验收。验收及消缺完成后，工程验收组向启委会提交工程启动验收报告。工程完成启动、调试、试运行后，工程验收组提出移交意见。由启委会决定办理工程向运检单位移交。启委会组织办理启动验收证书启动资产验收交接工作。

4）按国家有关规定开展专项验收及工程整体竣工验收。

【思考与练习】

1. 本标准和各专业验收规范的关系是什么？

2. 国家电网公司的单位工程验收程序与本标准有何差异？

3. 国家电网公司企业标准Q/GDW 1183的分部分项工程划分与本标准的不同点是什么？

模块3 GB/T 50375—2016建筑工程施工质量评价标准（Z44B4003Ⅲ）

【模块描述】本模块包含土建工程评价框架体系、评价方法及评价内容；通过分类介绍，举例说明，掌握土建工程评价的方法。

【模块内容】

一、编制背景及原因

现行建筑工程施工质量验收规范只规定了质量合格标准，因为工程质量关系着人们生命财产安全，达不到合格的工程就不能交付使用。但目前施工单位的管理水平、技术水平差距较大，有的工程达到合格之后，为了提高企业的竞争力和信誉，还要将工程质量水平再提高。该标准的编制就是为这些企业的创优提供一个有统一基本评价指标和方法的评价标准，以增加建设单位与施工单位的协调性，增强施工单位之间的可比性，同时也是激励创优机制，为优质工程优质优价提供条件，为推动工程质量整体水平提高创造条件。

二、标准适用范围

标准适用于建筑工程施工质量优良评价，评定优良的方法是在符合《建筑工程施工质量验收统一标准》及其配套的各专业工程质量验收规范基础上进行，从结构安全、使用功能、建筑节能等综合指标方面来评价。省、市及国家优质工程应在优良工程的基础上择优评定。

三、标准主要结构及内容

标准的具体章节为：1. 总则；2. 术语；3. 基本规定；4. 地基与基础工程质量评价；5. 主体结构工程质量评价；6. 屋面工程质量评价； 7. 装饰装修工程质量评价；8.安装工程质量评价；9. 建筑节能工程质量评价；10. 施工质量综合评价。

标准的主要评价方法是：按单位工程评价工程质量，首先将单位工程按专业性质和建筑部位划分为地基与基础工程、主体结构工程、屋面工程、装饰装修工程、安装工程 、建筑节能工程六个部分，每部分分别从性能检测、质量记录、允许偏差、观感质量等四个评价项目来评价，最后进行综合评价。

四、标准的主要管理规定

（一）基本规定

1. 评价基础

（1）建筑工程施工质量评价应实施目标管理，健全质量管理体系，落实质量责任，完善控制手段，提高质量保证能力和持续改进能力。

（2）建筑工程质量应加强对原材料、施工过程的质量控制和结构安全、功能效果检验，具有完整的施工控制资料和质量验收资料。

（3）工程质量验收应完善检验批的质量验收，具有完整的施工操作依据和现场验收检查原始记录。

（4）建筑工程施工质量评价应对工程结构安全、使用功能、建筑节能和观感质量等进行综合核查。

（5）建筑工程施工质量评价应按分部工程、子分部工程进行。

2. 评价体系

（1）建筑工程施工质量评价应根据建筑工程特点分为地基与基础工程、主体结构工程、屋面工程、装饰装修工程、安装工程及建筑节能工程等六部分（图 25–3–1）。

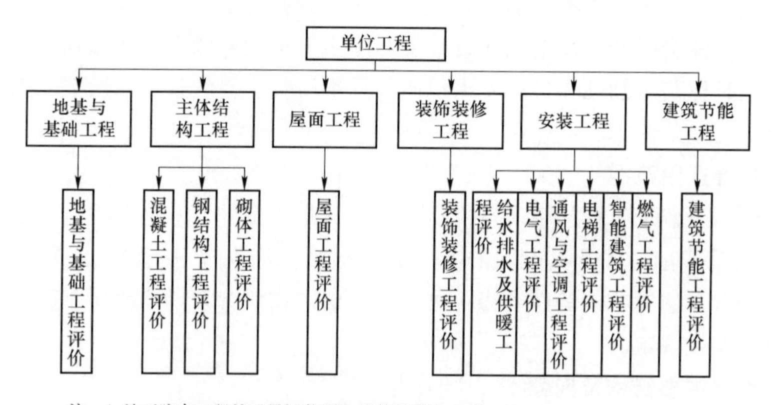

注：1. 地下防水工程的质量评价列入地基与基础工程。
2. 地基与基础工程中的基础部分的质量评价列入主体结构工程。

图 25–3–1 工程质量评价内容

（2）每个评价部分应根据其在整个工程中所占的工作量大小及重要程度给出相应的权重，其权重应符合表25–3–1的规定。

表25–3–1　　工程评价部分权重

工程评价部分	权重（%）	工程评价部分	权重（%）
地基与基础工程	10	装饰装修工程	15
主体结构工程	40	安装工程	20
屋面工程	5	建筑节能工程	10

注　1. 主体结构、安装工程有多项内容时，其权重可按实际工作量分配，但应为整数。
2. 主体结构中的砌体工程若是填充墙时，最多只占10%的权重。
3. 地基与基础工程中基础及地下室结构列入主体结构工程中评价。

（3）每个评价部分应按照工程质量的特点，分为性能检测、质量记录、允许偏差、观感质量等四个评价项目。每个评价项目应根据其在该评价部分内所占的工作量及重要程度给出相应的项目分值，其项目分值应符合表25–3–2的规定。

表25–3–2　　评价项目分值

序号	评价项目	地基与基础工程	主体结构工程	屋面工程	装饰装修工程	安装工程	节能工程
1	性能检测	40	40	40	30	40	40
2	质量记录	40	30	20	20	20	30
3	允许偏差	10	20	10	10	10	10
4	观感质量	10	10	30	40	30	20

注　各检查评分表检查评分后，将所得分换算为本表项目分值，再按规定换算为表25–3–2的权重。

（4）每个评价项目应包括若干项具体检查内容，对每一具体检查内容应按其重要性给出分值，其判定结果分为两个档次。一档应为100%的分值；二档应为70%的分值。

（5）结构工程、单位工程施工质量评分达到85分及以上的建筑工程应评为优良工程。

3. 评价方法

（1）性能检测评价方法应符合下列规定：

检查标准：检查项目的检测指标一次检测达到设计要求及规范规定的为一档，取100%的分值；按相关规范规定，经过处理后达到设计要求及规范规定的为二档，取70%的分值。

检查方法：检查检测报告。

（2）质量记录评价方法应符合下列规定：

检查标准：材料、设备合格证、进场验收记录及复试报告、施工记录及施工试验等资料完整，能满足设计要求及规范规定的为一档，取100%的分值；资料基本完整并能满足设计要求及规范规定的应为二档，取70%的分值。

检查方法：核查资料的项目、数量及数据内容。

（3）尺寸偏差评价方法应符合下列规定：

检查标准：检查项目 90%及以上测点实测值达到规范规定值应为一档，取 100%的分值；检查项目 80%及其以上测点实测值达到规范规定值，但不足 90%的应为二档，取 70%的分值。

检查方法：在各相关检验批中，随机抽取 5 个检验批，不足 5 个的取全部进行核查。

（4）观感质量评价方法应符合下列规定：

检查标准：每个检查项目以随机抽取的检查点按按“好”“一般”给出评价。项目检查点 90%及其以上达到“好”，其余检查点达到“一般”的应为一档，取 100%的分值；项目检查点 80%及其以上达到“好”，但不足 90%，其余检查点达到“一般”的应为二档，取 70%的分值。

检查方法：核查分部（子分部）工程质量验收资料。

五、标准应用相关要求

（1）创优良工程要事前制定质量目标，进行质量策划，明确质量责任，在施工组织设计中从技术、管理、组织、协调等方面制定具体的创优措施，按照事前、事中、事后对工程质量进行全面管理和控制。实施创各级优质工程的项目，还应在承包合同中明确质量目标以及各方责任。

（2）建筑工程施工质量评价，应先由施工单位按规定自行检查评定，然后由监理单位或其他有资格能力的单位验收评价。评价结果应以验收评价结果为准。

（3）施工质量综合评价分为结构工程质量评价和单位工程质量评价，具体要求如下：

1）结构工程质量评价

结构工程质量应包括地基与基础工程和主体结构工程，结构工程评价得分两部分权重实得分之和。主体结构工程包括混凝土结构、钢结构、砌体结构等，可根据工程实际情况，按比例分配权重，总权重为 40%。

2）单位工程质量应包括结构工程、屋面工程、装饰装修工程、安装工程和建筑节能工程，单位工程评价得分为以上五个部分权重实得分之和。凡在施工中采用绿色施工、先进施工技术并获得省级及以上的，可在单位工程核查后直接加 1～2 分。

（4）由于评价部分中有的包括内容较多，如安装工程中有建筑给排水、通风空调、建筑电气等，其权重可按所占工作量大小及重要性来确定，其权重应为整数，以方便计算。

（5）本标准的评价是在质量验收合格的基础上进行抽查核查，不是全面逐条检查。

六、举例

（1）主体结构工程权重设置。

如某工程主体结构中有混凝土结构、钢结构及砌体结构三种结构，其中混凝土结构工程量占 70%，钢结构工程量占 15%，砌体工程量占 15%，按表 25–3–2 规定，主体结构工程总权重占 40%。当砌体结构为填充墙时，其权重为 10%。本工程各项目的权重分配为混凝土工程占 30%，钢结构工程占 6%，砌体结构占 4%。

（2）单位工程评价表填写。

工程概况：主要说明工程名称、性质、规模、结构形式、开竣工时间、质量验收情况及特点等。

工程评价：主要说明本工程评价依据、评价方法、评价人员、评价过程、评价结果（分值）。

评价结论：主要明确该工程是否达到了优良工程。

按表中要求各单位签字、盖章。

【思考与练习】

1. 是否所有工程均需执行此标准？
2. 工程质量评价可由哪些单位实施？

模块 4　国家电网公司输变电工程标准工艺（一）施工工艺示范手册（Z44B4004Ⅲ）

【模块描述】 本模块介绍了《国家电网公司输变电工程标准工艺（一）　施工工艺示范手册（第 1 篇　变电土建工程）》的相关知识，通过案例分析，熟悉《国家电网公司输变电工程标准工艺（一）　施工工艺示范手册（第 1 篇　变电土建工程）》的相关内容。

【模块内容】

为进一步规范国家电网公司系统输变电工程施工工艺，总结推广先进经验，加强施工工艺的标准化工作，促进输变电工程施工工艺水平和工程质量的不断提高，2006 年国家电网公司组织编写了《国家电网公司输变电工程施工工艺示范手册》，并于 2006

年8月印刷发行。

2006年8月，国家电网公司以基建质量〔2006〕135号文印发了“关于应用《国家电网公司输变电工程施工工艺示范手册》的通知”，要求从2006年9月15日起在公司系统推广应用，“施工工艺示范手册”作为国网输变电工程施工工艺方面的指导标准，凡是公司投资建设的110千伏及以上输变电工程，均应参照“施工工艺示范手册”中规定的施工工艺组织施工，各工序的工程成品质量应达到“施工工艺示范手册”规定的相应标准。

国家电网公司统一对“施工工艺示范手册”实行动态更新，目前最新的版本为2011年11月出版的《国家电网公司输变电工程标准工艺（一） 施工工艺示范手册》。

一、“施工工艺示范手册”组成

《国家电网公司输变电工程标准工艺（一） 施工工艺示范手册》分为《第1篇 变电土建工程》《第2篇 变电电气工程》《第3篇 架空线路工程》和《第4篇 高压电缆工程》，对输变电工程最基本的70项施工工艺进行归纳总结，全书约68万字。每项工艺均从适用范围、施工流程、工艺流程及主要质量控制要点、示例图片、主要引用标准等五个方面进行阐述，并配有大量的现场图片，图文并茂，简洁易懂。

《第1篇 变电土建工程》按变电土建工程每项施工工艺为一章节进行描述，共有36个施工工艺，如图25–4–1所示。

二、施工工艺编写主要构成

1. 适用范围

明确了适用本项施工工艺的施工范围（包括施工条件、作业内容等）。

2. 施工流程

每个施工工艺按其施工工序的先后顺序以流程图形式表示，明确施工工艺的主要质量控制环节及先后顺序，直观了解每个施工工艺应有哪些环节来控制施工质量。

3. 工艺流程说明及主要质量控制要点

对工艺流程图中每道施工工序的主要质量控制要点提出了具体的要求，并在相应的施工工序中穿插工序操作及效果图片，让管理人员知道应该如何把好质量关，达到最终的工艺效果。

4. 示例图片

以工艺成品质量效果图加以展示，能直观的了解该施工工艺达到最终成品效果。

5. 主要引用标准

目前该施工工艺质量控制标准的执行依据。

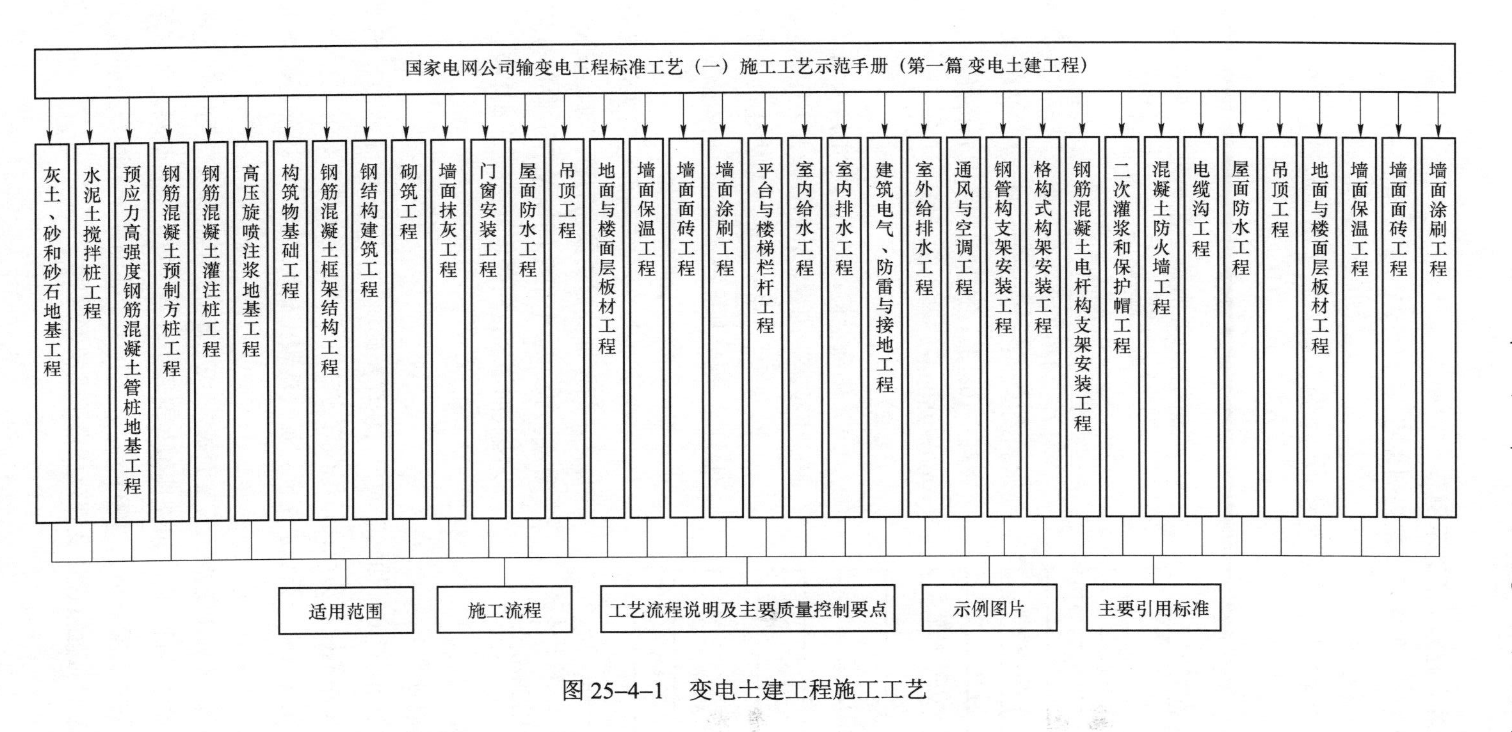

图25-4-1　变电土建工程施工工艺

三、土建工程施工工艺示例

以墙面抹灰工程施工工艺为例说明。

（一）适用范围

适用于变电（换流）站主控楼室、继电器室及各类辅助设施的内、外墙面抹灰施工。

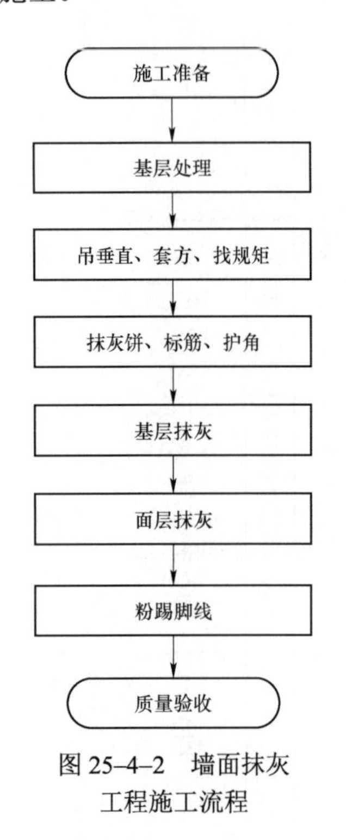

图 25–4–2 墙面抹灰工程施工流程

（二）施工流程

墙面抹灰工程施工流程见图 25–4–2。

（三）工艺流程主要质量控制要点

1. 施工准备

（1）材料准备。水泥应采用≥42.5 级普通硅酸盐水泥或矿渣硅酸盐水泥；砂采用细砂；混凝土界面处理剂、108 胶；抹灰用脚手架先搭好，架体离开墙面 200～250mm，搭好脚手板。

（2）技术准备。

1）图纸会检：按照国家电网公司《电力建设工程施工技术管理导则》的要求开展图纸会检。

2）技术交底：按照《电力建设工程施工技术管理导则》规定开展技术交底，全体施工人员参加交底并签名，并形成书面交底记录。

（3）其他准备：抹灰部位的主体结构均已验收合格，门窗框及需要预埋的管道等已安装完毕，并经隐蔽验收。对于卫生间以及管道井部分管道背后难以抹灰的部分，应先定点进行局部抹灰。

2. 施工

（1）基层处理。

1）基层为混凝土、加气混凝土、粉煤灰砌块时，应用 1∶1 水泥、细砂掺 108 胶水拌和后，采用机械喷涂或扫帚甩浆等方法进行墙面毛化处理，并进行洒水养护。对于砖墙，应在抹灰前一天浇水湿润；加气混凝土砌块墙面，应提前两天浇水，每天两遍以上。

2）不同材料基体交接处的表面抹灰，外墙和顶层的抹灰层与基层之间及各抹灰层之间必须黏结牢固。内外填充墙体与混凝土（柱、梁）交接处粉刷前应采用抗碱纤维网格布粘贴，宽度不小于 300mm，以防止由于收缩模量不同产生的温度裂缝，外墙（柱、梁）交接处按设计及规范要求用钢丝网固定。

（2）吊垂直、套方、找规矩、抹灰饼、标筋、做护角。

1）在房间地面弹十字交叉线规方，十字交叉线作为墙面抹灰基准线，根据地面弹线，进行墙面塌饼、标筋。

2）柱面、墙面阳角采用 1∶2 水泥砂浆做护角，高度不低于 2m，护角每侧宽度不少于 50mm。

（3）基层抹灰。

1）在基层抹灰前检查基层处理情况（如表面毛化处理等），底灰和中层灰用 1∶2.5 水泥砂浆或水泥混合砂浆涂抹，并用模板搓平呈毛面。在砂浆终凝之前，表面用扫帚扫毛。

2）墙面抹灰层应分层施工，分层刮糙每层厚度控制在 7～9mm，上层抹灰应待底层砂浆达到一定强度，并吸水均匀后进行。为确保加气混凝土砌块、砌体粉刷不空鼓，砂浆刮糙完成后砂浆抹面前，底层表面应喷洒防裂剂。

（4）分格、做滴水线。

1）分格条粘贴外墙面刮糙完成后，墙面弹线、分格，将墙面分格条、滴水线条等线条粘贴完成，再浇水养护。抹灰分格条按设计要求设置，宽度和深度均匀，表面光滑，棱角整齐。

2）窗台、阳台、挑檐等突出墙体的部位，应做滴水线（槽），流水坡度、滴水线（槽）顺直、内高外底，滴水线（槽）宽度和深度均不应小于 10mm。

（5）抹水泥砂浆面层。墙面刮糙完成后，抹水泥砂浆面层，厚度控制在 6～8mm。操作时先将墙面湿润，然后用水泥砂浆薄刮一遍使其与中层砂浆黏结，紧接着抹第二遍，达到要求的厚度，用压尺刮平找直，待其水分略干后，用铁抹子压实压光。施工过程中应严格控制水泥砂浆的配合比和水灰比。

（6）大面积墙面抹灰施工。柱、垛、墙面、门窗洞口、勒脚等处要在抹灰前拉水平和垂直两个方向的通线，找好规矩，包括四角挂垂直线、大角找方、拉通线贴饼。墙面有分格缝要求时，应在中层分格弹线，贴分格条时要四周交接严密，横平竖直，接槎整齐。外墙抹灰由屋檐自上往下进行，抹面砂浆抹至分格条、护角，刮尺刮平，待水分略干时用抹子抹平、压光。用靠尺吊垂直拉毛，拉毛时应掌握墙面砂浆水分，外墙面拉毛应无接槎，丝路均匀，无明显凸坑、抹痕等。

（7）洞口部位修整。抹面层砂浆完成前，应对预留洞口、电气箱、槽、盒等边缘进行修补，将洞口周边修理整齐、光滑，残余砂浆清理干净。

（8）粉踢脚线。墙面踢脚线用 1∶3 水泥砂浆刮糙，1∶2.5 水泥砂浆做面层，如踢脚线为块材时，墙面粉刷则按块材踢脚线高度留出空隙，在块材踢脚线施工前完成刮糙。

（9）质量验收。按照《变电（换流）站土建工程施工质量验收规范》（Q/GDW

1183—2012）第 5.10.1 条检查项目进行验收，主要检查如下：

1）立面垂直度允许偏差≤3mm。

2）阴阳角方正允许偏差≤2mm。

3）分格条（缝）直线度允许偏差≤3mm。

4）墙裙、勒脚上口直线度允许偏差≤3mm。

3. 主要引用标准

《变电（换流）站土建工程施工质量验收规范》（Q/GDW 1183）；

《建筑装饰装修工程质量验收标准》（GB 50210）。

【思考与练习】

1.“施工工艺示范手册”是属于什么类型的标准？

2.“施工工艺示范手册”的应用原则是什么？

模块 5 国家电网公司输变电工程标准工艺（四）典型施工方法（Z44B4005Ⅲ）

【模块描述】本模块介绍了《国家电网公司输变电工程标准工艺（四） 典型施工方法》的相关知识，通过介绍，了解《国家电网公司输变电工程标准工艺（四） 典型施工方法》土建部分的相关内容。

【模块内容】

国家电网公司基建战线通过多年的实践，形成了许多成熟有效的施工方法，但分散于各施工单位，缺乏系统总结，施工技术积累和交流力度不强，未能从公司层面进行系统管理，没有形成持续完善、提升施工方法的管理机制，所以开展典型施工方法研究十分必要。

2010 年 1 月，国家电网公司基建部下发《关于开展输变电工程典型施工方法研究工作的通知》（基建质量〔2010〕1 号），开始了输变电工程典型施工方法研究与应用工作，并被列入国家电网公司 2010 年科技项目。通过近几年不断地研究和完善，目前已出版《国家电网公司输变电工程标准工艺（四） 典型施工方法》（第一辑～第四辑），包括配套的《国家电网公司输变电工程标准工艺（五） 典型施工演示光盘》（第一辑～第四辑）。

一、“典型施工方法”的构成及应用要求

《典型施工方法（第一辑）》包括 31 项典型施工方法，与土建相关的 14 项；《典型施工方法（第二辑）》包括 23 项典型施工方法，与土建相关的有 9 项；《典型施工方法（第三辑）》包括 17 项典型施工方法，与土建相关的 5 项；《典型施工方法（第

四辑)》包括23项典型施工方法，与土建相关的8项；每项典型施工方法重点介绍了施工工艺流程及操作要点、安全措施、质量控制，以及适用范围、人员组织、机具配置等内容，配有过程质量控制图片，并附有相关应用案例。典型施工方法是施工技术和管理经验的总结，对具体的施工作业有很强的指导意义。“典型施工方法”是“标准工艺”的有机组成部分，各工程项目在编制施工方案、作业指导书等各类施工文件时，应结合地貌、气候等具体施工环境特点，以及本单位施工技术特点，积极引用相关典型施工方法的内容，明确施工工艺流程和操作要点，尤其是在质量控制、安全措施等方面不能放松要求。配套的“典型施工方法演示光盘”是以动画、视频、图片等形式进行直观演示，并配备字幕和解说，为典型施工方法的培训提供全新的手段，各工程项目应根据施工不同作业内容，充分利用“典型施工方法演示光盘”开展施工方案的交底和“标准工艺”培训。

二、土建工程相关的典型施工方法

（1）灌注桩基础典型施工方法。

（2）地脚螺栓式斜拄现浇基础典型施工方法。

（3）岩石嵌固式基础典型施工方法。

（4）岩石锚杆基础典型施工方法。

（5）半掏挖式基础典型施工方法。

（6）人工挖孔桩式基础典型施工方法。

（7）高原冻土旋挖成孔基础典型施工方法。

（8）季节性冻土地区棱台基础典型施工方法。

（9）冻土地质人工挖孔预制桩基础典型施工方法。

（10）湿陷性黄土地基处理灰土垫层典型施工方法。

（11）水泥混凝土道路典型施工方法。

（12）混凝土电缆沟典型施工方法。

（13）GIS设备大体积混凝土浇筑典型施工方法。

（14）变电站屋面工程典型施工方法。

（15）素土（灰土）挤密桩典型施工方法。

（16）螺旋锚基础典型施工方法。

（17）输电线路掏挖基础机械成孔典型施工方法。

（18）掏挖加岩石锚杆复合环保型基础典型施工方法。

（19）静压桩典型施工方法。

（20）框架填充式清水防火墙典型施工方法。

（21）整浇盖板电缆沟典型施工方法。

（22）清水围墙典型施工方法。

（23）变电站工程工业化预制装配式围墙典型施工方法。

（24）轻型掏挖机成孔典型施工方法。

（25）碎石场地典型施工方法。

（26）现浇混凝土清水防火墙典型施工方法。

（27）生态护坡典型施工方法。

（28）1000kV 串联补偿平台基础异形柱典型施工方法。

（29）长螺旋钻孔钢筋混凝土灌注桩典型施工方法。

（30）流沙坑基础浇筑典型施工方法。

（31）插入钢管基础典型施工方法。

（32）电力隧道盾构典型施工方法。

（33）预制式排管和工井典型施工方法。

（34）换流站剪力防火墙（钢模板技术）典型施工方法。

（35）1000kV 格构式构架安装典型施工方法。

（36）泡沫混凝土屋面保温层典型施工方法。

三、“典型施工方法”主要内容

（1）概述：概括本典型施工方法的形成原因和形成过程。其形成过程说明了研究开发单位、关键技术审定结果、典型施工方法应用及有关获奖等情况。

（2）典型施工方法特点：说明本典型施工方法在使用功能或施工方法上的特点，与传统的施工方法比较，在工期、质量、安全、造价等技术经济效能等方面的先进性和创新性。

（3）适用范围：适宜采用本典型施工方法的工程对象或工程部位，某些典型施工方法还规定了最佳的技术经济条件。

（4）工艺原理：阐述本典型施工方法工艺核心部分（关键技术）应用的基本原理，并着重说明关键技术的理论基础。

（5）施工工艺流程及操作要点：

1）工艺流程和操作要点是典型施工方法的重要内容。一般按照工艺发生的顺序或者事物发展的客观规律来编制工艺流程，在操作要点中分别加以描述，并附以必要的图表和反映本典型施工方法关键工艺流程及操作要点的实物照片。

2）施工工艺流程重点说明基本工艺过程，并说明工序间的衔接和相互之间的关系，以及本工艺的关键控制点。施工工艺流程采用流程图来描述。对于构件、材料或机具使用上的差异而引起的流程变化，也进行了说明。

（6）人员配置：说明本典型施工方法合理的人员配置、职责划分、岗位要求等。

（7）材料与设备：说明本典型施工方法所使用的主要材料名称、规格、主要技术指标，以及主要施工机具、仪器、仪表等的名称、型号、性能、能耗及数量。对新型材料还提供了相应的检验检测方法。

（8）质量控制：说明本典型施工方法必须遵照执行的国家、行业及公司标准、规范名称和检验方法，并指出本典型施工方法涉及的在现行标准、规范中未规定的质量要求，并列出关键部位、关键工序的质量要求，以及达到工程质量目标所采取的技术措施和管理方法等。

（9）安全措施：说明本典型施工方法实施过程中，根据国家法规、行业标准及公司规定等，应关注的安全注意事项和所应采取的安全措施。

（10）环保措施：说明本典型施工方法实施过程中，遵照执行的国家和地方（行业）有关环境保护法规中所要求的环保指标，以及必要的环保监测、环保措施和在文明施工中应注意的事项。

（11）效益分析：从工程（消耗的物料、工时、造价、施工安全性等）实际效果以及文明施工，综合分析应用本典型施工方法所产生的经济、环保、节能和社会效益（可与国内外类似施工方法的主要技术指标进行分析对比）。另外，对典型施工方法内容是否符合满足国家关于建筑节能的有关要求，是否满足公司关于工程建设“两型一化”“两型三新”的管理要求进行了必要的说明。

（12）应用实例：说明应用本典型施工方法的工程项目名称、地点、结构特点、开竣工日期、实物工作量、应用效果及存在的问题等，并提供该典型施工方法的先进性和实用性的相关证明材料。

（13）演示 DVD：结合工程实例，对视频、动画、解说等手段，对本典型施工方法的主要特点、适用范围、工艺原理、工艺流程及操作要点、材料与设备、质量控制、安全措施、环保措施、效益分析等进行系统全面的说明，画面清晰流畅、语言简洁明确。每个演示 DVD 的长度一般在 20 分钟左右。

【思考与练习】

1.“典型施工方法”如何应用？

2. 利用“典型施工方法演示光盘”开展交底和培训应注意哪些问题？

模块 6　国家电网公司输变电工程标准工艺（三）工艺标准库（Z44B4006Ⅲ）

【模块描述】本模块介绍了《国家电网公司变电工程工艺标准库（变电土建工程

子库)》的相关知识，通过介绍，熟悉《国家电网公司变电工程工艺标准库（变电土建工程子库)》的相关内容。

【模块内容】随着电力建设的飞速发展，新技术、新设备、新工艺和新材料的不断开发和应用，设计理念不断更新，新的施工工艺不断涌现。为了更好地指导现场施工管理，提高施工工效，提升国家电网公司工程建设的整体质量水平，2010 年 4 月，国家电网公司基建部组织编制了《国家电网公司输变电工程工艺标准库》。共分为《变电工程部分》和《送电线路工程部分》两个分册，主要用于指导变电工程和送电线路工程“创优实施细则”“施工技术措施”和作业指导书的编制，并供从事工程建设、设计、施工、监理等相关岗位的相关人员学习使用。2010 年 4 月 21 日，国家电网公司印发了“关于应用《国家电网公司输变电工程工艺标准库》的通知”，对“工艺标准库”的应用提出了要求。国家电网公司统一组织“工艺标准库”研究工作，实行动态更新，目前最新的版本为《国家电网公司输变电工程标准工艺（三） 工艺标准库（2016 年版)》。

一、“工艺标准库”的组成

《国家电网公司输变电工程标准工艺（三） 工艺标准库（2016 年版)》由变电土建工程子库、变电电气工程子库、架空线路结构工程子库、架空线路电气工程子库、电缆线路土建工程子库和电缆线路电气工程子库 6 个子库组成，涉及变电土建工程子库基本工艺 121 项。每项工艺均有工艺编号、项目/工艺名称、工艺标准、施工要点及图片示例。其中“工艺标准”是根据现场施工环境、作业工况，将每项工艺所需要的材料，要达到的工艺标准明确地规定出来，便于现场操作、检验；“施工要点”是把现场施工作业方法、质量控制要点、难点、施工关键工序流程等要求做了明确的规定，便于指导施工人员实际操作；“图片示例”将工艺成品照片展示出来，从视觉上显示工程实体所要达到的效果。变电土建工程子库的具体内容如图 25-6-1 所示。

二、“工艺标准库”的实施

国家电网公司及所属单位投资建设的 35kV 及以上输变电工程（含新建、改建、扩建项目)，凡是符合应用条件的施工作业均应执行“工艺标准库”中相应的工艺标准。重点做好以下工作：

（1）建设管理单位应在《建设管理纲要》中编制标准工艺应用相关策划内容，重点明确标准工艺应用目标和标准。

（2）监理单位应在《监理规划》中编制标准工艺应用的监理控制措施。

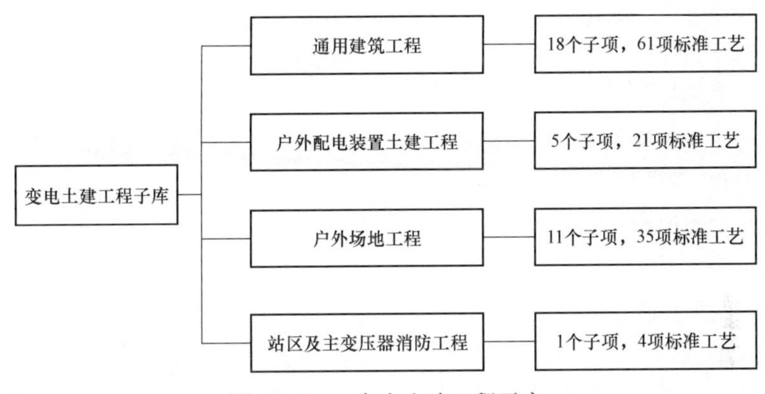

图 25–6–1　变电土建工程子库

（3）施工单位应在《项目管理实施规划》中明确标准工艺实施计划，并在有关施工方案中明确标准工艺应用的相关要求。

（4）各参建单位应将标准工艺实施、管控纳入日常质量管理工作，在工程质量验收环节确认标准工艺的应用落实情况，并纳入相应的验收报告。

（5）各工程应根据自身的特点选择重点的“标准工艺”，开展工程样板制作、实体验收和质量纠偏工作。

（6）施工单位应加强对现场一线施工人员的标准工艺培训，施工质量检查人员应加强对标准工艺用的指导和检查，监理人员应强化过程监督及验收核查，确保标准工艺应用到位。

三、变电土建工程子库的应用

项目部技术部门应根据设计文件要求，结合工程实际情况从《国家电网公司输变电工程标准工艺（三）　工艺标准库（2016 年版）》中选择相应标准工艺加以应用，突出设计要求和施工工艺要点。应用“工艺标准”时，不可把它当作作业指导书或技术措施直接应用，而是作为指导性文件使用。编制具体文件时，针对“工艺标准”中设计要点和施工工艺要点重点策划、落实，以提高工艺质量的目的。项目部也可根据现场实际情况，将近期所涉及的工艺从标准库中挑选出来，印刷后在宣传栏张贴，使施工人员了解具体要求。

示例：内墙涂料墙面施工。

根据内墙涂料墙面设计要求，从《国家电网公司输变电工程标准工艺（三）　工艺标准库（2012 年版）》“第 1 篇　变电土建工程子库”中应用工艺编号为 0101010102 的“内墙涂料”工艺标准，编制“内墙涂料”施工作业指导书，按照工艺标准技术要求和施工工艺要点，策划相应的人力资源和计划工期，准备作业中所需要的工具和材料，规定供货日期，细化作业流程，突出技术要求和工艺要点，监督检查每道工序的落实。

1. 工艺标准

（1）墙面应平整光滑、棱角顺直。颜色均匀一致，无返碱、咬色，无流坠、疙瘩，无砂眼、刷纹。

（2）分格线偏差≤3mm。

2. 材料要求

采用环保乳胶漆。

3. 施工要点

（1）基层处理：将墙面等基层上起皮、松动及空鼓等清除凿平；基层的缺棱掉角处用 M15 水泥砂浆或聚合物砂浆修补；表面的麻面和缝隙应用腻子找平，干燥后用砂纸打磨平整，并将残留在基层表面的灰尘、污垢、溅沫和砂浆流痕等杂物清扫干净。涂刷溶剂型涂料时，基层的含水率不大于 8%；涂刷水性涂料时，基层的含水率不大于 10%。

（2）刮腻子的遍数应根据基层表面的平整度确定。第一遍腻子应横向满刮，一刮板接着一刮板，接头处不留槎，每一刮板收头要干净利索。刮第二遍腻子前必须将第一遍腻子磨平磨光，将墙面清扫干净，没有浮腻子及斑迹污染。第二遍腻子应竖向满刮，待腻子干燥后打磨平整，清扫干净。第三遍腻子用胶皮刮板找补腻子，用钢片刮板满刮腻子。墙面应平整光滑、棱角顺直。尤其要注意梁板柱接头部位及墙顶面阴角部位的施工质量。

（3）涂料施工前，应在门窗边框、踢脚线、开关、插座等周边粘贴美纹胶纸，防止涂料二次污染。

（4）涂料施工时涂刷或滚涂一般三遍成活，喷涂不限遍数。涂料使用前要充分搅拌，涂刷涂料时，必须清理干净墙面。调整涂料的黏稠度，确保涂层厚薄均匀。

（5）面层涂料待底层涂料完成并干燥后进行，从上往下、分层分段进行涂刷。涂料涂刷后颜色均匀、分色整齐、不漏刷、不透底，每个分格应一次性完成。

（6）施工前要注意对金属埋件的防腐处理，防止金属锈蚀污染墙面。涂料与埋件应边缘清晰、整齐、不咬色。

【思考与练习】

1. 什么叫“工艺标准库”？

2. 施工项目部对“工艺标准库”的实施有哪些要求？

模块7 国家电网公司输变电工程标准工艺（六）标准工艺设计图集（Z44B4007Ⅲ）

【模块描述】本模块介绍了《国家电网公司输变电工程标准工艺（六） 标准工艺设计图集（第1篇 变电土建工程）》的相关知识，通过介绍，熟悉《国家电网公司输变电工程标准工艺（六） 标准工艺设计图集（第1篇 变电土建工程）》的相关内容。

【模块内容】

为深化“标准工艺”的研究与应用，国家电网公司在2012年1月30日“印发《关于深化‘标准工艺’研究与应用工作的重点措施》和《关于加强工程创优工作的重点措施》的通知（基建质量〔2012〕20 号）”中提出了开展工艺设计试点工作，将“标准工艺”主要技术要求融入施工图的要求。开展工艺设计试点由国家电网公司基建部统一组织，依托工程项目开展工艺设计试点工作，从变电土建工程（房屋建筑工程、附属建设工程）入手，将标准工艺、强制性条文、质量通病防治等技术和工艺要求纳入施工图纸，对主要工艺单元通过设计图进行规范和固化，最终形成《输变电工程工艺设计图集》，为“标准工艺”在不同电压等级工程的全面应用，以及推动工厂化加工等相关工作打好基础。

2013 年国家电网公司组织出版了《国家电网公司输变电工程标准工艺（六） 标准工艺设计图集（变电土建工程部分）》。2014 年 2 月，《国家电网公司输变电工程标准工艺（六） 标准工艺设计（变电工程部分）》正式出版。

标准工艺设计图集以《国家电网公司输变电工程标准工艺（三） 工艺标准库》内容为依据，总结借鉴成熟的管理及施工经验，融汇输变电工程强制性条文、质量通病防治措施，分专业逐条落实并转化为设计成果，形成可参考和借鉴的样图，用以指导施工图设计及现场施工。

一、标准工艺设计图集适用条件

（1）标准工艺设计图集供设计、施工、监理、质量监督及工程验收单位的相关人员使用。

（2）标准工艺设计图集适用于非抗震及抗震设防烈度不大于 8 度地区的变电（换流）站土建工程。

（3）标准工艺设计图集中结构部分仅适用于一类、二 a 类、二 b 类环境且基本雪压≤0.4kN/m^2、基本风压≤0.45kN/m^{2}的地区，其他环境及地区应按照国家相关规范要求采取相应构造措施及进行受力验算。

（4）当用于湿陷性黄土地区、膨胀土地区、冻土、液化土、软弱土及有腐蚀性等特殊环境地区时，应执行有关规程规范的规定或专门研究处理。

二、材料选用

（1）水泥：未注明的均采用普通硅酸盐水泥，强度等级≥42.5。

（2）混凝土骨料：粗骨料采用碎石或卵石，当混凝土强度≥C30 时，含泥量≤1%；当混凝土强度<C30 时，含泥量≤2%。细骨料采用中砂，当混凝土强度≥C30 时，含泥量≤3%；当混凝土强度<C30 时，含泥量≤5%。

（3）水：采用饮用水，采用其他水源时水质应达到现行《混凝土用水标准》（JGJ 52）规定。

（4）钢筋：ϕ–HPB300，f_y=270N/mm^2；Φ–HRB335，f_y=300N/mm^2。

（5）钢材：钢板及型钢采用 Q235–B 级。除锈等级 St2.5，热镀锌防腐。连接件采用热镀锌防腐，也可采用不锈钢材质。埋件的锚筋不需热镀锌防腐。

（6）焊条：型号采用 E43××。所有焊接要求满焊，焊缝不应有裂缝、过烧现象，并应打平磨光。未注明角焊缝的焊脚尺寸高度应按被焊件的最小厚度选用。

（7）砌体：强度等级不低于 MU10 的混凝土砌块（砖），各类烧结空心砖、实心砌块（砖），各类蒸压空心、实心砌块（砖）等；砂浆强度不低于 M7.5。

三、标准工艺设计图集相关说明及规定

1. 人工回填土

（1）施工前应合理确定填方土料含水率控制范围、虚铺厚度和压实遍数等参数。

（2）回填土应分层铺摊。一般蛙式打夯机每层铺土厚度为 200～250mm，人工打夯不大于 200mm。

（3）构筑物基础四周回填土的压实系数不应小于 0.94，有特别要求的除外。

2. 室内楼地面

（1）地面地基的压实系数不应小于 0.94。

（2）面层和垫层的混凝土均应分仓浇筑或留缝。混凝土垫层应纵横设置缩缝。细石混凝土面层的分隔缝应与垫层的缩缝对齐。水泥砂浆面层还应在主梁两侧及柱子四周设置分隔缝。

（3）垫层内钢筋网片应设置在混凝土板的中上部。

（4）规定了防水层材料的选用及施工要求。

3. 管道

（1）建筑给水管选用无规共聚聚丙烯（PP–R）管，并规定了适用条件。

（2）建筑排水管选用硬氯聚乙烯（UPVC）管，并规定了适用条件。

4. 电缆沟

（1）图集中砖砌电缆沟按无地下水情况设计；规定了用于有地下水情况的钢筋混凝土电缆沟的使用要求。

（2）电缆沟水位高于地沟底板时，设计人员应校核地下水对地沟的浮力。

（3）电缆沟施工前必须降低地下水位，一般应降低至沟底版以下500mm。

（4）电缆沟应按照防火规范要求进行防火封堵。

（5）规定了电缆沟盖板及电缆沟预制压顶的排版尺寸要求。

5. 室内外装修

规定了室内装修使用材料的环保要求、内外墙饰面的使用和处理规定、保温墙面的选用方法等。

6. 暖通、通风

（1）无论采用何种安装方式，均须将风机总重量提供给结构设计，待进行安全核实后方可施工。

（2）凡预埋在建筑结构体内之构件应与土建施工密切配合，在施工过程中预埋。

（3）规定了外露金属件的防腐及相关要求。

7. 室外工程

（1）“标准工艺设计图集”中各类混凝土、石材、砌块外饰做法，无特殊说明均采用清水面。

（2）规定了各类混凝土的最低强度等级、最大水灰比、最大氯离子含量、最大碱含量的基本要求。

（3）规定了砌体材料的最低强度等级要求。砌体施工质量控制等级为B级。规定了防止墙体泛碱的相关要求。

四、图集索引方法

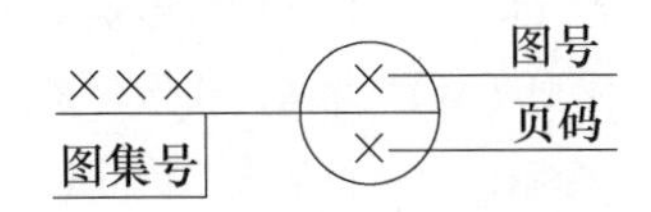

【思考与练习】

1. 什么是“标准工艺设计图集”？

2. “标准工艺设计图集”的适用条件是什么？

参　考　文　献

[1] 国家电网公司基建部．国家电网公司输变电工程标准工艺（一） 施工工艺示范手册［M］．北京：中国电力出版社，2011．

[2] 国家电网公司基建部．国家电网公司输变电工程标准工艺（三） 工艺标准库（2012 年版）［M］．北京：中国电力出版社，2017．

[3] 国家电网公司 Q/GDW 1183—2012．变电换流站土建工程施工质量验收规范．

[4]《建筑工程施工手册（第 4 版）》编委会．建筑工程施工手册［M］．4 版．北京：中国建筑工业出版社，2003．

[5] 李伟．抹灰工实用技术手册［M］．天津：华中科技大学出版社，2011．

[6] 周海涛．装饰工实用便查手册［M］．北京：中国电力出版社，2010．

[7] 筑龙网．装饰装修工程施工方案编制指导与范例精选［M］．北京：机械工业出版社，2009．

[8] 国家电网公司基建部．国家电网公司输变电工程标准工艺（六） 标准工艺示范图集［M］．北京：中国电力出版社，2014．

[9] 石海均．土木工程施工［M］．北京：北京大学出版社，2009．

[10] 陈玉灵，江永健．清水混凝土配合比设计浇筑施工技术［M］．广东建材，2012（3）．

[11] 上海建筑工程协会．建筑工程施工实用技术手册［M］．南京：江苏科学技术出版社，2009．

[12] 丁克胜．土木工程施工［M］．武汉：华中科技大学出版社，2008．

[13] 茅洪斌．钢筋翻样方法及实例［M］．北京：中国建筑工业出版社，2008．

[14] 杨嗣信．建筑工程模板施工手册［M］．北京：中国建筑工业出版社，2004．

[15] 周松盛．钢筋工入门［M］．合肥：安徽科学技术出版社，2008．

[16] 上官子昌．从毕业生到施工员 钢筋分项工程［M］．武汉：华中科技大学出版社，2011．

[17] 俞宾辉．建筑钢筋工程施工手册［M］．济南：山东科学技术出版社，2004．

[18] 王劲松，鲁有柱．土木工程测量［M］．北京：中国计划出版社，2008．